21世纪高等教育建筑环境与能源应用工程系列教材

建筑消防

主　编　张培红　王增欣
副主编　李　刚
参　编　周　前
主　审　陈宝智

机械工业出版社

本书从火灾的燃烧学机理出发，讨论火灾发生、发展以及蔓延的规律；建筑物防排烟设计方法和技术措施、建筑材料及建筑构件的耐火性能、建筑物耐火等级、消防规划和消防布局、安全疏散等防火方法和技术；室内外消火栓系统、自动喷水灭火系统、细水雾灭火系统、气体灭火、泡沫灭火、火灾探测报警和消防联动等建筑灭火方法和技术。并结合火灾案例和消防工程实例，介绍了特殊建筑的消防技术措施和防爆技术；从系统安全的理论出发，讨论了建筑火灾危险性评价的基本方法。

本书内容结合性能化防火设计的思想，注意吸收国内外消防工程领域的先进技术。可以作为高等院校建筑环境与能源应用工程、消防工程、安全工程、建筑技术、工程管理等专业的教材，也可供从事相关专业的科研人员、工程技术人员及管理人员参考。

本书配有电子课件，免费提供给选用本教材的授课教师，需要者请根据书末的“信息反馈表”索取。

图书在版编目（CIP）数据

建筑消防/张培红，王增欣主编．—北京：机械工业出版社，2008.4（2023.1重印）
21世纪高等教育建筑环境与能源应用工程系列教材
ISBN 978-7-111-23547-7

Ⅰ．建…　Ⅱ．①张…②王…　Ⅲ．建筑物-消防-高等学校-教材　Ⅳ．TU998.1

中国版本图书馆CIP数据核字（2008）第024070号

机械工业出版社（北京市百万庄大街22号　邮政编码100037）
责任编辑：刘　涛　责任校对：吴美英
封面设计：王伟光　责任印制：郜　敏
北京盛通商印快线网络科技有限公司印刷
2023年1月第1版·第9次印刷
169mm×239mm·21.5印张·415千字
标准书号：ISBN 978-7-111-23547-7
定价：45.00元

电话服务　　　　　　　　　　网络服务
客服电话：010-88361066　　机 工 官 网：www.cmpbook.com
　　　　　010-88379833　　机 工 官 博：weibo.com/cmp1952
　　　　　010-68326294　　金 书 网：www.golden-book.com
封底无防伪标均为盗版　　机工教育服务网：www.cmpedu.com

序

建筑环境与设备工程（2012年更名为建筑环境与能源应用工程）专业是1998年教育部新颁布的全国普通高等学校本科专业目录，将原"供热通风与空调工程"专业和"城市燃气供应"专业进行调整、拓宽而组建的新专业。专业的调整不是简单的名称变化，而是学科科研与技术发展，以及随着经济的发展和人民生活水平的提高，赋予了这个专业新的内涵和新的元素，创造健康、舒适、安全、方便的人居环境是21世纪本专业的重要任务。同时，节约能源、保护环境是这个专业及相关产业可持续发展的基本条件，因而它们和建筑环境与设备工程专业的学科科研与技术发展总是密切相关，水可忽视。

作为一个新专业的组建及其内涵的定位，它首先是社会需求所决定的，也是和社会经济状况及科学技术的发展水平相关的。我国的经济持续高速发展和大规模建设需要大批高素质的本专业人才，专业的发展和重新定位必然导致培养目标的调整和整个课程体系的改革。培养"厚基础、宽口径、富有创新能力"，能符合注册公用设备工程师执业资格，并能与国际接轨的多规格的专业人才是本专业教学改革的目的。

机械工业出版社本着为教学服务，为国家建设事业培养专业技术人才，特别是为培养工程应用型和技术管理型人才做贡献的愿望，积极探索本专业调整和过渡期的教材建设，组织有关院校具有丰富教学经验的教授、副教授主编了这套建筑环境与设备工程专业系列教材。

这套系列教材的编写以"概念准确、基础扎实、突出应用、淡化过程"为基本原则，突出特点是既照顾学科体系的完整，保证学生有坚实的数理科学基础，又重视工程教育，加强工程实践的训练环节，培养学生正确判断和解决工程实际问题的能力，同时注重加强学生综合能力和素质的培养，以满足21世纪我国建设事业对专业人才的要求。

我深信，这套系列教材的出版，将对我国建筑环境与设备工程专业人才的培养产生积极的作用，会为我国建设事业做出一定的贡献。

陈在康

前　言

火灾是火在时间和空间上失去控制而导致蔓延的一种灾害性燃烧现象。近年来，商场、宾馆、饭店、舞厅等大型公共建筑以及高层建筑、地下建筑火灾事故频发，建筑火灾所造成的经济损失上升到全部火灾经济损失的80%以上，城市建筑火灾已经成为威胁社会公共安全水平的一个重要因素。研究建筑火灾发生和防治的规律，开发切实有效的建筑消防技术，是当前加强城市公共安全的一项重要任务，具有重要的现实意义和社会价值。

本书从系统安全的角度出发，强调把整个建筑物作为一个整体来考虑，把每一部分的消防措施放到一个大系统中去分析。本书内容结合性能化防火设计的思想，注意吸收国内外消防工程领域的先进技术，以及消防工程的实际案例进行分析，研究实现建筑物火灾安全的综合措施。

本书从火灾燃烧学机理出发，分析火灾发生、发展的基本规律，对烟气控制、结构防火、主动或被动灭火、火灾自动探测报警、消防联动控制系统和人员安全疏散等方面技术措施进行综合分析，并利用系统安全理论和方法实现对建筑火灾危险性进行评价。

本书由沈阳建筑大学、河南城建学院以及东北大学长期从事建筑消防领域教学、科研和工程实践的教师编写。编写人员有沈阳建筑大学张培红、河南城建学院王增欣、东北大学李刚、河南城建学院周前。张培红、王增欣担任主编，张培红统稿。东北大学陈宝智教授担任主审，沈阳建筑大学刘强、李志新、丛明、刘牧、符静宇、李翠等参与了本书的编写，并提出了很多宝贵意见，在此致以衷心的感谢。

由于编者水平所限，书中错误和不妥之处，恳请读者予以批评指正。

编　者

目　　录

第1章　绪　论

1.1　火灾的特征及其危害

1.1.1　火灾的特征

火是一种快速的氧化反应过程，具有一般燃烧现象的特点，往往伴随着发热、发光、火焰、发光的气团及燃烧爆炸造成的噪声等。火的正确使用所能提供的能量，不仅改善了人类基本的饮食和居住条件，而且极大地促进了社会生产力的发展，对人类文明的进步做出了重大的贡献。

火灾是火在时间和空间上失去控制而导致蔓延的一种灾害性燃烧现象，会对自然和社会造成一定程度的损害。火灾科学的研究表明，火灾的发生和发展具有双重性，即火灾既具有确定性，又具有随机性。火灾的确定性是指在某特定的场合下发生了火灾，火灾基本上按着确定的过程发展，火源的燃烧蔓延、火势的发展、火焰烟气的流动传播将遵循确定的流体流动、传热传质以及物质守恒等规律。火灾的随机性主要指火灾在何时、何地发生是不确定的，是受多种因素影响随机发生的。

火灾从发生、发展到最终造成重大灾害性事故大致可分为四个阶段：初起期、成长期、最盛期和衰减期。一旦火灾发展到最盛期，火灾所产生的烟和热，以及有毒有害物质（CO、CO_2、碳氢化合物、氮氧化物等）不仅会严重威胁人的生命安全，造成巨大的财产损失，对环境和生态系统也会造成不同程度的破坏。火灾造成的直接损失约为地震的五倍，仅次于干旱和洪涝，而其发生的频率则高居各种灾害之首。火灾造成的直接和间接经济损失、人员伤亡损失、灭火消防费用、保险管理费用以及投入的消防工程费用统称为火灾代价。根据世界火灾统计中心以及欧洲共同体研究的结果表明，世界上许多发达国家每年火灾直接经济损失占国民经济总产值的2‰以上，相当于人均每年20英镑，而整个火灾代价约占国民生产总值的1%左右，人员死亡率在十万分之二左右。

1.1.2　火灾类别

火灾的类型不同，其特点也有所不同。GB/T 4968—1985《火灾分类》根据物质燃烧特性，将火灾划分为以下四种类型：

A 类火灾：指固体物质火灾。这种物质往往具有有机物质，一般在燃烧时能产生灼热的灰烬，如木材、棉、毛、麻、纸张火灾等。

B 类火灾：指液体火灾和可熔化的固体物质火灾，如汽油、煤油、柴油、原油、甲醇、乙醇、沥青、石蜡火灾等。

C 类火灾：指气体火灾，如煤气、天然气、甲烷、乙烷、丙烷、氢气火灾等。

D 类火灾：指金属火灾，如钾、钠、镁、钛、锆、锂、铝镁合金火灾等。

此外，在建筑灭火器配置设计中还专门提出 E 类火灾，指电器、计算机、发电机、变压器、配电盘等电气设备或仪表及其电线电缆在燃烧时仍带电的火灾。一般说这类火灾与 A 类或 B 类火灾共存。

根据火灾发生的场所，通常包括建筑火灾、森林火灾、交通工具火灾等。其中，根据建筑物功能的不同特点，建筑火灾包括民用建筑火灾、公共建筑火灾、工厂仓库火灾等。根据建筑物结构的不同特点，建筑火灾可分为高层建筑火灾、地下建筑火灾等。

1.1.3 火灾分级

根据 1996 年国家发布的“火灾统计管理规定”，我国将火灾分为特大火灾、重大火灾和一般火灾三级，如表 1-1 所示。只要达到其中一项就认为达到该级火灾。

表 1-1 火灾等级的划分标准

火灾等级	死亡人数	重伤人数	死亡重伤总人数	受灾户数	直接财产损失/万元
特大火灾	≥10	≥20	≥20	≥50	≥100
重大火灾	≥3	≥10	≥10	≥30	≥30
一般火灾	<3	<10	<10	<10	<30

1.1.4 火灾与社会经济的关系

火灾的双重性，尤其是随机性特征表明，火灾是一种与人类活动密切相关，但不完全以人的意志为转移的灾害现象，火灾具有与社会环境条件和人类行为密切相关的特性。随着社会生产规模的扩大、财富积累的迅速增加以及生活水平的提高，致灾因素增多，即使采取了一些常规性的或应急性的防灾措施，也难以杜绝火灾发生，火灾发生频率和造成的损失呈显著增长的趋势。火灾统计资料表明，20 世纪后半叶，美国经济快速增长，1950—2000 年 50 年间，其国民生产总值由 2 822 亿美元增长到 98 960 亿美元，国民生产总值增加了 35 倍的同时，火灾直接财产损失增长了约 17 倍，由 1950 年的 6.5 亿美元增加到 2000 年的 112

亿美元。日本自1959—1991年火灾直接财产损失也增加了7.8倍。《中国火灾统计年鉴》的火灾统计数据表明，1950年至2005年56年间，我国共发生火灾约466.4万起，死亡约18万人，伤约47.5万人，直接经济损失255.9亿元。1996年以来，随着经济的快速发展，我国火灾起数持续增长，2001—2005年五年间我国火灾起数达到了121.7万起，死亡约1.2万人，伤1.6万人，直接经济损失达到了75.5亿元。近5年来火灾的起数达到了56年总和的26%左右。令人感到欣慰的是，随着国家对消防安全的重视，2005年以来全国火灾起数和经济损失呈现了明显的回落趋势。2006年全国共发生火灾222 702起，死亡1517人，受伤1418人，直接财产损失7.8亿元。我国1950—2006年间火灾数据的统计分析见表1-2，1991—2006年间火灾数据的统计分析见图1-1、图1-2。

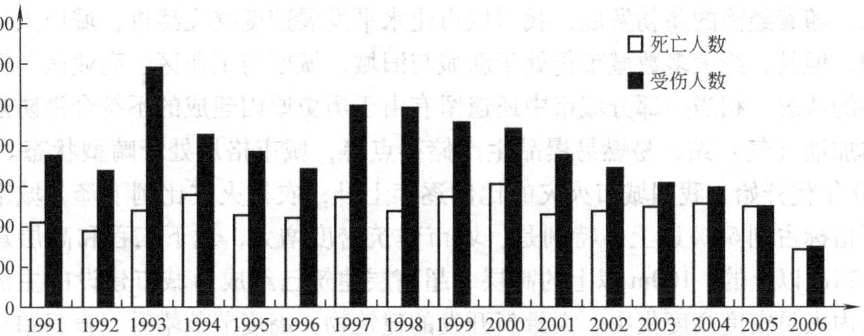

图1-1　1991—2006年火灾伤亡情况

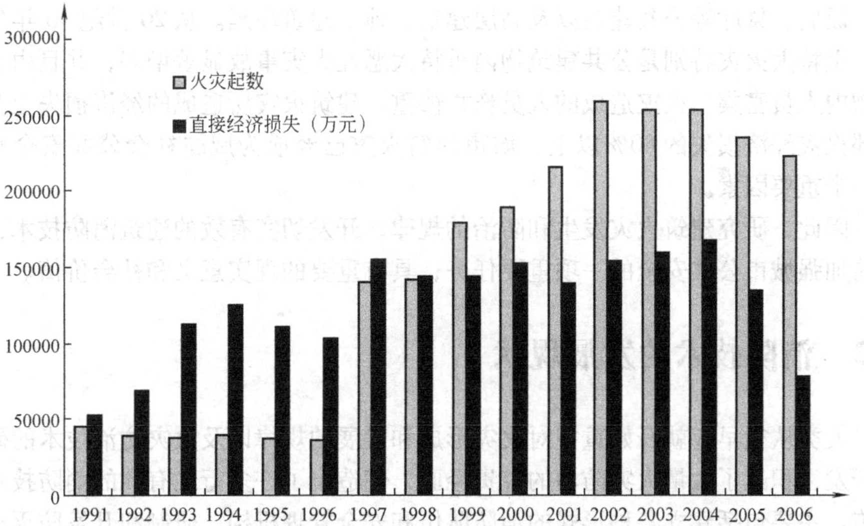

图1-2　1991—2006年火灾损失情况

表 1-2 我国 1950～2005 年火灾数据统计分析

年 度	火灾起数/万起	死亡/万人	受伤/万人	直接损失/亿元
1950—2005	466.4	18.0	47.5	255.9
1991—2005	210.5	3.7	5.9	191.7
1996—2005	190.5	2.5	3.8	145.1
2001—2005	121.7	1.2	1.6	75.5
2006	22.2702	0.1517	0.1418	7.8

火灾统计资料的分析表明，20 世纪 80 年代以前，我国火灾主要集中在农村地区，火灾起数、死亡和受伤人数、直接经济损失四项指标农村占较大份额。近年来，随着经济的蓬勃发展，我国城市化水平发展速度突飞猛进，城市人口迅速增加。但是，绝大多数城市仍处于新城与旧城、城区与工业区、商业区与棚户区共存的状态，相当一部分城市中还遗留有由于历史原因建成的不符合消防规范标准的加油（气）站、易燃易爆品生产储存点等，城市格局处于畸型状态。20 世纪 80 年代开始，我国城市火灾的比例逐年上升，农村火灾比例下降，城市火灾四项指标占到 60% 以上。特别是，城市建筑密度增大，地下工程和高层建筑增加，24m 以上的、100m 以上的高层、超高层建筑已经成为城市建设的主流，建筑物内人员密度高度集中。大量新开发的建筑物，高度节节攀升，盲目追求规模和功能的庞大、复杂。尤其是新建建筑和后期改造的旧建筑盲目追求装修的奢华程度，建筑物的火灾荷载以及消防设计和施工存在严重的超规范和违规范的现象。城市火灾从过去易燃易爆品集中的工厂、仓库和居民住宅等场所开始向商场、饭店、舞厅等公共建筑以及高层建筑、地下建筑蔓延。从 20 世纪 90 年代开始，重特大火灾特别是公共建筑物内重特大恶性火灾事故显著增多，并且由于建筑物内人员密集，火灾造成的人员伤亡惨重。建筑火灾所造成的经济损失上升到全部火灾经济损失的 80% 以上，城市建筑火灾已经成为威胁社会公共安全水平的一个重要因素。

因此，研究建筑火灾发生和防治的规律，开发切实有效的建筑消防技术，是当前加强城市公共安全的一项重要任务，具有重要的现实意义和社会价值。

1.2 消防技术的发展现状

人类从很早起就开始重视对火灾形成和发展的规律以及火灾防治技术的研究和开发，积累了大量火灾防治的宝贵经验，创造出了许多行之有效的消防技术和措施。主要包括建立各种形式的消防队伍和安全管理机构，研制和开发防灭火的技术和装备，研究火灾形成和发展的规律，制定一系列的防火与安全用火的法律和法规等。

据记载，我国早在周代时期就设置了分别掌管乡村、城镇和宫内火禁事宜的火官，以后各朝代均沿习设立类似的官员。宋朝开始建立了专司救火的“防隅军”和“潜火军”，以及民间的消防组织“水会”。我国在清朝末年开始引入西方的消防体制，逐渐形成了以消防警察为主的专职消防队伍。新中国成立以后，国家建立了新型公安消防部队，经过多年的努力，这支队伍的知识化、专业化和正规化水平都有了很大的提高，装备了较为先进的防灭火、运输、通信、管理等设备。

在消防技术设施和装备方面，据记载，我国唐代人开始用油布缝制的水袋来运水灭火，宋代人成功地用竹制唧筒喷水灭火，尽管其射程和喷水量有限，但同靠近火焰泼水或向火中投掷水袋等灭火方式相比，是一个很大的进步。18世纪，西方国家制造出了以内燃机为动力的消防车、消防艇及消防泵等，这表明人类的灭火水平又跃上了一个新的台阶。19世纪中叶，西方国家的工程师就发明了早期的自动喷水灭火装置和火灾自动报警装置。20世纪50年代以后，各类性能先进的火灾自动报警和自动灭火系统、防排烟设备、灭火剂、防火建筑材料和构件等消防技术产品，被大量开发出来，并在实际工程中得到广泛应用。

20世纪中期以来，数学、物理学、燃烧学、流体力学、计算机技术等学科领域的发展及火灾试验手段的提高，为开展火灾机理和消防技术的研究创造了很好的条件。1956年，美国马里兰大学设立世界上第一个“消防工程系”，英国爱丁堡大学于1973年成立“消防工程系”并开设了世界上第一个消防工程专业的硕士研究生课程。许多国家的消防科学家和工程师成立了专业性学术机构，进行各种专业学术活动，并产生了相当大的社会影响，如美国消防工程师学会、英国消防工程师学会和德国消防促进协会等。1985年，由英、美、日等国几位著名的消防科学家发起，成立了国际火灾安全科学学会（International Association for Fire Safety Science），其会员的研究领域包括火灾化学、火灾物理、火灾动力学、火灾探测报警与自动灭火系统、建筑性能化防火设计、人在火灾中的行为、火灾风险评估、火灾调查、消防安全管理等。其中美国哈佛大学的艾蒙斯（H. W. Emmons）教授提出了火灾模化的理论，为火灾科学的建立奠定了基础。英国爱丁堡大学庄斯戴尔教授（D. Drysdale）出版了专著《火灾动力学》，对火灾科学的理论体系进行了系统的阐述。火灾科学的建立和发展，为消防工程发展成为一门独立学科奠定了理论基础，并促进了消防新技术、新产品的研究与开发。

我国在消防工程研究领域的腾飞自1990年12月第二次全国消防科技工作会议开始。会议针对国内高层建筑的发展状况，确定了“八五”期间我国消防科技的重点主攻方向为“高层建筑的火灾预防与控制技术”。通过五年的攻关研究，开发成功一系列具有较高技术水平的高层建筑防火、自动报警、自动灭火设备和适合消防部队扑救高层建筑火灾的特种消防技术装备。此外，还开展了大量的基础研究和应用基础研究，例如：运用模拟方法进行了室内家具组件火灾特性和实验技术的研究以及地下民用建筑火灾烟气流动特性的研究；运用激光全息和电子测重技术成功地解决了大水粒三维空间分布与测重的关键技术，开展了消防装置喷雾水粒流场特性试验的研究；开展了高层建筑楼梯间送风排烟技术的研究、粉尘爆炸及泄压的研究、承重柱和梁板耐火性能试验装置的研制等。这些基础研究及其成果，为我国消防领域有关技术法规的制订和实施，提供了科学依据和技术手段。“九五”期间，针对地下建筑和大空间建筑的火灾预防与扑救技术，以国家科技攻关项目为龙头，公安部的4个部属专业消防研究所、中国科技大学火灾科学国家重点实验室、中国建筑科学研究院建筑防火研究所等单位开展了多层次、多学科交叉的联合攻关研究。在探索地下建筑与大空间建筑的火灾规律、开发高新技术的火灾探测报警、自动灭火、防排烟设备和消防部队灭火救援装备等方面，取得了一批重要科研成果，并且建成了大空间火灾试验馆、高层建筑火灾试验塔、固定灭火系统综合试验馆等一批具有一定国际水平的试验装置。其中点型感烟火灾探测器和火灾报警控制器的标准及其检测设备、民用住宅耐火性能的评价研究、消防装备喷雾水粒子流场特性试验方法、高层建筑楼梯间正压送风机械排烟技术的研究等20多项成果获得国家级科技成果奖励。

近年来，科学技术的发展和火灾的严重危害，促使国际消防界开始深入思考如何从规范和法规的完善出发，真正达到主动防火的目的。现在广泛采用的传统的“指令式规范”只是强制规定防火设计必须满足的各项设计参数指标，如建筑设施的结构要求、耐火要求、机械系统、电气系统、消防系统等。“指令式规范”的优点是清楚明了，没有为不正当的验收评估留有余地。但其缺点是它使建筑设计千篇一律，一定程度上阻碍了新材料、新产品、新施工技术或者创新设计的采用，很难满足技术进步的要求。“指令式规范”对具体建筑物要达到的总的安全目标不予要求，也不进行评估。而且对于工程师来说，只单纯的计算消防系统的某一独立部分是不够的，应该把整个建筑物作为一个整体来考虑，把每一部分的消防措施放到一个大系统中去分析。以前和现在仍然到处可见建筑物的结构耐火性能根本不考虑水喷淋的因素，水喷淋也不考虑烟控系统，烟控系统也不考虑建筑材料和装饰材料的因素。国际上在20世纪80年代初提出了建立“以性能为基础”的防火规范的概念。英国于1985年完成了建筑规范，包括防火规范的性能化修改，新规范规定“必须建造一座安全的建筑”，但不详细规定应如何实现这一目标。澳大利亚于1996年颁布了性能化规范《澳大利亚性能化建筑设计规范》（BCA96），并自1997年陆续被各州政府采用。新西兰1992年发布了性能化的《新西兰建筑规范》（NZBC，New Zealand Building Code），1993—1998年开展了“消防安全性能评估方法”的研究，制定了性能化建筑消防安全框架，包括防止火灾的发生、安全疏散措施、防止倒塌、消防基础设施和通道要求以及防止火灾相互蔓延五部分。美国已完成性能目标和基本完成性能级别分级的确定，并于2001年发布了国家级的建筑性能规范和防火性能规范。加拿大亦于2001年发布了性能化的建筑规范和防火规范。我国现行的消防法律体系以《中华人民共和国消防法》为基础，以消防行政法规系列和消防技术法规系列构成庞大的支撑体系。就消防技术法规而言，迄今为止我国已发布了相关法规22本，制订各类消防国家标准和行业标准200多项，建成了4个国家级的消防产品质量监督检验中心，建立了一套比较完整的消防产品质量监督管理制度。由于受制订周期长和学科发展水平所限，加上建筑形式和建筑功能多样化、管理智能化等因素影响，现行技术规范越来越难以适应科技日新月异发展和我国建造业高速发展的形势。我国从1996年开始也开展了“性能化防火设计规范”的研究工作，并将其列入了国家“十五”科技攻关项目计划。

“十五”期间，性能化防火设计、细水雾灭火技术、火灾应急疏散和救援、火灾多参数智能探测等领域的研究和新技术开发取得了一系列可喜的成果，并将在国家“十一五”科技攻关项目计划中得到进一步的深入研究。

1.3 消防技术的发展趋势与前景

作为一门新兴的学科，消防工程的研究领域正在不断拓展，研究成果不断增加。从目前的发展趋势来看，消防工程学科领域今后需要在以下几个方面进一步深入开展研究和发展：

（1）消防设计观念的更新。消防安全工程学的发展为消防科研提出了一批新的研究课题，如：火灾发生和发展的规律及其计算机模化、燃烧产物的产生与传播、火灾烟气流动特性及其计算机模化、防火系统与技术、火灾中人的行为与疏散模型、建筑物的火灾危害评估与火灾风险评估，以及为消防安全提供基础数据的火灾统计与分析研究等。可以预见，这些课题的研究将对发展性能化设计、建立科学合理的消防技术标准和设计规范体系、乃至带动整个消防科技领域的发展具有十分重要的意义。

（2）计算机火灾模化技术的开发与应用。计算机火灾模化技术的开发应用，使人们可以通过工程计算和计算机模拟的方法，对不同空间、环境条件下火灾的发展和蔓延进行模拟和预测，并对建筑构件、材料组件以及消防设备的火灾特性进行推算和确定。此外，计算机火灾模型还能够用来重现一场实际火灾的蔓延发展过程，为火灾调查提供科学依据。目前，国外已开发出一些具有实用价值的计算机火灾模型，并在一定范围得到应用。例如，美国的 Hazard、CFAST、FDS，加拿大的 FIRECAM，英国的 Exodus、Exit89、Phoenics，澳大利亚的 CESARE-

Risk，日本的 BRI，德国的 KOBRA-3D 等。中国科技大学火灾科学国家重点实验室提出了场、区、网火灾模型，对火灾模化技术的发展做出了很大的贡献。通过一系列大空间建筑火灾实验，场区网模型得到了进一步的验证和发展。

（3）火灾自动探测报警技术的创新。今后的工作将主要集中在以下几个方面，其一是开发具有特殊性能的火灾自动探测报警系统和自动灭火系统，使其具有高灵敏度、高可靠性、早期报警、快速响应，并能适用于高大、洁净或干扰因素较多等特殊空间和环境；其二是积极运用相关专业领域的高新技术和理论，如激光微粒计数技术、红外分光光谱技术、人工智能和神经网络控制理论等，开发研制高性能、高质量的新产品；三是特别注重工程应用技术的研究，对已开发出来的产品在各种不同环境、条件下进行工程应用试验和测试研究，以拓展其应用范围。此外，更重要的是，人们越来越认识到，火灾基础理论研究，特别是火灾早期的声、光、热等信息特征及其与环境因素的关系等方面的基础理论研究，对于开发研制多参数、智能型、复合型火灾探测报警系统具有非常重要的意义。

（4）新型灭火剂和阻燃剂的开发与应用。由于哈龙灭火剂对臭氧层的破坏，国内外兴起了哈龙替代灭火剂的研究开发热潮。目前，已开发出一些比较成熟的产品，如：七氟丙烷（FM200）和混合气体（Inergen 烟烙烬），但这些产品都存在不足之处。目前，国际上尚未研制出一种既满足环保要求，又在灭火效能、安全性和成本等方面均超过哈龙的新灭火剂；更未能研制出可以充装到已使用的哈龙 1301 系统里直接替代哈龙 1301 的灭火剂。因此，开发新型哈龙替代灭火剂的工作是目前和今后几年世界瞩目的研究课题。

与此同时，随着材料与化工技术的不断进步，寻找其他各类新型灭火剂和阻燃剂的研究与开发工作也将进入一个新的高速发展阶段。国外对 A 类泡沫灭火剂和无卤阻燃剂的开发研究就是例证。但是，哈龙灭火剂对环境造成的破坏，带给人们深刻的教训，使新型灭火剂和阻燃剂的环境安全问题受到各方面的极大关注。因此，研究开发洁净、高效的灭火剂和阻燃剂将成为未来消防科研人员的主要任务之一。

（5）消防队伍装备的专业化、系列化和智能化。经济和社会的发展不断地给消防部门提出新的任务。目前，各国消防部门所面临的共同难题为：各种复杂的火灾和特种灾害条件下的救援行动、特大恶性火灾的扑救、化学灾害事故的处置、恐怖破坏活动现场的救援与处置等。为了满足消防队伍的需要，各国消防装备的研究开发机构和厂家正在努力开发专业化的各种灭火救援和特种灾害处置装备，并使之系列化。同时，随着自动控制和人工智能技术的发展，消防装备的智能化程度也越来越高。各种智能化的灭火救援装备和消防机器人将成为 21 世纪消防装备领域研究开发的重要任务。

（6）消防管理技术的信息化和网络化。计算机信息和网络技术在消防管理工作中的应用领域十分广阔，包括防火监督管理、通信调度指挥、消防训练与培训、灭火救援辅助决策、火灾统计、消防安全知识普及教育、消防队伍的后勤管理、人事管理以及日常办公自动化等。消防管理技术的信息化和网络化已成为各国消防部门所共同关注的热点，信息化和网络化的管理模式与资源共享是消防管理技术的必然发展趋势。

1.4 本书的主要内容

建筑消防领域涉及可燃物燃烧和烟气的控制、结构防火、主动或被动灭火措施、火灾自动探测报警、消防联动、人员疏散、火灾风险评估等诸多方面。本着“以防为主，防消结合”的原则，可以从上述任一环节入手采取防治措施。例如，控制建筑物的火灾荷载、采取防火分隔措施、增加建筑构件的耐火级别、加强火灾探测、安装自动喷水灭火系统等，以最大程度地减少火灾时的财产损失，保障人员生命安全。

本书将在第 2 章主要从燃烧学机理出发，讲解火灾发生、发展的基本规律。

烟气是火灾中造成人员伤亡的主要原因。本书第 3 章将集中讨论火灾烟气蔓延的规律，建筑物防排烟设计的方法，和烟气控制的技术措施。

第 4 章主要介绍建筑材料、建筑构件的耐火性能，以及建筑物耐火等级的划分方法。

第 5 章主要讲解小区消防规划对建筑物防火的重要作用，建筑物消防布局和建筑物内防火分区、防烟分区的划分方法，以及建筑物和特殊建筑结构的防火分隔技术措施等。

第 6 章将重点讨论室内外消火栓系统的设计方法和技术措施，自动喷水灭火系统等的设计方法和技术措施等。

第 7 章以消防联动控制为主体，着重介绍消防电源的设置要求，火灾自动探测报警系统和消防控制室的设计方法和技术措施。

第 8 章着重介绍安全疏散设施，如安全疏散楼梯间和消防电梯等的设计原则、方法和技术措施。

第 9 章将对一些特殊建筑，如高层建筑、古建筑、石油化工工厂或仓库、地下建筑等的消防技术特点和措施方法进行讨论。

第 10 章将在系统安全理论的基础上，着重介绍利用火灾安全检查表、故障树和事件树的方法，进行建筑火灾的危险性评价及分析的方法及工程实例介绍。

第2章　火灾的燃烧学基础

火灾的孕育、发生和发展包含着燃烧反应、相变、传热传质和流体流动等物理化学作用，是一种涉及物质、动量、能量和化学组分在复杂多变的环境条件下相互作用的三维、多相、多尺度、非定常、非线性、非平衡态的动力学过程。火灾的发生和发展受到可燃物、人为因素、环境条件、地理、生态等多方面因素的相互影响和综合作用。

2.1　火灾燃烧反应的三要素

火灾是一种特殊的燃烧现象，可以用燃烧学的基本规律对火灾的发生和蔓延作出分析。比如起火是火灾过程的最初阶段，很多概念与燃烧学中的着火、点火等基本规律有关，但是又不完全相同，起火所涉及的面较着火和点火要广得多。所以要特别注意火灾燃烧学和一般燃烧学之间的异同点。下面先从一般燃烧学的三要素出发，了解火灾发生的基本条件。

燃烧反应在本质上是可燃物与氧化剂在一定热源作用下发生的快速氧化-还原反应。具备一定数量和浓度的可燃物和氧化剂，以及一定能量强度的引火源是引起燃烧的必要条件。在一些情况下，例如，气体可燃物或氧化剂未能达到一定浓度，引火源没有足够的热量或一定的温度，即使具备了燃烧的三个必要条件也不能燃烧。例如，一根火柴的热量不足以点燃一根木材；甲烷在空气中燃烧，当甲烷含量小于14%，或空气中氧气含量小于12%时燃烧就不会继续；若用热能引燃甲烷-空气混合物，当温度低于595℃时燃烧就不会发生。要发生火灾，必须同时具备可燃物、氧化剂和引火源三个条件并达到一定的极限值，缺一不可，通常称之为发生火灾的三要素，或称为火三角。

2.1.1　可燃物

凡是能与空气中的氧或其他氧化剂起剧烈化学反应且放出热量的物质都属于可燃物质。可燃物是多种多样的，不同类型建筑物内能够引起火灾的可燃物种类更加繁多。例如，化工生产设备内流动着大量高温、高压的易燃、可燃液体，只要管道出现漏洞，喷出来就是火；工地上的生石灰遇火发热能把草袋烧着；住宅类建筑里的煤气、家用电器等，使用不当也会引起火灾。可燃物按来源可分为天然可燃物和各种人工聚合物，如木材、纸张、布匹、汽油、液化石油气、建筑装饰用板材、沙发、窗帘等。按形态可分为固态、液态和气态可燃物三种。从组成上讲，可燃物可以是由一种分子组成的单纯物质，例如 H_2、CO、CH_4、H_2S 等部分可燃气体和低分子的可燃液体。绝大部分可燃物都是多种单纯物质的混合物或多种元素的复杂化合物。例如天然气的组分通常主要包括甲烷（CH_4）和氢气，液化石油气的主要组分包括丙烷（C_3H_8）、丙烯（C_3H_6）、丁烷（C_4H_{10}）、丁烯（C_4H_8）等多种碳氢化合物。火灾燃烧产物中也含有未完全燃烧的可燃气体，以及多种可燃液滴和固体颗粒。对于人工聚合物，其成分更加复杂，火灾燃烧产物中常含有大量的毒性成分，火灾危险性更加严重。物品的火灾危险性类别如表 2-1 所示。从表中可以看出，甲类物品的闪点较低，爆炸极限范围宽，其火灾危险性最大。在建筑设计中，针对各种不同物品的燃烧特性和火灾危险性，应分别采取相应的防火阻燃和灭火技术措施。

表 2-1　物品的火灾危险性类别

物品的火灾危险性类别	火灾危险性特征
甲	1. 闪点 $<28℃$
	2. 爆炸下限 $<10\%$ 的气体，以及受到水或空气中水蒸气的作用，能产生爆炸下限 $<10\%$ 的固体物质
	3. 常温下能自行分解或在空气中氧化即能导致迅速自燃或爆炸的物质
	4. 常温下受到水或空气中水蒸气的作用能产生可燃气体并引起燃烧或爆炸的物质
	5. 当遇酸、受热、撞击、摩擦、催化及遇有机物或硫磺等易分解引起燃烧爆炸的强氧化剂
	6. 受撞击、摩擦或与氧化剂、有机物接触时引起燃烧或爆炸的物质
乙	1. 闪点 $\geqslant 28℃$
	2. 爆炸下限 $\geqslant 10\%$ 的气体
	3. 不属于甲类的氧化剂
	4. 不属于甲类的化学易燃危险固体
	5. 助燃气体
	6. 常温下与空气接触能缓慢氧化，积热不散引起自燃的物品
丙	1. 闪点 $\geqslant 60℃$ 的液体
	2. 可燃固体
丁	难燃烧物品
戊	非燃烧物品

建筑物中可燃物种类很多，其燃烧发热量也因材料性质不同而异。为便于研究，在实际中常根据燃烧热值把某种材料换算为等效发热量的木材，用等效木材的质量表示可燃物的数量，称为当量可燃物的量。一般地说，大空间所容纳的可

燃物比小空间要多，因此当量可燃物的数量与建筑面积或容积的大小有关。为便于研究火灾性状，一般把火灾范围内单位地板面积的当量可燃物的质量（kg/m²）定义为火灾荷载。房间中火灾荷载的总和，称为当量可燃物总量。当量可燃物总量与房间中单位面积上的实际可燃物数量及各种可燃物的实际总数量有所不同。火灾荷载可按以下公式进行计算：

$$W=\frac{\sum(G_iH_i)}{H_0A_F}=\frac{\sum Q_i}{H_0A_F} \tag{2-1}$$

式中 W——火灾荷载，单位为 kg/m²；

G_i——某可燃物质量，单位为 kg；

H_i——某可燃物热值，单位为 kJ/kg；

H_0——木材的热值，单位为 kJ/kg；

A_F——室内的地板面积，单位为 m²；

$\sum Q_i$——室内各种可燃物的总发热量，单位为 kJ。

火灾荷载是衡量建筑物室内所容纳可燃物数量多少的一个参数，是分析建筑物火灾危险性的一个重要指标，是研究火灾发展阶段特性的基本要素，火灾荷载与燃烧特性的关系参见表 2-2。

表 2-2 火灾荷载与燃烧特性

火灾荷载/(kg/m²)	热量/(MJ/m²)	燃烧时间——相当于标准温度曲线的时间/h
24	454	0.5
49	909	1.0
73	1363	1.5
98	1819	2.0
147	2727	3.0
195	3636	4.5
244	4545	7.0
60 (288)	5454	8.0
70 (342)	6363	9.0

在建筑物发生火灾时，火灾荷载直接决定着火灾持续时间的长短和室内温度的变化情况。因而，在进行建筑结构防火设计时，很有必要了解火灾荷载的概念，合理确定火灾荷载数值。实验证明，火灾荷载为 60kg/m² 时，其持续燃烧时间为 1.3h。一般住宅楼的火灾荷载约为 35～60kg/m²。高级宾馆达到 45～60kg/m²。这样当火灾发生时，由于火灾荷载大，火势燃烧猛烈，燃烧持续时间长，火灾危险性增大。

2.1.2 氧化剂

凡是能帮助和支持燃烧的物质称为氧化剂。火灾时空气中的氧气是一种最常见的氧化剂。在热源能够满足持续燃烧要求的前提下，氧化剂的量和供应方式是影响和控制火灾发展势态的决定性因素。地下建筑火灾中常采用“封堵降氧”的方法控制火势的发展。

2.1.3 引火源

能引起可燃物质燃烧的热能源叫引火源，引火源可以是明火，也可以是高温物体，如火焰、电火花、高温表面、自然发热、光和热射线等，它们的能量和能级存在很大差别。在一定温度和压力下，能引起燃烧所需的最小能量称为最小点火能，这是衡量可燃物着火危险性的一个重要参数。通常，可燃混合气的初温增加，最小点火能减少；压力降低，则最小点火能增大。当压力降到某一临界压力时，可燃混合气就很难着火。

下面以球形电火花为例，说明最小点火能的概念。图 2-1 为电火花点火的简化模型，相应的简化条件为：

1）可燃混合气体处于静止状态。

2）电极间距足够大（不考虑电极的冷熄作用）。

3）化学反应为二级反应。

假设从球心到球面温度分布均匀，球形火焰温度为绝热火焰温度（T_m），环境温度为 T_∞。点燃的判据是在火焰厚度 δ 内形成 $T_m \sim T_\infty$ 的稳定分布。

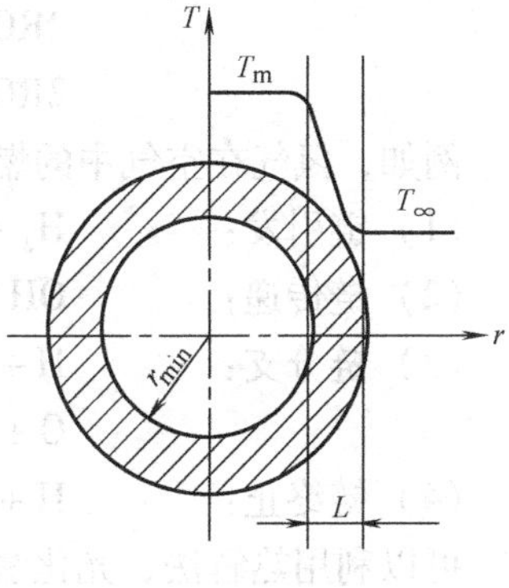

图 2-1 电火花点火模型

则要使半径为 r_{min} 球体内的可燃混合气体用电火花将其从 T_∞ 加热到 T_m 时，所需要的最小点火能应为

$$H_{min} = k_1 \frac{4}{3}\pi r_{min}^3 c_p \rho (T_m - T_\infty) \qquad (2\text{-}2)$$

式中 k_1——修正系数，用来修正电火花加热温度总低于 T_m 而带来的误差；

T_m——球形火焰温度，单位为 K；

T_∞——环境温度，单位为 K；

r_{min}——球形可燃混合气体半径，单位为 m；

c_p——可燃混合气体比定压热容，单位为 kJ/(kg · K)；

ρ——可燃混合气体密度，单位为 kg/m³。

实践证明，多数火花（例如电闸跳火）具有这个能量，因此，必须加强对明火的控制。

2.2 燃烧机理

近代常用游离基的链锁反应理论来解释燃烧的机理。所谓游离基是一种瞬变的不稳定的化学物质，它们可能是原子、分子碎片或其他中间物，反应活性非常强，在反应中成为活化中心。只要在一定条件下使反应中产生少量的活化中心——游离基（称为链引发），游离基和反应体系中其他参与反应的化合物分子发生作用，产生新的游离基，并引起链传递，促使许多链锁步骤自动发展下去，直至反应物全部消耗完为止。游离基的链锁反应过程可以分解成如下4个步骤：

（1）链引发反应：$RH \rightarrow R\cdot + H\cdot$

（2）链增长反应：$R\cdot + O_2 \rightarrow ROO\cdot$

$RH + ROO\cdot \rightarrow ROOH + R\cdot$

（3）链支化反应：$ROOH \rightarrow RO\cdot + \cdot OH$

$ROOH \rightarrow ROO\cdot + RO\cdot + H_2O$

（4）链终止反应：$2R\cdot \rightarrow R-R$

$R\cdot + \cdot OH \rightarrow ROH$

$2RO\cdot \rightarrow ROOR$

$2ROO\cdot \rightarrow ROOR + O_2$

例如，氢气在空气中的燃烧现象可以表示为以下的分支链锁反应过程：

（1）链引发：$H_2 + O_2 = 2OH$

（2）链传递：$OH + H_2 = H_2O + H$

（3）链分支：$H + O_2 = OH + O$

$O + H_2 = OH + H$

（4）链终止：$H + H = H_2$

可以利用热解法、光化法、放射性辐射法、催化等方法产生游离基，从而引发链锁反应。当游离基由于某种原因全部消失时，链锁反应就会中断，燃烧也就停止。原因有反应物中含有杂质、加入抑制剂和游离基撞击器壁等。防火工程中阻火剂、防火涂料等就是根据链锁反应原理研制出来的。

在火灾燃烧过程中，物质会改变原有的性质而变成新的物质，一般还伴随着放出大量的热量。1mol的燃料在等温等压条件下完全燃烧释放的热量称为燃烧热。在标准状态（1atm、273K）下的燃烧热称为标准燃烧热（kJ/mol）。在火灾研究中，可燃物的燃烧热是一个经常使用的重要参数。工程计算时，可燃物的量还经常使用质量（kg）或体积（m^3）作为燃烧热的基本计量单位，称为燃料的热值（kJ/kg或者kJ/m^3）。高热值是指常温下（一般为25℃）燃料完全燃烧后，将燃烧产物冷却到初始温度，并使其中的水蒸气凝结为水所放出的热量；低热值是指常温下的燃料完全燃烧后，将燃烧产物冷却到初始温度，但水分仍以蒸汽形式存在时所放出的热量。固体和液体燃料的热值通常使用氧弹式量热计测定，气体燃料的热值通常用水流式气体量热计测定。表2-3列出了部分具有代表性的可燃物的燃烧热。混合液体和混合气体的热值可按照混合组分的含量，根据混合法则计算得到，或通过实测得到。需要指出的是，在火灾中，可燃物的燃烧通常是不完全的。因此，火灾时的实际放热量一般是以燃烧热为基础，结合燃烧场景的特点通过适当修正来确定。

表2-3　部分可燃物的燃烧热

（1标准大气压、25℃，产物N_2、H_2O（液态）和CO_2）

可燃物名称	状态	燃烧热/(kJ/mol)	可燃物名称	状态	燃烧热/(kJ/mol)
碳	固	392.88	乙烯	气	1411.26
氢气	气	285.77	乙醇	液	1370.94
一氧化碳	气	282.84	甲醇	液	712.95
甲烷	气	881.99	苯	液	3273.14
乙烷	气	1541.39	苯乙烯	液	4381.09
丙烷	气	2201.61	氨基甲酸乙酯	固	1661.88
丁烷	气	2870.64			

由于在较短时间内放热较多，提高了燃烧产物的温度，并引起产物分子内电子的跃迁，而放出各种波长的光。因此，放热、发光和生成新物质是燃烧现象具有的三个基本特征，是区分燃烧和非燃烧现象的依据。例如，点亮灯泡中的钨丝，在惰性介质中灼热的铁块，它们都能放热、发光，但没有新物质生成，因此属于物理过程，而非燃烧现象。金属生锈、生石灰遇水反应等过程都发出热量，也有新物质生成，但由于反应速度慢，放出热量少，不发光，所以它们也只是放热的化学反应，而不是燃烧反应。下列反应均为燃烧反应

$$C + O_2 = CO_2 + 94.05\text{kcal}$$

$$CH_4 + O_2 = CO_2 + H_2O + 212.79\text{kcal}$$

由此可见，火灾的燃烧过程是一种复杂的物理化学过程。游离基链锁反应是燃烧的化学实质，光和热是燃烧过程中发生的物理现象。

火灾发生的三要素中，可燃物的种类和数量是影响火灾危险性的主要因素。可燃气体容易与空气混合，所以比较容易点火并燃烧。液相和固相可燃物是凝聚态物质，通常要经过预热阶段，当温度升到一定值之后，蒸发生成可燃气体，或发生热分解析出可燃气体，然后进入气相扩散燃烧阶段。液相和固相可燃物燃烧过程的后期一般还存在固定碳燃烧阶段，此阶段的长短由固定碳的量决定。不同种类可燃物引发的火灾呈现不同的火灾燃烧特性。

2.3 不同种类可燃物的火灾燃烧特性

2.3.1 可燃气体的火灾燃烧特性

1. 可燃气体的着火

建筑物火灾中的可燃气体通常有两类，一类是火灾前建筑物内已经存在的燃料气，如天然气、液化石油气、人工煤气等。另一类是火灾烟气中由于可燃物不完全燃烧生成的可燃气体，如CO、H_2S等。

任何可燃气体在一定条件下与氧接触，都要发生氧化反应。如果氧化反应过程产生的热量等于散失的热量，或者活化中心浓度增加的数量正好补偿其销毁的数量，这个过程就称为稳定的氧化反应过程。如果氧化反应过程生成的热量大于散失的热量，或者活化中心浓度增加的数量大于其销毁的数量，这个过程就称为不稳定的氧化反应过程。

由稳定的氧化反应转变为不稳定的氧化反应而引起燃烧的一瞬间，称为着火。

(1) 热力着火。一般工程上遇到的着火是由于系统中热量的积聚，使温度急剧上升而引起的。这种着火称为热力着火。可燃混合物的热力着火过程如图2-2所示。其中曲线L为氧化反应过程发生的热量随系统温度变化的指数曲线，曲线M、M'、M''为随建筑物或可燃气体容器内壁温度升高，系统的散热曲线。当温度T_0较低时，散热线M和发热曲线L有两个交点1和2。当建筑物或可燃气体容器内壁温度逐渐升高时，散热线M向右移动，到M'位置时和曲线L相切于i点。i点是稳定状态的极限位置，若系统内壁温度比T_{0i}再升高一点儿，曲线M'就移动到M''的位置，曲线L和M''就没有交点。这时发热量总是大于散热量，温度不断升高，反应不断加速，化学反应就从稳定的、缓慢的氧化反应转变为不稳定、激烈的燃烧。

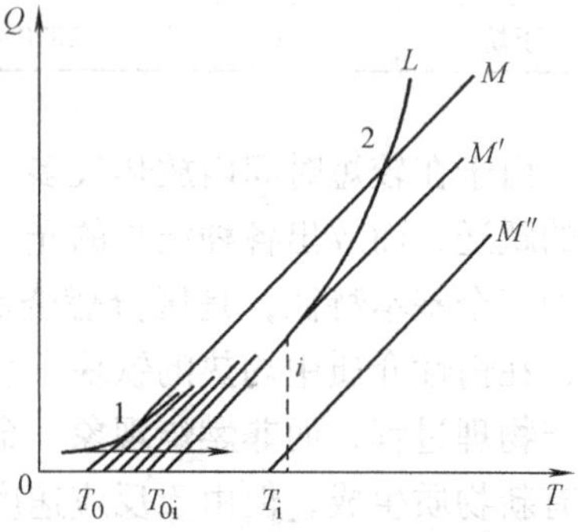

图2-2 可燃混合物的热力着火过程

发热曲线L和散热曲线M'的切点i，称为着火点，相应于该点的温度称为着火温度或自燃温度。

根据上述分析可知，着火点是一个极限状态，超过这个状态便有热量积聚，使稳定的氧化反应转为不稳定的氧化反应。着火点与系统所处的热力状态有关。着火温度除与可燃混合物的特性有关外，还与周围环境的温度、压力、反应容器的形状、尺寸等向外散热的条件有关，即使同一种可燃气体，着火温度也不是一个物理常数。在燃料的活性较强、燃烧系统内压力较高和散热较少的情况下，燃料的热力着火温度会变得低一些。表 2-4 给出 1 个标准大气压、298K 条件下，某些可燃性物质的最低着火温度值。

表 2-4　空气中某些可燃性物质的最低着火温度

可燃性物质	最低着火温度/℃	可燃性物质	最低着火温度/℃	可燃性物质	最低着火温度/℃
甲烷	537	乙烯	450	氢气	500
乙烷	472	丙烯	455	一氧化碳	609
丙烷	432	环己烷	245	氧化乙烯	429
丁烷	587	苯	498	醋酸	463
戊烷	260	甲苯	480	甲醛	424
己烷	223	甲醇	385	氨	651
庚烷	204	乙醇	363	聚乙烯	350
辛烷	260	1-醇	412	聚苯乙烯	495
异辛烷	415	1-丁醇	343		

大量的实验和理论分析证明，当混合气压力增大时，着火温度下降，混合气热自燃容易发生。反之，则自燃温度上升，混合气不易着火。着火临界压力与着火温度的关系如图 2-3 所示。

着火温度还与燃料和空气的组分比有关。着火临界压力也与燃料和空气的组分比有关，这就是可燃气体的着火（爆炸）极限，如图 2-4 和图 2-5 所示。

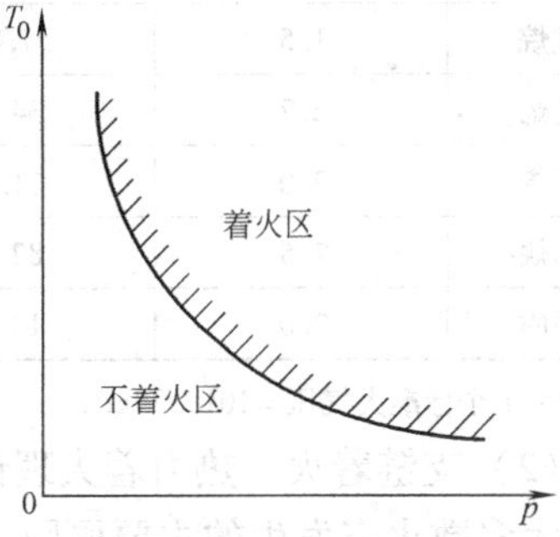

图 2-3　着火临界压力与着火温度的关系

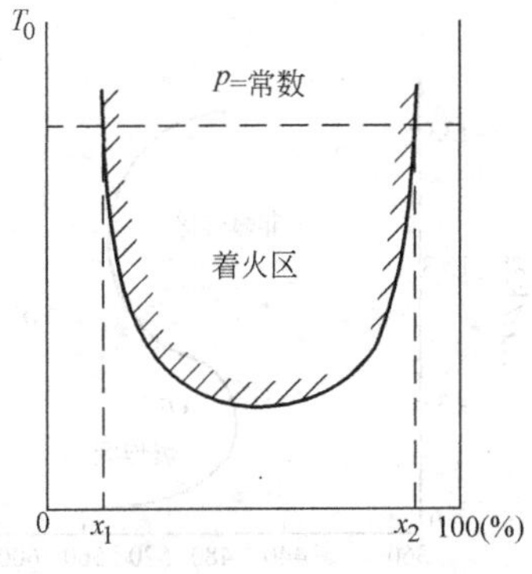

图 2-4　着火温度与混合气成分的关系

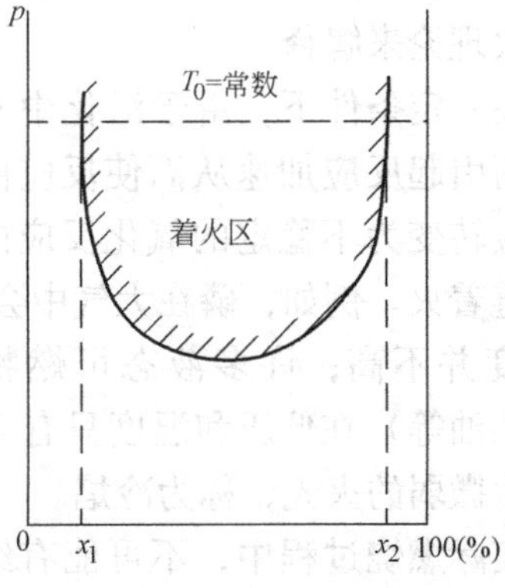

图 2-5　临界压力与混合气成分的关系

从图2-4、图2-5可以看出，在一定的压力和温度下，并非所有的可燃混合气都能着火，燃料气的浓度低于或高于某一极限值都不会被点燃或爆炸。可燃性气体混合物遇明火发生燃烧时可燃气体的最低浓度，称为可燃极限下限；遇明火能发生燃烧的最高浓度，称为可燃极限上限。当压力或温度下降时，可燃极限范围缩小，火灾危险性降低；当压力或温度下降到某一值时，可燃极限上限和下限可为一点；当温度或压力继续下降，则任何混合气体成分都不能着火。若干燃料气的可燃极限范围见表2-5。

表2-5　若干燃料气的可燃极限(273.15K、1个标准大气压)

气体名称	可燃极限(体积分数)(%)		气体名称	可燃极限(体积分数)(%)	
	下限	上限		下限	上限
氢气	4.0	75.0	一氧化碳	12.5	74.2
甲烷	5.0	15.0	氨	15.0	28.0
乙烷	2.9	13.0	硫化氢	4.3	45.5
丙烷	2.1	9.5	苯	1.5	9.5
丁烷	1.5	8.5	甲苯	1.2	7.1
戊烷	1.5	7.8	甲醇	6.0	36.0
乙烯	2.7	34.0	乙醇	3.3	18.0
丙烯	2.0	11.7	1-丙醇	2.2	13.7
乙炔	2.5	82.0	乙醚	1.85	40.0
丙酮	2.0	13.0	甲醛	7.0	73.0

注：1个标准大气压=101.325kPa。

（2）支链着火。热力着火理论是多数燃料在燃烧设备内所经历的着火过程，也是大多数火灾发生的主要原因。也有许多现象不符合热力着火理论，如氢气/氧气体系在低压下其可燃界限呈半岛形，如图2-6所示。这种燃烧现象可以用支链着火理论来解释。

在一定条件下，由于活化中心浓度迅速增加而引起反应加速从而使反应由稳定的氧化反应转变为不稳定的氧化反应的过程，称为支链着火。例如，磷在大气中会发生闪光，但温度并不高；许多液态可燃物（醚、汽油、煤油等）在低压和温度只有200～280℃时发生微弱的火光，称为冷焰。

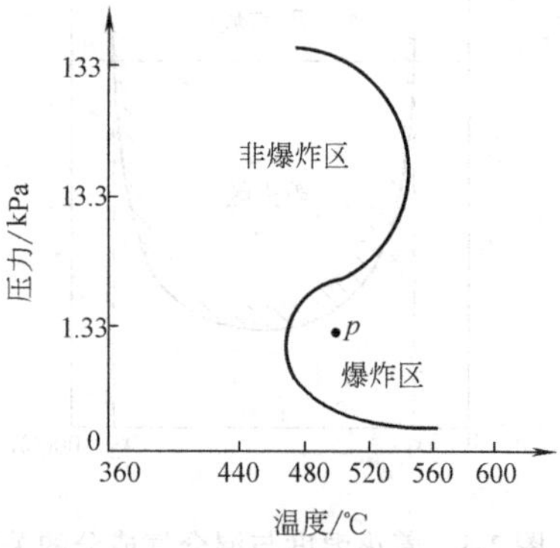

图2-6　氢/氧混合物的爆炸极限

实际燃烧过程中，不可能有纯粹的热力着火或支链着火存在。事实上，它们是同时存在而且是相互促进的。可燃混合气的自行加热不仅加强了热活化，而且亦加强了每个链反应的基元反应。一般来说，高温时热自燃是着火的主要原因，而在低温时支链反应是着火的主要原因。

2. 可燃气体的点火

上节讨论了可燃气体的着火现象。这时，假设可燃混合物中任一点的瞬时温度和浓度均相等，燃烧反应是在整个系统中同时进行的。而当一微小热源放入可燃混合物中时，则贴近热源周围的一层混合物被迅速加热，并开始燃烧产生火焰，然后通过湍流混合和传热，火焰锋面逐渐传播并扩展到整个可燃物，使可燃混合物逐步着火燃烧。这种现象称为强迫着火。工程中使用得较为普遍的着火方法是强迫着火，点火源可以是灼热固体颗粒、电火花、引燃火炬、高温烟气回流等。

强迫着火和自燃着火在原理上是一致的，都是化学反应急速加剧的结果。但是，强迫着火要求点火源处的火焰能够在混合气中传播，因此，强迫着火的条件不仅与点火源的性质有关，还与火源的传播条件有关。为了保证着火成功，并使火焰能在较冷的可燃气中传播，强迫着火温度（点火温度）一般要比自燃温度高得多。

3. 可燃气体的燃烧过程

根据可燃气体与空气混合过程的特点，可燃气体的燃烧过程可以归纳为扩散式燃烧和预混式燃烧两种基本形式。两者边混合边燃烧称为扩散式燃烧。可燃气体与空气在燃烧前即进行预混合的燃烧过程称之为预混式燃烧。火灾燃烧中经常出现这种情况，即使可燃组分在预混燃烧阶段不能完全燃烧，部分燃料气进入烟气中，还可以继续发生扩散燃烧。

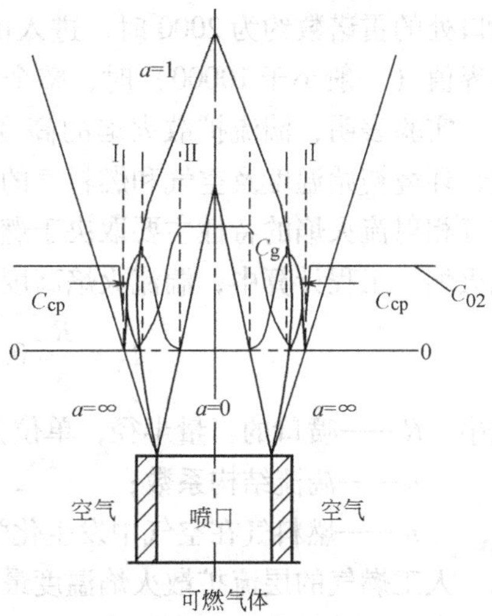

图 2-7　可燃气体层流扩散火焰的结构示意图

（1）扩散式燃烧。可燃气体在喷射出来之前没有与空气混合，当可燃气体从存储容器或输送管道中喷射出来时，在适当的点火源能量的作用下，喷射而出的可燃气体卷吸周围的空气，边混合边燃烧，形成射流扩散火焰，分为层流和湍流两种类型。层流扩散火焰的示意图见图 2-7。层流扩散火焰焰面为圆锥形。焰面上可燃气体和空气的混合比等于化学计量比；焰面以内为可燃气体和燃烧产物的混合区。可燃气体浓度 C_g 从火焰中心向焰面逐步降低；焰面以外为空气和燃烧产物的混合区。氧气浓度从静止的空气层向焰面逐步降低；燃烧产物在焰面上浓度 C_{cp} 最大，从焰面向内、外两侧逐步降低。

从喷口平面到火焰锥尖的距离称为火焰高度，它是表示燃烧状况的一个重要参数。扩散火焰高度与喷口出流速度之间的关系如图 2-8 所示。

理论和实验分析的结果表明，当喷口尺寸和形状一定时，层流扩散火焰高度随管口喷出气流速度增加而增长，即

$$L_c = \frac{K_c' q_V}{D} = \frac{K_c u R^2}{D} \tag{2-3}$$

式中 q_V——可燃气体的体积流量，单位为 m^3/s；

D——气体的扩散系数，单位为 m^2/s；

u——可燃气体的平均流速，单位为 m/s；

R——喷口的当量半径，单位为 m；

K_c——修正系数。

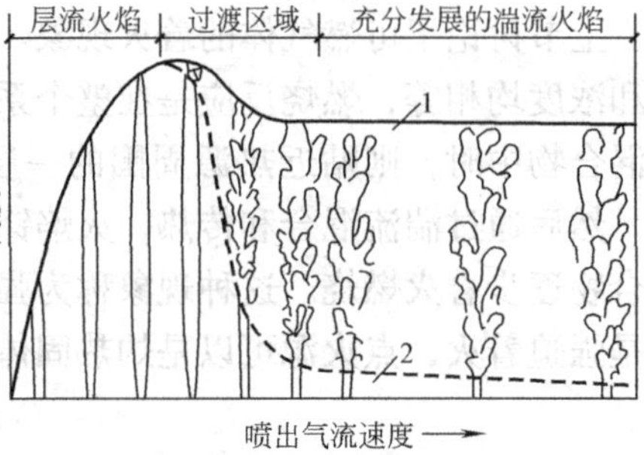

图 2-8 气流速度增加时扩散火焰高度和燃烧工况的变化

1—火焰长度终端曲线 2—层流火焰终端曲线

随着可燃气体气流速度的增大，火焰逐渐由层流转变为湍流。实验表明，当喷口处的雷诺数约为 2000 时，进入由层流向湍流的转变区。当雷诺数达到某一临界值（一般小于 10000）时，整个火焰焰面几乎完全发展为湍流燃烧。

实验表明，湍流扩散火焰的高度大致与喷口的半径成正比，与绝热火焰温度、环境初始温度及空气和燃料气的化学当量比有关，与燃料气的流速无关。喷口气相射流火焰的特性主要取决于燃料气喷出的动量，文献中通常称之为动量射流火焰。工程计算中，湍流火焰高度还常用下式估算

$$L_T = \frac{R}{a}[0.7(1+n) - 0.29] \tag{2-4}$$

式中 R——喷口的当量半径，单位为 m；

a——湍流结构系数；

n——燃料气在空气中发生化学当量比燃烧时的燃料/空气比。

人工燃气的层流扩散火焰温度最高可达 900℃，湍流扩散火焰可达 1200℃左右。由于火焰部分的温度较高，可以对邻近的物体或建筑造成严重破坏，因此，在火灾防治中，需要关注火焰可能达到的高度。

（2）预混式燃烧。如果由于某种原因致使可燃气体泄漏，在封闭的泄漏点区域，如建筑物室内就会形成大量的可燃混合气。若同时出现点火源，便可引起爆炸。这种爆炸往往引发火灾，或使火灾进一步扩大。可燃气体与空气混合的程

度通常用一次空气系数 a_1 来表示，即一次空气量和理论空气量的比值。一次空气系数 $a_1=1$ 时，即处于化学当量比燃烧；一次空气系数 $a_1<1$，表明氧气供应不足，燃料过量，称为富燃料预混气，这种状况的燃烧称为部分预混式燃烧。一次空气系数 $a_1>1$ 时，表明空气过剩，燃料气较少，通常称为贫燃料混气，处于完全预混式燃烧状态。火灾的初期阶段，通常是富燃料预混气燃烧阶段；火灾的通风阶段处于空气过剩阶段。

部分预混式燃烧形成的本生火焰由内锥和外锥两层火焰组成，如图 2-9 所示。内锥由可燃气体与一次空气混合物的燃烧所形成，其燃烧过程处于动力区内。外锥是尚未燃烧的可燃气体从周围空气中获得氧气燃烧所形成，燃烧过程处于扩散区内。从火势的发展来看，火灾的发展和蔓延实际上是一种处于高温反应区的火焰传播过程。随着气体流动状态的不同，预混火焰传播速度可分为层流火焰传播速度和湍流火焰传播速度两种。

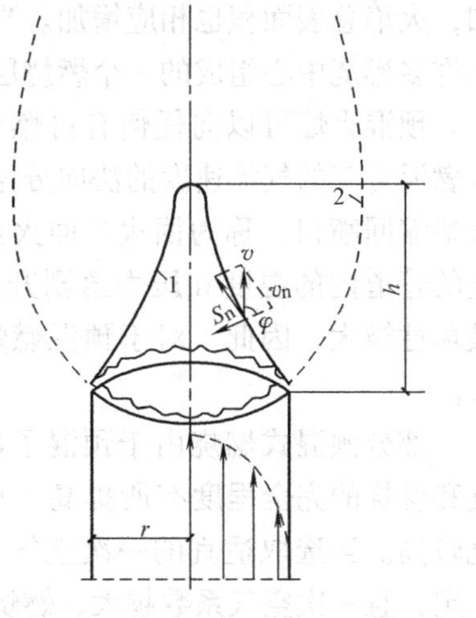

图 2-9　部分预混燃烧形成的本生火焰
1—内锥面　2—外锥面

层流火焰传播速度定义为火焰面向层流可燃混合气中传播的法向速度。一定温度、压力下，可燃混合物的法向火焰传播速度 S_n 是反映可燃气体燃烧特性的一个物理常数，由可燃混合物的物理化学特性所决定。随着初始温度的升高，S_n 显著增大。对于烃类碳氢化合物而言，炔族火焰传播速度最大，其次为烃类，最小是烷族。法向火焰传播速度的最大值出现在空气与可燃气体按化学计量比混合时。法向火焰传播速度相应的最大与最小值时可燃物的含量即为可燃混合物的着火下限和上限。表 2-6 所示为常温常压下，若干燃料气体与空气混合时的法向火焰传播速度的最大值，以及在该速度时燃料气在预混气中的百分比。

表 2-6　若干燃料气体与空气混合气的法向火焰传播速度的最大值(常温常压)

燃料气	法向火焰传播速度的最大值/(m/s)	此时的燃料浓度与当量浓度之比(%)	燃料气	法向火焰传播速度的最大值/(m/s)	此时的燃料浓度与当量浓度之比(%)
氢气	2.912	170	正丁烷	0.416	113
一氧化碳	0.429	170	乙烯	0.476	116
甲烷	0.373	106	丙烯	0.480	114
乙烷	0.442	112	苯	0.446	108
丙烷	0.429	114	甲苯	0.386	105

当部分预混火焰内锥表面各点上的气流速度 v 在锥体母线的法线上的分量 v_n 与该点的法向火焰传播速度 S_n 相等时，则内锥形状非常稳定，轮廓清晰，呈明亮的蓝色锥体。又由于一次空气量小于燃烧所需的空气量，因此在蓝色锥体上仅仅进行一部分燃烧过程。所生成的中间产物将穿过内锥焰面，在其外部按扩散方式与空气混合而燃烧：且一次空气系数越小，则外锥焰就越大。$a_1=1$ 时，燃烧温度最高，内锥高度最短；$a_1<1$ 或 $a_1>1$ 时，内锥高度均增长。

由于预混湍流火焰比层流火焰明显缩短，焰面由光滑变为皱曲，火焰厚度增加，火焰总表面积也相应增加。当湍流尺度很大时，焰面将强烈扰动，焰面变为由许多燃烧中心组成的一个燃烧层，燃烧得到强化。其火焰结构如图 2-10 所示。

预混火焰可以向任何有可燃混合气的地方传播。当可燃混合气的气流速度的法向分速度小于火焰传播速度，火焰缩回喷口，称为回火。回火可能造成混合室与其相连的管道内的温度和压力急剧升高，甚至造成爆炸，其破坏性极大，因此，对于预混燃烧应当格外注意防止回火。

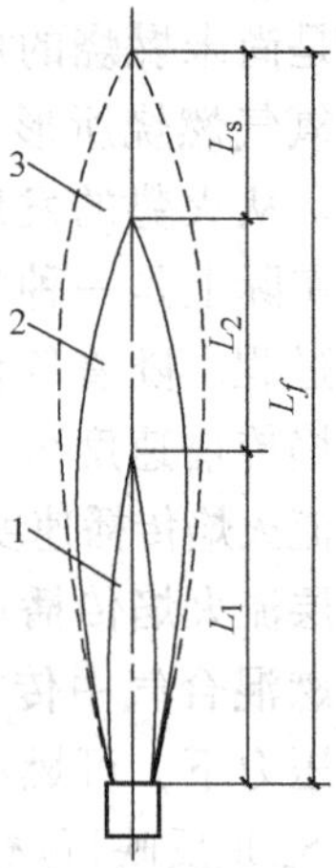

图 2-10 部分预混燃烧湍流火焰结构
1—焰核 2—焰面 3—燃尽区

部分预混式燃烧由于预混了部分空气，所以燃烧温度和燃烧的完全程度有所提高，火焰温度相对扩散式燃烧较高。当选取适宜的一次空气系数时，燃烧过程仍属稳定，且一次空气系数越大，燃烧的稳定范围就越小。

2.3.2 可燃液体的火灾燃烧特性

1. 液体的燃烧过程

可燃液体的着火过程如图 2-11 所示。液体燃烧主要包括蒸发和气相燃烧两大阶段。在外界点火源所释放热能的作用下，可燃性液体蒸发生成可燃性蒸气，可燃性蒸气与氧气或氧化剂混合生成的可燃性混合气，在点火源释放的热能作用下，达到着火条件而起火。因此，液体蒸发是液体燃烧的先决条件。在常温下，不同液体的蒸发速率是不同的，因而在液面上方，可燃蒸气与空气形成的可燃混合气的着火能力也有所区别。蒸发快的比蒸发慢的要危险。饱和蒸气压和沸点是表征液体蒸发特性的重要参数。

2. 液体的闪燃与点燃

在低温条件下易燃、可燃液体蒸气与空气混合到达一定的浓度，遇到明火点燃即发生蓝色火焰且一闪即灭，不再继续燃烧的现象，称为闪燃。出现闪燃的最低温度叫闪点。因为当时液体蒸发的速度尚不能满足燃烧的需要，所以闪燃出现的时间不长。随着温度的升高，液体的蒸发加快，达到着火浓度的时间缩短，这时便有起火甚至爆炸的危险了。实际应用中常用闪点来衡量液体的火灾安全特性。液体的闪点越低，蒸发性越好，其火灾危险性越大。所以，闪点是易燃、可燃液体即将起火燃烧的前兆。对于防火而言，闪点具有重要的意义。测定闪点有开口杯法和闭口杯法，一般前者用于测定高闪点液体，后者用于测定低闪点液体。

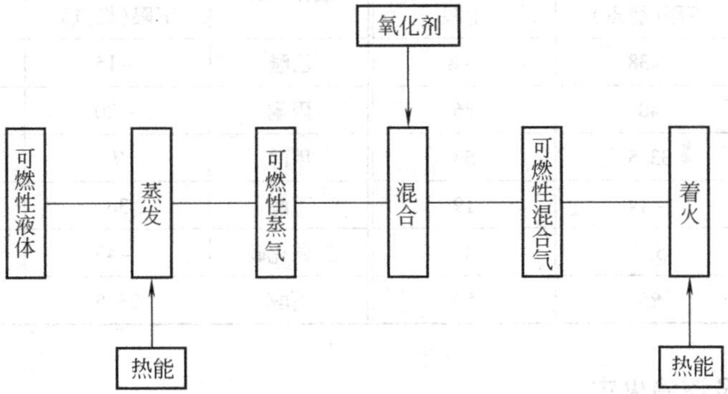

图 2-11　可燃液体的着火过程

表 2-7 列出了常见可燃液体的闪点。可以看出，许多液体的闪点低于常温。为了便于防火安全管理，一般把闪点低于 45℃ 的液体称为易燃液体，闪点高于 45℃ 的称为可燃液体。在建筑防火设计中，常以 28℃ 和 60℃ 为界，将易燃和可燃液体分为甲、乙、丙三类火险物质。闪点小于 28℃ 的可燃液体属甲类火险物质，例如汽油；闪点大于等于 28℃，小于 60℃ 的可燃液体属乙类火险物质，例如煤油；大于等于 60℃ 的可燃液体属丙类火险物质，例如柴油、植物油。

表 2-7　常见可燃液体的闪点

液体名称	闪点/℃	液体名称	闪点/℃
汽油	−58 ~ 10	乙醚	−45
煤油	28 ~ 45	丙酮	−20
酒精	11	乙酸	40
苯	−14	松节油	35
甲苯	5.5	柴油	60 ~ 90
二甲苯	2.5	乙二醇	110
二硫化碳	−45	菜籽油	163

随着液体温度的升高，其蒸气浓度进一步增大，到一定温度再遇到明火时，便可发生持续燃烧。这一温度称为该液体的燃点。与燃料气的可燃极限类似，可燃液体的着火温度也有下限与上限之分。着火温度下限是指液体在该温度下蒸发

生成的蒸气浓度等于其可燃极限下限，着火温度下限即该液体的燃点。着火温度上限是指该液体在该温度下蒸发出的蒸气浓度等于其可燃极限上限。表2-8列出了液体的着火温度极限。

表2-8 液体的着火温度极限

液体名称	着火温度极限/℃		液体名称	着火温度极限/℃	
	下限(燃点)	上限		下限(燃点)	上限
车用汽油	-38	-8	乙醚	-15	13
灯用煤油	40	86	丙酮	-20	6
松节油	33.5	53	甲醇	7	39
苯	-14	19	丁醇	36	52
甲苯	5.5	31	二硫化碳	-45	26
二甲苯	25	50	丙醇	23.5	53

3. 池火及流淌火灾

在表面张力的作用下，当可燃液体从容器或管道中流淌出来，受到了某种固体壁面阻挡，就极易积聚起来形成不规则的大面积液池。在火灾中，可燃液体燃烧的主要形式是液面燃烧，即火焰直接在液池表面上生成，一般称为池火。盛放在敞口容器中的液体是一种典型的池火。液池的大小可以用它的当量直径来度量，是决定池火特性的一个重要参数。伯利诺夫和卡迪亚罗夫对直径从3.7～22.9mm的碳氢可燃物池火的研究结果表明，池火的液面下降速率及火焰高度随池火直径的变化可分为三个区域：当直径$D<0.03$m时，火焰为层流火焰，液面下降速率随池火直径的增加而下降；直径$D>1.0$m时，火焰为充分湍流状态，液面下降速率与池火直径无关；直径处于$0.03\text{m}<D<1.0\text{m}$范围时，火焰处于过渡区状态。常见几种油类池火中液面下降速度和火焰高度随池径的变化如图2-12所示。

池火中液面的下降速率可由下式给出

$$R=\frac{1}{\rho L_v}(\dot{Q}''_F+\dot{Q}''_E-\dot{Q}''_L) \tag{2-5}$$

式中 R——液面下降速率，单位为m/s；

ρ——液体的密度，单位为kg/m^3；

L_v——液体蒸发热，单位为kJ/kg；

$\dot{Q}''_F$——火焰供给液面的面积热流量，单位为kW/m^2；

$\dot{Q}''_E$——其他热源供给液面的面积热流量，单位为kW/m^2；

$\dot{Q}''_L$——通过燃料表面的热损失速率，单位为kW/m^2。

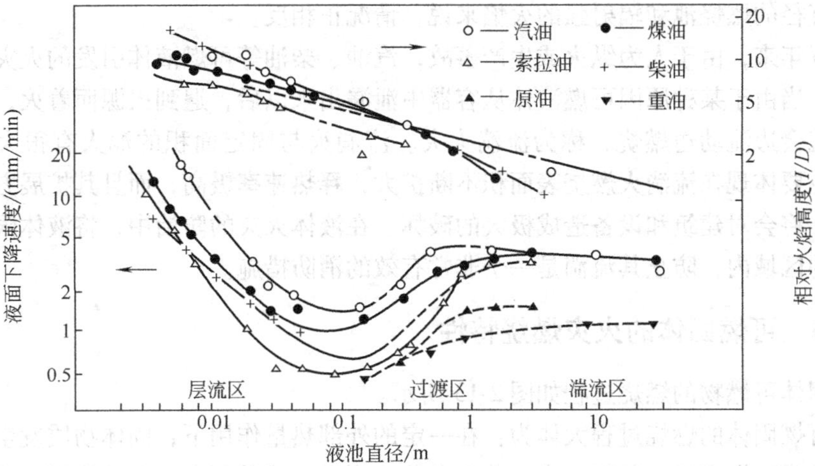

图 2-12 池火中液面下降速度和火焰高度随池径的变化

在自燃燃烧情况下，由火焰供给液面的面积热流量 $\dot{Q}''_F$是液体所得到的热量的主要来源，包括通过容器边缘对液面的导热 $\dot{Q}''_{cd}$、对液面的直接对流传热 $\dot{Q}''_{cv}$以及辐射换热 $\dot{Q}''_{rd}$三项之和

$$\dot{Q}''_{cd} = K_1 \pi D(T_F - T_L) \tag{2-6}$$

$$\dot{Q}''_{cv} = K_2 \pi \frac{D^2}{4}(T_F - T_L) \tag{2-7}$$

$$\dot{Q}''_{rd} = K_3 \pi \frac{D^2}{4}(T_F^4 - T_L^4)[1 - \exp(-K_4 D)] \tag{2-8}$$

式中 D——液面的直径，单位为 m；

T_F——火焰的温度，单位为 K；

T_L——液体的温度，单位为 K；

K_1——综合考虑各种导热项而引入的系数，单位为 kW/(m^3 · K)；

K_2——对流传热系数，单位为 kW/(m^4 · K)；

K_3——包括斯忒藩－玻耳兹曼常量和由火焰对液面传热的形状因子；

K_4——不仅包括关联平均光程与液池直径的比例因子，而且包括火焰中辐射组分的浓度和辐射系数。$1-\exp(-K_4D)$ 是火焰辐射项。假设 K_4 足够大，则当 D 很小时，导热项决定着燃烧速率；而当 D 较大时，辐射项对燃烧速率起控制作用。

一些实验还表明，液池表面不同径向位置的燃烧速率也并不相同。对于直径比较小的池火，靠近池边的蒸发速率比中心处大，其中甲醇池火尤为明显。而对于大直径的燃烧池和辐射强的火焰来说，情况正相反。

近年来，由于人为纵火或生产事故，汽油、柴油等可燃液体引发的火灾时有发生。当由于某种原因可燃液体从容器中泄漏出来以后，遇到火源而着火，可燃液体就会边流动边燃烧，称为流淌火灾。流淌火与固定面积的池火有很大的差别，主要体现在流淌火燃烧表面积不断扩大，释热速率极高，而且其扩展方向不确定，将会对建筑和设备造成极大的破坏。在液体火灾的防治中，将液体限制在一定的区域内，防止其流淌是一个非常有效的消防措施。

2.3.3 可燃固体的火灾燃烧特性

固体可燃物的燃烧过程如图 2-13 所示。

可燃固体的燃烧过程大体为：在一定的外部热量作用下，固体物质发生热分解，生成可燃挥发分和固定炭。若挥发分达到燃点或受到点火源的作用，即发生明火燃烧。稳定的明火向固体燃烧面反馈热量，使固体燃料的热分解加强，即使撤掉点火源，燃烧仍能持续进行。当固体本身的温度达到较高之后，固定炭也开始燃烧。从火灾防治角度出发，主要关心可燃固体的前期气相燃烧。

有一些可燃固体受热后，先熔化为液体，由液体蒸发生成可燃蒸气，再以燃料气的形式发生气相燃烧。由于这些固体的相对分子质量较大，总会或多或少地产生固定炭，故其燃烧后期也存在固定炭的燃烧阶段。

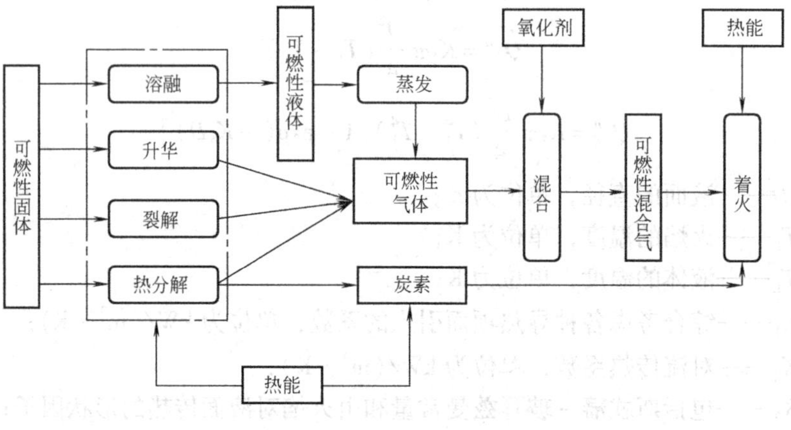

图 2-13 固体可燃物的燃烧过程

通常固体燃料是由外部火源点燃的。当固体燃料在明火点燃下刚刚可以发生持续燃烧时，其表面的最低温度称为该物质的燃点。由于固体的挥发性差，而且其性质不够稳定，因而其燃点不易准确测定。表 2-9 列出了一些可燃固体的燃点供参考。

表 2-9　可燃固体的燃点

物质名称	燃点/℃	物质名称	燃点/℃
蜡烛	190	烟叶	222
橡胶	120	布匹	200
纸张	130	松木	250
棉花	210	樟脑	70
麻绒毛	150	塞璐珞	100

有些固体除了可由明火点燃外，还可以发生自燃。所谓自燃，是指没有外部点火源的情况下，可燃固体受热或自然发热，热量在其周围积蓄起来，致使可燃物达到一定的温度而发生的燃烧。在规定条件下，可燃物质发生自燃的最低温度称为该物质的自燃点。可燃气体和液体也都有自燃点。物质的自燃点越低，发生火灾的危险性越大。部分可燃物的自燃点如表 2-10 所示。

表 2-10　可燃物的自燃点

物质名称	自燃点/℃	物质名称	自燃点/℃
塞璐珞	150 ~ 180	汽油	255 ~ 530
赤磷	200 ~ 250	煤油	210 ~ 290
松香	240	轻柴油	350 ~ 380
棉花	210	豆油	400
涤纶化纤	440	氨	651

不少建筑物火灾正是由可燃物自燃引起的。当可燃物堆放在通风散热较差的地方，如靠近炉灶或烟囱的木柴垛，可能由于受热达到自燃点而导致火灾。另一方面，某些可燃物如柴草垛等，受到雨淋，可燃物由于菌化分解作用产生热量而达到自燃点，并有可能最终导致火灾。还有一些固体可燃物在常温下可自行分解产生可燃气体，或在空气中氧化导致迅速自燃或爆炸，如硝化棉、塞璐珞、黄磷等。有的在常温下受到水或空气中水蒸气的作用，能产生可燃气体，并引起燃烧或爆炸，如金属钾、钠、电石、氢化钠等。有的在受到撞击、摩擦，或与氧化剂、酸、碱等有机物接触能引起燃烧或爆炸，如赤磷、五硫化二磷等；还有一些强氧化剂，如氯酸钾、氯酸钠、过氧化钾、过氧化钠等，遇酸、受热、受撞击、摩擦，以及有机物或硫磺等易燃的无机物，极易引起燃烧或爆炸。实际储存这些物质时，尤其是对于堆放着的固体或需要加热、烘烤、熬炼的固体来说，一定要采取适当的措施防止其接近自燃点。

可燃固体的种类繁多，通常可分为天然物质（木材、草、棉花、煤等）和人工合成物质（橡胶、塑料、纺织品等）两大类。在工程燃烧中通常以煤为固体燃料的代表。但是在建筑火灾中，建筑物中的装饰材料、家具、衣物、室内存放的各种物品等，都是经常遇到的可燃物和初始火源，它们大都是由木材和人工聚合物制成或构成的。以下将主要讨论这两类物质的火灾燃烧特点。

1. 木材的火灾燃烧特性

木材受热在100℃以下时主要是蒸发水分，超过100℃开始发生热解、汽化反应，析出可燃气体，同时放出少量的热。当温度达到大约260℃时，可燃性气体的析出量迅速增加，此时明火可将其点燃，但并不能维持稳定燃烧。这表明可燃性气体的量还不够大，所以260℃相当于液体可燃物的闪点，这里称为木材的闪火温度。大量的实验结果表明，尽管木材种类很多，但木材热解、汽化的规律相差不大；热解、汽化产物的主要成分包括 CO、H_2、CH_4 等。木材的闪火温度均在260℃附近。环境温度达到424～455℃时，即可着火燃烧。某些树种的闪火温度、着火温度值见表2-11。

表2-11　树种的闪火温度和着火温度

树种	杨树	红松	夷松	榉木	桂树
闪火温度/℃	253	263	262	264	270
着火温度/℃	445	430	437	426	455

由于木材结构的各向异性，导致顺木纹方向透气性好、热导率大；垂直木纹方向透气性差、热导率小，一旦受热则不易散掉，容易形成局部高温，对热解、汽化反而有利，所以垂直木纹方向较顺木纹方向容易着火。在森林火灾和建筑火灾中的木制品烧损情况中都有表现。即沿垂直木纹方向烧损严重，而烧痕往往不连续，呈一个一个的深洞。

2. 高分子化合物的火灾燃烧特性

研究结果表明：高分子材料受热之后，也发生热解、汽化反应，高分子化合物的着火燃烧过程见图2-14。某些高分子化合物受热后，首先释放出可燃性气体，所以着火仍发生在气相中。例如，高分子材料用激光加热时，试件放在激光器的焦点，调节电流控制激光器的功率。随着加热的开始，试件温度不断升高，热解、汽化反应逐渐强化，热解、汽化生成物在试件上方形成一束垂直试件表面的白烟。随着时间的延续，白烟底部变粗，而且更接近试件表面，与试件表面的距离只有3～4mm，以后便着火形成预混火焰，并沿着白烟传播，最后形成扩散火焰。如果在空气中添加5%的四氯化碳，则火焰呈蓝色，但燃烧速度变慢。大量的实验结果表明，有机玻璃着火时的表面温度在580～610℃之间，添加少量的四氯化碳相当于添加了阻燃剂，推迟了着火，减慢了燃烧速度。所以阻燃剂以及难燃化处理常在人工合成材料中添加少量的 CCl_4。

某些聚合物受热先液化、再蒸发，所以着火特性类似液体可燃物的着火。控制着火特性的主要参数是蒸发速度，由于此时的环境温度很高，可用高温环境下的蒸发规律处理这个问题。受热的聚合物液化之后也要流动，流动方向总是受重力控制从上向下流动。所以受热部位对着火性能的影响与受热汽化的可燃物不同，受热部位在上，液化的流体向下流动对着火燃烧有利，造成火灾蔓延的危险性加大。

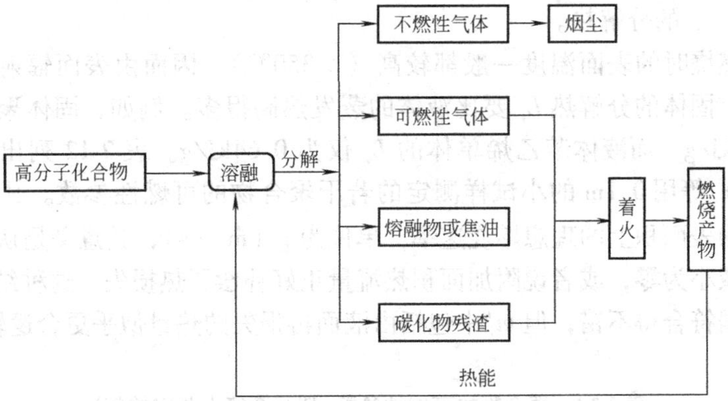

图 2-14 高分子化合物的燃烧过程

2.4 燃烧速率

火灾环境中温度及各种化学组分浓度的变化依赖于热量和燃烧产物组分的生成速率、燃烧所需空气的供应速率、以及燃烧产物与空气的混合过程等。火灾严重性和消防措施有效性的评判均以火灾过程的某一特定时期内火灾环境中的气体温度和特定组分浓度为依据，因此，了解火灾中主要燃烧产物组分和热量的生成速率是十分必要的。

热环境中的可燃物受热会发生热解，析出可燃挥发分。热解的速率取决于可燃物的表面积及其所接收到的热量。热解的发生包含两种情况，即有明火和无明火。稳态条件下的热解过程可用以下表达式来描述

无明火情况

$$\dot{m}_{nf} = (q_e'' - q_L'')A_v/L_v \tag{2-9}$$

明火情况

$$\dot{m}_f = (q_e'' + q_f'' - q_L'')A_v/L_v \tag{2-10}$$

式中 $\dot{m}_{nf}$——热解速率，单位为 kg/s；无明火情况下的热解速率即为燃烧速率；

$\dot{m}_f$——燃烧速率，单位为 kg/s；

q_e''——单位可燃物表面积上的外加面积热流量，单位为 kW/m^2；

q_f''——单位可燃物表面积上的火焰面积热流量，单位为 kW/m^2；

q_L''——单位可燃物表面积上的辐射热损失，单位为 kW/m^2；

A_v——可燃物表面积，单位为 m^2；

L_v——挥发分析出的潜热，单位为 kJ/kg；对于固体来说，应理解为固体的分解热。

固体燃烧时的表面温度一般都较高（>350℃），因而由表面辐射出去的热损失较大。固体的分解热 L_v 要比液体的蒸发热高得多。例如，固体聚苯乙烯的 L_v 为 1.76kJ/g，而液体苯乙烯单体的 L_v 仅为 0.64kJ/g。表 2-12 列出了特瓦森（Tewarson）等用 0.1m 的小试样测定的若干聚合物的可燃性参数。其中，m_i''为单位可燃物表面积上的理想燃烧速率，单位为 g/(m^2·s)，其意义是认为所有的热损失都减小为零，或者说附加面积热流量正好补偿了热损失。这种结果与现有的实验数据符合得不错，但 m_i''中包括由液面再损失的热量似乎更合逻辑。

表 2-12　聚合物的可燃性参数（特瓦森等人测定的值）

可燃物	L_v/(kJ/g)	q_f''/(kW/m^2)	q_L''/(kW/m^2)	m_i''/[g/(m^2·s)]
聚乙烯(固体)	2.32	32.6	26.3	14
聚丙烯(固体)(pp)	2.3	28.0	18.8	14
木材	1.2	23.0	23.8	13
聚苯乙烯(固体)(PS)	1.76	61.5	50.2	35
泡沫塑料(硬质)	1.52	50.2	58.5	33
聚氨酯泡沫塑料(软质)(PUF)	1.52	68.1	57.7	45
甲醇(液体)	1.20	8.1	22.2	32
乙醇(液体)	0.97	38.9	24.7	40
苯乙烯(液体)	0.64	72.8	43.5	114
苯(液体)	0.49	72.8	42.2	149

建筑物中开口部位的大小对燃烧速度有一定的影响。建筑物火灾旺盛阶段开口部位的大小和燃烧速度的关系可用式（2-11）表示

$$R=(5.5\sim6.0)A\sqrt{H} \tag{2-11}$$

式中　R——燃烧速度，单位为 kg/min；

A——开口的面积，单位为 m^2；

H——开口部位的高度，单位为 m。

由上式可以看出，燃烧速度和开口面积 A 成正比，和开口部位高度 H 的开

方$\sqrt{H}$成正比。也就是说，开口面积 A 的变化与开口部位的高度 H 相比，A 的变化对燃烧速度 R 的影响更为显著。

2.5 建筑物火灾的发展和蔓延

火灾过程中火灾建筑物室内环境的温度随着产生热量的增多而升高，在达到并超过逃生人员所能承受的极限时，便会危及生命安全。并且温度继续升高到一定程度后，建筑构件和金属将会丧失其强度，使建筑结构受到损害。

通常用室内平均温度随时间的变化曲线表示建筑物室内火灾的发展过程，如图 2-15 所示。

从两曲线的对比可见，可燃液体火灾初期的温升速率很快，在相当短的时间内，温度可达 1000℃左右。若火区的面积不变，即形成了固定面积的池火，则火灾基本上呈定常速率燃烧。若形成流淌火，燃烧强度将迅速增大。这种火灾几乎没有多少探测时间，供初期灭火准备的时间也很有限，极易对人和建筑物造成严重危害，防止和扑救这类火灾应当采取一些特别的措施。

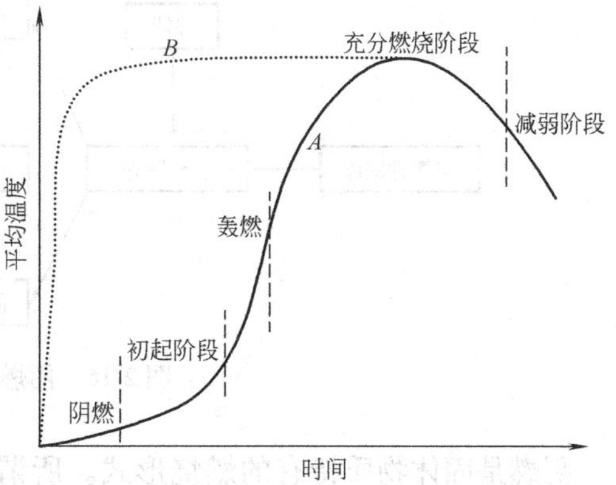

图 2-15　建筑物室内火灾的发展过程
A—可燃固体火灾室内平均温度的上升曲线
B—可燃液体室内火灾的平均温升曲线

根据建筑物常见的可燃固体火灾温升曲线 A，按照建筑物火灾发生、发展的时间顺序，建筑物火灾大体可分为三个主要阶段：即火灾初起阶段、充分发展阶段以及熄灭阶段。其中充分发展阶段进一步可划分为成长阶段和旺盛阶段。各阶段的特点简述如下。

2.5.1 火灾初起期

通常把可燃物质（气体、液体和固体）在一定条件下，形成非控制的火焰称为起火，失去控制的火焰称为起火灾。建筑物火灾中，初始起火源大多数是固体可燃物。固体可燃物起火的点火源有多种，如烟头、可燃物附近异常发热的电器、炉灶的余火等。在某种点火源的作用下，固体可燃物的某个局部被引燃起火，并失去控制，称为处于火灾初期阶段。根据起火源的燃烧特性、起火源周围可燃物的分布和燃烧特性、通风情况等差异，火灾初起期的持续时间不同。例如，焚烧废纸而引燃家具所需时间较短，若烟头使被褥着火则常要一两个小时以上。由于上述原因，火灾初期着火区的扩大呈现不同的规律性，通常呈现以下两种情况。

1. 火灾初起即熄灭

初始可燃物全部烧完而未能延及其他可燃物，火灾早期即受到控制或自行熄灭。这种情况通常发生在初始可燃物不多且距离其他可燃物较远的情况下，或者是火灾早期探测系统起作用，刚发烟即受到有效的控制。

2. 阴燃

火灾增大到一定的规模，但温度和通风不足使燃烧强度受到限制，火灾以较小的规模持续燃烧。此时可燃物呈现显著的不完全燃烧状态，大量的发烟但不出现明火，这样的燃烧过程常称之为阴燃，如图 2-16 所示。

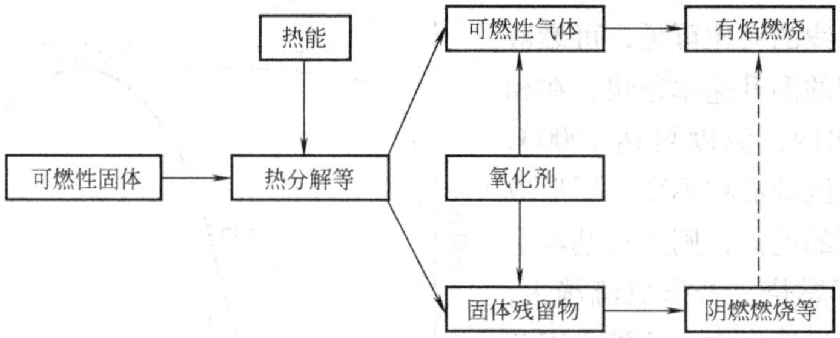

图 2-16　阴燃阶段

阴燃是固体物质特有的燃烧形式。所谓阴燃是一种在气固界面处的燃烧反应，是一种没有气相火焰的缓慢燃烧。易发生阴燃的材料大都质地松软、多孔或呈纤维状。当它们堆积起来时，更易发生阴燃，如纸张、木屑、锯末、烟草、纤维织物以及一些多孔性塑料等。假设某柱状纤维的右端首先被加热，使纤维素分解析出气体，剩下的固定碳质发生阴燃，并向左传播（图 2-17）。图 2-17 所示为阴燃沿柱状纤维传播示意。从图中可以看出，发生阴燃的柱状纤维可分为四个不同的区域：

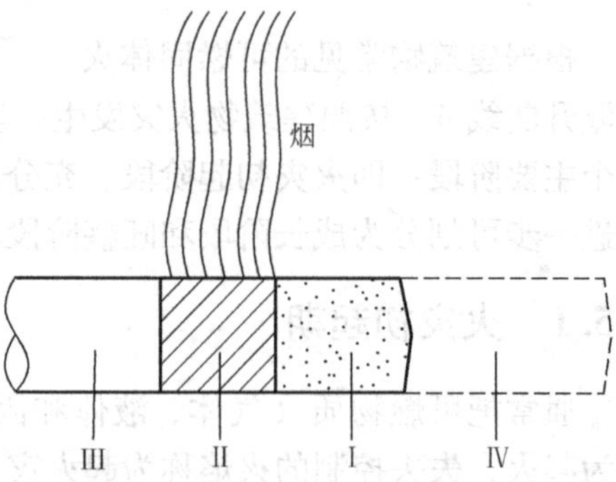

图 2-17　阴燃沿柱状纤维传播示意图

区域Ⅰ（灼热燃烧区）。在该区纤维素中大部分气体已经挥发掉，剩下的固定碳进行表面燃烧，温度在四个区域中最高，可达 600 ~ 750℃

区域Ⅱ（热解碳化区）。区域Ⅰ中燃烧热传导到区域Ⅱ后，使该区域温度升高，当温度达到 250 ~ 300℃ 时，纤维素发生热解，析出气体。但此时气体析出速度较小，可燃气体浓度不高，未达到燃烧条件。在该区上方有烟逸出，烟气中含有可燃气体。

区域Ⅲ(原始材料区)。在该区温度较低，纤维素不发生热解，保持原始状态。

区域Ⅳ(灰烬区)。纤维素热解剩下的固体碳经一段时间的燃烧后，只剩下非常松散的灰烬。该区的温度逐渐下降。

阴燃阶段火区体积不大，室内平均温度、温升速率以及释热速率均比较低。若通风条件相当差，阴燃持续一段时间后火灾会自行熄灭。但是，阴燃过程产生的烟雾中含有可燃气体，有发生爆炸的危险性；阴燃火灾常常发生在堆积物的内部，较难彻底扑灭，并且易发生复燃。

如果能在阴燃阶段采取有效的灭火措施，将大大减少火灾损失。否则，如果可燃物充足且通风良好，随着室内温度的逐渐上升，当火焰在原先起火的可燃物上扩展开了，阴燃转变为明火燃烧，引燃起火点附近的其他可燃物，造成火灾进一步迅速蔓延。

2.5.2 火灾的充分发展阶段

1. 成长阶段

(1) 浮力羽流。由阴燃转变为明火燃烧后，燃烧速率和释热率大大增加，可燃物上方的火焰及流动的烟气统称成为羽流。羽流的火焰大多数为自然扩散火焰，温度很高，通常可达到1000℃左右，可以烧坏与其接触的物品和建筑构件。因此，需要采取有效的措施控制羽流火焰的高度。当可燃液体或固体燃烧时，蒸发或热分解产生的可燃气体从燃烧表面升起的速度很低，可以忽略不计，因此，这种火焰中的气体流动是浮力控制的，又称浮力羽流。

在羽流的上升流动过程中，将会把其周围的大量空气卷吸进来。因此，随着上升高度的增加，羽流的质量流率逐渐增大，导致烟气的温度和浓度降低，流速减慢。

在不受限的或很高的空间内，羽流将一直向上扩展，直到其浮力变得相当微弱以至无法克服粘性阻力的高度。越到上方，羽流的速度越低。而且随着烟气温度的降低，那些不再上升的烟气将发生弥漫性沉降。在较高的中庭内生成的烟气就很容易发生这种现象。

(2) 顶棚射流。羽流上升过程中受到房间顶棚的阻挡，在顶棚下方向四方扩散，形成沿顶棚表面平行流动的热烟气层，称为顶棚射流，如图2-18 所示。其中 H 为顶棚高度，定

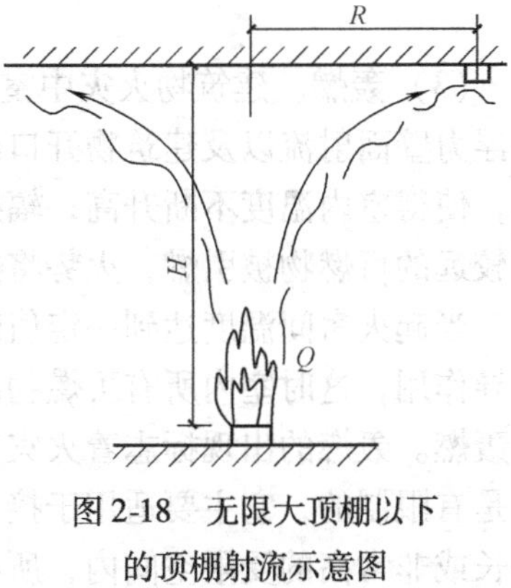

图2-18 无限大顶棚以下的顶棚射流示意图

义为顶棚距可燃物表面的距离。R 代表以羽流中心撞击点为中心的径向半径，单位为 m。

多数情况下顶棚射流的厚度约为顶棚高度的 5% ~12%，顶棚射流内最大温度和速度出现在顶棚以下顶棚高度的 1%处。顶棚射流的温度分布和速度分布特点，对于火灾自动探测报警和自动喷水灭火装置的设计、选型与安装具有科学的指导意义，可以有利于提高这些系统工作的可靠性，减少误报、漏报。

顶棚射流发展过程中受到墙壁的阻挡，沿墙壁转向下流。由于烟气温度较高，沿墙壁下流的顶棚射流下降不长的距离后，便转向上浮，称为反浮力壁面射流。重新上升的热烟气先在墙壁附近积聚起来，达到了一定厚度后向室内中部扩展，并在顶棚下方形成逐渐增厚的热烟气层。如果房间有通向外部的开口，在热风压的作用下，当烟气层的厚度超过开口的拱腹高度时，烟气便可蔓延到室外，如图 2-19 所示。建筑物的开口不仅可以造成火焰、热烟气向火源房间以外建筑空间或者建筑物外部空间的蔓延，而且火源房间以外温度较低的新鲜空气在热风压的作用下从开口下部进入室内，其通风效果对火灾的发展进一步起到了推波助澜的作用。

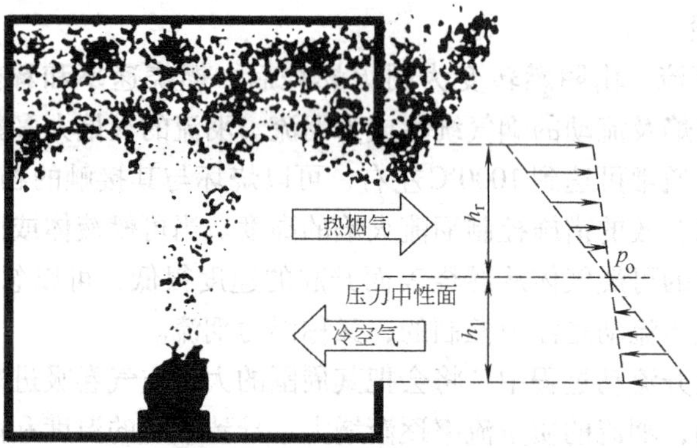

图 2-19　火灾充分发展阶段的通风口流动

（3）轰燃。建筑物火灾中室内受限空间内火焰、羽流、热烟气、顶棚射流、反浮力壁面射流以及建筑物开口的相互作用，进一步加剧了可燃物的热分解和燃烧，使得室内温度不断升高，辐射传热效应增强。辐射传热效应可以使距离起火物较远的可燃物被引燃，火势将进一步增强。

当起火房间温度达到一定值时，建筑物的通风状况对于火灾的继续发展占据主导作用，这时室内所有可燃物的表面都将开始燃烧，火焰基本上充满全室，称为轰燃。轰燃的出现标志着火灾充分发展阶段的开始。需要指出的是，轰燃的定义是有限制的，它主要适用于接近于正方体且不太大的房间内的火灾，显然在非常长或非常高的受限空间内，所有可燃物被同时点燃是不可能的。

轰燃的出现是燃烧释放的热量在室内逐渐积累与对外散热共同作用的结果，是一种热力不稳定现象。假设着火初期热释放速率 R 随温度 T 的升高而呈指数关系升高，但到达一定程度由于受到空气供应速率限制便不再升高了。与此同时，受到房间壁面传热性质的影响，起火房间还会向其周围散发热量，热损失速率 L 与温度呈线性关系，见图 2-20。

图 2-20 中的三条热损失曲线 L_1、L_2、L_3 分别相应于三种不同传热性质壁面房间火灾时的散热情况，热释放速率 R 与热损失速率曲线 L 有三个交点，分别为 A、B 和 C。其中，A 点相应于稳定状态的通风控制燃烧，C 点相应于火灾初期阶段，B 点则是相应于轰燃发生时的不稳定状态。在 B 点，温度升高可导致燃烧强化，使热释放速率增大；温度降低则使燃烧减弱到小火状态。对于可持续燃烧的室内火灾来说，往往燃烧速率的微小增加，就会造成热释放速率急剧地由 B 点跳跃到 A 点，即导致火势的急剧扩大。

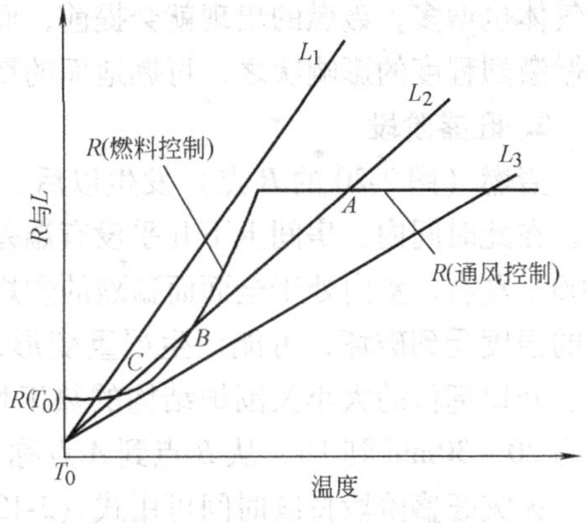

图 2-20　轰燃的热力不稳定模型

轰燃阶段时间很短，室内温度陡升，温升曲线梯度很大。此时室内温度经常会升到 800℃以上，最高可达 1100℃。火灾进入这一阶段后，燃烧强度仍在增加，释热速率逐渐达到某一最大值，可以造成室内设施和建筑物结构的严重损坏、毁坏以至全部倒塌。高温火焰和烟气从起火室的开口向邻近房间或相邻建筑物蔓延，造成火势的进一步恶化。此时，室内尚未逃出的人员是极难生还的。

确定发生轰燃的临界条件对火灾防治具有重要的意义。目前，定量描述轰燃临界条件主要有两种方式：一种以到达地面的面积热流量达到一定值为条件。通常认为，处于室内地面上可燃物所接收到的面积热流量达到 $20kW/m^2$ 就可发生轰燃。然而，实验表明，这一数值对于引燃纸张之类的可燃物是足够的，而对于其他可燃固体来说就显得太小了。在普通建筑物中发生轰燃时地面处的临界面积热辐射流量在 $15 \sim 35kW/m^2$ 范围内变化。

由于温度测量较为方便，火灾实验中，人们经常采用测量烟气温度来判定轰燃是否发生。这种观点强调了烟气层的影响，实际上是间接体现面积热辐射流量的作用。根据高度为 3m 左右的普通房间火灾实验结果，顶棚下的烟气温度接近 600℃为发生轰燃的临界条件。对于层高较高的房间，发生轰燃的临界烟气温度值较高，反之亦然。例如，在 1.0m 高的小型实验模型内，实验测得发生轰燃时的顶棚温度仅为 450℃。

其他影响轰燃发生的因素包括室内装修后的顶棚高度、装修材料的可燃性和厚度、火源大小、开口率等。由于内装修造成建筑物空间高度较矮，火焰甚至可以直接撞击在顶棚上，在顶棚下面不仅有烟气的流动，而且有火焰的传播，助长了火灾的蔓延，轰燃的危险性增大。可燃物和内部装修使用易燃材料多，天棚保温性能好，房间密封严，室内热量蓄积加快而温度显著增高时，热分解产生的可燃气体也增多，轰燃的出现就会提前，而且也激烈。相对顶棚而言，可燃墙面对轰燃激烈程度的影响次之，可燃地面的影响最小。

2. 旺盛阶段

轰燃（图2-20的B点）发生以后，室内火焰成漩涡状，温度急剧上升到A点，在此时间内，房间上下几乎没有温差，整个房间接近于等温状态，室温达到1000℃左右，室内处于全面而猛烈的燃烧状态，热辐射和热对流也剧烈增强，结构的强度受到破坏，可能产生严重变形乃至塌落。根据建筑物构造、可燃物数量、开口部位的大小及围护结构的热工性质等不同，从B点至A点的时间一般约为20~30min到1h，从B点到A点称为旺盛阶段。

火灾旺盛阶段持续时间可用式（2-12）计算

$$m=\frac{WA_F}{R} \tag{2-12}$$

式中　m——火灾旺盛阶段持续时间，单位为min；

W——火灾荷载，单位为kg/m^2；

A_F——室内的地板面积，单位为m^2；

R——燃烧速度，单位为kg/min。

2.5.3　火灾减弱阶段

约80%的可燃物被烧掉以后，火势即到达衰减期。这时室内可燃物的挥发分大量消耗致使燃烧速率减小，室内平均温度降到其峰值的80%左右。最后明火燃烧无法维持，火焰熄灭，可燃固体变为赤热的焦炭。这些焦炭按照固定碳燃烧的形式继续燃烧，燃烧速率非常缓慢。由于燃烧放出的热量不会很快消失，室内平均温度仍然较高，并且在焦炭附近还存在相当高的局部温度，称为火灾逐渐熄灭的阶段。该阶段室温逐渐降低，其下降速度大约是每分钟7~10℃，但在较长时间内室温还会保持200~300℃左右。

应该指出，易燃结构和耐火结构的室内火灾发展情况有所不同：一般木结构建筑由于可燃物多而会迅速出现轰燃，最盛期由于结构倒塌引起空气流通，火势十分炽烈但较短暂，最高温度可达1100℃。耐火结构因可燃物较少且结构及开口部分基本不变（其通风条件已定），其火灾持续时间较长，最高温度稍低（900℃）而烟量较多。现代高层建筑往往窗大而可燃装修材料多，所以常呈现木结构火灾特征，在建筑防火设计中须引起足够的重视。

以上所述火灾发展过程是指火灾的自然发展过程，没有涉及到人们的灭火行动。如果在火灾初起阶段就能采取有效的消防措施如启动自动喷水灭火系统，就可以有效的控制室内温度的升高，避免火灾轰燃的发生，有效地保护人员的生命安全和最大程度地减少财产损失。当火灾进入到充分发展阶段后，灭火的难度大大增加，但有效的消防措施仍然可以抑制过高温度的出现、控制火灾的蔓延，从而减少火灾造成的损失。启动喷水灭火系统对火灾过程的影响如图 2-21 所示。

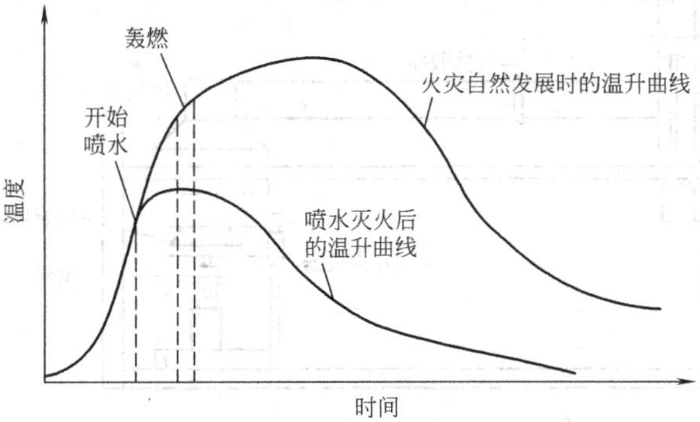

图 2-21　启动喷水灭火系统对火灾过程的影响

2.6　火灾释热速率的测量和设定

释热速率是表示火灾发展的一个重要参数。原则上说，如果知道火灾中可燃物的质量燃烧速率，就能够按下式计算释热速率

$$Q = \phi \times \dot{m} \times \Delta H \tag{2-13}$$

式中　Q——可燃物的释热速率，单位为 kW；

$\dot{m}$——可燃物的质量燃烧速率，单位为 kg/s；

ϕ——燃烧效率因子，反映不完全燃烧的程度，一般在 0.3 ~ 0.9 范围内变化；

ΔH——该可燃物的热值，单位为 kJ/kg。

现在已发展了多种测量释热速率的方法，应用最成功的是锥形量热计，见图 2-22。

该仪器主要由两部分组成，一是量热计，用于测量释热速率、CO 和 CO_2 的生成速率和烟气浓度；二是以锥形辐射加热器为主的燃烧控制器，用于固定燃烧试样和调节引燃条件。锥形辐射加热器可以对试样施加 10 ~ 100kW/m^2 的辐射热，基本上覆盖了从燃烧早期阶段到燃烧充分发展阶段的面积热流量。该仪器使用前应当用厚度为25mm的黑色聚甲基丙烯酸甲酯（PMMA）进行标定。完成了对仪器的标定后就可以进行有关材料的释热速率测量。图2-23所示为若干材料的释热速率曲线。从图可以看出，许多材料的释热速率是不均匀的，材料的厚度、外保护状况等均对释热速率有一定的影响。在有的资料中，常用平均值和峰值两个参数表示材料的释热速率特性。

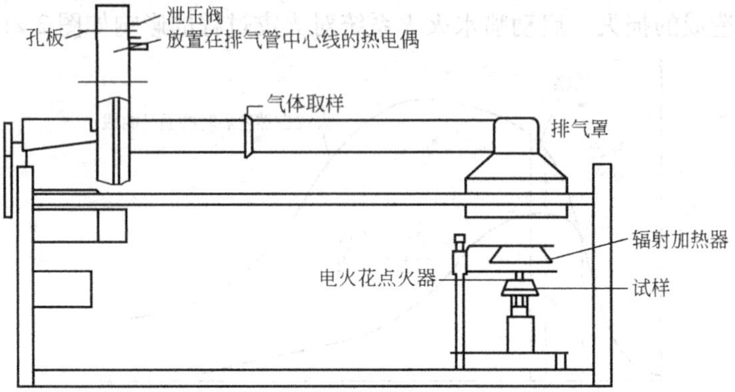

图2-22　锥形量热计结构简图

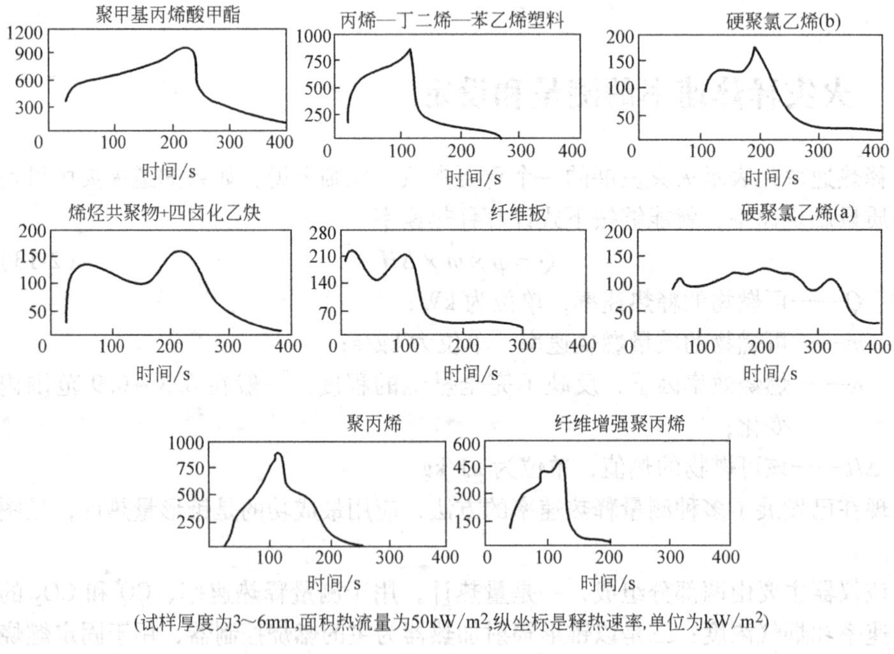

(试样厚度为3～6mm,面积热流量为50kW/m²,纵坐标是释热速率,单位为kW/m²)

图2-23　若干材料的释热速率曲线

使用锥形量热计只能测定一些小试样。然而建筑物内使用的物品基本上都是多种材料组成的，且具有较大的质量和体积，其释热性能可用家具量热仪测定，如图 2-24 所示。家具量热仪测量的数据很接近实际火灾环境的结果，因此很有使用价值。巴布劳斯卡斯等人在测定与收集室内物品的释热速率方面做了大量的工作，典型衣橱的实验结果如表 2-13 所示。

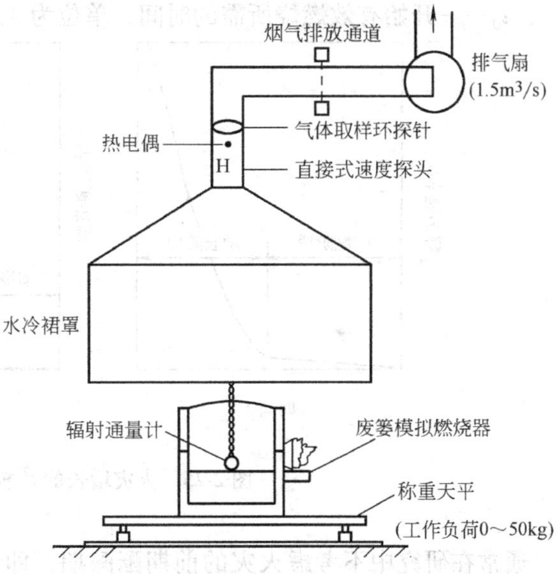

图 2-24　家具量热仪简图

在建筑设计或建筑物消防安全评价时，可能发生火灾的释热速率是决定火灾发展及火灾危害的主要参数，也是采取消防对策的基本依据，因此具有重要的参考意义。但是这些建筑物内并没有发生火灾，需要根据对火灾燃烧的认识，对释热状况进行合理的假设。火灾释热速率设定的越合理，所用消防设施的有效性和经济性越好，称为火灾功率设定。

表 2-13　衣橱的释热速率及有关参数

结构	衣橱可燃物质量/kg	衣物和纸张/kg	释热速率峰值/kW	总体热值/MJ	平均燃烧热/(MJ/kg)
金属	0	3.18	770	70	14.8
金属	0	1.93	270	50	18.8
多层胶合板#1	68.5	1.93	3500	1067	—
多层胶合板#2	68.3	1.93	3100	1068	14.9
多层胶合板#3	36.0	1.93	6400	590	16.9
多层胶合板#4	37.3	1.93	5300	486	15.9
多层胶合板#5	37.3	1.93	2900	408	14.2
颗粒压层板	120.3	0.81	1900	1349	17.5

火灾初期的释热速率是控制火灾主要关心的问题之一。由前面的讨论可见，从起火到旺盛燃烧阶段，释热速率大体按指数规律增长，见图 2-25。

赫斯凯斯得用式（2-14）描述了火灾初期的增长过程

$$Q = a(t - t_0)^2 \tag{2-14}$$

式中　a——火灾增长系数，单位为 kW/s^2；

t——点火后的时间，单位为 s；

t_0——开始有效燃烧所需的时间，单位为 s。

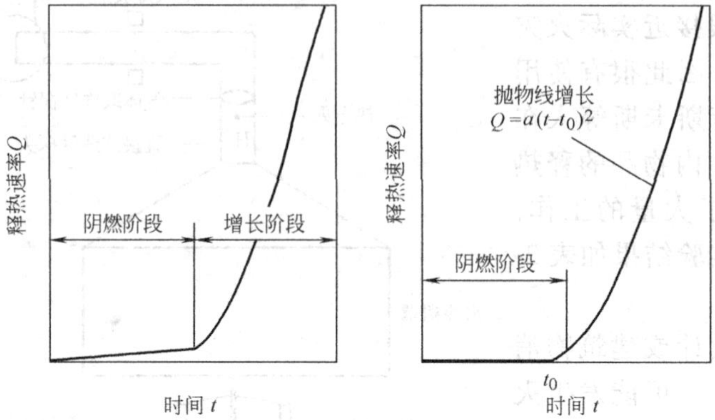

图 2-25　火灾增长的 t^2 模型

通常在研究中不考虑火灾的前期酝酿期，即认为火灾从出现有效燃烧时算起，于是释热速率公式可写为

$$Q = at^2 \tag{2-15}$$

纳尔森进一步指出，火灾的初期增长可分为慢速、中速、快速、超快速等四种类型，见图 2-26。各类火灾的增长系数依次为 0.002931、0.01127、0.04689、0.1878。池火、快速沙发火大致为超快速型；托运物品用的纸壳箱、板条架火大致为快速型；棉花加聚脂纤维弹簧床大致为中速型。参考该图可估算实际物品火灾初期阶段的增长因子。

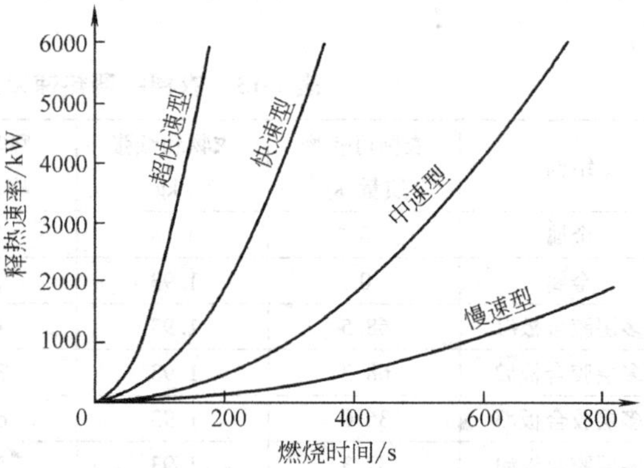

图 2-26　火灾增长的四种形式

有些物品按 t^2 规律燃烧一段时间后，释热速率便趋向于某一确定值，例如，泄露气体的射流火、油池火、某些热塑料火等。这些情况可按图 2-27 的方式进行简化。

建筑火灾中往往是一件物品先着火，再引燃其周围的其他物品从而逐渐扩大的，可以根据有关数据对不同物品组合状况下的释热速率作出估计。例如，如果大体知道某建筑内物品的释热速率、起火源及其他物品被引燃的时间，就能够将它们的释热速率曲线按点燃的时间叠加起来，从而得到总的释热速率，见图2-28。

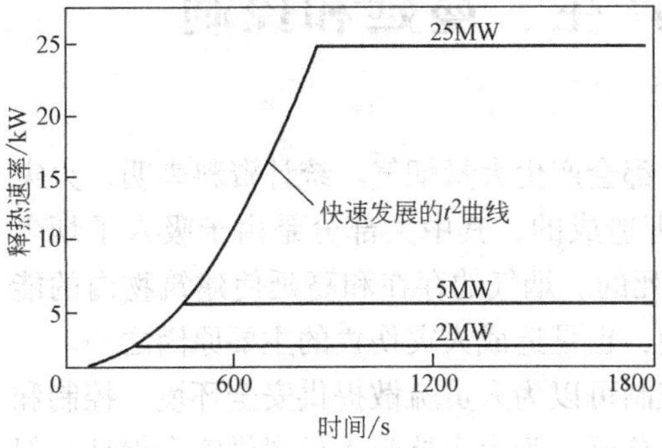

图2-27 火灾由快速增长到稳定燃烧的曲线

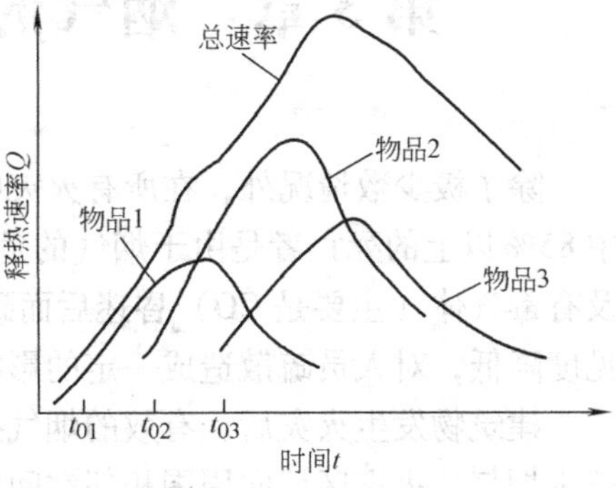

图2-28 三件物品依次着火的总释热速率曲线

在实际应用中，设定的释热速率还常用数表形式给出，表2-14所示为一示例。这种简化处理比较粗糙，但若设定的合理，基本上能够满足火灾安全分析的需要。

表2-14 某建筑火灾的设定释热速率

时间/s	释热速率/kW	时间/s	释热速率/kW
0~20	8	251~320	1200
21~40	20	321~400	1500
41~80	50	401~440	900
81~140	100	441~460	400
141~180	300	461~480	200
181~250	800	481~500	100

第3章　烟气的产生、蔓延和控制

除了极少数情况外，在所有火灾中都会产生大量烟气。统计资料表明，火灾中85%以上的死亡者是由于烟气的危害造成的，其中大部分是由于吸入了烟尘及有毒气体（主要是CO）昏迷后而致死的。烟气的存在和蔓延使建筑物内的能见度降低，对人员疏散造成一定的影响，也是造成火灾伤亡的主要原因之一。

建筑物发生火灾后，有效的烟气控制可以为人员疏散提供安全环境；控制和减少烟气从火灾区域向周围相邻空间的蔓延；为火灾扑救人员提供安全保证；保护人员生命财产安全；帮助火灾后烟气的及时排除。控制烟气在建筑物内的蔓延主要有两条途径：一是合理划分防烟分区，二是选择合适的防排烟设置方式。

防烟分区的划分，即用某些耐火性能好的物体或材料把烟气阻挡在某些限定区域，不让它蔓延到可能对人和物产生危害的地方。这种方法适用于建筑物与起火区没有开口、缝隙或漏洞的区域。

防排烟系统可分为防烟系统和排烟系统。防烟系统是指采用机械加压送风方式或自然通风方式，防止烟气进入疏散通道的系统。排烟系统是指采用自然通风或机械排烟方式，使烟气沿着对人和物没有危害的渠道排到建筑外，从而消除烟气的有害影响。排烟有自然排烟和机械排烟两种形式。排烟窗、排烟井是建筑物中常见的自然排烟形式，它们主要适用于烟气具有足够大的浮力、可能克服其他阻碍烟气流动的驱动力的区域。机械排烟的方式可克服自然排烟的局限，能够有效地排出烟气。

很多大规模建筑的内部结构是相当复杂的，其烟气控制往往是几种方法的有机结合。防排烟形式的合理性不仅关系到烟气控制的效果，而且具有很大的经济意义。

3.1　烟气的产生

火灾烟气是燃烧过程的产物，是一种混合物，主要包括：①可燃物热解或燃烧产生的气相产物，如未燃气体、水蒸气、CO_2、CO、多种低分子的碳氢化合物及少量的硫化物、氯化物、氰化物等；②由于卷吸而进入的空气；③多种微小的固体颗粒和液滴。

可燃物的组成和化学性质以及燃烧条件对烟气的产生均具有重要的影响。少数纯燃料（如CO、甲醛、乙醚、甲醇、甲酸等）燃烧的火焰不发光，且基本上不产生烟。而在相同的条件下，大分子燃料燃烧时的发烟量却比较显著。在自由燃烧情况下，固体可燃物（如木材）和经过部分氧化的燃料（如乙醇、丙酮等）的发烟量比生成这些物质的碳氢化合物（如聚乙烯和聚苯乙烯）的发烟量少得多。

建筑物中大量建筑材料、家具、衣服、纸张等可燃物，火灾时受热分解，然后与空气中的氧气发生氧化反应，燃烧并产生各种生成物。完全燃烧所产生的烟气的成分中，主要为二氧化碳、水、二氧化氮、五氧化二磷或卤化氢等，有毒有害物质相对较少。但是，无毒气体同样可能会降低空气中的氧浓度，妨碍人们的呼吸，造成人员逃生能力的下降，也可能直接造成人体缺氧致死。

根据火灾的产生过程和燃烧特点，除了处于通风控制下的充分发展阶段以及可燃物几近消耗殆尽的减弱阶段，火灾初期阶段常常处于燃料控制的不完全燃烧阶段。不完全燃烧所产生的烟气的成分中，除了上述生成物外，还可以产生一氧化碳、有机磷、烃类、多环芳香烃、焦油以及炭屑等固体颗粒。固体颗粒生成的模式及颗粒的性质因可燃物的性质不同存在很大的差异。多环芳香烃碳氢化合物和聚乙烯可认为是火焰中碳烟颗粒的前身，并使得扩散火焰发出黄光。这些小颗粒的直径约为 10～100μm，在温度和氧浓度足够高的前提下，这些碳烟颗粒可以在火焰中进一步氧化，否则，直接以碳烟的形式离开火焰区。火灾初期阶段有焰燃烧产生的烟气颗粒则几乎全部由固体颗粒组成。其中一小部分颗粒是在高热通量作用下脱离固体的灰分，大部分颗粒则是在氧浓度较低的情况下，由于不完全燃烧和高温分解而在气相中形成的碳颗粒。这两种类型的烟气都是可燃的，一旦被点燃，在通风不畅的受限空间内甚至可能引起爆炸。

油污的产生与碳素材料的阴燃有关。碳素材料阴燃生成的烟气与该材料加热到热分解温度所得到的挥发分产物相似。这种产物与冷空气混合时可浓缩成较重的高分子组分，形成含有碳粒和高沸点液体的薄雾。静止空气条件下，颗粒的中间直径 D_{50}（反映颗粒的大小的参数）约为 1μm，并可缓慢沉积在物体表面，形成油污。

各种建筑材料在不同的温度下，其单位质量所产生的烟量是不同的，几种建筑材料燃烧在不同温度下燃烧，当达到相同的减光程度时的发烟量见表 3-1，其中 K_c 为烟气的减光系数。

表 3-1　几种建筑材料在不同温度下的发烟量（$K_c=0.5m^{-1}$）

材料名称	发烟量/(m^3/g)		
	300℃	400℃	500℃
松	4.0	1.8	0.4
杉木	3.6	2.1	0.4
普通胶合板	4.0	1.0	0.4

(续)

材料名称	发烟量/(m^3/g)		
	300℃	400℃	500℃
难燃胶合板	3.4	2.0	0.6
硬质纤维板	1.4	2.1	0.6
锯木屑板	2.8	2.0	0.4
玻璃纤维增强塑板		6.2	4.1
聚氯乙烯		4.0	10.4
聚苯乙烯		12.6	10.0
聚氨酯		14.0	4.0

随着我国经济水平不断提高，高层民用建筑尤其是高层公共建筑（如宾馆、饭店、写字楼、综合楼等）大量出现，高分子材料大量应用于家具、建筑装修、管道及其保温、电缆绝缘等方面。一旦发生火灾，建筑物内着火区域的空气中充满了大量的有毒的浓烟，毒性气体可直接造成人体的伤害，甚至致人死亡，其危害远远超过一般可燃材料。以我国新建高层宾馆标准客房（双人间）为例，平均火灾荷载约为 30 ~ 40kg/m^2。一般木材在 300℃时，其发烟量约为 3000 ~ 4000m^3/kg，如典型客房面积按 18m^2 进行计算，室内火灾温度达到 300℃时，一个客房内的发烟量为 35kg/m^2 ×18m^2 ×3500m^3/kg = 2 205 000m^3。如果发烟量不损失，一个标准客房火灾产生的烟气可以充满 24 座像北京长富宫饭店主楼（高 90m，标准层面积 960m^2）那样的高层建筑。

3.2 烟气的特征参数

表示烟气基本状态的特征参数常用的有压力、温度、减光性以及烟尘颗粒大小等。

3.2.1 压力

在火灾发生、发展和熄灭的不同阶段，建筑物内烟气的压力分布是各不相同的。以着火房间为例，在火灾发生初期，烟气的压力很低，随着着火房间内烟气量的增加，温度上升，压力相应升高。当发生火灾轰燃时，烟气的压力在瞬间达到峰值，门窗玻璃均存在被震破的危险。当烟气和火焰一旦冲出门窗空洞之后，室内烟气的压力就很快降低下来，接近室外大气压力。据测定，一般着火房间内烟气的平均相对压力约为 10 ~ 15Pa，在短时可能达到的峰值约为 35 ~ 40Pa。

3.2.2 温度

在火灾发生、发展和熄灭的不同阶段，建筑物内烟气的温度分布是各不相同的。以着火房间为例，在火灾发生初期，着火房间内烟气温度不高。随着火灾发展，温度逐渐上升，当发生轰燃时，室内烟气的温度相应急剧上升，很快达到最高水平。实验表明，由于建筑物内部可燃材料的种类不同，门窗空洞的开口尺寸不同，建筑结构形式不同，着火房间烟气的最高温度各不相同。小尺寸着火房间烟气的温度一般可达500～600℃，高则可达到800～1000℃。地下建筑火灾中烟气温度可高达1000℃以上。

3.2.3 烟气的减光性

由于烟气中含有固体和液体颗粒，对光有散射和吸收作用，使得只有一部分光能通过烟气，造成火场能见度大大降低，这就是烟气的减光性。烟气浓度越大，其减光作用越强烈，火区能见度越低，不利于火场人员的安全疏散和应急救援。

烟气的减光性是通过测量光束穿过烟场后光强度的衰减确定的，测量方法如图3-1所示。

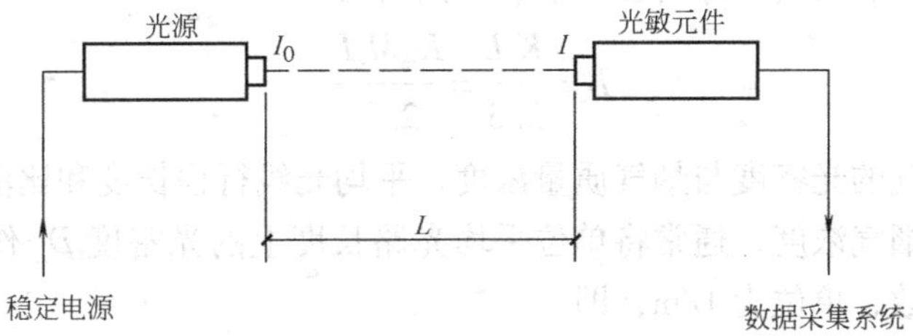

图3-1 烟气减光性的测量原理

设由光源射入某一空间的光束强度为I_0，该光束由该空间射出后的强度为I。若该空间没有烟尘，则射入和射出的光强度几乎不变。光束通过的距离越长，射出光束强度衰减的程度越大。根据比尔-兰勃定律，在有烟气的情况下，光束穿过一定距离L后的光强度I可表示为

$$I = I_0 \exp(-K_c L) \tag{3-1}$$

式中 K_c——烟气的减光系数，单位为m^{-1}，它表征烟气减光能力，其大小与烟气浓度、烟尘颗粒的直径及分布有关；

I_0——光源的光束强度，单位为坎德拉（cd）；

I——光源穿过一定距离L以后的光束强度，单位为坎德拉（cd）；

L——光束穿过的距离，单位为m。

可以进一步表示为

$$K_c = K_m M_s \tag{3-2}$$

式中　K_m——比消光系数，即单位质量浓度烟气的减光系数，单位为 m^2/kg；

M_s——烟气质量浓度，即单位体积内烟气的质量，单位为 kg/m^3。

烟气的减光性还可用百分减光度来描述，即

$$B = \frac{I_0 - I}{I_0} \times 100 \tag{3-3}$$

式中　$I_0 - I$——光强度的衰减值，单位为坎德拉（cd）；

B——百分减光度（%）。

测量烟气减光性的方法比较适用于火灾研究，它可以直接与所考虑场合下人的能见度建立联系，并为火灾探测提供了一种方法。

3.2.4　烟气的光密度

将给定空间中烟气对可见光的减光作用定义为光学密度 D，即

$$D = \lg\left(\frac{I}{I_0}\right) \tag{3-4}$$

将式（3-1）、式（3-2）代入式（3-4），得到

$$D = \frac{K_c L}{2.3} = \frac{K_m M_s L}{2.3} \tag{3-5}$$

这表明烟气的光密度与烟气质量浓度、平均光线行程长度和比消光系数成正比。为了比较烟气浓度，通常将单位平均光路长度上的光密度 D_L 作为描述烟气浓度的基本参数，单位为 1/m，即

$$D_L = \frac{D}{L} = \frac{K_m M_s}{2.3} = \frac{K_c}{2.3} \tag{3-6}$$

此外，在研究和测试固体材料的发烟特性时，将烟收集在已知容积的容器内，确定它的减光性，一般表示为比光学密度 D_s，此法只适用于小尺寸和中等尺寸的试验（ASTM，1979），称为烟箱法。

所谓比光学密度 D_s，是从单位面积的试样表面所产生的烟气扩散在单位体积的烟箱内，单位光路长度的光密度。比光学密度 D_s 可用下式表示

$$D_s = \frac{VD}{AL} = \frac{VD_L}{A} \tag{3-7}$$

式中　V——烟箱体积，单位为 m^3；

A——发烟试件的表面积，单位为 m^2；

D_s——比光学密度，单位为 1/m。

比光学密度 D_s 越大，则烟气浓度越大。表 3-2 给出了部分可燃物发烟的比光学密度。

表 3-2 部分可燃物发烟的比光学密度

可燃物	最大 D_s/(1/m)	燃烧状况	试件厚度①/cm
硬纸板	67	明火燃烧	0.6
硬纸板	600	热解	0.6
胶合板	110	明火燃烧	0.6
胶合板	290	热解	0.6
聚苯乙烯（PS）	>660	明火燃烧	0.6
聚苯乙烯（PS）	370	热解	0.6
聚氯乙烯（PVC）	>660	明火燃烧	0.6
聚氯乙烯（PVC）	300	热解	0.6
聚氨酯泡沫塑料（PUF）	20	明火燃烧	1.3
聚氨酯泡沫塑料（PUF）	16	热解	1.3
有机玻璃（PMMA）	720	热解	0.6
聚丙烯（PP）	400	明火燃烧（水平放置）	0.4
聚乙烯（PE）	290	明火燃烧（水平放置）	0.4

① 试件面积为 $0.055m^2$，垂直放置。

3.2.5 烟尘颗粒大小及粒径分布

烟气中颗粒的大小可用颗粒平均直径表示，通常采用几何平均直径 d_{gn} 表示，其定义为

$$\lg d_{gn} = \sum_{i=1}^{n} \frac{N_i \lg d_i}{N} \tag{3-8}$$

式中 N——总的颗粒数目，单位为个；

N_i——第 i 个颗粒直径间隔范围内颗粒的数目，单位为个；

d_i——颗粒直径，单位为 μm。

颗粒尺寸分布的标准差用 σ_g 表示，即

$$\lg \sigma_g = \left[\sum_{i=1}^{n} \frac{(\lg d_i - \lg d_{gn})^2 N_i}{N} \right]^{1/2} \tag{3-9}$$

如果所有颗粒直径都相同，则 $\sigma_g = 1$。如果颗粒直径分布为对数正态分布，则占总颗粒数 68.8% 的颗粒，其直径处于 $\lg d_{gn} \pm \lg \sigma_g$ 之间的范围内。σ_g 越大，表示颗粒直径的分布范围越大。表 3-3 给出了一些木材和塑料在不同燃烧状态下烟气中的颗粒直径和标准差。

表 3-3 一些木材和塑料在不同燃烧状态下烟气中的颗粒直径和标准差

可 燃 物	d_{gn}/μm	σ_g	燃烧状态
杉木	0.5~0.9	2.0	热解
杉木	0.43	2.4	明火燃烧

（续）

可 燃 物	$d_{gn}/\mu m$	σ_g	燃烧状态
聚氯乙烯（PVC）	0.9～1.4	1.8	热解
聚氯乙烯（PVC）	0.4	2.2	明火燃烧
软质聚氨酯塑料（PU）	0.8～1.8	1.8	热解
软质聚氨酯塑料（PU）	0.3～1.2	2.3	热解
软质聚氨酯塑料（PU）	0.5	1.9	明火燃烧
绝热纤维	2～3	2.4	阴燃

3.3 烟气的危害

3.3.1 烟气的毒性

首先，火灾中由于燃烧消耗了大量的氧气，使得烟气中的含氧量降低。缺氧是气体毒性的特殊情况。研究数据表明，若仅仅考虑缺氧而不考虑其他气体影响，当含氧量降至10%时就可对人构成威胁。然而，在火灾中仅仅由含氧量减少造成危害是不大可能出现的，其危害往往伴随着 CO、CO_2 和其他有毒成分（如 HCN、NO_x、SO_2、H_2S 等）的生成，高分子材料燃烧时还会产生 HCl、HF、丙烯醛、异氰酸酯等有害物质。不同材料燃烧时产生的有害气体成分和浓度是不相同的，因而其烟气的毒性也不相同。评价材料烟气毒性大小的方法有：化学分析法、动物试验法和生理研究法。

此外，高温火灾烟气对人体呼吸系统及皮肤都将产生很严重的不良影响。研究表明，当人体吸入大量热烟气时，会造成血压急剧下降，毛细血管遭到破坏，从而导致血液循环系统破坏。另一方面，在高温作用下，人会心跳加速，大量出汗，并因脱水而死亡。大量的研究表明，烟气温度达到65℃时，人体可短时间忍受；人在温度达到120℃的烟气中，15min 即可产生不可恢复的损伤；170℃的烟气中，1min 即可对人体产生不可恢复的损伤。在几百度的高温烟气中，人是一分钟也无法忍受的。

衣服的透气性和隔热程度对温度升高的忍受极限也有重要影响。对于在特殊的可控高温环境下长时间的暴露尚有试验数据参考。然而，短时间的暴露于建筑火灾等异常高温环境下却没有相应的资料和数据。目前，在火灾危险性评估中推荐数据为：短时间脸部暴露的安全温度极限范围为65～100℃。

利用化学分析法可以了解燃烧产物中的气体成分和浓度，研究温度对燃烧产物的生成及含量的影响。常用的分析方法见表3-4。

表 3-4　烟气气体成分分析方法

方　法	气体种类	取样方法	备　注
气相色谱	CO、CO_2、O_2、N_2、烃类	间断取样	使用 5A（1A = 10^{-1} nm）分子筛和 GDX104 柱
红外光谱（不分光型）	CO、CO_2	连续取样	专用仪器
傅里叶红外气体分析仪（FT-IR）	CO、CO_2、HCN、NO_x、SO_2、H_2S、HCl、HF、NH_3、CH_4 等十多种气体	连续取样	一次分析最短时间为 1s
比色法	HCN 丙烯醛	间断取样，水溶液吸收	限于低浓度
离子选择性电极法	卤素离子	间断取样，水溶液吸收	
电化学法	CO	连续	响应较慢
气体分析管	CO、CO_2、HCN、NO_x、H_2S、HCl	间断取样	半定量

化学分析法虽然可分析气态燃烧产物的种类和含量，但不能解释毒性的生理作用，因此还需进行动物试验和生理研究。

动物试验法就是通过观察生物对燃烧产物的综合反应来评价烟气的毒性。动物试验法可分为简单观察法和机械轮法等。美国国家航空航天局（NASA）研制了水平管式加热炉试验法，加热炉加热速度为 40K/min，最高温度可达 780 ~ 1100K。在暴露室中放实验小鼠，暴露 30min，测定小鼠停止活动时间和小鼠死亡时间。从这些实验数据可判断不同材料燃烧烟气的相对毒性（见表 3-5。）

表 3-5　材料燃烧烟气的相对毒性（水平管式加热炉试验法）

材　料	死亡时间 /min	停止活动时间 /min	材　料	死亡时间 /min	停止活动时间 /min
变形聚丙烯腈纤维	4.54 ±1.00	3.74 ±0.23	棉	15.10 ±3.03	9.18 ±3.61
羊毛	7.64 ±2.90	5.45 ±1.77	PMMA	15.58 ±0.23	12.61 ±0.06
丝	8.94 ±0.01	5.84 ±0.12	尼龙-66	16.34 ±0.85	14.01 ±0.13
皮革	10.22 ±1.72	8.16 ±0.69	PVC	16.84 ±0.93	12.69 ±2.84
红栎木	11.50 ±0.71	9.09 ±10.0	酚醛树脂	18.81 ±4.84	12.92 ±3.22
聚丙烯	12.98 ±0.52	10.75 ±0.18	聚乙烯	19.84 ±0.29	8.86 ±0.80
聚氨酯（硬泡沫）	15.05 ±0.60	11.23 ±0.50	聚苯乙烯	26.13 ±0.12	19.04 ±0.39
ABS	14.48 ±1.59	10.58 ±1.32			

生理试验法就是对在火灾中中毒死亡者进行尸体解剖，了解死亡的直接原因，如血液中毒性气体的浓度、气管中的烟尘，以及烧伤情况等。研究表明，在死者血液中，CO 和 HCN 是主要的毒性气体。在气管和肺组织中也检出了重金属成分，如铅、锑等，以及吸入肺部的刺激物，如醛、HCl 等。

3.3.2 火灾烟气中能见度降低的危害

能见度指的是人们在一定环境下刚刚看到某个物体的最远距离，一般用米（m）为单位。能见度主要由烟气的浓度决定，同时还受到烟气的颜色、物体的亮度、背景的亮度及观察着对光线的敏感程度等因素的影响。当火灾时，烟气弥漫，可见光由于烟气的减光作用，人们在有烟场合下的能见度必然有所下降，对火区人员的安全疏散造成严重影响。能见度 V（单位为 m）与减光系数 K_c（单位为 m^{-1}）的关系可表示为

$$VK_c = R \tag{3-10}$$

其中 R 为比例系数，根据实验数据确定，它反映了特定场合下各种因素对能见度的综合影响。大量火灾案例和实验结果表明，即便设置了事故照明和疏散标志，火灾烟气仍然导致人们辨认目标和疏散能力大大下降。金曾对自发光和反光标志的能见度进行了测试，他建议安全疏散标志最好采用自发光形式。巴切尔和帕乃尔也指出，自发光标志的可见距离约比表面反光标志的可见距离大 2.5 倍。图 3-2 给出了自发光物体能见度的一些实验结果。一般地，对于疏散通道上的反光标志、疏散门等，在有反射光存在的场合下，$R=2\sim4$；对自发光型标志、指示灯等，$R=5\sim10$。

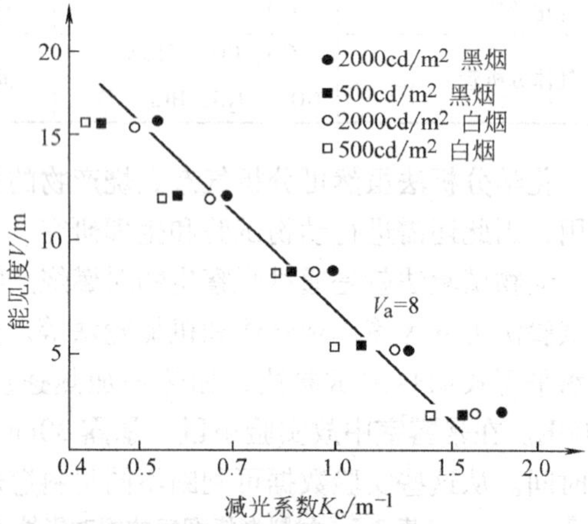

图 3-2 发光标志的能见度与减光系数的关系

然而，以上关于能见度的讨论并没考虑烟气对眼睛的刺激作用。金提出在刺激性烟气中能见度的经验公式为

$$V=(0.133-1.47\lg K_c)\times R/K_c \text{（仅适用于 } K_c \geqslant 0.25m^{-1}\text{）} \tag{3-11}$$

安全疏散时所需的能见度和减光系数的关系见表 3-6。

保证安全疏散的最小能见距离为极限视程，极限视程随人们对建筑物的熟悉程度不同而不同。对建筑熟悉者，极限视程约为 5m；对建筑不熟悉者，其极限视程约为 30m。为了保证安全疏散，火场能见度（对反光物体而言）必须达到 5

~30m，因此减光系数应不超过 0. 1 ~ 0. 6m^{-1}。火灾发生时烟气的减光系数多为 25 ~ 30m^{-1}，因此，为了确保安全疏散，应将烟气稀释 50 ~ 300 倍。

表 3-6　安全疏散所需的能见度和减光系数

疏散人员对建筑物的熟悉程度	减光系数/m^{-1}	能见度/m
不熟悉	0. 15	13
熟悉	0. 5	4

即使是在无刺激性的烟气中，能见度的降低亦可以直接导致人员步行速度的下降。日本的一项实验研究表明，即使对建筑疏散路径相当熟悉的人，当烟气减光系数达到 0. 5m^{-1}时，其疏散也变得困难。刺激性的烟气中，步行速度会陡然降低，图 3-3 所示为刺激性与非刺激性烟气中人沿走廊行走速度的部分试验结果。当减光系数为 0. 4m^{-1}时，通过刺激性烟气的表观速度仅是通过非刺激性烟气时的 70%。当减光系数大于 0. 5m^{-1}时，通过刺激性烟气的表观速度降至约 0. 3m/s，相当于蒙上眼睛时的行走速度。行走速度下降是由于受试验者无法睁开眼睛，只能走“之”字形或沿墙壁一步一步地挪动。

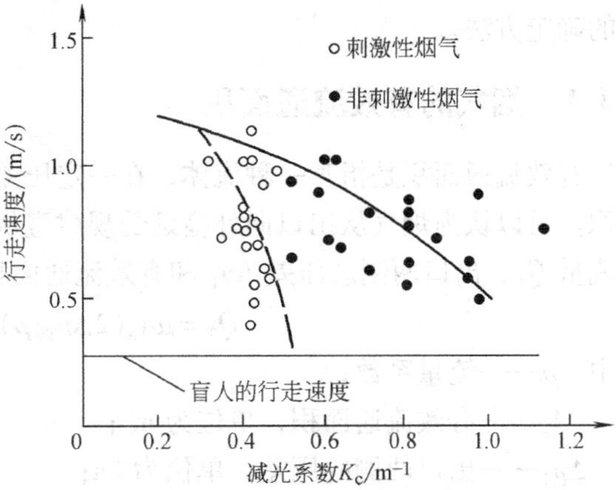

图 3-3　在刺激性与非刺激性烟气中人沿走廊行走的速度

火灾中烟气对人员生命安全的影响不仅仅是生理上的，还包括对人员心理方面的副作用。当人们受到浓烟的侵袭时，在能见度极低的情况下，极易产生恐惧与惊慌，尤其当减光系数在 0. 1m^{-1}时，人们便不能正确进行疏散决策，甚至会失去理智而采取不顾一切的异常行为。

研究烟气减光性的另一应用背景是火灾探测。大量研究表明，K_c 与颗粒大小的分布有关。随着烟气存在期的增长，较小的颗粒会聚结成较大的集合颗粒，因而单位体积内的颗粒数目将减少，K_c随着平均颗粒直径的增大而减少。离子型火灾探测器是根据单位体积内的颗粒数目来工作的，因而对生成期较短的烟气反应较好。它可以对直径小于 10nm 的颗粒产生反应。而采用散射或阴影原理的光学装置只能测定颗粒直径的量级与仪器所用光的波长相当的烟气，一般为 100nm，它们对小颗粒反应不敏感。

3.4 烟气的蔓延

建筑火灾中,在烟囱效应、热风压影响、通风系统风机的影响、电梯的活塞效应等驱动下,烟气可由起火区向非起火区蔓延,与起火区相连的走廊、楼梯及电梯等处都将会充入烟气,对人员逃生和灭火造成非常不利的影响。大量的火灾统计资料表明,火灾中大多数人员伤亡是由于受到火灾烟气的危害而窒息或者中毒致死的。

为了有效地控制烟气的蔓延，减少烟气的危害，有必要深入了解烟气的流动规律。本节主要讨论建筑物内烟气运动的有效流通面积、主要驱动力及压力中性面的确定方法。

3.4.1 烟气的有效流通面积

有效流通面积是指某一种流体，在一定压差作用下流过系统的总的当量流通面积。可以认为烟气从出口向外蔓延的规律遵从流体孔口出流规律，因此，烟气总流量 Q_T、出口两侧总压差 Δp_T 和有效流通面积 A_e 之间的关系见式（3-12）

$$Q_T = \mu A_e (2\Delta p_T/\rho)^{1/2} \tag{3-12}$$

式中 μ——流量系数；

A_e——有效流通面积，单位为 m^2；

Δp_T——出口两侧的压差，单位为 Pa；

ρ——流动介质的密度，单位为 kg/m^3。

烟气流动系统的路径有并联、串联及混联等形式。下面分别讨论各种情形下有效流通面积的计算。

1. 并联流动

图 3-4 所示的加压空间有三个并联出口，每个出口的压差 Δp 都相同，总流量 Q_T 为三个出口流量（Q_1、Q_2、Q_3）之和

$$\Delta p_1 = \Delta p_2 = \Delta p_3 = \Delta p_T \tag{3-13}$$

$$Q_T = Q_1 + Q_2 + Q_3 \tag{3-14}$$

根据式（3-12），可以写出三个并联出口流量和流通面积的关系式

$$Q_1 = \mu_1 A_1 (2\Delta p_1/\rho)^{1/2} \tag{3-15}$$

$$Q_2 = \mu_2 A_2 (2\Delta p_2/\rho)^{1/2} \tag{3-16}$$

$$Q_3 = \mu_3 A_3 (2\Delta p_3/\rho)^{1/2} \tag{3-17}$$

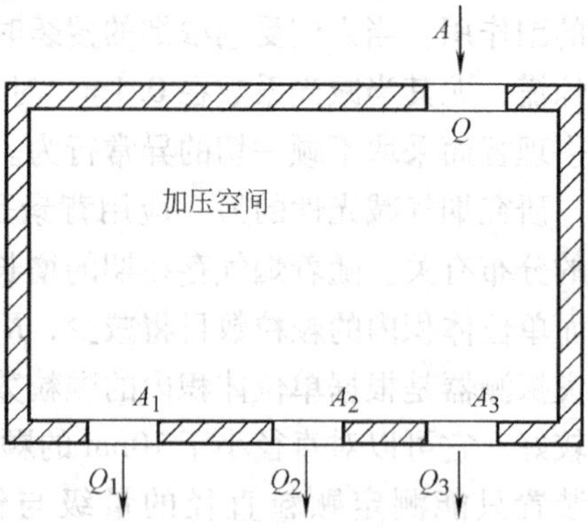

图 3-4 并联出口

设出口的流量系数相等，$\mu = \mu_1 = \mu_2$

$=\mu_3$，将式（3-12）、式（3-13）、式（3-15）、式（3-16）、式（3-17）代入式（3-14），得

$$A_e = A_1 + A_2 + A_3 \tag{3-18}$$

若独立的并行出口有 n 个，则总的有效流通面积就是各出口流动面积之和，即

$$A_e = \sum_{i=1}^{n} A_i \tag{3-19}$$

2. 串联流动

图 3-5 所示的加压空间有三个串联出口。通过每个出口的体积流量 Q 是相同的，从加压空间到外界的总压差 Δp_T 是经过三个出口的压差 Δp_1、Δp_2、Δp_3 之和

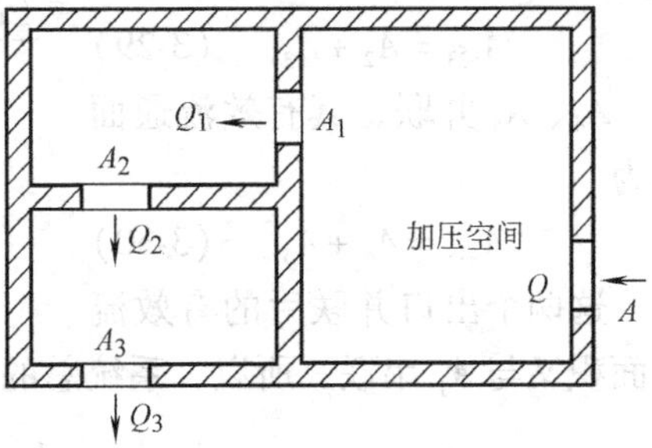

图 3-5　串联出口

$$Q_T = Q_1 = Q_2 = Q_3 \tag{3-20}$$

$$\Delta p_T = \Delta p_1 + \Delta p_2 + \Delta p_3 \tag{3-21}$$

由式（3-12）可得

$$\Delta p_T = \frac{\rho}{2}\left[\frac{Q_T}{\mu_T A_e}\right]^2 \tag{3-22}$$

类似地，可以写出三个串联出口压差和流量、流通面积的关系式

$$\Delta p_1 = \frac{\rho}{2}\left[\frac{Q_1}{\mu_1 A_1}\right]^2 \tag{3-23}$$

$$\Delta p_2 = \frac{\rho}{2}\left[\frac{Q_2}{\mu_2 A_2}\right]^2 \tag{3-24}$$

$$\Delta p_3 = \frac{\rho}{2}\left[\frac{Q_3}{\mu_3 A_3}\right]^2 \tag{3-25}$$

设出口的流量系数相等，$\mu = \mu_1 = \mu_2 = \mu_3$，将式（3-22）、式（3-23）、式（3-24）、式（3-25）代入式（3-21），可得三个出口串联时的有效流通面积为

$$A_e = \left[\frac{1}{A_1^2} + \frac{1}{A_2^2} + \frac{1}{A_3^2}\right]^{-\frac{1}{2}} \tag{3-26}$$

以此类推，可以得到 n 个出口串联时的有效流通面积为

$$A_e = \left[\sum_{i=1}^{n}\left(\frac{1}{A_i^2}\right)\right]^{-\frac{1}{2}} \tag{3-27}$$

建筑物火灾时，烟气通过两个串联的出口蔓延的情况比较常见，此时有效流通面积为

$$\frac{1}{A_e^2}=\frac{1}{A_1^2}+\frac{1}{A_2^2} \tag{3-28}$$

3. 混联流动

图3-6所示为一串并联混联系统。

A_2、A_3 并联，其有效流通面积为

$$A_{e23}=A_2+A_3 \tag{3-29}$$

A_4、A_5 并联，其有效流通面积为

$$A_{e45}=A_4+A_5 \tag{3-30}$$

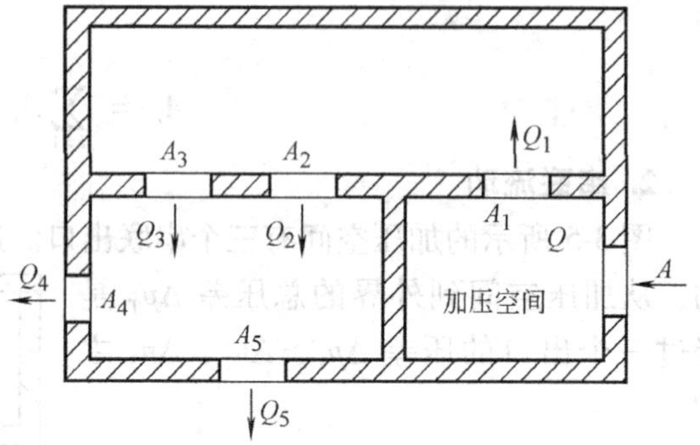

图3-6　混联出口

这两个出口并联后的有效流通面积又与 A_1 串联，所以，系统总的有效流通面积为

$$A_e=\left[\frac{1}{A_1^2}+\frac{1}{A_{e23}^2}+\frac{1}{A_{e45}^2}\right]^{-\frac{1}{2}} \tag{3-31}$$

4. 温度与流量系数变化对有效流通面积的影响

对于多数烟气控制计算来讲，可以假定流量系数相同和气体温度不变。但是在有些情况下，需要考虑这些参数变化的影响。此时，有效流通面积的表达式可写为：

并联流动

$$A_e=\frac{T_e^{1/2}}{\mu_e}\left(\sum_{i=1}^{n}\mu_i A_i(T_i)^{-1/2}\right) \tag{3-32}$$

串联流动

$$A_e=\frac{T_e^{1/2}}{\mu_e}\left(\sum_{i=1}^{n}(\mu_i A_i)^{-2}T_i\right)^{-1/2} \tag{3-33}$$

式中　T_e——有效流通路径上的热力学温度，单位为K；

μ_e——有效路径上的流量系数；

T_i——路径 i 处的热力学温度，单位为K；

A_i——路径 i 的流通面积，单位为 m^2；

μ_i——路径 i 的流量系数。

假设出口的流量系数相等，对于流量系数相同的两个串联流动面积来说，其有效流通面积为

$$A_e = T_e^{1/2}\left(\frac{T_1}{A_1^2}+\frac{T_2}{A_2^2}\right)^{-1/2} \tag{3-34}$$

3.4.2 烟囱效应

高层建筑往往有许多竖井，如楼梯井、电梯井、竖直机械通道及通讯槽等。如图3-7所示的竖井，假设仅在竖井下部有开口。设竖井高H，内外温度分别为T_s和T_0，ρ_s和ρ_0分别为竖井内外空气在温度T_s和T_0时的密度，g是重力加速度常数。

假设地板平面的大气压力为p_0，则建筑内部高H处压力$p_i(H)$为

$$p_i(H) = p_0 - \rho_s gH \tag{3-35}$$

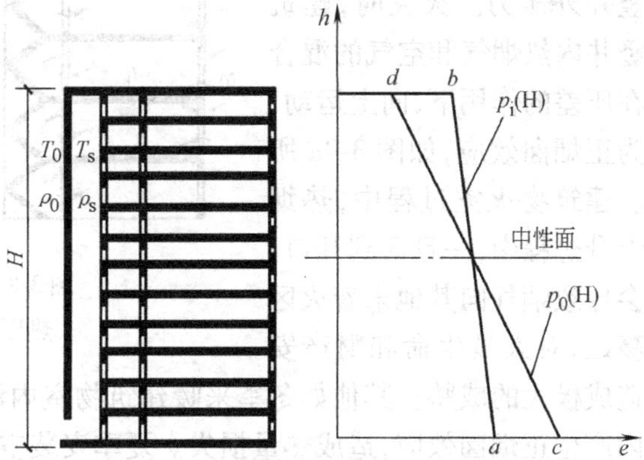

图3-7 热压作用下竖井内的压力分布

$p_i(H)$—竖井内压力线 $p_0(H)$—室外压力线

建筑外部高H处的压力$p_0(H)$为

$$p_0(H) = p_0 - \rho_0 gH \tag{3-36}$$

因此，竖井高度为H处的建筑内外压差为

$$\Delta p_{i0} = (\rho_0 - \rho_s)gH \tag{3-37}$$

建筑物内外的压差变化与大气压p_{atm}相比要小得多，因此可根据理想气体状态方程，用大气压p_{atm}来计算气体密度随温度的变化。假设烟气遵循理想气体定律，烟气的相对分子质量与空气的平均相对分子质量相同，即等于0.0289kg/mol，则

$$\Delta p_{i0} = \frac{gHp_{atm}}{R}\left(\frac{1}{T_0}-\frac{1}{T_s}\right) \tag{3-38}$$

竖井内部压力和外部压力相等的高度所在的平面，称为中性面。

建筑物火灾过程中，着火房间温度（T_s）往往高于室外温度（T_0），因此火灾室内空气的密度（ρ_s）比室外空气密度（ρ_0）小。在密度差和高程差的共同作用下，造成建筑物竖井内外压差。这种由于室内外温差引起的压力差，称为热压差。热压作用产生的通风效应称为“烟囱效应”。高度越高，内外压差越大，上下压差越大，烟囱效应愈强烈。但也有特例，并非多层建筑的烟囱效应都大于单层建筑。如图3-8所示的多层外廊式建筑，在建筑内部没有竖向的空气流动通

道，因此就不存在图 3-7 所示的烟囱效应。这时每层的热压作用的自然通风与单层建筑没有本质区别。这种建筑正如沿山坡而建的单层建筑群一样。

对于处于火灾的建筑物来讲,竖井内上部压力始终小于下部压力,竖井内压力始终大于竖井外压力。火灾时,建筑物竖井内热烟气和空气的混合物在压差的作用下,向上运动,称为正烟囱效应,如图 3-9a 所示。建筑物火灾过程中,热烟气上升过程中,一旦遇到开口,就会导致烟气向其他未着火区域蔓延,对人员生命和财产安全造成极大的威胁。其他如冬季采暖建筑物室内温度高于室外温度,也会在建筑物内产生正烟囱效应,造成热量损失。夏季安装空调系统的建筑内,室内温度比室外温度低,竖井内气流呈下降的现象,称为逆烟囱效应,如图 3-9b 所示。

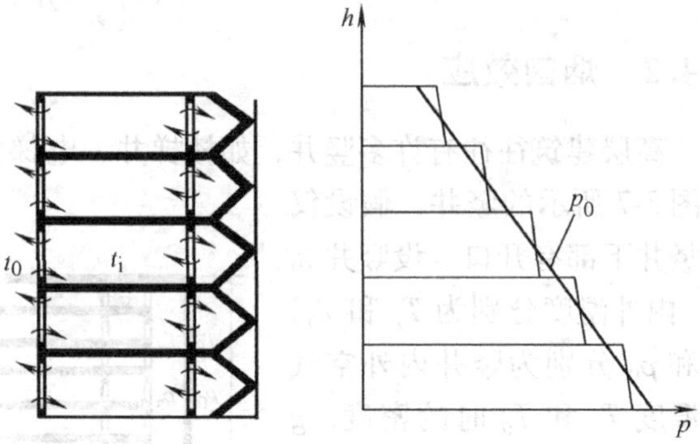

图 3-8　多层外廊式建筑在热压作用下的自然通风

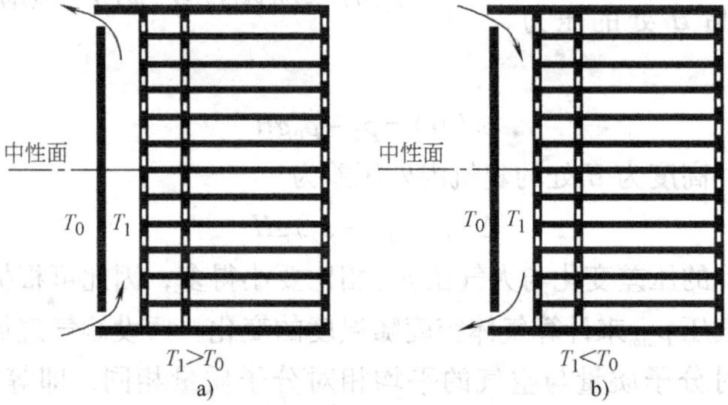

图 3-9　烟囱效应

a）正烟囱效应　b）逆烟囱效应

图 3-9 所示的建筑物内，假设所有的垂直流动都发生在竖井内。然而实际建筑物的楼层地板间会有缝隙，因此也有一些穿过楼板的气体流动。然而，就普通建筑物而言，由于流过楼板的气体量比通过竖井量要少得多，通常仍假定建筑物为楼层间没有缝隙的理想建筑物。因此通过任一层的有效流动面积为

$$A_e=\left(\frac{1}{A_{si}^2}+\frac{1}{A_{i0}^2}\right)^{-\frac{1}{2}} \tag{3-39}$$

式中　A_e——竖井与外界间的有效流通面积，单位为 m^2；

A_{si}——竖井与建筑物间某层的流通面积，单位为 m^2；

A_{i0}——建筑物某层与外界间的流通面积，单位为 m^2。

通过该层的质量流量 q_m（单位为 kg/s）可表示为

$$q_m = \mu A_e (2\rho \Delta p_{i0})^{1/2} \tag{3-40}$$

式中　μ、A_e、ρ 以及 Δp_{i0} 的含义和单位与上述各式相同。

在串联路径中，某段路径的压差等于系统的总压差乘上系统的有效流通面积与这段路径的流通面积之比的平方。这样，竖井与建筑内部房间之间的压差为

$$\Delta p_{si} = \Delta p_{i0} (A_e / A_{si})^2 \tag{3-41}$$

$$\Delta p_{si} = \frac{\Delta p_{i0}}{\left[1 + \left(\frac{A_{si}}{A_{i0}}\right)^2\right]} \tag{3-42}$$

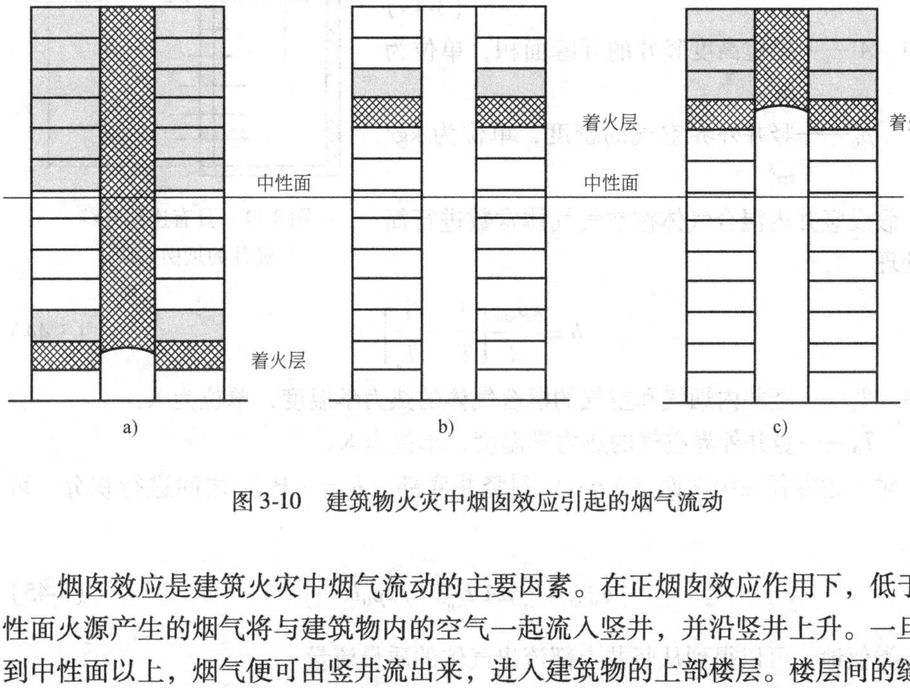

图 3-10　建筑物火灾中烟囱效应引起的烟气流动

烟囱效应是建筑火灾中烟气流动的主要因素。在正烟囱效应作用下，低于中性面火源产生的烟气将与建筑物内的空气一起流入竖井，并沿竖井上升。一旦升到中性面以上，烟气便可由竖井流出来，进入建筑物的上部楼层。楼层间的缝隙也可使烟气流向着火层上部的楼层。如果忽略不计楼层间的缝隙，则中性面以下的楼层，除了着火层以外都将没有烟气。但如果楼层间的缝隙很大，则直接流进着火层上一层的烟气将比流入中性面下其他楼层的要多，见图 3-10a；若中性面以上的楼层发生火灾，由正烟囱效应产生的空气流动可限制烟气的流动，空气从竖井流进着火层能够阻止烟气流进竖井，见图 3-10b；如果着火层的燃烧强烈，热烟气的浮力克服了竖井内的烟囱效应，则烟气仍可进入竖井继而流入上部楼

层，见图 3-10c。逆烟囱效应的空气流可驱使比较冷的烟气向下运动，但在烟气较热的情况，浮力较大，即使楼内起初存在逆烟囱效应，但不久还会使烟气向上运动。建筑火灾中起主要作用的是正烟囱效应。

对于建筑火灾情况，建筑物竖井内温度 T_s 往往高于室外空气温度 T_0。本节按一个竖井与外界联通的情况，讨论建筑火灾中正烟囱效应下中性面位置的确定方法。

1. 具有连续开缝竖井的中性面位置

假设一竖井，从其顶部到底部有连续的宽度相同的开缝与外界联通，由正烟囱效应引起的该竖井内烟气的流动和压力分布见图 3-11。竖井与外界的压差由式（3-37）给出。中性面以下流过微元高度 dh 的质量流量 d$q_{m,\text{in}}$ 为

$$\mathrm{d}q_{m,\text{in}} = \mu A'\sqrt{2\rho_0 \Delta p_{s0}}\mathrm{d}h = \mu A'\sqrt{2\rho_0 bh}\mathrm{d}h \tag{3-43}$$

式中　A'——单位高度竖井的开缝面积，单位为 m^2；

ρ_0——竖井外界空气的密度，单位为 $\mathrm{kg/m}^3$。

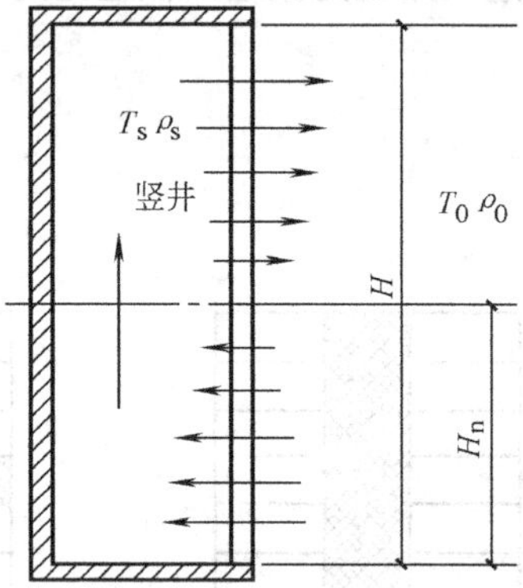

图 3-11　具有连续开缝竖井的烟囱效应

假设竖井内混合气体按空气气体常数进行简化处理

$$b = \frac{g p_{\text{atm}}}{R}\left[\frac{1}{T_0} - \frac{1}{T_s}\right] \tag{3-44}$$

式中　T_s——竖井内烟气和空气的混合气体的热力学温度，单位为 K；

T_0——竖井外界空气的热力学温度，单位为 K。

对上述方程在中性面（$h=0$）到竖井底部（$h=-H_n$）之间进行积分，可得

$$q_{m,\text{in}} = \frac{2}{3}\mu A' H_n^{3/2}\sqrt{2\rho_0 b} \tag{3-45}$$

类似地，可以得到从竖井上部流出气体的质量流量

$$q_{m,\text{in}} = \frac{2}{3}\mu A'(H - H_n)^{3/2}\sqrt{2\rho_s b} \tag{3-46}$$

式中　H——竖井的高度，单位为 m。

ρ_s——竖井内混合气体的密度，单位为 $\mathrm{kg/m}^3$。

稳定状态下，流进与流出竖井气体的质量流量相等，因此可以得到中性面距竖井底部的高度 H_n 为

$$\frac{H_n}{H}=\frac{1}{1+\left(\frac{T_s}{T_0}\right)^{1/3}} \tag{3-47}$$

2. 具有上下双开口竖井的中性面位置

设火灾建筑物有一竖井具有上下两个开口，其正烟囱效应如图 3-12 所示。为了简化分析，假设两个开口间的距离比开口本身的尺寸大得多，这样可忽略沿开口自身高度的压力变化。类似的分析步骤可得中性面距竖井底部的高度 H_n 为

$$\frac{H_n}{H}=\frac{1}{1+\left(\frac{T_s}{T_0}\right)\left(\frac{A_b}{A_a}\right)^2} \tag{3-48}$$

式中 A_b——竖井下部开口的面积，单位为 m^2；

A_a——竖井上部开口的面积，单位为 m^2；

其他符号的单位和意义同前。

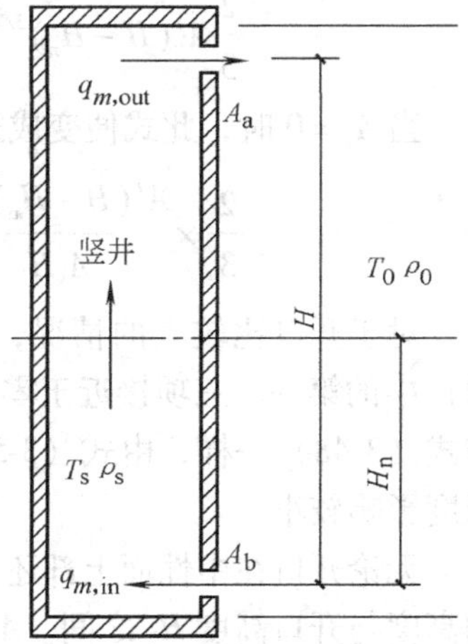

图 3-12 双开口竖井的烟囱效应

由上式可以看出，中性面位置受开口面积影响较大，受温度影响相对较小。中性面位置的变化，对竖井内烟气流动方向和路径的影响非常显著，与人的生命安全密切相关。当 A_b/A_a 接近于零，即上部开口面积远远大于下部开口面积时，H_n 接近于 H，即中性面的位置接近于或位于竖井的上部。

3. 具有连续开缝和一个上开口竖井的中性面位置

设某竖井具有连续开缝和一个上部开口，则井内由正烟囱效应所引起的流动及压力分布见图 3-13。设开口的面积为 A_v，其中心到地面的高度为 H_v。开口位于中性面之下时也可做类似分析。流进井内的质量流量由式（3-45）给出。为了简化起见，认为开口的自身高度与井高 H 相比很小，这样可认为流体流过开口时的压力差不变。

流出竖井的质量是由连续开缝流出的质量与由开口流出的质量之和，即

$$q_{mout}=\frac{2}{3}\mu A'(H-H_n)^{3/2}\sqrt{2\rho_s b}+\mu A_v\sqrt{2\rho_s b(H_v-H_n)} \tag{3-49}$$

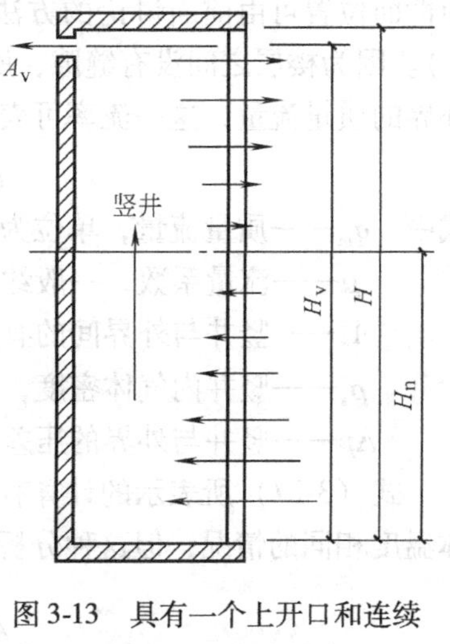

图 3-13 具有一个上开口和连续开缝竖井的烟囱效应

根据竖井内的质量连续方程，流出的质量应等于流入的质量，因此上式可写为

$$q_{mout}=\frac{2}{3}\mu A' H_n^{3/2}\sqrt{2\rho_0 b} \tag{3-50}$$

消去相同的项，并将理想气体定律关于密度和温度的关系带入，得

$$\frac{2}{3}A'(H-H_n)^{3/2}+A_v\sqrt{(H_v-H_n)}=\frac{2}{3}A' H_n^{3/2}\left(\frac{T_s}{T_0}\right)^{1/2} \tag{3-51}$$

当 $A_v=0$ 时，此式便变成式（3-48）。当 $A_v\neq 0$ 时，此式可重新整理为

$$\frac{2}{3}\times\frac{A'(H-H_n)^{3/2}}{A_v H}+\frac{\sqrt{(H_v-H_n)}}{H}=\frac{2}{3}\times\frac{A' H H_n^{3/2}T_s^{1/2}}{A_v H T_0^{1/2}} \tag{3-52}$$

对于开口比较大的情况，比值 A'/A_v 接近于零。而当接近于零时，式（3-52）中的第一、三项接近于零，于是得到 $H_n=H_v$。这样中性面就位于上开口处。与式（3-48）一样，由式（3-52）决定的中性面位置受流动面积影响较大，而受温度影响较小。

无论开口在中性面上部还是下部，其位置将位于式（3-48）所给的无开口时的高度与开口高度 H_v 之间。A'/A_v 的值越小，中性面的位置就越接近于 H_v。

4. 中性面以上楼层内的烟气浓度

火灾烟气蔓延到建筑物的上部楼层后，其中气相中的有害污染物浓度也将发生变化。在某些需要考虑烟气控制的情况下，人们应对这些物质的影响有所认识。现结合中性面以上楼层讨论其估算方法。

尽管有害污染物的浓度在不断变化，可以认为，烟气的质量流量是稳定的。中性面位置可由前面讨论的方法确定，并设外界温度低于竖井内的温度（$T_0<T_s$）。因为楼层之间没有缝隙，所以由竖井流进各层的质量流量等于从各层留到外界的质量流量，这一流率可表达为

$$q_m=\mu A_e\sqrt{2\rho_s\Delta p} \tag{3-53}$$

式中 q_m——质量流量，单位为 kg/s；

μ——流量系数，一般约为 0.65；

A_e——竖井与外界间的有效流动面积，单位为 m^2；

ρ_s——竖井内气体密度，单位为 kg/m^3；

Δp——竖井与外界的压差，单位为 Pa。

式（3-27）所表示的计算有效流动面积的方法仅适用于两条路径串联、且流体温度相同的情况，但这种分析可扩展到流体温度不同的情况

$$A_e=\left[\frac{1}{A_s^2}+\frac{T_{f1}}{T_s A_a^2}\right]^{1/2} \tag{3-54}$$

式中　A_e——竖井与外界的有效流动面积，单位为 m^2；

A_s——竖井与房间的有效流动面积，单位为 m^2；

A_a——房间与外界的有效流通面积，单位为 m^2；

T_{fl}——楼层内的温度，单位为 K；

T_s——竖井内的温度，单位为 K。

室内外压差由烟囱效应给出

$$\Delta p = K_s\left(\frac{1}{T_a} - \frac{1}{T_s}\right)Z \tag{3-55}$$

式中　T_a——外界空气的温度，单位为 K；

T_s——竖井内气体的温度，单位为 K；

Z——中性面以上的距离，单位为 m；

K_s——系数，当外界压力为标准大气压时，K_s 取值 3460。

在中性面以上的某一楼层中，污染物的质量守恒方程为

$$\frac{dC_{fl}}{dt} = \frac{q_m}{V_{fl}\rho_{fl}}(C_s - C_{fl}) \tag{3-56}$$

式中　C_{fl}——中性面以上某楼层内污染物浓度，单位为 kg/m^3；

C_s——竖井内污染物浓度，单位为 kg/m^3；

t——时间，单位为 s；

q_m——质量流量，单位为 kg/s；

V_{fl}——该楼层容积，单位为 m^3；

ρ_{fl}——该楼层内的气体密度，单位为 kg/m^3。

此微分方程的解为

$$C_{fl} = (1 - e^{-\lambda t}) \tag{3-57}$$

其中

$$\lambda = \frac{q_m}{V_{fl}\rho_{fl}} \tag{3-58}$$

浓度可用任意适当的量纲表示。现按图 3-14 所示的电梯竖井结构形式，讨论中性面以上任意楼层内有毒气体浓度的计算。

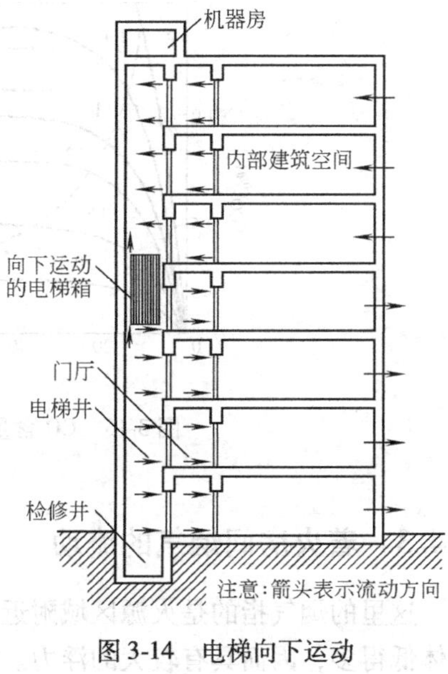

图 3-14　电梯向下运动引起的气体流动

【例 3-1】　设电梯竖井内 CO 含量为 1%，外界空气温度 $T_a = -18℃$，竖井内气体温度 $T_s = 93℃$，某楼层在中性面以上

的高度 $Z=18.3\text{m}$，该层内气体温度 $T_{fl}=21℃$，竖井与房间的开口面积 $A_s=0.186\text{m}^2$，房间与外界之间的开口面积 $A_a=0.279\text{m}^2$，该层容积 $V_{fl}=561\text{m}^3$，求该楼层内的 CO 含量。

【解】 气体密度由理想气体状态方程计算，设 p 是大气压力（101 325Pa），气体常数 $R=287.0\text{J}/(\text{kg}\cdot\text{K})$，可得密度 $\rho_s=0.964\text{kg/m}^3$，$\rho_{fl}=1.20\text{kg/m}^3$。根据式（3-27）可算出：$A_e=0.160\text{m}^2$，由式（3-55）可得 $\Delta p=0.75\text{Pa}$，由式（3-53）可得 $q_m=1.251\text{kg/s}$。由式（3-58）可得 $\lambda=0.1831/\text{s}$。该楼层内 c_{CO} 随时间的变化由式（3-57）计算，部分结果见表 3-7。

表 3-7　中性面以上第五层 CO 含量随时间变化的计算结果

时间/min	c_{CO} $\times10^{-6}$	c_{CO}（平均）$\times10^{-6}$	时间/min	c_{CO} $\times10^{-6}$	c_{CO}（平均）$\times10^{-6}$	时间/min	c_{CO} $\times10^{-6}$	c_{CO}（平均）$\times10^{-6}$
0	0	0	8	5851	5341	16	8279	8067
2	1974	987	10	6670	6261	18	8618	8449
4	3559	2767	12	7328	6999	20	8891	8755
6	4830	4195	14	7855	7919			

通常认为，CO 含量约为 8500×10^{-6} 时便可致人死亡。因此，在此算例中，该楼层内 CO 达到致死含量的时间约 19min。竖井中的 CO 含量值对估计人员致死时间有很大影响，图 3-15 给出了一些估计值，此处所用的参数值与上例相同。

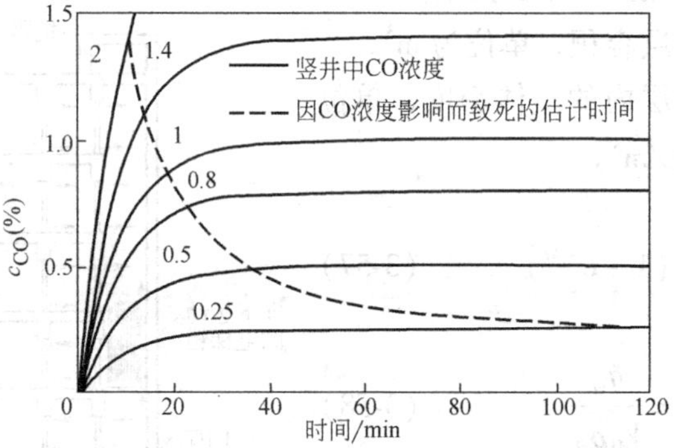

图 3-15　CO 含量及致死时间的计算结果

3.4.3　着火房间烟气的流动

这里的烟气指的是火源区域附近由于燃烧刚生成的高温烟气，其密度比常温气体低得多，因而具有较大的浮力。在火灾充分发展阶段，着火房间室内外的压力分布如图 3-16 所示。

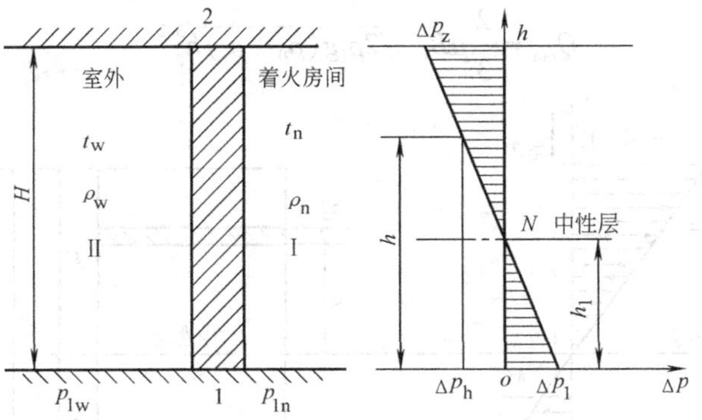

图 3-16　着火房间室内外压力分布

根据烟囱效应的原理，着火房间与外界环境的压差可写为

$$\Delta p_{f0} = \frac{ghp_{atm}}{R}\left(\frac{1}{T_0} - \frac{1}{T_f}\right) \tag{3-59}$$

式中　Δp_{f0}——着火房间与外界的压差，单位为 Pa；

T_0——着火房间外空气的热力学温度，单位为 K；

T_f——着火房间烟气的热力学温度，单位为 K；

h——着火房间内中性面以上平面距地面的距离，单位为 m。

此方程适用于着火房间内温度恒定的情况。当外界压力为标准大气压时，该关系式可进一步写为

$$\Delta p_{f0} = K_s h\left(\frac{1}{T_0} - \frac{1}{T_f}\right) = 3460h\left(\frac{1}{T_0} - \frac{1}{T_f}\right) \tag{3-60}$$

方（Fung）进行了一系列的全尺寸室内火灾试验测定压力的变化。其研究结果表明，对于高度约为 3.5m 的着火房间，其顶部壁面内外的最大压差为 16Pa。当着火房间较高时，中性面以上的距离 h 亦较大，则会产生较大的压差。

若着火房间只有一个小的墙壁开口与建筑物其他部分相连时，在着火房间内外气体的温差和门窗自身高度的影响下，中性面将出现在门窗空洞的某一高度上。热烟气将从开口的上半部流出，外界空气将从开口下半部流进。为了简化问题，下面以着火房间仅有一处窗开启的情况来分析。如图 3-17 所示，着火房间外墙有一开启的窗孔，其高度为 H_C，宽度为 B_C，室内外气体温度分别为 t_f、t_0，中性面 N 到窗孔上、下沿的垂直距离为 h_2、h_1。从 h 处向上取微元高度 dh，所构成的微元开口面积为 d$A = B_c$dh，根据式（3-59）及式（3-12），通过该微元面积向外排出的气体质量流量为

$$\mathrm{d}Q_{out} = \mu\sqrt{2\rho_i \Delta p_{f0}}\,\mathrm{d}A = \mu B_c\sqrt{2\rho_i(\rho_0 - \rho_i)gh}\,\mathrm{d}h \tag{3-61}$$

$$Q_{out}=\frac{2}{3}\mu B_c\sqrt{2\rho_i g(\rho_0-\rho_i)}h_2^{3/2} \tag{3-62}$$

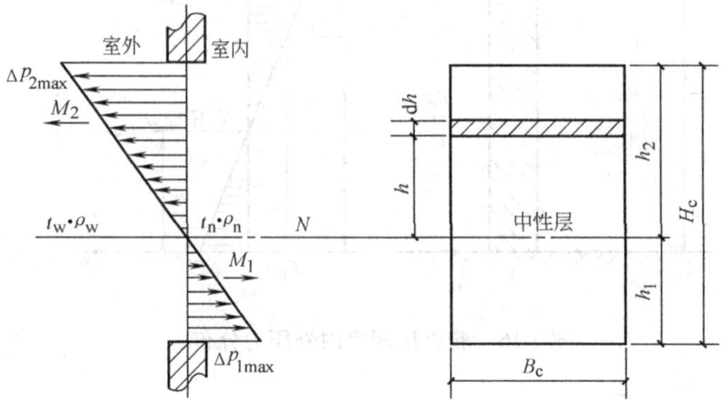

图 3-17　着火房间门窗洞口的压力分布

同理，可以得到从窗孔中性面至下缘之间的开口面积中流进的空气总质量流量为

$$Q_{in}=\frac{2}{3}\mu B_c\sqrt{2\rho_0 g(\rho_0-\rho_i)}h_1^{3/2} \tag{3-63}$$

式中　μ——窗孔的流量系数，可按薄壁孔口取值，$\mu=0.6\sim0.7$。

假设着火房间除了开启的窗孔与大气相通外，其余各处密封均较好，根据质量守恒定律，在不考虑可燃物质质量损失速度的条件下，可近似认为 $Q_{out}=Q_{in}$，则存在以下关系

$$\frac{h_2}{h_1}=\left(\frac{\rho_0}{\rho_i}\right)^{1/3}=\left(\frac{T_i}{T_0}\right)^{1/3} \tag{3-64}$$

由图 3-17 可见，开口处上下缘处的室内外压力差最大，其绝对值分别为

上缘处：

$$|\Delta p_2|=(\rho_0-\rho_i)gh_2 \tag{3-65}$$

下缘处：

$$|\Delta p_1|=(\rho_0-\rho_i)gh_1 \tag{3-66}$$

将式（3-65）、式（3-66）分别代入式（3-62）及式（3-63），可得

$$Q_{out}=\frac{2}{3}\mu B_c h_2\sqrt{2\rho_i|\Delta p_2|} \tag{3-67}$$

$$Q_{in}=\frac{2}{3}\mu B_c h_1\sqrt{2\rho_0|\Delta p_1|} \tag{3-68}$$

如果着火房间有几个窗孔同时打开，而这些窗孔本身的高度及布置高度完全

相同，那么，这些窗孔中性面距上下缘的垂直距离是相通的，在利用上述公式时，只要把 B_c 代以所有开启窗孔的宽度之和即可。如果窗孔本身的高度不同，或布置高度不同，情况就比较复杂了。这时，首先确定中性面的位置，然后对各窗孔分别进行计算。通过开启的门洞的气流状况与开启窗孔的气流状况相似，上述计算公式对门洞的计算仍然适用。

【例 3-2】 着火房间与走廊之间的门洞尺寸为 2.2m×0.9m，若着火房间烟气的平均温度为 800℃，走廊内空气温度为 30℃，当门敞开时，试求从着火房间流到走廊中的烟气量和由走廊流入房间中的空气量。

【解】

已知 $H_c=2.2\text{m}$，$B_c=0.9\text{m}$，$t_i=800$，$t_0=30$，

因为 $\left(\dfrac{h_2}{h_1}\right)=\left(\dfrac{T_i}{T_0}\right)^{1/3}=\left(\dfrac{273+800}{273+30}\right)^{1/3}=1.524$

所以 $h_2=1.524h_1$

$$h_1+h_2=H_c,\ h_1=0.872\text{m},\ h_2=1.328\text{m}$$

$$\rho_i=353/T_i=\frac{353}{273+800}=0.329\text{kg/m}^3$$

$$\rho_0=353/T_0=\frac{353}{273+30}=1.165\text{kg/m}^3$$

取门洞流量系数 $\mu=0.65$，

$$Q_{out}=\frac{2}{3}\mu B_c h_2\sqrt{2\rho_i|\Delta p_2|}=1.386\text{kg/s}$$

$$Q_{in}=\frac{2}{3}\mu B_c h_1\sqrt{2\rho_0|\Delta p_1|}=1.388\text{kg/s}$$

3.4.4 烟气在走廊中的流动

烟气在走廊或细长通道中流动时，顶棚附近流动的烟气有逐步下降的现象，见图 3-18。这是由于烟气接触顶棚和墙面被冷却后逐渐失去浮力所致。失去浮力的烟气首先沿周壁开始下降，最后在走廊断面的中部留下一个圆形的空间，见图 3-19。

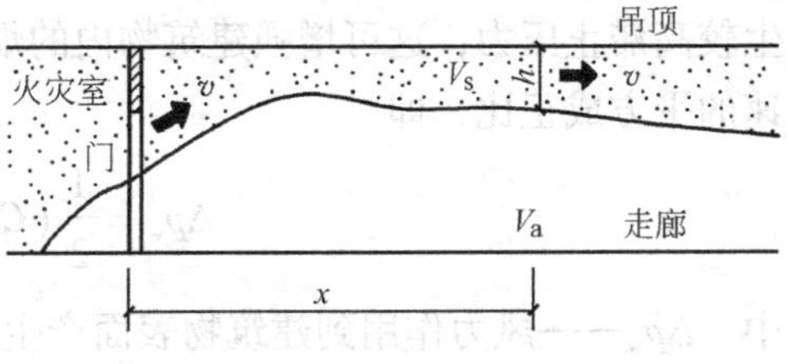

图 3-18 烟气在走廊流动中的下降

从火灾扩散到走廊中的烟气流量可用式（3-67）进行计算。距火灾室门口一定距离 x 处走廊内烟气层厚度、烟气扩散流速和烟气温度可用下式计算

$$t_s = (t_f - t_a)\exp(-ax) + t_a \tag{3-69}$$

$$h = \left(\frac{\zeta}{2g}\right)^{1/3}\left(\frac{Q_{out}}{B'}\right)^{2/3}\left(\frac{273 + t_a}{t_s - t_a}\right)^{1/3} \tag{3-70}$$

$$v = \frac{Q_{out}}{B'h} \tag{3-71}$$

式中 Q_{out}——烟气流量，单位为 m^3/s；

h——烟气层厚度，单位为 m；

ζ——阻力系数，约 30m 长走廊 $\left(\frac{\zeta}{2g}\right)^{1/3} = 0.9$；

B'——走廊宽度，单位为 m；

t_a——走廊空气温度，单位为℃；

v——烟气速度，单位为 m/s；

t_f——烟气初温，单位为℃；

t_s——流出 x 距离后烟气温度，单位为℃；

x——烟气流出距离，单位为 m；

a——常数，$a \approx 0.04$。

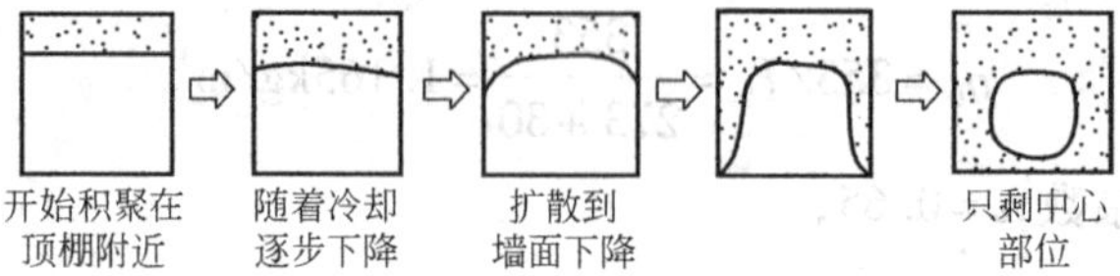

图 3-19 烟气在走廊流动中的下降

3.4.5 风压对建筑物火灾烟气蔓延的影响

风的存在可在建筑物的周围产生压力分布，而这种压力分布能够影响建筑物内的烟气流动。建筑物外部的压力分布受到多种因素的影响，其中包括风的速度和风向、建筑物的高度和几何形状等。风的影响往往可以超过其他驱动烟气流动的力（自然的和人工的）。一般说来，风朝着建筑物吹过来会在建筑物的迎风侧产生较高滞止压力，这可增强建筑物内的烟气向下风向的流动，压力差的大小与风速的平方成正比，即

$$\Delta p_w = \frac{1}{2}(C_w \rho_0 v^2) \tag{3-72}$$

式中 Δp_w——风力作用到建筑物表面产生的附加压力，单位为 Pa；

C_w——风压系数；

ρ_0——空气的密度，单位为 kg/m^3；

v——风速，单位为 m/s。

使用空气温度表示上述公式可写为

$$\Delta p_w = 0.048 C_w v^2 / T_0 \tag{3-73}$$

式中 T_0——环境温度（K）；

其他符号的意义与前式相同。

式（3-73）表明，若温度为 293K 的风以 7m/s 的速度吹到建筑物表面，将产生 30Pa 的压力差，显然它要影响建筑物内燃烧或烟囱效应引起的烟气流动。

通常风压系数 C_w 的值在 $-0.80 \sim +0.80$ 之间，可正可负。C_w 为正，表示该处的压力比大气压力提高了 Δp_w；C_w 为负，表示该处的压力比大气压力减少了 Δp_w，迎风墙为正，背风墙为负。此系数的大小决定于建筑物的几何形状及当地的挡风状况，并且在墙壁表面的不同部位有不同的值，见图 3-20。表 3-8 给出了附近没有障碍物时，矩形建筑物前后壁面上压力系数的平均值。

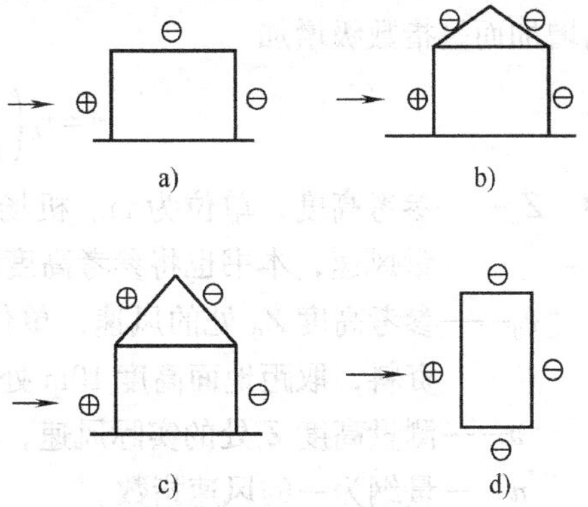

图 3-20　建筑物在风力作用下的压力分布

由风压引起的建筑物两个侧面的压差为

$$\Delta p_w = \frac{1}{2}(C_{w1} - C_{w2})\rho_0 v^2 \tag{3-74}$$

式中 C_{w1}、C_{w2}——迎风墙和背风墙的压力系数；

其他符号的意义同前式。

表 3-8　矩形建筑物前后壁面压力系数的平均值

建筑物的高宽比	建筑物的长宽比	风向角 α(°)	不同墙壁上的风压系数 C_w			
			正面	背面	侧面	侧面
$H/W \leqslant 0.5$	$1 \leqslant L/W \leqslant 1.5$	0	+0.7	-0.2	-0.5	-0.5
		90	-0.5	-0.5	+0.7	-0.2
	$1.5 \leqslant L/W \leqslant 4$	0	+0.7	-0.25	-0.6	-0.6
		90	-0.5	-0.5	+0.7	-0.1
$0.5 < H/W \leqslant 1.5$	$1 \leqslant L/W \leqslant 1.5$	0	+0.7	-0.25	-0.6	-0.6
		90	-0.6	-0.5	+0.7	-0.25
	$1.5 \leqslant L/W \leqslant 4$	0	+0.7	-0.3	-0.7	-0.7
		90	-0.5	-0.5	+0.7	-0.1

（续）

建筑物的高宽比	建筑物的长宽比	风向角 α(°)	不同墙壁上的风压系数 C_w			
			正面	背面	侧面	侧面
$1.5<H/W\leqslant 6$	$1\leqslant L/W\leqslant 1.5$	0	+0.8	-0.25	-0.8	-0.8
		90	-0.8	-0.8	+0.8	-0.25
	$1.5\leqslant L/W\leqslant 4$	0	+0.7	-0.4	-0.7	-0.7
		90	-0.5	-0.5	+0.8	-0.1

注：H 为屋顶高度，L 为建筑物的长边，W 为建筑物的短边。

气流风速 v 的大小是影响风压大小的主要因素。一般来讲，风速随离地面高度的增加而呈指数级增加

$$v=v_0\left(\frac{Z}{Z_0}\right)^n \tag{3-75}$$

式中 Z_0——参考高度，单位为 m。机场和气象站等一般在离地高度 10m 处测量风速，本书也将参考高度取为 10m。

v_0——参考高度 Z_0 处的风速，单位为 m/s，一般参考机场和气象站测试资料，取距地面高度 10m 处测量参考风速；

v——测量高度 Z 处的实际风速，单位为 m/s；

n——量纲为一的风速指数。

根据气象测试资料表明，不同地形条件、不同地区的大气边界层厚度差别很大，因而应采用不同的风速指数。在平坦地带（如空旷的野外），风速指数可取 0.16 左右；在不平坦的地带（如周围有树木的村镇），风速指数可取 0.28 左右；在很不平坦的地带（如建筑物耸立的市区），风速指数约为 0.40。

在设计烟气控制系统时，参考风速的选取非常重要。有资料指出，大部分地区的平均风速约为 2～7m/s，但此值对于设计烟气控制系统未必合适。大量证据表明，在约半数以上的火灾中，实际风速大于此值。建筑设计部门一般把当地的最大风速作为建筑安全设计参考值，其值常取为 30～50m/s。但对烟气控制系统来说，此值又显得太大了，因为发生火灾的同时又遇到如此大风速的概率太小了。在没有更理想的结果前，建议在设计烟气控制系统时，将参考风速取为当地平均风速的 2～3 倍。

如迎风的正压侧的开口面积为 A_1(m^2)，负压侧的开口面积为 A_2(m^2)，不考虑室内外温度差的影响，与上节类似的方法，可以推导出迎风侧的室外与室内压差的公式

$$p_{0,1}-p_i=\frac{p_{0,1}-p_{0,2}}{1+(A_1/A_2)^{1/n}} \tag{3-76}$$

式中 $p_{0,1}$、$p_{0,2}$——正压侧和负压侧的室外压力，分别等于当地大气压力加或减

去该侧的风压 Δp_w，单位为 Pa；

p_i——室内压力，单位为 Pa；

n——指数，可取 0.5（门敞开启或宽峰）或 0.65（窄门窗峰）。

从式（3-76）可以看出，当 $A_1=A_2$，室内压力刚好是迎风正压侧压力与负压侧压力的算术平均值；当 $A_1>A_2$，室内压力接近负压侧的压力，即 $(p_{0,1}-p_i)>(p_i-p_{0,2})$

风压作用下的通风量可以用式计算，但当门窗缝隙很窄时，可用下式计算

$$Q=\mu A(2\Delta p/\rho)^{0.65} \tag{3-77}$$

式中 μ——流量系数；

A——有效流通面积，单位为 m^2；

Δp——室内外两侧的压差，单位为 Pa；

ρ——密度，单位为 kg/m^3。

热压与风压共同作用下室内外的压力分布可以简单地认为是代数迭加。设有一建筑，火灾时室内温度高于室外温度，当只考虑热压作用时，室内外的压力分布如图 3-21a 所示；只有风压作用时，迎风侧与背风侧的压力分布如图 3-21b 所示，其中虚线为无风时室外压力（p_0）线。热压与风与共同作用下的压力分布如图 3-21c 所示，这时室内压力分布是在上、下开口面积与正压、负压侧开口面积等共同作用下形成的。可以看到，由于火灾时室内温度高于室外温度，中性面以下各层迎风侧进风量增加了，背风侧进风量减少了，甚至可能出现排风；中性面以上各层迎风侧排风量减少了，甚至可能出现进风，上层背风侧排风量加大了；中性面附近迎风面进风、背风面排风。实测及原理分析表明：对于高层建筑，火灾时室内温度远远高于室外温度，即使室外风速很大，上层的迎风面房间依然是排风的，热压起了主导作用。

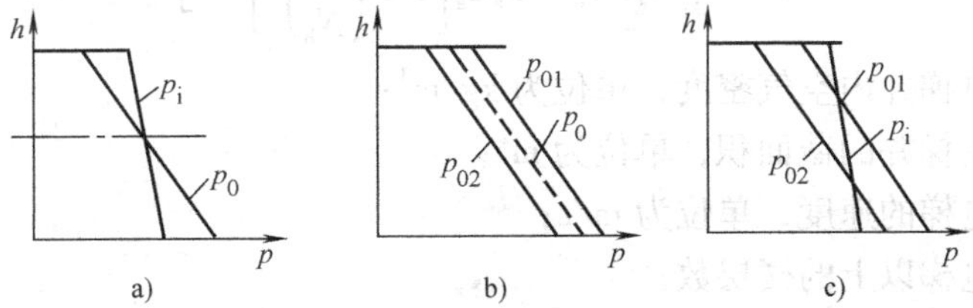

图 3-21　热压、风压共同作用下建筑内外的压力分布

a）只有热压作用　b）只有风压作用　c）热压与风压共同作用

风对建筑物火灾烟气蔓延的影响，还与风向有密切的关系。由于风向的转变，原来的正压区可能变为负压区，而原来的负压区也可能变为正压区。风向的变化受很多随机因素的影响，具有不确定性。风压对建筑物火灾蔓延的影响，应

针对具体问题，进行具体的分析。

3.4.6 机械通风系统造成的风压

许多现代建筑中都安装了集中式空气调节系统（HVAC）。这种情况下，即使空气系统中的风机不起动，其中的管道也能起到通风网的作用。在烟气的浮力、热膨胀力、外界风力，尤其是烟囱效应的作用下，烟气将会沿着通风管道蔓延到建筑物中其他区域。若此时 HVAC 仍在工作，通风网的影响还会加剧。为了防止 HVAC 通风管道加剧火灾的蔓延，应当在通风系统采取适当的防火防烟措施。例如，根据对火或烟气的探测信号，安装可自动关闭送风机的机构；或者在通风管道中安装一些可由某种烟气感测器控制的阀门，即防烟防火阀。一旦某个区域发生火灾，它们便迅速关闭，切断着火区域与其他建筑空间的联系。

另一类方法是使用一些特殊装置控制建筑物内的烟气流动。例如，通过遥控管道内的某些阀门，将火灾区域的烟气排出去而不影响楼内的其他区域。这种系统需要配置阻止空气在系统内返流的装置，并须专门人员维护，因而其成本更高。

3.4.7 电梯的活塞效应

电梯在电梯井中高速运行，将造成电梯井内出现瞬时压力变化，称为电梯的活塞效应。如图 3-14 所示，向下运动的电梯使得电梯以下空间向外排气，电梯以上空间向内吸气。由活塞效应引起的电梯上方与外界的压差 Δp_{s0} 为

$$\Delta p_{s0}=\frac{\rho}{2}\left[\frac{A_s v}{N_a C A_e + C_c A_a\left[1+\left(\frac{N_a}{N_b}\right)^2\right]^{1/2}}\right]^2 \tag{3-78}$$

式中 ρ——电梯井内空气密度，单位为 kg/m³；

A_s——电梯井的截面积，单位为 m²；

v——电梯的速度，单位为 m/s；

N_a——电梯以上的楼层数；

N_b——电梯以下的楼层数；

C——建筑物缝隙的流通系数；

A_e——每层中电梯井与外界的有效流通面积，单位为 m²；

C_c——电梯周围流体的流通系数；对于一个可通行两部电梯的电梯井，若只有一部电梯运行，C_c 可取 0.94；两部电梯并行运动时，C_c 取 0.83。一部电梯在单电梯井中运动时产生的压力系数与两部电梯一起运动的压力系数大致相同；

A_a——电梯周围的自由流通面积，单位为 m^2。

为了简单起见，推导式（3-78）时，忽略了浮力、风、烟囱效应及通风系统的影响。

对于图 3-14 所示的流动系统，在每一楼层中，从电梯井到外界包括 3 个串联通道，其有效流通面积 A_e 为

$$A_e = \left[\frac{1}{A_{rs}^2} + \frac{1}{A_{ir}^2} + \frac{1}{A_{oi}^2} \right]^{-1/2} \tag{3-79}$$

式中 A_{rs}——门厅与电梯井的缝隙面积，单位为 m^2；

A_{ir}——房间与门厅的缝隙面积，单位为 m^2；

A_{oi}——外界与房间的缝隙面积，单位为 m^2。

与讨论烟囱效应的方法相似，门厅与建筑物内部房间之间的压差可表示为

$$\Delta p_{ri} = \Delta p_{s0} \left(\frac{A_e}{A_{ir}} \right)^2 \tag{3-80}$$

式中 Δp_{ri}——门厅与房间的压差，单位为 Pa；

Δp_{s0}——电梯井与房间的压差，单位为 Pa；

A_e——电梯井与房间的有效流通面积，单位为 m^2；

A_{ir}——门厅与房间的缝隙面积，单位为 m^2。

这种串联流动路经分析不包括建筑物其他竖井的影响，如楼梯井及升降机井等。如果这些竖井与外界的缝隙面积比小得多，则式（3-79）也适用于估算楼层之间还有连通的建筑物的 A_e。进一步说，若所有流动通道都是串联的，并且在建筑物内的空间（除电梯井）可以忽略垂直流动，则式（3-80）适用于楼层之间隔断的情形。复杂流动系统需要依据具体情况使用有效面积方法逐一计算。

压差 Δp_{ri} 不能超过下述的上限值

$$(\Delta p_{ri})_u = \frac{\rho}{2} \left[\frac{A_s A_e v}{A_a A_{ri} C_c} \right]^2 \tag{3-81}$$

式中 Δp_{ri}——房间与门庭间压差的上限，单位为 Pa；

ρ——电梯井内空气密度，单位为 kg/m^3；

A_s——电梯井的截面积，单位为 m^2；

A_e——每层中电梯井与外界的有效流动面积，单位为 m^2；

v——电梯速度，单位为 m/s；

A_a——电梯周围的自由流动面积，单位为 m^2；

A_{ri}——房间与门庭的缝隙面积，单位为 m^2；

C_c——电梯周围气流的流动系数。

此式适用于通风口关闭的电梯井。压差强烈地依赖于 v、a_s 和 a_a 的大小。学者对具有单电梯井和多电梯井的情况下，当一部电梯运行时，$(\Delta p_{ri})_u$ 与 v 间的关系进行了研究。结果表明单电梯井中由活塞效应所引起的烟气问题比多电梯井严重。

3.5 烟气的控制技术

为达到在火灾初期阶段最大程度降低人员和财产损失的目的，对火灾烟气的产生和运动进行控制是关键。一个设计良好、工作正常的防排烟体系，能将火场热量的70%～80%排走，避免和减少火势的蔓延，同时将烟气控制在一定区域，保证疏散路线的畅通。控制烟雾有防烟和排烟两种方式，防烟是防止烟的进入，是被动的措施；排烟是积极改变烟气的流向，使之排出户外，是主动的措施，两者互为补充。

3.5.1 防排烟系统的设置原则

1. 高层民用建筑防排烟系统设置原则

GB 50045—1995(2005 版)《高层民用建筑设计防火规范》在防排烟技术方面做出了较为全面和详尽的规定。对于各类功能不同、高度不同的建筑，明确规定一类高层建筑和建筑高度超过32m 的二类高层建筑的下列部位应设排烟设施：

1）长度超过20m 的内走道。

2）面积超过 $100m^2$，且经常有人停留或可燃物较多的房间。

3）高层建筑的中庭和经常有人停留或可燃物较多的地下室。

2. 一般民用建筑防排烟系统设置原则

GB 50016—2006《建筑设计防火规范》对一般民用建筑防排烟系统的设置作了规定：

1）歌舞厅、录像厅、夜总会、放映厅、卡拉 OK 厅（含具有功能的餐厅)、游艺厅（含电子游艺厅)、桑拿浴室（除洗浴部分外)、网吧等歌舞娱乐放映游艺场所，宜设置在一、二级耐火等级建筑内的首层、二层或三层的靠外墙部位，不应设置在行走道的两侧或尽端，当必须设置在建筑的其他楼层时，应设置防、排烟设施。

2）对于地下房间、无窗房间或有固定窗扇的地下房间，以及长度超过20m 且无自然排烟的疏散走道，或有直接自然通风，但长度超过40m 的疏散内走道，应设机械排烟设施。

3）地下商店应设置防烟排烟设施，并应按现行 GB 50098—1998（2001 版）《人民防空工程设计防火规范》的规定执行。

3. 汽车库、修车库、停车场防排烟系统设置原则

汽车库是一类特殊的建筑空间，GB 50067—1997《汽车库、修车库、停车场设计防火规范》明确规定：

1）面积大于2000m^2的地下汽车库应设机械排烟，并且防烟分区面积不大于2000m^2，排烟风机风量不小于6次/h换气次数。

2）当汽车库无直接通向室外的汽车疏散口时，该防火分区的机械排烟系统应设置进风系统，且送风量不小于排烟量的50%。

3.5.2 自然排烟

自然排烟方式是利用火灾时产生的热烟气流的浮力和建筑物外部空气流动产生的风压，通过建筑物的自然排烟竖井（排烟塔）或开口部分（包括阳台、门窗）向上或向室外排烟，见图3-22及图3-23。

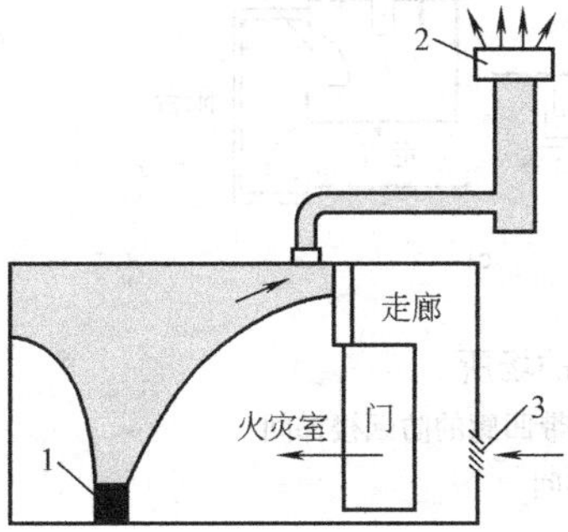

图3-22 竖井自然排烟方式
1—火源 2—风帽 3—进风口

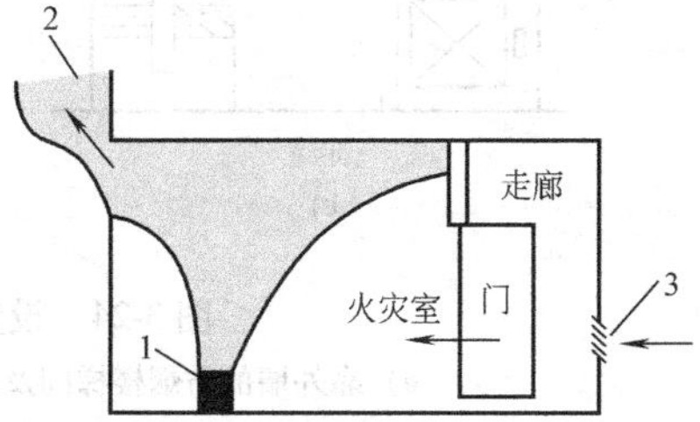

图3-23 窗口自然排烟方式
1—火源 2—排烟口 3—进风口

GB 50045—1995(2005版)《高层民用建筑设计防火规范》规定，除建筑高度超过50m的一类公共建筑和建筑高度超过100m的居住建筑之外，靠外墙的防烟楼梯间及其前室、消防电梯前室和合用前室，宜采用自然排烟方式，如图3-24所示。

自然排烟的优点是构造简单、经济、不需要专门的排烟设备及动力设施；运行维修费用低；排烟口可兼作平时通风换气使用。对于顶棚高大的房间，若在顶棚上开设排烟口，自然排烟效果好。缺点是自然排烟效果受室外气温、风向、风速的影响，特别是排烟口设置在上风向时，不仅排烟效果大大降低，还可能出现烟气倒灌现象，并使烟气扩散蔓延到未着火的区域。

自然排烟的设置应注意以下几个要点：

1）在进行自然排烟设计时，应将排烟口布置在有利于排烟的位置，并对有效可开启的外窗面积进行校核计算。

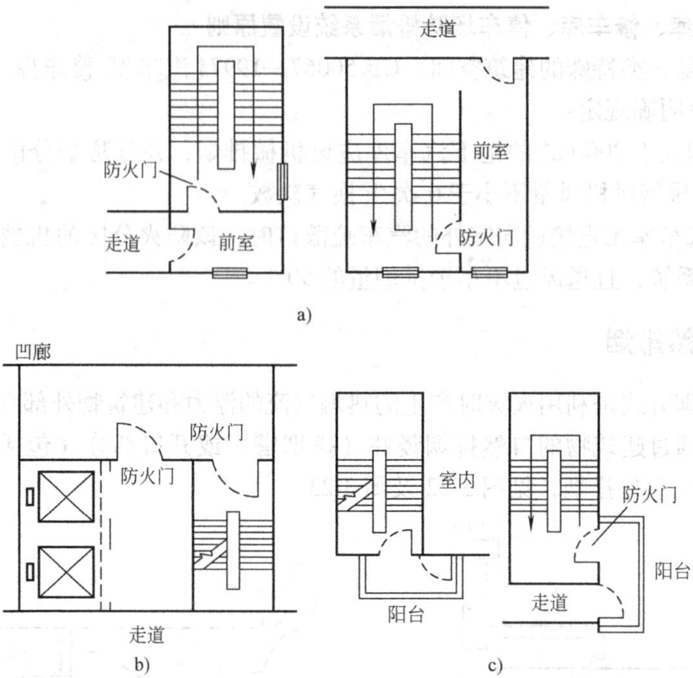

图 3-24　设置自然排烟的场所

a）靠外墙的防烟楼梯间及其前室　b）带凹廊的防烟楼梯间

c）带阳台的防烟楼梯间

2）对于高层住宅及二类高层建筑，应尽可能利用不同朝向开启外窗来排除前室的烟气。

3）排烟口位置越高，排烟效果越好。所以，排烟口通常设置在墙壁的上部靠近顶棚处或顶棚上。当房间高度小于 3m 时，排烟口的下缘应在离顶棚面 80cm 以内；当房间高度在 3 ~4m 时，排烟口下缘应在离地板面 2.1m 以上部位；当房间高度大于 4m 时，排烟口下缘在房间总高度一半以上即可，如图 3-25 所示。

4）对于中庭及建筑面积大于 $500m^2$ 且两层以上的商场、公共娱乐场所，宜设置与火灾报警系统联动的自动排烟窗；当设置手动排烟窗时，应设有方便开启的装置。

5）内走廊和房间的自然排烟口，至该防烟分区最远点应在 30m 内。

6）自然排烟窗、排烟口、送风口应由非燃材料制成，宜设置手动或自动开启装置，手动开关应设在距地坪 0.8 ~1.5m 处。

7）为了减小风向对自然排烟的影响，当采用阳台、凹廊为防烟前室时，应尽量设置与建筑物色彩、体型相适应的挡风措施。

自然排烟开窗面积，应符合下列要求：

1）靠外墙的防烟楼梯间，每五层内可开启外窗总面积之和不小于 $2m^2$；防烟楼梯间的前室，消防电梯前室可开启外窗面积不小于 $2m^2$；合用前室不应小于 $3m^2$。

2）需要排烟的，可开启外窗面积不小于该房间面积的 2%。

3）长度不超过 60m、两端有可开启外窗的内走道，可开启外窗面积不应小于走道面积的 2%。

4）净空高度小于 12m 的中庭，可开启的天窗或高侧窗的面积不应小于该中庭面积的 5%。

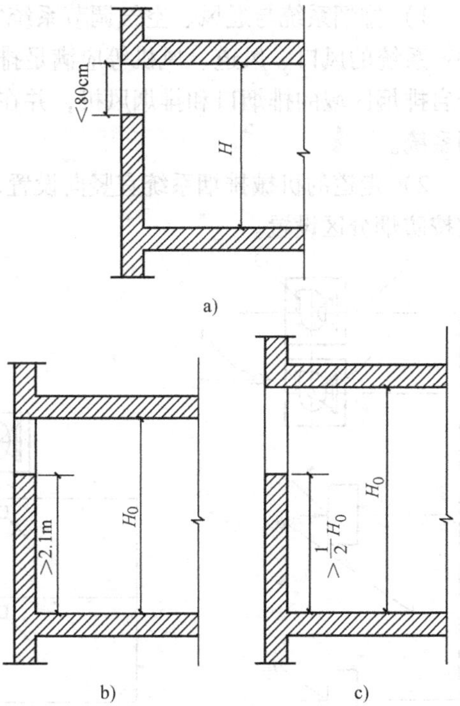

图 3-25　不同高度房间的排烟口位置
a）$H_0<3m$　b）$H_0=3\sim4m$　c）$H_0>4m$

3.5.3　机械排烟

火灾时，高温烟气及受热膨胀的空气导致着火区压力高于其他区域 10 ~15Pa，最高可达 35 ~40Pa，必须要有比烟气生成量大的排烟量，才有可能使着火区产生一定的负压，以实现对烟气蔓延的有效控制。机械排烟方式是烟气控制的一项有效措施。

1. 机械排烟方式的设置场所和工作原理

（1）设置场所要求。机械排烟方式，适合于一类高层建筑和建筑高度超过 32m 的二类高层建筑的下列部位：

1）无直接自然通风，且长度超过 20m 的内走道，或虽有直接自然通风，但长度超过 60m 的内走道。

2）面积超过 $100m^2$，且经常有人停留或可燃物较多的地上无窗房间或设固定窗的房间。

3）不具备自然排烟条件或净空高度超过 12m 的中庭。

4）除利用窗井等开窗进行自然排烟的房间外，各房间总面积超过 $200m^2$ 或一个房间面积超过 $50m^2$，且经常有人停留或可燃物较多的地下室。

（2）工作原理。机械排烟系统由挡烟垂壁、排烟口、防火排烟阀门、排烟风机和烟气排出口组成。机械排烟系统可兼作平时通风排风使用，如图 3-26 所示。

2. 机械排烟系统设计的一般要求

建筑物烟气控制区域机械排烟风量的设计和计算应遵循以下基本原则。

1）排烟系统与通风、空气调节系统宜分开设置。当合用时，应符合下列条件：系统的风口、风道、风机等应满足排烟系统的要求；当火灾被确认后，应能开启排烟区域的排烟口和排烟风机，并在15s内自动关闭与排烟无关的通风、空调系统。

2）走道的机械排烟系统宜竖向设置，如图3-27所示。房间的机械排烟系统宜按防烟分区设置。

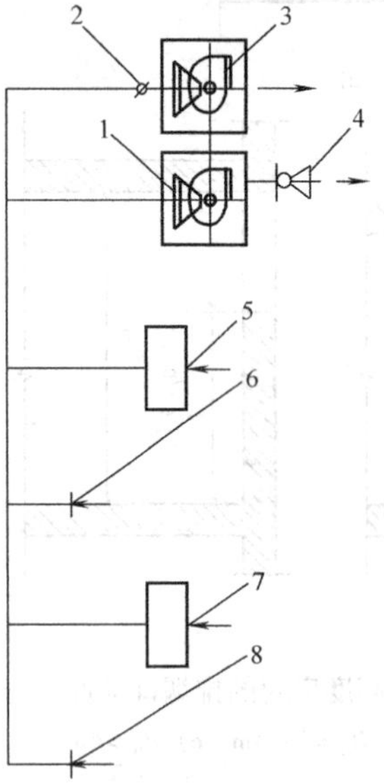

图3-26 机械排烟和排风合用系统示意图

1—排风机 2—280排烟防火阀及止回阀 3—排烟风机 4—止回阀或电动风阀 5、7—排烟口 6、8—排风口

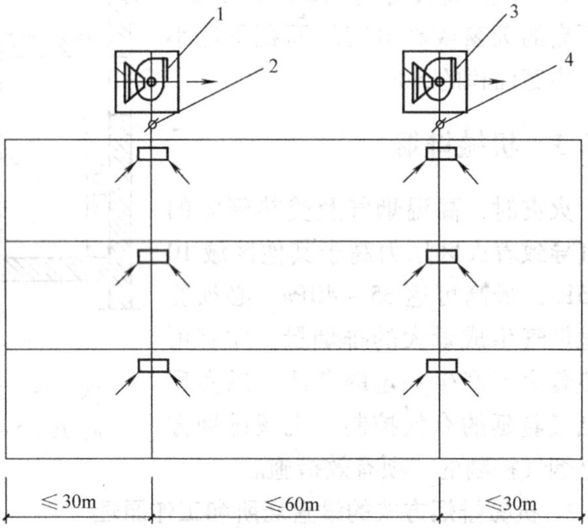

图3-27 走道排烟系统的竖向布置

1、3—排烟风机 2、4—280排烟防火阀

3）排烟风机的全压应按排烟系统最不利管道进行计算，其排烟量应在计算的系统排烟量的基础上考虑一定的排烟风道漏风系数。金属风道漏风系数取1.1~1.2，混凝土风道漏风系数取1.2~1.3。

4）人防工程机械排烟系统宜单独设置或与工程排风系统合并设置。当合并设置时，必须采取在火灾发生时能将排风系统自动转换为排烟系统的措施。

5）车库机械排烟系统可与人防、卫生等排气、通风系统合用。

3. 排烟区域的补风要求

设置机械排烟的地下室，应同时设置送风系统，且送风量不宜小于排烟量的50%。

汽车库内无直接通向室外的汽车疏散出口的防火分区，当设置机械排烟系统时，应同时设置进风系统，且送风量不宜小于排烟量的50%。

人防工程，当补风通路的空气阻力不大于50Pa时，可自然补风；当补风通路的空气阻力大于50Pa时，应设置火灾时可转换成补风的机械送风系统或单独的机械补风系统，补风量不应小于排烟风量的50%。

设有机械排烟的走道或小于500m^{2}的房间，可不设补风系统。

送风口的风速不宜大于7m/s，对于公共聚集场所不宜大于5m/s。

机械排烟区域所需的补风系统应与排烟系统联动开启，送风口位置宜设在同一空间内相邻的防烟分区且远离排烟口，两者距离不应小于5m。

4. 机械排烟量的确定

车库排烟风机的排烟量按换气次数计算，应该不小于每小时6次。

内走道、房间或防烟分区的排烟风量按地面面积计算。担负一个防烟分区排烟或净空高度大于6.00m的不划分防烟分区的房间时，排烟量应不小于60m^3/(h·m^2)，单台风机最小排烟量不应小于7200m^3/h。担负两个或两个以上防烟分区排烟时，排烟量应按最大防烟分区面积不小于120m^3/(h·m^2)计算。实际工程中可按各类建筑的相关标准规范执行。

建筑内部的中庭，高度在12m以上时，若中庭体积≤1700m^3，则换气次数不小于6次/h；若中庭体积>1700m^3，则换气次数不小于4次/h，或者不小于102000m^3/h接卸排烟系统最小风量不得小于2m^3/s。

排烟系统风管水力计算不需进行风量平衡，应当选其中风量最大、风管又较长的一支进行。然后对最远的支管进行校核。

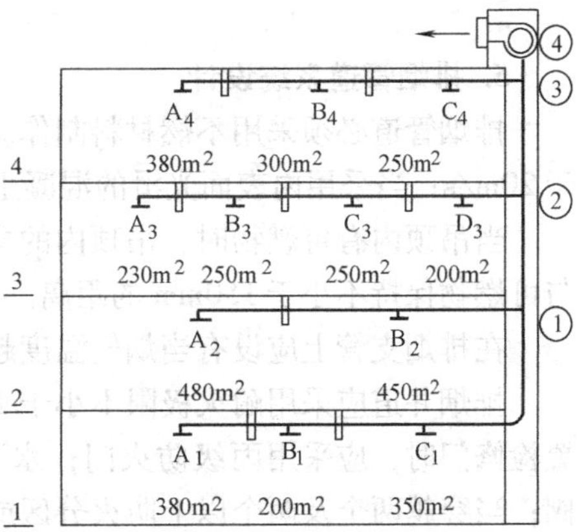

图3-28　排烟风道各管段风量计算

【例3-3】 如图3-28所示为某四层建筑物机械排烟管道布置图，试计算各管段排烟风量。

【解】 各排烟区域面积和管段编号如图所示。排烟风量按管段所负担的防烟分区面积和防烟分区数量进行计算，勿须进行风量平衡。各管段风量计算见表3-9。

表 3-9 排烟风量计算表（参照图 3-28）

管　段	负担防烟区段	通过风量/(m^3/h)	备　注
A_1-B_1	A_1	$L_{A1}\times60=22800$	
B_1-C_1	A_1，B_1	$L_{A1}\times120=45600$	
C_1-①	$A_1\sim C_1$	$L_{A1}\times120=45600$	一层最大 $L_{A1}\times120$
A_2-B_2	A_2	$L_{A2}\times60=22800$	
B_2-①	A_2，B_2	$L_{A2}\times120=57600$	二层最大 $L_{A2}\times120$
①-②	$A_1\sim C_1$，A_2，B_2	$L_{A2}\times120=57600$	一、二层最大 $L_{A2}\times120$
A_3-B_3	A_3	$L_{A3}\times60=13800$	
B_3-C_3	A_3，B_3	$L_{B3}\times120=30000$	
C_3-D_3	$A_3\sim C_3$	$L_{B3}\times120=30000$	
D_3-②	$A_3\sim D_3$	$L_{B3}\times120=30000$	三层最大 $L_{B3}\times120$
②-③	$A_1\sim C_1$，A_2，B_2，$A_1\sim D_3$	$L_{A2}\times120=57600$	一、二、三层最大 $L_{A2}\times120$
A_4-B_4	A_4	$L_{A4}\times60=22800$	
B_4-C_4	A_4，B_4	$L_{A4}\times120=45600$	
C_1-③	$A_4\sim C_4$	$L_{A4}\times120=45600$	四层最大 $L_{A4}\times120$
③-④	$A_1\sim C_1$，A_2，B_2，$A_3\sim D_3$，$A_4\sim C_4$	$L_{A2}\times120=57600$	全系统最大 $L_{A2}\times120$

5. 排烟管道系统设计

排烟管道必须采用不燃材料制作。管道内风速，当采用金属管道时，不宜大于 20m/s；当采用内表面光滑的混凝土等非金属材料管道时，不宜大于 15m/s。

当吊顶内有可燃物时，吊顶内的排烟管道应采用不燃烧材料进行隔热，并应与可燃物保持不小于 150mm 的距离。

在排烟支管上应设有当烟气温度超过 280℃时能自行关闭的排烟防火阀。

排烟井道应采用耐火极限不小于 1h 的隔墙与相邻区域分隔；当墙上必须设置检修门时，应采用丙级防火门；水平排烟管道穿越防火墙时，应设排烟防火阀；当穿越两个及两个以上防火分区或排烟管道在走道的吊顶内时，其管道的耐火极限不应小于 1h；排烟管道不应穿越前室或楼梯间，如确有困难必须穿越时，其耐火极限不应小于 2h。每层的水平风管不得跨越防火分区。排烟风机可采用离心风机或采用排烟轴流风机，并应在其机房入口处设有当烟气温度超过 280℃时能自动关闭的排烟防火阀。排烟风机应保证在 280℃时连续工作 30min。

排烟风机宜设在建筑物的顶部，烟气出口宜朝上，并应高于加压送风机的进风口，两者垂直距离不应小于3m，水平距离不应小于10m。当系统中任一排烟口或排烟阀开启时，排烟风机应能自行启动。

3.5.4 加压防烟

加压控制是利用通风机所产生的气体流动和压力差来控制烟气蔓延的防烟措施。即在建筑物发生火灾时，对着火区以外的走廊、楼梯间等疏散通道进行加压送风，使其保持一定的正压，以防止烟气侵入。此时，着火区应处于负压，着火区开口部位必须保持如图3-29所示的压力分布，即开口部位不出现中和面，开口部位上缘内侧压力的最大值不能超过外侧加压疏散通道的压力。

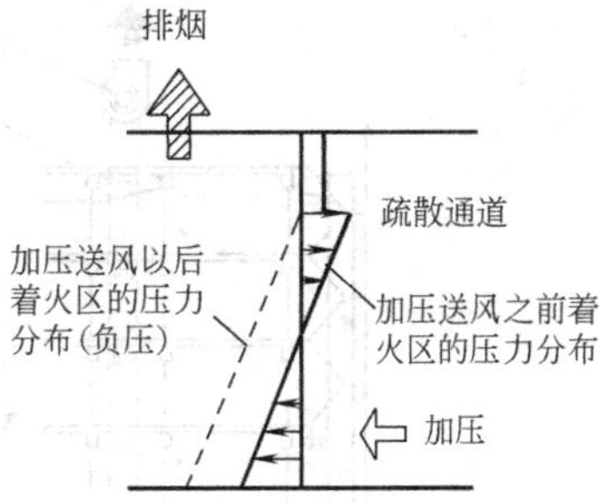

图3-29 加压送风原理图

着火区内外压差的大小一方面受阻止烟气逆流所需的空气流速和流量确定，同时需考虑门的开启所需的力的大小等因素。当分隔物上存在一个或几个大的开口，则无论对设计还是测量来说都适宜采用空气流速法确定加压控制设备；但对于门缝、裂缝等小缝隙，适宜使用压差法选择加压设备。但同时，需要分别对压差和空气流速进行校核。

1. 加压送风的原则和方式

加压送风系统设置的一般要求：

1）机械加压送风的防烟楼梯间和合用前室，宜分别独立设置送风系统，当必须共用一个系统时，应在通向合用前室的支风管上设置压差自动调节装置。

2）超过32层或建筑高度超过100m的高层建筑，其送风系统和送风量应分段设计。

3）带裙房的高层建筑防烟楼梯间及其前室、消防电梯间前室或合用前室，当裙房以上部分利用可开启外窗进行自然排烟，裙房部分不具备自然排烟条件时，其前室或合用前室应设置局部正压送风系统。

4）当系统的余压超过计算得到的系统最大压力差时，应设置余压调节阀或采用变速风机等措施。

加压送风系统主要有以下几种方式：

1）仅对防烟楼梯间加压送风（前室不加压）。

2）对防烟楼梯间及前室分别加压。

3）对防烟楼梯间及有消防电梯的合用前室分别加压。

4）仅对消防电梯的前室加压。

5）防烟楼梯间具有自然排烟条件，仅对前室及合用前室加压。

为了防止加压引起的膨胀，加压系统中应当设计一种可将烟气排到外界的通道。这种通道可以是顶部通风的电梯竖井，也可由排气风机完成，图 3-30 所示为防烟楼梯间加压送风、走廊排烟的管道布置情况。

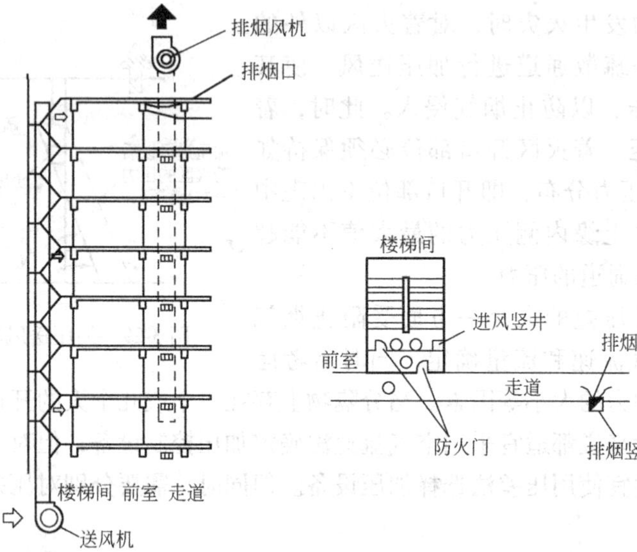

图 3-30　防烟楼梯间加压送风、走廊排烟的管道布置

现在加压送风系统普遍用在高层建筑的加压楼梯井和分区烟气控制方面。

机械加压送风方式防烟设计一般包括以下内容：加压风机的风压确定；加压送风风量的确定；加压送风系统与消防中心联动控制选择；加压送风道断面尺寸及其送风口断面尺寸确定。

2. 加压送风风压的计算

机械加压送风机的全压，除计算最不利管道压头损失外，尚应有余压。其余压值应符合下列要求：防烟楼梯间、防烟电梯井应为 40 ~ 50Pa；前室、合用前室、消防电梯间前室、封闭避难层（间）为 25 ~ 30Pa。当走道和前室同时设有机械加压送风或前室（合用前室）设有机械加压送风，而防烟楼梯间采用自然通风方式时，可不受此限制。

人防工程防烟楼梯间送风余压值不应小于 50Pa，前室或合用前室送风余压值不应小于 25Pa。避难走道的前室送风余压值不应小于 25Pa。

由于机械加压送风系统产生了压差，因而打开门需要一定的力。在防烟设计中应当考虑这一点，防止压差过大导致人们开门困难或根本打不开门，以致无法顺利疏散到避难区或安全出口。机械加压送风系统最大压力差应按下式进行计算

$$\Delta p=\frac{2(F'-F_{dc})(W_1-d)}{W_1A_1} \tag{3-82}$$

式中 Δp——压力差，单位为 Pa；

A_1——门的面积，单位为 m^2；

d——门的把手到门的距离，单位为 m；

W_1——门的宽度，单位为 m；

F'——门的总开力，单位为 N。一个人开门所用的力，取决于此人的力量、拉手位置、地板与鞋之间的摩擦、开门方式（推还是拉）等因素。美国国家消防规范中对生命安全部分规定，打开安全逃生设施任意门的力不应超过 133N。加压送风设计时一般取 110N；

F_{dc}——门把手处克服关门器所需的力，单位为 N。通常克服关门器的力大于 13N，有时甚至达到 90N。对关门器力的估算应当慎重。在开门的初期，克服关门器所需的力较小；而把门打到全开的位置需要的力要大得多。

3. 加压送风量的计算

（1）前室或楼梯间的机械加压送风量。封闭楼梯间、防烟楼梯间及前室的机械加压送风的风量应由计算确定。加压送风量的计算方法很多，但其共同点就是为了保持加压区一定的正压值，在开启着火层及充烟层疏散楼梯门时，能有一定流速的气流阻挡烟气侵入楼梯间。现介绍上海地方标准《民用建筑防排烟技术规程》(DGJ 08-88—2000) 中规定的计算方法。

前室或楼梯间的机械加压送风量由三部分组成，包括保持加压部位一定的正压值所需的送风量、开启着火层疏散门时为保持门洞处风速所需的送风量以及送风阀门的总漏风量

$$L=L_1+L_2+L_3 \tag{3-83}$$

式中 L——加压送风系统的总送风量，单位为 m^3/s；

L_1——保持加压部位一定的正压值所需的送风量，单位为 m^3/s；

L_2——开启着火层疏散门时为保持门洞处风速所需的送风量，单位为 m^3/s；

L_3——送风阀的总漏风量，单位为 m^3/s。

$$L_1=0.827A\Delta p^{1/n}\times1.25\times N_1 \tag{3-84}$$

式中 A——每层电梯门及疏散门的总有效漏风面积，单位为 m^2，其中门缝宽度，疏散门为 0.002～0.004m；电梯门为 0.005～0.006m；

Δp——压力差，单位为Pa，楼梯间取40~50Pa，前室取25~30Pa；

N——指数，一般$n=2$；

1.25——不严密处附加系数；

N_1——漏风门的数量，当采用常开风口时取楼层数，当采用常闭风口时取1。

$$L_2 = FvN_2 \tag{3-85}$$

式中 F——每层开启门的总断面积，单位为m^2；

v——门洞断面风速，单位为m/s，取0.7~1.2m/s；

N_2——开启门的数量。当采用常开风口时，20层及以下取2；20层以上取3；当采用常闭风口时，取1。

$$L_3 = 0.083A_FN_3 \tag{3-86}$$

式中 A_F——每层送风阀门的总面积，单位为m^2；

0.083——阀门单位面积的漏风量，单位为$m^3/(s \cdot m^2)$；

N_3——漏风阀门的数量。当采用常开风口时，取0；当采用常闭风口时，取楼层数。

前室均设机械加压送风的剪刀楼梯间可合用一个机械加压送风风道，其风量应按两个楼梯间风量计算，送风口应分别设置。

人防工程防烟楼梯间的机械加压送风量不应小于25000m^3/h。当防烟楼梯间与前室或合用前室分别送风时，防烟楼梯间的送风量不应小于16000m^3/h，前室或合用前室的送风量不应小于12000m^3/h。此时楼梯间及其前室或合用前室的门按1.5m×2.1m计算，当采用其他尺寸的门时，送风量应根据门的面积按比例进行修正。

高层建筑设计防火规范对封闭楼梯间、防烟楼梯间及前室的机械加压送风量的规定见表3-10~表3-12。当计算值和表中规定值不一致时，应取较大值。

表3-10 封闭楼梯间、防烟楼梯间（前室不送风）的加压送风量

系统负担层数/层	加压送风量/(m^3/h)
<20	25000~30000
20~32	35000~40000

表3-11 封闭楼梯间、防烟楼梯间（前室送风）的加压送风量

系统负担层数/层	送风部位	加压送风量/(m^3/h)
<20	防烟楼梯间	16000~20000
	合用前室	12000~16000
20~32	防烟楼梯间	20000~25000
	合用前室	18000~22000

表 3-12　防烟楼梯间采用自然排烟，前室或合用前室不具备自然排烟条件时的送风量

系统负担层数/层	加压送风量/(m^3/h)
<20	22000 ~ 27000
20 ~ 32	28000 ~ 32000

注意，表 3-11、表 3-12 的风量按开启 1.60 ~ 2.00m 的双扇门确定。当采用单扇门时，其风量可乘以系数 0.75；当有两个或两个以上出入口时，其风量应乘以系数 1.50 ~ 1.75。开启门时，通过门的风速不宜小于 0.75m/s。

风量上下限选取应按层数、风道材料、防火门漏风量等因素综合比较确定。

（2）电梯井的机械加压送风量。可根据电梯井的缝隙量及烟囱效应大小，进行模拟计算或按每层送风量为 1350m^3/h 计算。

（3）消防电梯间前室加压送风量。高层建筑设计规范关于消防电梯间前室加压送风量按表 3-13 选取。

表 3-13　消防电梯间前室加压送风量

系统负担层数/层	加压送风量/(m^3/h)
<20	15000 ~ 20000
20 ~ 32	22000 ~ 27000

封闭避难层（间）的机械加压送风量应按避难层（间）净面积每平方米不少于 30m^3/h 计算。

人防工程避难走道机械加压送风量应按前室入口门洞风速不小于 1.2m/s 计算确定。

4. 加压送风风机

机械加压送风风机可采用轴流风机或中、低压离心风机，其安装位置应根据供电条件、风量分配均衡、新风入口不受烟火威胁等因素确定，并应符合下列要求：

1）送风机的进风口直接与室外空气相联通。

2）送风机的进风口不宜与排烟机的出风口设在同一层面，如必须设在同一层面时，送风机的进风口应不受烟气影响。

3）送风机应设置在专用的风机房内或室外屋面上。风机房应采用耐火极限不低于 2.5h 的隔墙和 1.5h 的楼板与其他部位隔开，隔墙上的门应为甲级防火门。

4）设常开加压送风口的系统，其送风机的出风管或进风管上应加装单向风阀。

5）当风机不设于系统的最高处时，应设与风机联动的电动风阀。

3.6 防排烟设施

3.6.1 加压送风口

1）楼梯间宜每隔2～3层设一个常开式百叶送风口，合用一个井道的剪刀楼梯应每层设一个常开式百叶送风口。

2）前室应每层设一个常闭式加压送风口，火灾时由消防控制中心联动开启火灾层的送风口，当前室采用带启闭信号的常闭防火门时，可设常开式加压送风口。

3）送风口的风速不宜大于7m/s。

4）送风口不易设置在被门挡住的部位。

5）只在前室设机械加压送风时，宜采用顶送风口或采用空气幕形式。

3.6.2 排烟口

排烟口应设在顶棚上或靠近顶棚的墙面上，且与附近安全出口沿走道方向相邻边缘之间的最小水平距离不应小于1.5m。设在顶棚上的排烟口，距可燃构件或可燃物的距离不应小于1.00m。

用隔墙或挡烟垂壁划分防烟分区时，每个防烟分区应分别设置排烟口，排烟口应尽量设置在防烟分区的中心部位，排烟口至该防烟分区最远点的水平距离不应超过30m，见图3-31。

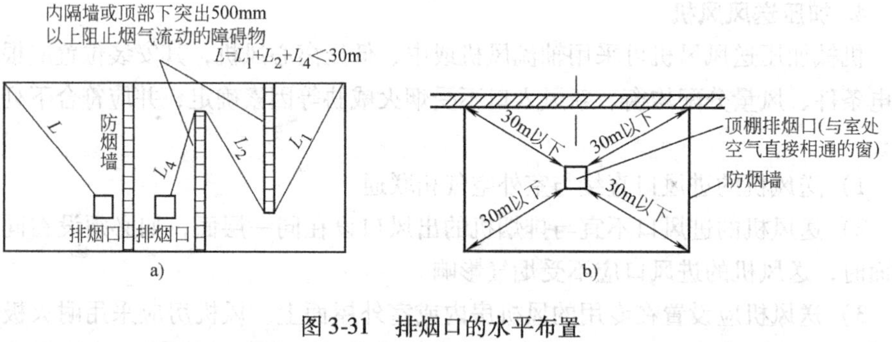

图3-31 排烟口的水平布置

单独设置的排烟口，平时应处于关闭状态，其控制方式可采用自动或手动开启方式；手动开启装置的位置应便于操作；排风口和排烟口合并设置时，应在排风口或排风口所在支管设置自动阀门，该阀门必须具有防火功能，并应与火灾自动报警系统连动；火灾时，着火防烟分区内的阀门仍应处于开启状态，其他防烟分区内的阀门应全部关闭。排烟口的设置应使烟流方向与人员疏散方向相反，排烟口与安全出口的距离不应小于1.5m（应尽量远离安全出口），见图3-32。

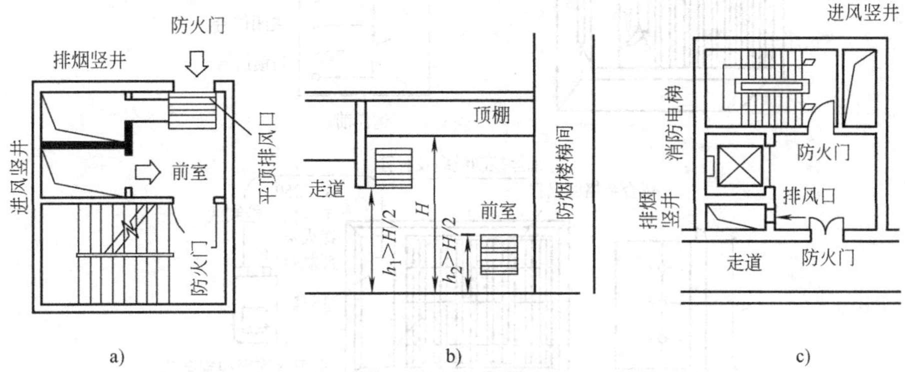

图3-32　排烟口与安全出口

排烟口的风速不宜大于10m/s，排烟口的尺寸可根据烟气通过排烟口有效截面时的速度不大于10m/s进行计算。排烟速度越高，排出气体中空气所占的比例越大，因此排烟口的最小截面积一般不应小于0.04m^2。

同一分区内设置数个排烟口时，要求做到所有排烟口能同时开启，排烟量应等于数个排烟口排烟量的总和。

排烟口种类很多，但其使用功能基本相同。板式排烟口安装在建筑物的墙壁上或安装在排烟管道上，平时处于关闭状态；多叶排烟口适用于安装在高层建筑的墙上或顶板上，作为排烟系统的排烟口或加压送风系统的送风口，平时处于常闭状态，火灾发生时开启排烟。以下介绍百叶排烟口及板式排烟口。

1. 百叶排烟口

百叶排烟口外形示意图及电路图如图3-33所示。其内部为阀门，外部为百叶窗。

工作原理：平时是关闭的，火灾时，感烟（温）探测器通过控制盘或远距离操纵系统输入电气信号（DC24V），电磁铁线圈通电，多叶排烟口自动打开。阀门打开后，其联动开关接通信号回路，可向控制室返回阀门已开启的信号或联动控制其他装置。在执行机构的电路中，当烟气温度达280℃时，熔断器动作，排烟口（送风口）立即关闭。当温度熔断器更换后，阀门可手动复位。除上述自动打开排烟口的程序外，也可就地用手动拉绳使排烟口开启。

2. 板式排烟口

（1）板式排烟口的构造。板式排烟口由电磁铁、阀门、微动开关、叶片等组成，如图3-34所示。

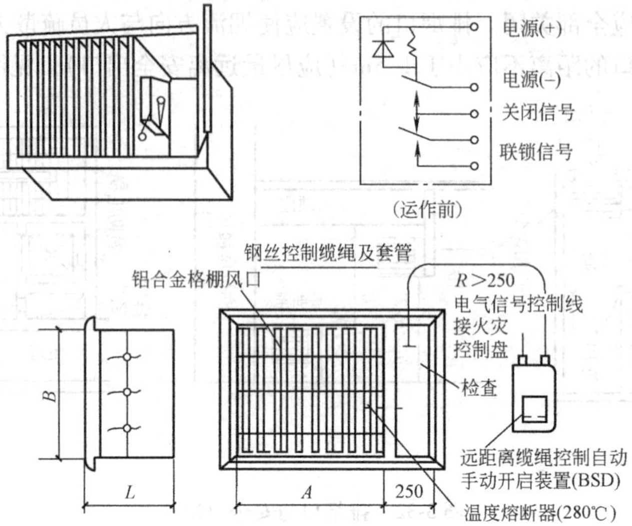

图 3-33　百叶排烟口及电路图

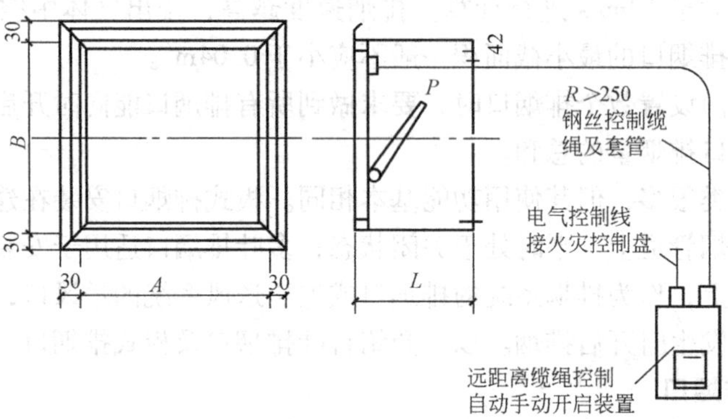

图 3-34　板式排烟口结构

（2）工作原理

1）自动开启。火灾时，自动开启装置接受到感烟（温）探测器通过控制盘或远距离操纵系统输入的电气信号（DC24V）后，电磁铁线圈通电，动铁芯吸合，通过杠杆作用使棘轮、棘爪脱开，依靠阀体上的弹簧力，棘轮逆时针旋转，卷绕在滚筒上的钢丝绳释放，于是叶片被打开，同时微动开关动作，切断电磁铁电源，并将阀门开启动作显示线接点接通，将信号返回控制盘，使排烟风机连动等。

2）远距离手动开启。当火灾发生时，由人工拔开 BSD 操作装置上的荧光塑料板，按下红色按钮，阀门开启。

3）手动复位。按下BSD操作装置上的蓝色复位按钮，使棘爪复位，将摇柄插入卷绕滚筒的插入口，按顺时针方向摇动摇柄，钢丝绳即被拉回卷绕在滚筒上，直至排烟口关闭为止，同时微动开关动作复位。

常用板式排烟口规格表见表3-14。

表3-14 板式排烟口规格

$(A\times B)$/mm	320×320	400×400	500×500	630×630	700×700	800×800
L/mm	150	150	150	150	150	150
有效面积/m^2	0.07	0.125	0.203	0.306	0.421	0.563
最大排烟量/(m^3/h)	2520	4500	7300	11000	15000	20000
最大压力损失/Pa	30					

3.6.3 排烟窗

排烟窗由电磁线圈、弹簧锁等组成。排烟窗平时关闭，并用排烟窗锁（也可用于排烟门）锁住。当发生火灾时可自动或手动将窗打开。

自动控制：火灾时，感烟探测器或联动控制盘发来的指令信号将电磁线圈接通，弹簧锁的锁头偏移，利用排烟窗的重力（或排烟门的回转力）打开排烟窗（或排烟门）。

手动控制：火灾时，将操作柄扳倒，弹簧锁的锁头偏移而打开排烟窗。排烟窗安装在高层建筑靠外墙的防烟楼梯间前室，消防电梯前室和二者合用的前室。排烟方式为自然排烟，排烟面积不小于$2m^2$，公用前室不小于$3m^2$。

3.6.4 防烟防火阀与排烟防火阀

在建筑防排烟系统设计中，合理选用排烟阀、排烟防火阀，可以实现防排烟系统的快速响应，在火灾发生时及时、迅速启动防排烟风机，切断重要设备房间与火灾区域的联系，以最大程度的减少火灾危害，见图3-35。下面仅以

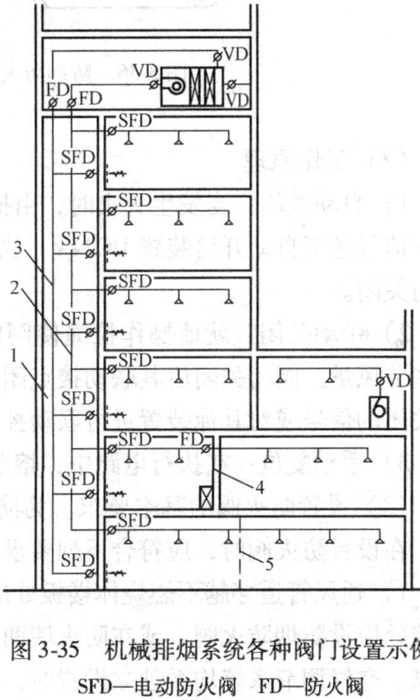

图3-35 机械排烟系统各种阀门设置示例

SFD—电动防火阀 FD—防火阀

VD—风量调节阀

1—管道井 2—送风道 3—回风道

4—防火分隔 5—防烟分隔

两种常用的排烟防火阀和防烟防火阀为例说明其工作状态和设置要求。

1. 防火阀

防火阀适用于有防火要求的通风、空调系统的风管上，平时处于开启状态，当发生火灾时，通过探测器向消防中心发出信号、按通阀门上电源（DC24V）或温度熔断阀门关闭，或人工将阀门关闭，切断火焰和烟气沿管道蔓延。

（1）防火阀构造。如图3-36所示为防烟防火阀外形示意及电路图。一般有两种类型，一种为矩形，一种为圆形，其内部由阀体和操作装置组成。

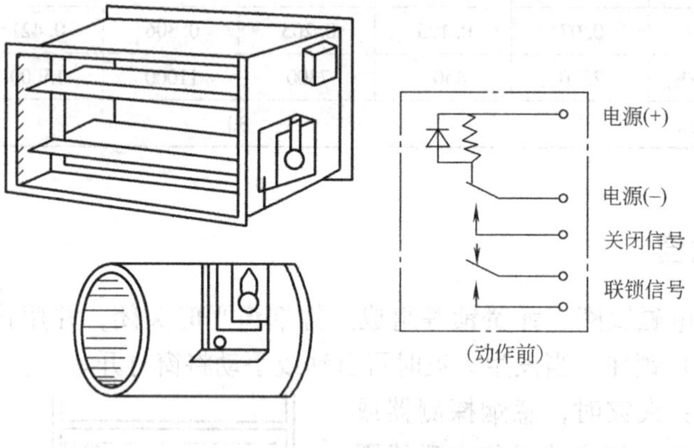

图3-36　防烟防火阀外形示意及电路图

（2）工作原理

1）自动关闭：当发生火灾时，由探测器向消防中心发出火警信号，控制中心将信号送至自动开启装置DC24V，当温度达到70℃±3℃时，熔断器动作，使阀门关闭。

2）手动关闭：就地操作拉绳使阀门关闭。阀门可通过手柄调节开启程度，以调节风量。阀门关闭后其联动接点闭合，接通信号电路，可向控制室返回阀门已关闭的信号或对其他装置进行联动控制。

3）手动复位：在执行电路中，熔断器更换后，阀门可手动复位。

（3）设置防火阀的基本要求。为防止火灾通过通风、空调系统管道蔓延扩大，在设置防火阀时，应符合下列要求：

1）通风管道穿越不燃烧体楼板处应设防火阀。通风管道穿越防火分区、防火墙处应设防烟防火阀，或在防火墙两侧分别设防火阀。各层每个防火分区内的通风、空气调节系统均系独立设置时，则被保护防火分区内的送、回风水平风管与总管的交接处可不设防火阀。

2）送、回风总管穿越通风、空气调节机房的隔墙和楼板处应设防火阀。

3）送、回风道穿过机房（其他贵重设备）、贵宾休息室、多功能厅、大会议室等性质重要或火灾危险性大的房间隔墙和楼板处应设防火阀。

4）多层和高层工业与民用建筑的楼板常是竖向防火分区的防火分隔物，在这类建筑中每层的水平送、回风管道与垂直风管交接处的水平管段上，应设防火阀。

5）风管穿过建筑物变形缝处的两侧，均应设防火阀。

6）防火阀的易熔片或其他感温、感烟等控制设备一经作用，应能顺气流方向自行严密关闭。并应设有单独支吊架等防止风管变形而影响关闭的措施。

7）进入设有气体自动灭火系统房间的通风、空调管道上，应设防火阀。

为保持防火管道的完整性和稳定性，须保证管道吊件不被破坏，设计吊件时应按在火灾中能承受管道及其他附件的质量为原则进行。如吊件受到的应力荷载过大，应使用适当厚度的防火材料保护吊件，使吊件可承担管道附加防火被覆的质量。

8）公共建筑的厨房、浴室、卫生间等，一般可选用带自垂式百叶的卫生间排风扇。若采用机械或自然垂直排风管道，如采取防止回流的措施有困难时，应在排风支管上设置防火阀。

2. 排烟防火阀

排烟防火阀是安装在排烟系统管道上，在一定时间内能满足耐火稳定性和耐火完整性要求，起阻火隔烟作用的阀门。

（1）排烟防火阀的设置原则。排烟防火阀的设置应符合下列规定：

1）在排烟系统的排烟支管上，应设排烟防火阀。

2）排烟管道进入排烟风机机房处，应设排烟防火阀，并与排烟风机联动。

3）在必须穿过防火墙的排烟管道上，应设排烟防火阀，并与排烟风机联动。

4）安装在排烟管道上的排烟阀，平时处于常闭状态。火灾时通过火灾探测器或电信号打开，并联动排烟风机启动。

排烟防火阀的组成、形状和工作原理与防火阀相似。其不同之处主要是安装管道和动作温度不同，防火阀安装在通风、空调系统的管道上，动作温度为70℃，而排烟防火阀安装在排烟系统的管道上，动作温度为280℃。

（2）结构。排烟防火阀由阀体和操作机构组成，如图3-37所示。

（3）工作原理

1）自动开启：当联动的烟（温）探测器将火灾信号输送到消防控制中心的控制盘上后，由控制盘再将火灾信号输入到自动开启装置的A线端（DC24V）。当A线端接受火灾信号后，电磁铁线圈通电，动铁心吸合，使动铁心挂钩与阀门叶片旋转轴挂钩脱开，阀门叶片受弹簧力作用迅速开启同时微动开关动作，切断电磁铁电源，并接通阀门关闭显示线接点，将阀门开启信号返回控制盘，联动通风、空调机停止运行，排烟风机启动。

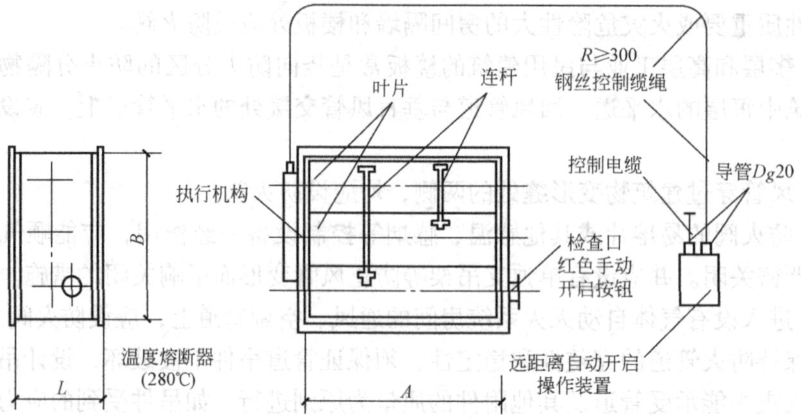

图 3-37　排烟防火阀和操作机构

当排烟系统中的烟气温度达到或超过 280℃时，阀门自动关闭，防止高温烟气向其他部位蔓延扩大。但排烟风机应保证在 280℃时仍能连续工作 30min。全自动排烟防火阀可输出开、闭两个信号，由自控系统来控制关闭。

2）手动控制：手动操作装置上的拉绳使阀门叶片开启。控制操作装置上的复位把手可使阀门叶片手动复位。

3）温度熔断器的关闭动作。温度熔断器安装在阀体的另一侧，熔断片设在阀门叶片的迎风侧，当管道内空气温度上升到 280℃时，温度熔断片熔断，阀门叶片受弹簧力作用而迅速关闭，同时微动开关动作，显示线同样发出关闭信号，可联动通风，空调风机关闭。

3.6.5　挡烟垂壁

1. 工作原理

挡烟垂壁是一种以阻碍方式防烟的装置，这种装置常常设置在烟气扩散流动路线上烟气控制区域的分界处，有时也在同一防排烟分区内采用，以便和排烟设备配合进行更有效的排烟。

挡烟垂壁是从顶棚上垂直向下吊装的一道幕墙，其下垂高度 h_0 一般距顶棚面要在 50cm 以上，称为有效高度，见图 3-38。当室内发生火灾时，所产生的烟气由于浮力作用而积聚在顶棚下面，随着时间的推移，烟层越来越厚。当烟层厚度小于挡烟垂壁的有效高度 h_0 时，烟气就被阻挡在垂壁和墙壁所包围的区域内而不能向外扩散。有时，即使烟气层的厚度小于挡烟垂壁的有效高度 h_0，当烟气流动速度高到一定程度时，流动的烟层能克服浮力作用而越过垂壁的下端，当挡烟垂壁的有效高度 h_0 小于烟气层的厚度或流动烟层的厚度 h 与其下降高度 Δh

之和时，挡烟垂壁防烟失效，见图3-39。所以，在许多情况下，垂壁往往不是单独使用，而是与排烟设施同时使用，它作为排烟的辅助设施，可有效地提高排烟的效果。

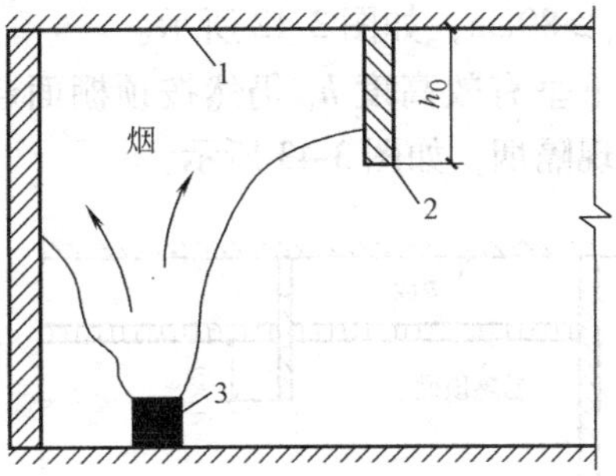

图3-38 挡烟垂壁有效

1—楼板 2—挡烟垂壁 3—火源

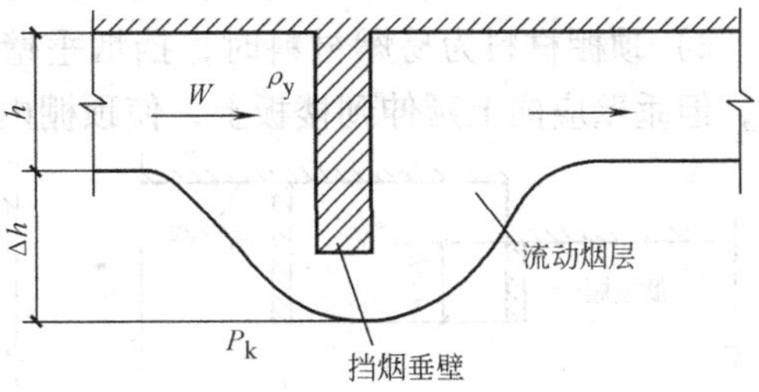

图3-39 流动烟层克服浮力越过垂壁下端造成挡烟垂壁失效

2. 形式和结构

挡烟垂壁有固定式和活动式两种。对于人们经常活动的场所，或当建筑物的顶棚较低时，采用固定式垂壁是不适宜的。活动式垂壁平时是紧贴或收缩在顶棚面上或顶棚内，火灾发生时，与感烟探测器等联动而下垂到顶棚面下一定的高度，其下端离地面的高度应不低于1.8m。

从结构上看，活动式垂壁有转动式和起落式两种，见图3-40和图3-41。

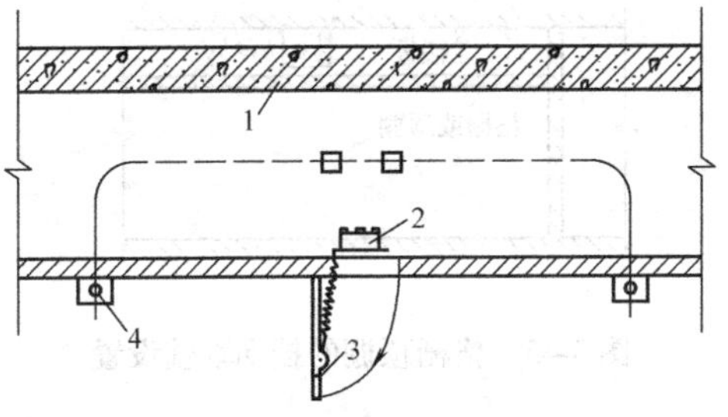

图3-40 转动式活动挡烟垂壁示意图

1—楼板 2—开关控制器

3—垂壁 4—感烟探测器

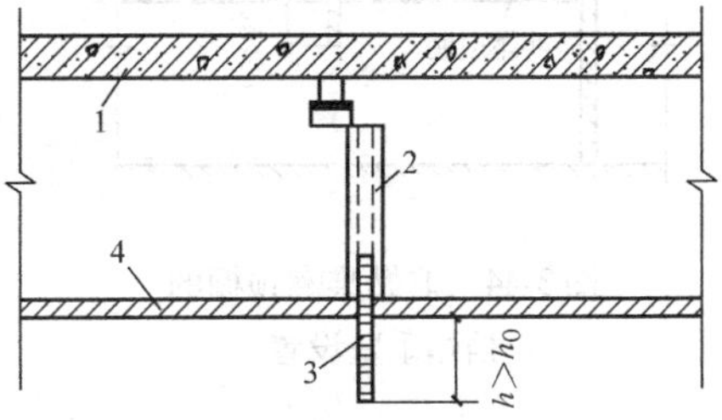

图3-41 起落式活动挡烟垂壁示意图

1—楼板 2—垂壁 3—滑槽 4—顶棚

根据挡烟垂壁的工作场所，挡烟垂壁必须用非燃烧材料制成。如果用可燃材料，则外面必须辅以防火材料。活动室挡烟垂壁又用钢板、铅丝玻璃板、单片防火玻璃、不燃织物或软质材料等制成，有的固定式挡烟垂壁则可为钢筋混凝土结构，在建筑物土建时一起制成。

3. 挡烟垂壁的设置要求

挡烟垂壁的设置应与顶棚的构造相适应，相应的设置要求如下：

1）顶棚高度不同时，挡烟垂壁的下垂有效高度 h_y 应从较低的顶棚面上起算，对地上建筑物 $h_y \geqslant 50$cm；对地下建筑物 $h_y \geqslant 80$cm，如图 3-42 所示。

2）顶棚材料为易燃材料时，挡烟垂壁的下垂有效高度 h_y 仍然按顶棚面起算，但垂壁应向上延伸到楼板上，使顶棚内实现隔烟，如图 3-43 所示。

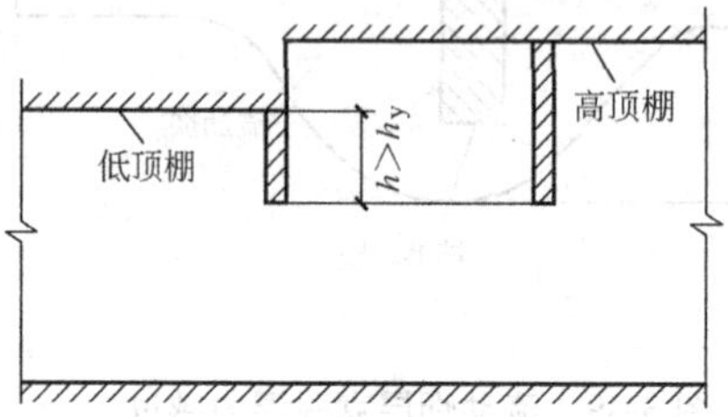

图 3-42　配合不同高度顶棚的挡烟垂壁设置

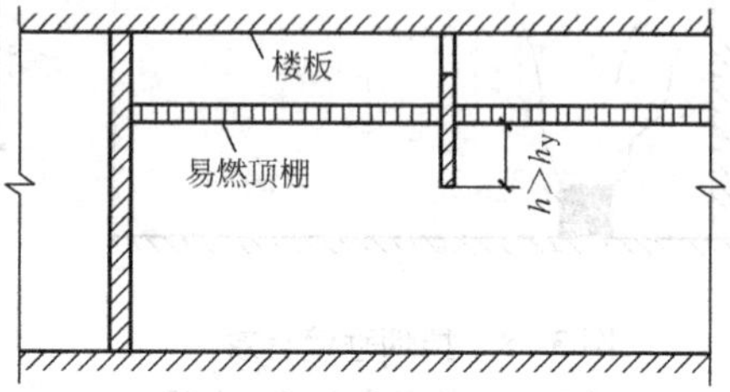

图 3-43　配合易燃顶棚的挡烟垂壁设置

3）顶棚材料为难燃或非燃材料时，挡烟垂壁无须向上延伸到楼板上，其下垂有效高度 h_y 按顶棚面起算，如图 3-44 所示。

4）对于格栅式顶棚，由于顶棚本身不隔烟，所以挡烟垂壁应该设置在顶棚内，其下垂有效高度应从楼板底面起算，如图 3-45 所示。

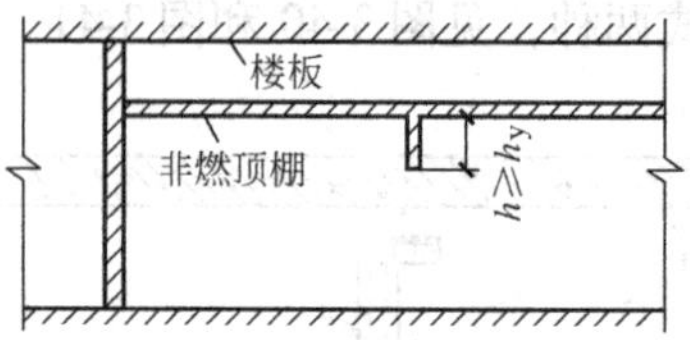

图 3-44　非燃难燃顶棚的挡烟垂壁设置

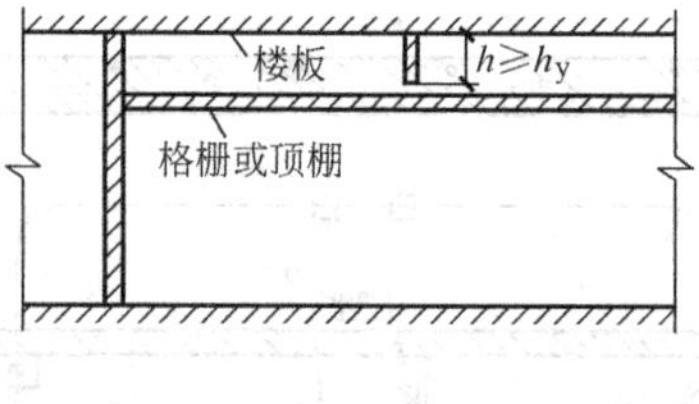

图 3-45　格栅顶棚的挡烟垂壁设置

5）如在顶棚某处下垂一梁式构造，其高度超过挡烟垂壁的有效高度 h_y，而宽度小雨顶棚总宽度的十分之一，这种垂梁可视为挡烟垂壁，又称为挡烟梁，见图 3-46 所示。

需要注意的是，相对于同一顶棚面来说，若干挡烟垂壁下垂的高度不同时，尽管每个挡烟垂壁的下垂高度都超过了有效高度 h_0，但并不意味着任何两个挡烟垂壁之间都能构成有效的防排烟分区。总的原则是下垂高度小的挡烟垂壁之间所构成的防排烟分区内不应包含下垂高度较大的挡烟垂壁，否则，这个分区是无效的，如图 3-47 所示。

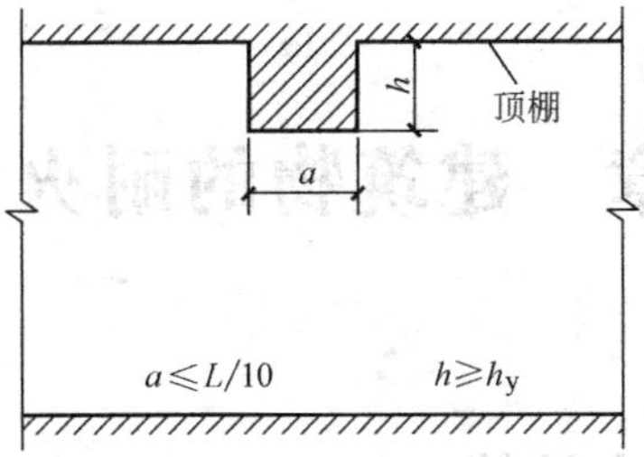

图 3-46　垂梁式挡烟垂壁

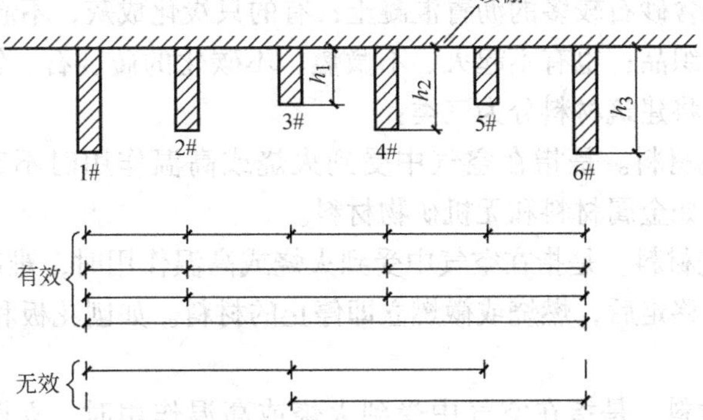

图 3-47　不同下垂高度挡烟垂壁构成的防烟分区

第 4 章　建筑物的耐火设计

4.1　建筑材料的耐火性能

建筑材料受到火烧以后，有的要随着起火燃烧，如纸板、木材；有的是不见火焰的微燃，如含砂石较多的沥青混凝土；有的只炭化成灰，不起火，如毛毡和防火处理过的针织品；也有不起火、不微燃、不碳化的砖、石、钢筋混凝土等。按照燃烧性能可将建筑材料分为三类：

（1）非燃烧材料。是指在空气中受到火烧或高温作用时不起火、不微燃、不炭化的材料，如金属材料和无机矿物材料。

（2）难燃烧材料。是指在空气中受到火烧或高温作用时，难起火、难微燃、难炭化，当火源移走后，燃烧或微燃立即停止的材料。如刨花板和经过防火处理的有机材料。

（3）燃烧材料。是指在空气中受到火烧或高温作用时，立即起火或微燃，且火源移走后，仍能继续燃烧或微燃的材料，如木材等。

建筑材料在火灾条件下，除了燃烧以外，随着火灾温度的升高，部分建筑材料的性能会发生很大的改变。金属材料虽不燃烧，但在温度升高到某一范围，或者说是到达了某一极限温度值时，强度便大幅度的下降。如钢材在20℃时的强度为450MPa，在485℃时为278MPa，几乎降到了前者的50%，而到614℃，钢材的强度只有70MPa，失去其承载能力。高温时钢材遇水冷却也会变形，造成房屋倒塌，所以没有防火保护层的钢结构是不耐火的。为了提高金属结构的耐火性，必须设法推迟构件达到极限温度的时间，其主要的方法是在构件表面粘贴隔热的保护层。

混凝土的耐火性主要决定于它的集料。花岗石集料混凝土在550℃时，因集料碎裂而出现裂纹，石灰石集料混凝土耐火可到770℃，一般来说，因混凝土结构的热容较大，升温较慢，所以混凝土结构在短时间内是不易被烧坏的。

钢筋混凝土是钢筋和混凝土的结合体。温度低于400℃时，两者能够共同受力，温度升高，钢筋变形过大，受力条件受到影响。这与钢筋保护层的厚度有关。厚度大的，耐火时间长。与金属结构比较，钢筋混凝土结构、砖石结构有着较高的耐火性能。火在短时间内对普通钢筋混凝土和砖石结构的影响不大。但在它们经受高温已经膨胀的表面再受到射水的急剧冷却，引起表面收缩，在内胀外缩的情况下，往往使混凝土的表面剥落，同样，砖墙的抹灰或清水墙表面也被破坏。

石棉耐高温是一种良好的隔热材料。石棉水泥，即石棉和水泥混合而成的板材，在均匀受热时，能耐热700~750℃，但高温时遇水冷却便立即破坏。

花岗石等由不同岩石组成的石材，遇高热就开裂。石灰石等单一岩石组成的石材，可耐800~900℃的高温。

普通粘土砖承受800~900℃的高温时无显著破坏，遇水冷却的影响也不太大。空心砖因各面受热不均，膨胀不已，产生裂缝及表面剥落。

窗玻璃在700~800℃时软化。900~950℃时熔融。在火灾条件下，大多由于玻璃膨胀、变形受到窗框的限制，早在250℃左右便开裂，自行破碎了。

砂浆抹灰层，作为结构的保护层，当与结构表面结合牢固，厚达15~20mm时，能使结构的耐火时间延长20~30min。

硅酸盐砖，是由炉渣、粉煤灰、石灰等加水搅拌蒸养而成的。在300~400℃时，开始分解，放出二氧化碳，自身开裂，不是耐火的材料。

石膏板和石膏块，在高温下能大量吸热，是良好的隔热材料。但在高温下易开裂，遇水破坏。

木材，受热后开始蒸发水分，到100℃以后，开始分解可燃气体，放出少量的热。遇明火点燃，便出现火焰起火燃烧。木材的燃点介于240~270℃之间。木材在高温作用下超过400℃以后，达到自燃温度，不用明火点燃也能自己发火燃烧。

纤维板，燃烧性取决于粘合剂。使用无机粘合剂，得到难燃的纤维板，使用各种树脂作粘合剂，则随着树脂的不同，得到易燃或难燃的纤维板。

复合板，是根据质轻、隔热、高强度及经济性等条件，设计制造的一种新型板材，是由心材和面材组成的。从防火要求来说，面材应选用耐火、难燃及导热性差的板材。心材最好选用难燃、耐热的材料。

塑料为有机合成的高分子物质，叫合成树脂。塑料制品的优点很多，如质轻、耐酸碱、不透水、便于加工成型等，但耐火性能低，如：

1）耐热性能差，实用的极限温度为60~150℃。在火场上塑料熔化后到处流淌。

2）易变形，刚性不足。

3）发烟量大。在阴燃阶段，能放出很浓的烟。起火后多放出缕缕黑烟，程度不同地含有微量氧化氮、氢氰酸、醛、苯、氨等有毒气体或蒸气。

4.2　建筑构件的耐火性能

建筑构件起火或受热失去稳定破坏，会导致建筑物倒塌，造成人员伤亡。为了安全疏散人员，抢救物资和扑灭火灾，要求建筑物具有一定的耐火能力。建筑的耐火能力取决于建筑构件的耐火性能，称为耐火极限。准确地说，规范中给出的耐火极限值，应该说是耐火极限标准设计值，它只是特定条件下的耐火极限。

4.2.1 建筑构件的耐火试验

所谓建筑构件的耐火极限，是指按标准时间-温度曲线所规定的火灾升温曲线，对建筑构件进行耐火试验，从构件受到火的作用时起，到失去完整性、隔热性或稳定性为止的这段时间，单位为小时（h）。标准时间-温度曲线最早是由英国提出，后成为国际上通用的标准耐火试验的升温条件。它是为了方便按统一方法试验，根据数据积累给出的火灾在爆燃后的一种理想状态下的温度与时间的关系曲线，见图4-1。

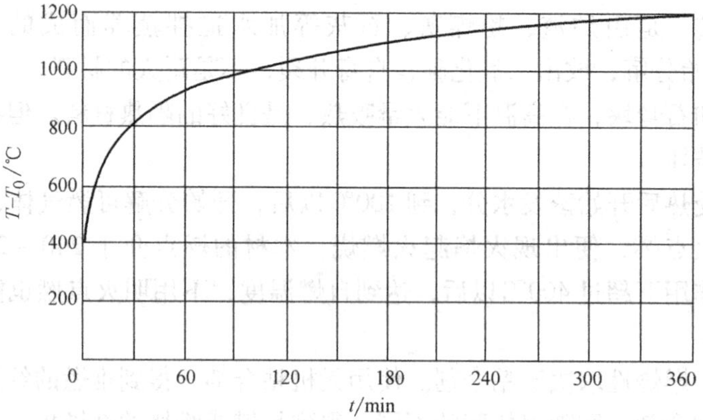

图4-1 标准时间-温度曲线

耐火试验采用明火加热，使试件受到与实际火灾相似的火焰作用。为了模拟一般室内火灾的发展阶段，试验时，炉内气体的温度按下式控制

$$T - T_0 = 345\lg(8t + 1) \tag{4-1}$$

式中 t——升温时间，单位为min；

T——t时刻的炉温，单位为℃；

T_0——炉内初始温度，单位为℃，一般在5~40℃范围内。

在试验中，由于各种原因，炉温完全按式（4-1）升温是很难做到的，必然存在着一定的误差。炉温偏离标准升温曲线的偏差d按下式计算

$$d = \frac{|A - B|}{B} \times 100 \tag{4-2}$$

式中 d——炉温偏离标准升温曲线的偏差；当$t \leqslant 10$min时，要求$d \leqslant 15\%$；当$10 < t \leqslant 30$min时，要求$d \leqslant 10\%$；当$t > 30$min时，要求$d \leqslant 5\%$；

A——实际平均炉温曲线下的面积；

B——标准升温曲线下的面积。

面积*AB*的计算方法为，试验开始10min内，时间间隔小于1min；在10～30min内，时间间隔小于2min；在30min以后，时间间隔小于5min。在此时间间隔下，把各间隔内温度曲线下的面积相加即得*AB*。

我国自1988年起采用ISO834的建筑构件耐火试验方法，并根据我国的实际情况制定了GB/T 9978—1988《建筑构件耐火试验方法》，现已修订为GB/T 9978—1999。目前，我国在天津、四川、北京等地分别建有大型耐火性能试验室，可以进行各类构件的耐火性能试验，为产品研发及建筑工程质量监督提供了符合国家和国际标准的耐火性能试验设备。

4.2.2 影响建筑构件耐火性能的因素

耐火性能试验中，构件的耐火极限有三个判定条件，即完整性、隔热性和稳定性。所有影响构件这三个性能的因素都影响构件的耐火极限。

（1）完整性。失去完整性是指当分隔构件（如楼板、屋面板、门、窗、墙体、吊顶等）一面受火作用时，在试验过程中，构件出现穿透性裂缝，火焰穿过构件，或穿过空隙，使其背面可燃物起火。这时，构件将失去阻止火焰和高温烟气穿透或阻止背面出现火焰的性能。此时可认为构件失去完整性。

当构件混凝土含水量较大时，受火时易于发生爆裂，使构件局部穿透，失去完整性。当构件接缝、穿管密封处不严密或填缝材料不耐火时，构件也易于在这些地方形成穿透性裂缝而失去完整性。

（2）隔热性。失去隔热性是指分隔构件失去隔绝过量热传导性能。在试验中，试件背火面测点的平均温度超过初始温度140℃，或背火面任一测点温度超过初始温度180℃时，均认为构件失去绝热性。材料的热导率和构件厚度是影响构件隔热性的两个主要因素。材料热导率越大，热量越易传到背火面，隔热性越差；反之，热导率越小，隔热性越好。由于金属的热导率比混凝土、砖大得多，所以当墙体或楼板有金属管道穿过时，构件更易失去隔热性。由于热量是逐层传导，所以，构件厚度越大，隔热性越好。

（3）稳定性。凡影响构件高温承载力的因素都影响构件的稳定性，如构件材料的燃烧性能、有效荷载量值、钢材品种、实际材料强度、截面形状与尺寸、配筋方式、配筋率、表面保护、受力状态、支撑条件和计算长度等。失去稳定性是指构件在试验过程中失去承载能力或抗变形能力，此条件主要针对承重构件。具体地讲：

墙——试验中发生塌垮，则表示试件失去承载能力。

梁或板——试验中发生塌垮，则表示试件失去承载能力。试件最大挠度超过

$L/20$，则表示试件失去抗变形能力。此处 L 为试件跨度。

柱——试验中发生塌垮，则表示试件失去承载能力。试件轴向压缩变形速度超过 $3H$(mm/min)，则表示试件失去抗变形能力。其中 H 为试件在载炉内的受火高度，单位以米（m）计。如某钢筋混凝土柱，炉内的受火高度为 3m，如其变形速度超过 9mm/min，则该柱失去抗变形能力。

受上述因素影响，不同材料和形式的建筑构件的耐火性能具有如下特点：

墙体的耐火极限与墙体材料和其厚度有关。普通粘土砖墙属非燃烧体。木骨架两面板条抹灰的墙属难燃烧体。

柱和墙一样都是建筑物受力的主要构件。起火时，墙仅一面受到火的作用，而独立柱四面均受到火的包围。钢柱为非燃烧体。有保护层的和无保护层的钢柱，其耐火极限差别很大。保护层可用 60mm 砖砌体，也可用钢丝网抹灰来做。木柱为燃烧体，加防火保护层后属难燃烧体。钢筋混凝土柱和砖柱都属非燃烧体，其耐火极限随其截面的加大而上升。

现浇整体式肋形钢筋混凝土楼板为非燃烧体，其耐火极限取决于钢筋保护层的厚度。木梁楼板属燃烧体，但木格栅下加板条抹灰属难燃烧体。

木屋架的杆件断面小，物架表面积大且非常干燥，非常容易被引燃。起火后遇风的作用，很快蔓延，瞬间即全面烧着。起火木屋架能够继续支撑屋顶荷重的时间，主要取决于杆件截面的大小。钢屋架虽然是非燃烧体结构，但在高温下极易变形，变形后失去稳定而破坏。钢筋混凝土屋架的耐火极限取决于钢筋保护层厚度。用无保护层钢拉杆的钢筋混凝土组合屋架的耐火极限与钢屋架相同。

4.2.3 建筑构件的耐火极限要求

构件的耐火极限是通过构件耐火试验的结果，并结合材料、施工质量等因素确定的。设计中必须按构件耐火极限的要求选用适宜的材料和构造。一、二级耐火等级建筑物构、配件的燃烧性能和耐火极限要求如表 4-1 所示。

表 4-1 建筑物构件、配件的燃烧性能和耐火极限

构件名称	燃烧性能和耐火极限	耐火等级/h 一级	耐火等级/h 二级
墙	防火墙	不燃烧体 3.0	不燃烧体 3.0
	承重墙、楼梯间、电梯井和住宅单元之间的墙	不燃烧体 2.0	不燃烧体 2.0
	非承重外墙、疏散走道两侧的侧墙	不燃烧体 1.0	不燃烧体 1.0
	房间隔墙	不燃烧体 0.75	不燃烧体 0.50

（续）

构件名称 \ 燃烧性能和耐火极限	耐火等级/h	
	一级	二级
柱	不燃烧体 3.00	不燃烧体 2.50
梁	不燃烧体 2.00	不燃烧体 1.50
楼板、疏散楼梯、屋顶承重构件	不燃烧体 1.50	不燃烧体 1.00
吊顶	不燃烧体 0.25	不燃烧体 0.25

以木柱承重且以非燃烧材料作为墙体的建筑物，其耐火等级应按四级确定。

高层工业建筑的预制钢筋混凝土装配式结构，其节点缝隙或金属承重构件节点的外露部位，应做防火保护层，其耐火极限不应低于本表相应构件的规定。

二级耐火等级的建筑物吊顶，如采用非燃烧体时，其耐火极限不限。

在二级耐火等级的建筑中，面积不超过 $100m^2$ 的房间隔墙，可采用耐火极限不低于 0.5h 的难燃烧体或耐火极限不低于 0.3h 的非燃烧体。

一、二级耐火等级民用建筑疏散走道两侧的隔墙，可采用 0.75h 非燃烧体。

二级耐火等级的多层和高层工业建筑内存放可燃物的平均重量超过 $200kg/m^2$ 的房间，其梁、楼板的耐火极限应符合一级耐火等级的要求，但设有自动灭火设备时，其梁、楼板的耐火极限仍可按二级耐火等级的要求。

承重构件为非燃烧体的工业建筑（甲、乙类库房和高层库房除外），其非承重外墙为非燃烧体时，其耐火极限可降低到 0.25h，为难燃烧体时，可降低到 0.5h。

二级耐火等级建筑的楼板（高层工业建筑的楼板除外），如耐火极限达到 1h 有困难时，可降低到 0.5h。

上人的二级耐火等级建筑的平屋顶，其屋面板的耐火极限不应低于 1h。

二级耐火等级建筑的屋顶如采用耐火极限不低于 0.5h 的承重构件有困难时，可采用无保护层的金属构件。但甲、乙、丙类液体火焰能烧到的部位，应采取防火保护措施。

4.2.4 提高构件耐火极限的措施

可以采取以下措施，提高构件耐火性能：

1）处理好构件接缝构造，防止发生穿透性裂缝。

2）使用热导率低的材料，或增大构件厚度以提高构件隔热性。

3）使用非燃性材料。

4）构件表面抹灰或喷涂防火涂料。

5）加大构件截面，尤其是厚度。

6）配置 Q345（16Mn）、Q390（15MnV）钢，把粗钢筋配于截面中部或构件内层，细钢筋配于角部或构件外层；梁采用相对较细、根数较多的钢筋。

7）柱子和连续梁可提高混凝土强度等级，其余承重构件可提高材料强度等级。

8）改变构件支撑条件，增加多余约束，做成超静定形式。

4.3 建筑物的耐火等级

耐火等级是衡量建筑物耐火程度的分级标准。各类建筑由于使用性质、重要程度、规模大小、层数高低和火灾危险性存在差异，所要求的耐火程度应有所不同。确定建筑物耐火等级的目的是使不同用途的建筑物具有与之相适宜的耐火安全储备，以做到既有利于安全，又利于节约投资。

4.3.1 影响耐火等级的因素

（1）建筑物的重要性。建筑物的重要程度是确定其耐火等级的重要因素。对于性质重要、功能和设备复杂、规模大、建筑标准高的建筑，一旦发生火灾，经济损失、人员伤亡大，甚至会造成很大的政治影响。因此，对于国家机关重要的办公楼、中心通信枢纽大楼、中心广播电视大楼、大型影剧院、礼堂、大型商场、重要的科研楼、图书馆、档案馆、高级宾馆等，其耐火等级应选定一、二级。

（2）火灾危险性。建筑物的火灾危险性大小对其耐火等级的选定影响很大，特别是对火灾荷载大的工业建筑、民用建筑以及人员密集的公共建筑，应选定较高的耐火等级。

（3）建筑物的高度。建筑物越高，火灾时人员疏散和火灾扑救越困难，损失也越大。对高度较大的建筑物选定较高的耐火等级，提高其耐火能力，可以确保其在火灾条件下不发生倒塌破坏，给人员安全疏散和消防扑救创造有利条件。

4.3.2 一般民用建筑的耐火等级

这里的一般民用建筑，指非高层民用建筑，即住宅建筑为 9 层及 9 层以下者；其他民用建筑为建筑高度不超过 24m 者。

根据《建筑设计防火规范》的规定，建筑物的耐火等级分为一、二、三、四共 4 级。

重要的公共建筑应采用一、二级耐火等级，如省市级以上的机关办公楼、价值在300万元以上的电子计算机中心、藏书100万册以上的藏书楼、省级通信中心、中央级和省级广播电视建筑、省级邮政楼、大型医院以及大、中型体育馆、影剧院、百货楼、展览楼、综合楼等。

商店、学校、食堂、菜市场如采用一、二级耐火等级的建筑有困难，可采用三级耐火等级的建筑。其他民用建筑（如住宅建筑）在层数较少时，可以采用三级或四级耐火等级的建筑。

4.3.3 高层民用建筑的耐火等级

为了便于针对不同类别的建筑物在耐火等级、防火间距、防火分区、安全疏散、消防给水、防排烟等方面分别提出不同的要求，以同时满足消防安全和节约投资的目的，首先需要对于高层民用建筑进行分类。

《高层民用建筑设计防火规范》将性质重要、火灾危险大、疏散和扑救难度大的高层建筑划为一类，如高级住宅、层数在19层及以上的普通住宅以及重要的公共建筑。对于医院病房楼，不计高度皆列为一类建筑，主要是考虑病人行动不便、疏散困难。中央级和省级（含计划单列市）广播电视楼、网局级和省级电力调度楼等，因为其重要地位，也划分为一类。层数在10~18层的普通住宅、省级以下的邮政楼等政府机关楼、建筑高度不超过50m的教学楼和普通的旅馆、办公楼等划为二类，见表4-2。

表4-2 高层民用建筑分类

名称	类别	
	一类	二类
居住建筑	高级住宅 19层及以上的普通住宅	10~18层的普通住宅
公共建筑	医院 高级旅馆 建筑高度超过50m或每层建筑面积超过1000m²的商业楼、展览楼、电信楼、财贸金融楼 建筑高度超过50m或每层建筑面积超过1500m²的商住楼 中央级和省级（含计划单列市）广播电视楼 网局级和省级电力调度楼 省级邮政楼、防灾指挥调度楼 藏书超过100万册的图书馆、书库 重要的办公楼、科研楼、档案楼 建筑高度超过50m的教学楼和普通的旅馆、办公楼、科研楼、档案楼等	除一类建筑以外的商业楼、展览楼、综合楼、电信楼、财贸金融楼、商住楼、图书馆、书库 省级以下的邮政楼、防灾指挥调度楼、广播电视楼、电力调度楼 建筑高度不超过50m的教学楼和普通的旅馆、办公楼、科研楼

根据高层民用建筑类别，《高层民用建筑设计防火规范》对其相应的耐火等级规定如下：

1）一类高层建筑的耐火等级应为一级，二类高层建筑的耐火等级不应低于二级。

2）裙房的耐火等级不应低于二级，高层建筑地下室的耐火等级应为一级。

第 5 章　消防规划布局和平面布置

随着我国经济建设的不断发展，大规模城市化的后果集中体现在城市建设急功近利，盲目性很大，城市缺少系统消防规划。现代化城市人口高度集中，高层、超高层和地下建筑空间的大量开发建设，给建筑消防和城市防灾减灾提出了新的挑战。合理的建筑消防规划布局是保证建筑物消防安全和提高城市公共安全水平的一个重要措施。

5.1　消防规划布局和平面布置的一般原则

建筑发生火灾时，火灾除了在建筑内部扩大外，有时还会蔓延到邻近的建筑物上，以至形成火烧连城的惨剧，造成难以估量的火灾损失。同时，人员、物资需要疏散，需要消防车靠近建筑物实施灭火和救援，这就要求在城市总体规划的原则下，根据建筑物的使用性质、生产经营规模、建筑高度、建筑体积及火灾危险性等，合理进行建筑选址、优化建筑消防规划、总平面布局和平面布置。

5.1.1　建筑用地的规划

建筑用地的规划首先应遵循国家整体规划的要求，在总体规划的原则下，本着“以防为主，防消结合”的方针，充分保障建筑内部和周围环境的火灾安全。

高层建筑不宜布置在易燃、易爆建（构）筑物附近，与其他民用建筑的距离应保持必要的防火间距。高层建筑宜与城市干道有机相连，高层建筑与消防站的距离应保证接警5min内，使消防车能在最短时间内到达火场，并投入灭火战斗。

工业厂房类建筑的用地规划不仅考虑自身的安全，还应充分考虑周围企业、居民住宅及公共建筑的防火安全。

为了保障建筑总体布局的消防安全，建筑选址必须符合以下基本要求。

（1）注意周围环境。易燃、易爆工厂和仓库，应采用实体围墙与外界隔开。民用建筑不宜建在火灾危险性较大的厂区或库区附近，若必须在此类厂区建设，则应严格遵守防火规范要求，选择有足够安全距离的地点。

（2）注意地势条件。甲、乙、丙类液体仓库，宜布置在地势较低的地方，以免对周围环境造成火灾威胁；若必须布置在地势较高处，则应采取一定的防火措施，如设置截挡全部流散液体的防火堤。乙炔站等遇水产生可燃气体，会发生火灾爆炸的工业企业，严禁布置在易被水淹没的地方。对于爆炸物品仓库，宜优先利用地形，如选择多面环山，附近没有建筑物的地方，以减少爆炸时的危害。

（3）注意风向。那些易燃易爆的甲、乙类工厂或仓库宜建在远离城市的上风侧，且与周围建筑保持适当的安全距离。如某个液化石油气站发生火灾爆炸事故，大量液化石油气泄漏出来，液化石油气上空形成了浓厚的白色云雾，大火在下风向800m、侧风向180~200m、上方向100m范围的空气中剧烈燃烧，造成了巨大的损失。

5.1.2 各类建筑消防平面布置的一般要求

单体建筑内，除应进行满足功能需求的划分外，还应根据场所的火灾危险性、使用性质重要性、人员密集场所人员安全疏散和消防成功扑救的必要性，对建筑物内部空间进行合理布置，以防止火灾和烟气在建筑内部蔓延扩大，确保火灾时人员的生命安全，减少财产损失。

1. 高层建筑的总平面布置

观众厅、会议厅、多功能厅等人员密集场所，应设在首层或二、三层。当人员密集公共场所必须设在其他楼层时，应符合下列规定：

1）一个厅、室的建筑面积不宜超过400m^2。

2）一个厅、室的安全出口不应少于两个。

3）当高层建筑内设托儿所、幼儿园时，应设置在建筑物的首层或二、三层，并宜设置单独的出入口。

高层建筑的锅炉房宜离开高层建筑并单独设置。如受条件限制，锅炉房不能与高层建筑分开布置时，只允许设在高层建筑的裙房内，但必须满足下列要求。

1）锅炉的总蒸发量不应超过6t/h，且单台锅炉蒸发量不应超过2t/h。

2）不应布置在人员密集场所的上一层、下一层或贴邻，并采用无门窗洞口的耐火极限不低于2h的隔墙和1.5h的楼板与其他部位隔开，必须开门时，应设甲级防火门。

3）应布置在首层或地下一层靠外墙部位，并应设直接对外的安全出口。外墙开口部位的上方，应设置宽度不小于1m的不燃防火挑檐。

油浸电力变压器室和设有充油电气设置的配电室，不宜布置在高层民用建筑裙房内。如必须将可燃油油浸变压器等电气设备布置在高层建筑内时，应符合下列防火要求。

1）可燃油油浸电力变压器的总容量不应超过1260kVA，单台容量不应超过630kVA。

2）变压器下方应设有储存变压器全部油量的事故储油设施；变压器室、多油开关室、高压电容器室，应设置防止油品流散的设施。

3）建筑上的其他防火要求与锅炉房相同，即应布置在首层或地下一层靠外墙部位，并应设直接对外的安全出口。外墙开口部位的上方，应设置宽度不小于

1m 的不燃防火挑檐。

消防控制室宜设在高层建筑的首层或地下一层，且应采用耐火极限不低于 2h 的隔墙和 1.5h 的楼板与其他部位隔开，并应设置直通室外的安全出口。

2. 工业企业的总平面布置

工厂、仓库的平面布置，要根据建筑的火灾危险性、地形、周围环境以及长年主导风向等，进行合理布置，一般应满足以下要求：

（1）合理分区。规模较大的工厂、仓库，要根据实际需要，合理划分生产区、储存区（包括露天储存区）、生产辅助设施区和行政办公、生活福利区等。同一生产企业，若有火灾危险性大和火灾危险性小的生产建筑，则应尽量将火灾危险性相同或相近的建筑集中布置，以利采取防火防爆措施，便于安全管理。并应满足以下基本要求。

1）厂区或库区围墙与厂（库）区内建筑物的距离不宜小于 5m，并应满足围墙两侧建筑物之间的防火间距要求。液氧储罐周围 5m 范围内不应有可燃物。变电所、配电所不应设在有爆炸危险的甲、乙类厂房内或贴邻建造。乙类厂房的配电所必须在防火墙上开窗时，应设不燃烧体密封固定窗。

2）甲、乙类物品库房不应设在建筑物的地下或半地下室内。

3）厂房内设置甲、乙类物品的中间库房时，其储量不宜超过一昼夜的需要量。中间仓库应靠外墙布置，并应采用耐火极限不低于 3h 的不燃烧体墙和 1.5h 的不燃烧体楼板与其他部分隔开。

4）有爆炸危险的甲、乙类厂房内不应设置办公室、休息室。如必须贴邻本厂房设置时，应采用一、二级耐火等级建筑，并应采用耐火极限不低于 3h 的不燃烧体防火墙隔开和设置直通室外或疏散楼梯的安全出口。

5）有爆炸危险的甲、乙类厂房总控制室应独立设置；其分控制室可毗邻外墙设置，并应用耐火极限不低于 3h 的不燃烧体墙与其他部分隔开。

6）有爆炸危险的甲、乙类生产部门，宜设在单层厂房靠外墙或多层厂房的最上一层靠外墙处。有爆炸危险的设备应尽量避开厂房的梁、柱等承重构件布置。

（2）注意风向。散发可燃气体、可燃蒸气和可燃粉尘的车间、装置等，应布置在厂区的全年主导风向的下风或侧风向。物质接触能引起燃烧、爆炸的，两建筑物或露天生产装置应分开布置，并应保持足够的安全距离。如氧气站空分设备的吸风口，应位于乙炔站和电石渣堆或散发其他碳氢化合物的部位全年主导风向的上风向，且两者必须不小于 100～300m 的距离，如制氧流程内设有分子筛吸附净化装置时，可减少到 50m。

5.1.3 消防道路的规划

大型民用建筑及工业建筑，人员、财富、生产力高度集中，一旦发生火灾，消防扑救非常困难。消防道路的合理规划是成功完成消防扑救的必要条件。设置消防道路的目的就在于一旦发生火灾后，使消防车顺利到达火场，消防人员迅速开展灭火战斗，及时扑灭火灾。设计时，一般应根据当地消防部队使用的消防车辆的外形尺寸、载重、转弯半径等消防车技术性能，以及建筑物的体量大小、周围通行条件等建筑因素确定。

1. 消防车道设置的一般要求

实际的规划设计中，消防车道一般可与交通道路、桥梁等结合布置。因此，消防车道下的管道和暗沟应能承受大型消防车的压力。并且，消防车道应尽量短捷，并应避免与铁路平交。如必须平交，应设备用车道，两车道之间的间距不应小于一列火车的长度。

消防车道穿过建筑物的门洞时，其净高和净宽不应小于4m；门垛之间的净宽不应小于3.5m。

消防车道的宽度不应小于3.5m，道路上空遇有管架、栈桥等障碍物时，其净高不应小于4m。

当建筑物的沿街部分长度超过150m或总长度超过220m时，均应设置穿过建筑物的消防车道。建筑物的封闭内院，如其短边长度超过24m时，宜设有进入内院的消防车道。

超过3000个座位的体育馆、超过2000个座位的会堂和占地面积超过$3000m^2$的展览馆等公共建筑、高层工业建筑（高架仓库）周围，均宜设环形消防车道。

工厂、仓库应设置消防车道，一座甲、乙、丙类厂房的占地面积超过$3000m^2$时或一座乙、丙类库房的占地面积超过$1500m^2$时，宜设置环形消防车道，如有困难，可沿其两个长边设置消防车道或设置可供消防车通行的且宽度不小于6m的平坦空地。

环形消防车道至少应有两处与其他车道连通。尽头式消防车道应设回车道或面积不小于12m×12m的回车场。供大型消防车使用的回车场面积不应小于15m×15m，见图5-1。

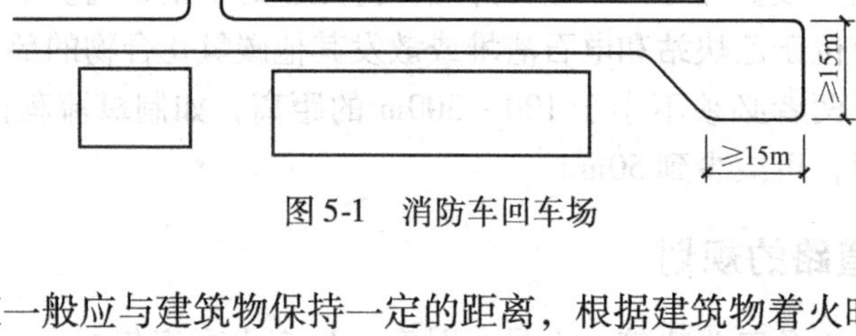

图5-1　消防车回车场

消防车道一般应与建筑物保持一定的距离，根据建筑物着火时需架设消防云梯的高度，消防车道与建筑物的距离要求见表 5-1 和图 5-2。

表 5-1　消防车道与建筑物的距离要求

消防云梯高度/m	消防车道与建筑物的距离/m
30	$1 \leqslant C \leqslant 8$
24	$1 \leqslant C \leqslant 6$
8	$1 \leqslant C \leqslant 3$

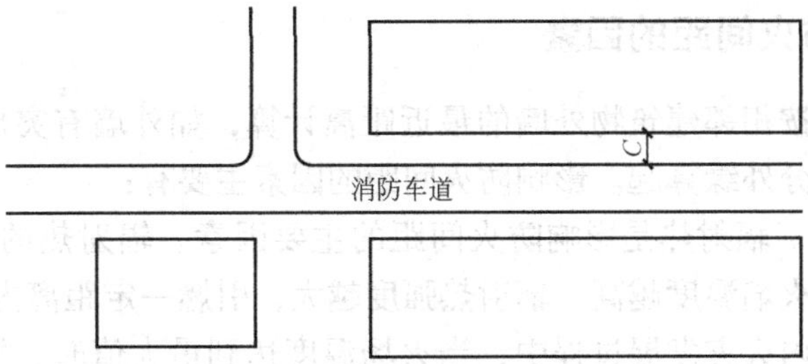

图 5-2　消防车道与建筑物的距离

2. 高层民用建筑消防车道的设置要求

高层民用建筑的周围，应设环形消防车道。当设环形车道有困难时，可沿高层民用建筑的两个长边设置消防车道。当高层民用建筑的沿街长度超过 150m 或总长度超过 220m 时，应在适中位置设置穿过高层民用建筑的消防车道。设置消防车道应与底部裙房的空档相配合，以便让消防车能够驶近主体部分。

高层民用建筑应设有连通街道和内院的人行通道，通道之间的距离不宜超过 80m。高层民用建筑的内院或天井，当其短边长度超过 24m 时，宜设有进入内院或天井的消防车道。

消防车道的宽度不应小于 4m，消防车道距离高层民用建筑外墙宜大于 5m，当消防车道上空遇有障碍物时，路面与障碍物之间的净空不应小于 4m。供消防车停留的空地，其坡度不宜大于 10%。

尽头式消防车道应设有回车道或回车场，回车场不宜小于 15m×15m。大型消防车的回车场不宜小于 18m×18m。

穿过高层民用建筑的消防车道，其净宽和净高度均不应小于 4m。

消防车道与高层民用建筑之间，不应设置妨碍登高消防车操作的树木、架空管线等。

为了在发生火灾时，登高消防车能够靠近高层主体建筑，迅速抢救人员和扑灭火灾，在高层民用建筑进行总平面布置时，高层建筑的底边至少有一个长边或周边长度的 1/4 且不小于一个长边长度，不应布置高度大于 5m、进深大于 4m 的裙房，且在此范围内必须设置有直通室外的楼梯或直通楼梯间的出口。

5.2 防火间距

为了防止建筑物间的火势蔓延，各幢建筑物之间留出一定的安全距离即防火间距是非常必要的。这样能够避免或减少相邻建筑物受到火灾辐射热等的影响，防止火灾蔓延，并可提供疏散人员和灭火战斗的必要场地。

5.2.1 影响防火间距的因素

防火间距应按相邻建筑物外墙的最近距离计算，如外墙有突出的燃烧构件，则应从其突出部分外缘算起。影响防火间距的因素主要有：

（1）辐射热。辐射热是影响防火间距的主要因素。辐射热的辐射作用范围较大，在火场上火焰温度越高，辐射热强度越大，引燃一定距离内的可燃物的时间也越短。在室内火灾发展过程中，当火场温度达到最大值时，辐射热也最大；随着火灾熄灭阶段的到来，辐射热的强度也随之下降。因此，如果能及早发现火情、及早扑救，就可对减少辐射热对邻近建筑物的威胁起到一定的积极作用。

（2）热对流。热气流是建筑物发生火灾时室内外冷热空气对流形成的。热气流不仅可以使火在水平方向蔓延，还可以借助楼梯间、电梯井、管道井、楼板缝隙等向上作垂直蔓延。热气流甚至可以通过外墙的窗洞口向外喷吐，火焰向上升腾而扩大火势蔓延。热对流是建筑物室内火灾蔓延的主要形式。由于热气流离开窗口后迅速降温，故热对流对邻近建筑物来说影响相对较小。

（3）建筑物外墙开口面积。建筑物外墙开口面积越大，在可燃物的质和量相同的条件下，由于通风好，燃烧快，火焰强度高，火灾时辐射热较强，相邻建筑物接受辐射热也较多，就容易引起火灾蔓延。

（4）室外风流的影响。风的作用能加强可燃物的燃烧并造成火灾蔓延加快。试验表明，风向对辐射热和火灾蔓延也有着很大的影响。下方向的辐射热要比上方向的辐射热高得多，因此，下方向的火势蔓延要比相同条件下距离相等的上风向或侧风向的蔓延快得多。同时，室外风流对火灾热对流也有一定的影响，风大的情况下，辐射热伴随着热对流和飞火则更危险。

（5）相邻建筑物高度的影响。相邻两栋建筑物，若较低的建筑着火，尤其当火灾时它的屋顶结构倒塌，火焰窜出时，对相邻的较高的建筑危险很大，因较低建筑物对较高建筑物的辐射角在30°～45°之间时，试验测定表明，此时火焰的辐射热强度最大。

（6）建筑物内可燃物的性质、数量和种类。可燃物的性质、种类不同，火焰温度也不同。可燃物的发热量与数量成正比，可燃物数量越大，其辐射热强度也相应增大，增加了对相邻建筑物的威胁。因此，对于火灾荷载较大、燃烧性强的建筑物，应适当提高其与其他建筑物的防火间距。

（7）建筑物内消防设施的水平。建筑物内设有自动喷水灭火系统、火灾自动报警装置和其他一些较完善的消防设施时，能将火灾扑救在初期阶段，这样不仅可以避免火灾对建筑物本身造成较大损失，而且可以在很大程度上减少火灾蔓延到附近其他建筑物的条件。在防火条件和建筑物防火间距大体相同的情况下，设有完善消防设施的建筑物比消防设施不完善的建筑物的安全性要高。

5.2.2 确定防火间距的基本原则

在实际工程中，防火间距的确定，除考虑建筑物的耐火等级、建（构）筑物的使用性质、生产或储存物品的火灾危险性等因素外，还应考虑到消防人员能够及时到达并迅速扑救这一因素。通常根据下述原则确定防火间距。

（1）考虑热辐射的作用。火灾资料表明，一、二级耐火等级的低层民用建筑，保持7~10m的防火间距，在有消防队进行扑救的情况下，一般不会蔓延到相邻的建筑物。

（2）考虑灭火作战的实际需要。建筑物的建筑高度不同，需使用的消防车也不同。对低层建筑，普通消防车即可；而对高层建筑，则还要使用曲臂、云梯等登高消防车。为此，考虑登高消防车操作场地的要求，也是确定防火间距的因素之一。

（3）考虑节约用地。在进行总平面规划时，既要满足防火要求，又要考虑节约用地。在有消防扑救的条件下，能够阻止火灾向相邻建筑物蔓延为原则。

5.2.3 各类建筑物的防火间距

为了防止火灾在建筑物之间，建、构筑物之间蔓延，建筑防火设计规范规定了各种情况下的防火间距。在总平面布置时，应严格按照建筑防火设计规范布置建、构筑物等。

1. 一般民用建筑的防火间距

一般民用建筑之间的防火间距不应小于表5-2的要求，并应注意以下几方面问题：

表5-2 民用建筑的防火间距

耐火等级 \ 防火间距/m \ 耐火等级	一、二级	三级	四级
一、二级	6	7	9
三级	7	8	10
四级	9	10	12

1）两座建筑相邻较高的一面的外墙为防火墙时，其防火间距不限。

2）相邻的两座建筑物，较低一座的耐火等级不低于二级、屋顶不设天窗、屋顶承重构件的耐火极限不低于1h，且相邻的较低一面外墙为防火墙时，其防火间距可适当减少，但不应小于3.5m。

3）相邻的两座建筑物，较低一座的耐火等级不低于二级，当相邻较高一面外墙的开口部位设有防火门窗或防火卷帘和水幕时，其防火间距可适当减少，但不应小于3.5m。

4）两座建筑相邻两面的外墙为非燃烧体，如无外露的燃烧体屋檐，当每面外墙上的门窗洞口面积之和不超过该外墙面积的5%，且门窗口不正对开设时，其防火间距可按表5-2减少25%。

5）耐火等级低于四级的原有建筑物，其防火间距可按四级确定。

6）数座一、二级耐火等级且不超过六层的住宅，如占地面积总和不超过$2500m^2$，可成组布置，但组内建筑之间的防火间距不宜小于4m，组与组或组与相邻建筑之间的防火间距不应小于表5-2的规定。

2. 高层建筑的防火间距

高层建筑之间及高层建筑与其他民用建筑之间的防火间距，不应小于表5-3的规定，并应注意以下几点：

表5-3　高层建筑之间及高层建筑与其他民用建筑之间的防火间距

（单位：m）

建筑类别	高层建筑	裙房	其他民用建筑		
			耐火等级		
			一、二级	三级	四级
高层建筑	13	9	9	11	14
裙房	9	6	6	7	9

1）两座高层民用建筑相邻较高一面外墙为防火墙或比相邻较低一座建筑屋面高15m及以下范围内的墙为不开设门、窗洞口的防火墙时，其防火间距可不限。

2）相邻的两座高层民用建筑，较低一座的屋顶不设天窗、屋顶承重构件的耐火极限不低于1h，且相邻较低一面外墙为防火墙时，其防火间距可适当减小，但不宜小于4m。

3）相邻的两座高层民用建筑，当相邻较高一面外墙耐火极限不低于2h，墙上开口部位设有甲级防火门、窗或防火卷帘时，其防火间距可适当减小，但不宜小于4m。

高层建筑与小型甲、乙、丙类液体储罐、可燃气体储罐和化学易燃物品库房的防火间距，不应小于表5-4的规定。并应注意：

1）储罐的防火间距应从距建筑物最近的储罐外壁算起。

2）当甲、乙、丙类液体储罐直埋时，表5-4的防火间距可减少50%。

表5-4 高层建筑与小型甲、乙、丙类液体储罐、可燃气体储罐和化学易燃物品库房的防火间距

名称和储量		防火间距/m	
		高层建筑	裙房
小型甲、乙类液体储罐/m^3	<30	35	30
	30~60	40	35
小型丙类液体储罐/m^3	<150	35	30
	150~200	40	35
可燃气体储罐/m^3	<100	30	25
	100~500	35	30
化学易燃物品库房/t	<1	30	25
	1~5	35	30

3）高层民用建筑与燃气调压站、液化石油气汽化站、混气站和城市液化石油气供应站瓶库之间的防火间距应按《城镇燃气设计规范》（GB/T 50028—2006）中的有关规定执行。

高层建筑与厂（库）房的防火间距，不应小于表5-5的规定。

表5-5 高层建筑与厂（库）房的防火间距 （单位：m）

厂（库）房			一类		二类	
			高层建筑	裙房	高层建筑	裙房
丙类	耐火等级	一、二级	20	15	15	13
		三、四级	25	20	20	15
丁类、戊类		一、二级	15	10	13	10
		三、四级	18	12	15	10

5.2.4 防火间距不足时应采取的措施

由于场地等原因，防火间距难以满足国家有关消防技术规范的要求时，可根据建筑物的实际情况，采取以下措施。

1）改变建筑物内的生产和使用性质，尽量降低建筑物的火灾危险性。改变房屋部分结构的耐火性能，提高建筑物的耐火等级。

2）调整生产厂房的部分工艺流程，限制库房内储存物品的数量，提高部分构件的耐火性能和燃烧性能。

3）将建筑物的普通外墙改造为实体防火墙。建筑物的山墙对建筑物的通风、采光影响小，设置的窗户少，可将山墙改为实体防火墙。

4）拆除部分耐火等级低、占地面积小、适用性不强且与新建筑物相邻的原有陈旧建筑物。

5）设置独立的室外防火墙等。

5.3 防火分区

在建筑物同一层内或竖向不同层之间分别划分防火分区，并结合采取一定的防火分隔措施，可以有效地控制火势的蔓延，将火灾控制在小范围内，可减少大面积火灾发生的可能性，可避免扑救大面积火灾的困难，有利于人员安全疏散和灭火救灾，从而达到减少火灾人员伤亡和财产损失的目的。

从防火角度看，防火分区划分得越小，越有利于建筑物的防火安全。但如果划分得过小，势必会影响建筑物的使用功能。防火分区的划分应根据建筑物的类型、用途、建筑物的耐火等级、可燃物的种类及数量、排烟设备以及报警、灭火设备的配备情况、人员疏散难易程度等情况进行综合考虑。

防火分区包括水平和竖向防火分区。

5.3.1 水平防火分区的划分

水平防火分区是指在同一水平面内，利用防火分隔物将建筑平面分为若干防火分区或防火单元，见图5-3。水平防火分区通常是由防火墙壁、防火卷帘、防火门及防火水幕等防耐火非燃烧分隔物来达到防止火焰蔓延的目的。在实际设计中，当某些建筑的使用空间要求较大时，可以通过采用防火卷帘加水幕的方式，或者增设自动报警、自动灭火设备来满足防火安全要求。水平防火分区无论是对一般民用建筑、高层建筑、公共建筑，还是对厂房、仓库都是非常有效的防火措施。

1. 一般民用建筑水平防火分区的要求

不同耐火等级的一般民用建筑，其层数、长度和防火分区面积应符合表5-6的规定。在应用表5-6时，应注意以下问题。

1）建筑物高度，为建筑物室外地面到其女儿墙顶部或檐口的高度。屋顶上的瞭望塔、冷却塔、水箱间、微波无线间、电梯机房、排风和排烟机房以及楼梯出口小间等不计入建筑高度和层数内，建筑物的地下室、半地下室的顶板面高出室外地面不超过1.5m者，不计入层数内。

2）建筑物的长度，系指建筑物各分段中线长度的总和。如遇有不规则的平面而有各种不同量法时，应采用较大值。

图 5-3　水平防火分区示意图

3）建筑内设置自动灭火系统时，每层最大允许建筑面积可按表 5-6 增加一倍。局部设置时，增加面积可按该局部面积一倍计算。

4）防火分区间应采用防火墙分隔，如有困难时，可采用防火卷帘和水幕分隔。

5）建筑物内如设有上下层相连通的走廊、自动扶梯等开口部位时，应按上、下连通层作为一个防火分区，其建筑面积之和不宜超过表 5-6 的规定。

6）地下、半地下建筑内的防火分区间应采用防火墙分隔，每个防火分区的建筑面积不应大于 $500m^2$。当设置自动灭火系统时，每个防火分区的最大允许建筑面积可增加到 $1000m^2$。局部设置时，增加面积应按该局部面积的一倍计算。

表 5-6　民用建筑的耐火等级

耐火等级	最多允许层数	防火分区		备　注
		最大允许长度/m	每层最大允许建筑面积/m^2	
一、二级	①	150	2500	1. 体育馆、剧院、展览建筑等长度和面积可以根据需要确定 2. 托儿所、幼儿园的儿童用房及儿童游乐厅等儿童活动场所不应设置在四层及四层以上或地下、半地下建筑内
三级	5 层	100	1200	1. 托儿所、幼儿园的儿童用房及儿童游乐厅等儿童活动场所和医院、疗养院的住院部分不应设置在三层及三层以上或地下、半地下建筑内 2. 商店、学校、电影院、剧院、礼堂、食堂、菜市场不应超过二层

（续）

耐火等级	最多允许层数	防火分区		备　　注
		最大允许长度/m	每层最大允许建筑面积/m^2	
四级	2层	60	600	学校、食堂、菜市场、托儿所、幼儿园、医院等不应超过1层、菜市场不应超过2层

① 住宅为9层及9层以下（包括底层设置商业网点的住宅），或建筑高度不超过24m；其他民用建筑中单层公共建筑高度不超过24m。

2. 高层建筑水平防火分区的划分

高层建筑一旦发生火灾，消防扑救非常困难，各个国家都对高层建筑的防火分区作了详细的规定。美国规范规定高层建筑防火分区面积不得大于1400m^2。日本的高层建筑防火规范比较严格，它根据楼层数、建筑物的耐火等级和装修材料耐火性能的不同，对于同一高层建筑内不同楼层的防火分区面积作了不同的规定：10层以下部分防火分区面积最大不超过1500m^2；10层以上部分，根据建筑物本身的耐火等级和建筑材料的耐火性能而采用100m^2、200m^2、500m^2等不同要求。当装有自动报警灭火设备时，各个国家都允许将原来规定的防火分区面积指标提高50%～100%。根据建筑物的类别和功能不同，分别对防火分区面积作了具体的规定，见表5-7。

表5-7　高层建筑每个防火分区最大允许建筑面积

建筑类别	每个防火分区建筑面积/m^2
一类建筑	1000
二类建筑	1500
地下室	500

高层建筑进行防火分区划分时，应注意：

1）设有自动灭火系统的防火分区，其允许最大建筑面积可按表5-7增加1倍；当局部设置自动灭火系统时，增加面积可按该局部面积的1倍计算。

2）一类建筑的电信楼，其防火分区允许最大建筑面积可按表5-7增加50%。

3）高层建筑内的商业营业厅、展览厅等，当设有火灾自动报警系统和自动灭火系统，且采用不燃烧或难燃烧材料装修时，地上部分防火分区的允许最大建筑面积为4000m^2，地下部分防火分区的允许最大建筑面积为2000m^2。

4）当高层建筑与其裙房之间设有防火墙等防火分隔设施时，其裙房的防火分区允许最大建筑面积不应大于2500m^2，当设有自动喷水灭火系统时，防火分区允许最大建筑面积可增加1倍。

划分防火分区时，还必须结合建筑物的平面形状、使用功能、人流及货流情况妥善确定防火分隔物的具体位置。图 5-4 所示为北京长城饭店防火分区示意图。根据长城饭店的平面形状及三翼围绕塔楼的布置特点，将各标准层划分为四个防火分区，各区之间设置钢质防火门，此门平时以电磁开关吸附贴在走道两侧的墙上，当传感器发出火警信号后，由消防控制中心控制盘自动关闭。控制盘显示所在位置，其上还设有手动关闭装置。

图 5-5 所示为一饭店新楼，标准层面积 2800m^2，结合防震缝和平面设计，用防火墙和甲级防火门划分为三个面积不等的防火分区。

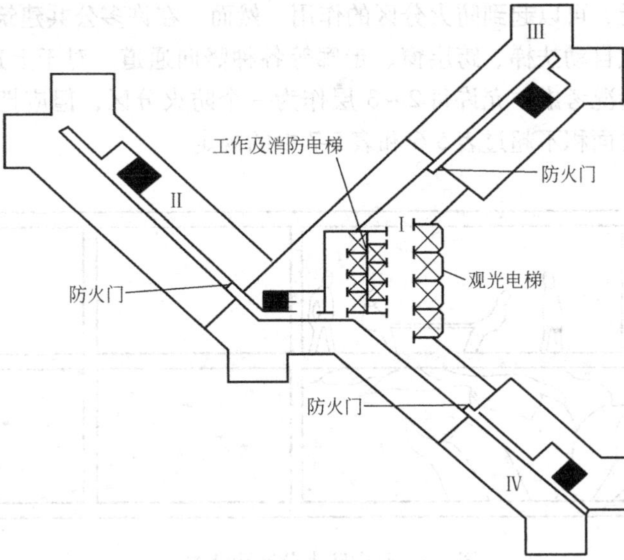

图 5-4　长城饭店防火分区示意图

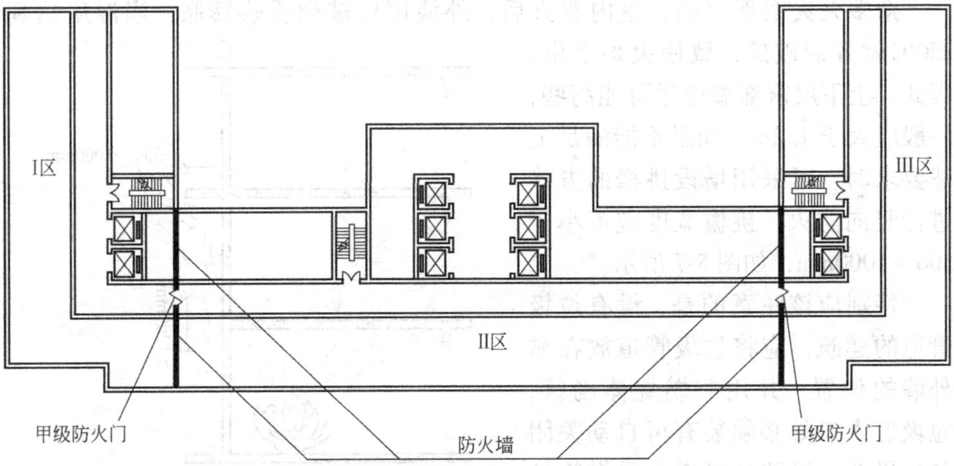

图 5-5　某饭店新楼防火分区示例

5.3.2 竖向防火分区的划分

建筑物室内火灾不仅可以在水平方向上蔓延，而且还可以通过建筑物楼板缝隙、楼梯间等各种竖向通道向上部楼层延烧，可以采用竖向防火分区方法阻止火势竖向蔓延。竖向防火分区指上、下层分别用耐火极限不低于1.5h或1h的楼板等构件进行防火分隔，见图5-6。一般来说，竖向防火将每一楼层作为一个防火分区。对住宅建筑而言，上下楼板大多为非燃烧体的钢筋混凝土板，它完全可以阻止火灾的蔓延，可以起到防火分区的作用。然而，在许多公共建筑或其他建筑中常设有敞开式自动扶梯、跨层窗、走廊等各种竖向通道。对于上述竖向通道，规范中按实际情况考虑，允许每2～3层作为一个防火分区，但应把连通面积作为整体来看，总面积不超过表5-6和表5-7中的规定。

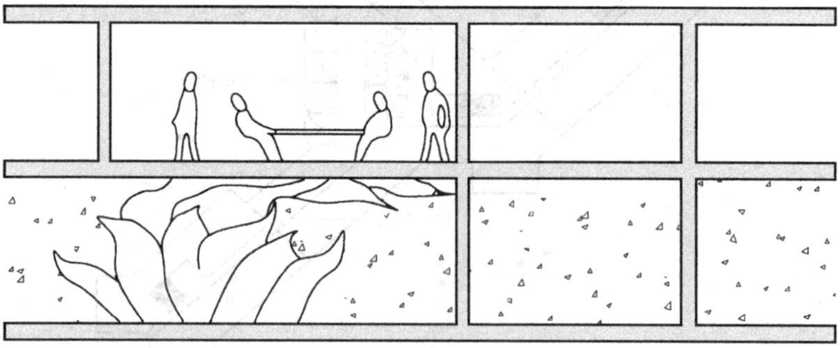

图5-6　竖向防火分区示意图

众多火灾案例表明，室内着火后，外墙窗口玻璃受热膨胀，当温度达到250℃就开裂破碎，致使火焰上窜。因此，上下层窗部墙应尽可能高些，一般应大于1.2m。如果不能满足上述要求时，可采用增设挑檐的方式进行竖向防火。挑檐宽度应不小于500～1000mm，如图5-7所示。

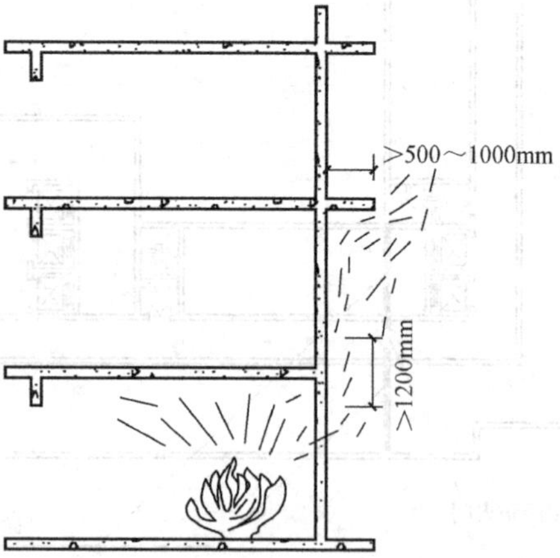

图5-7　窗口部位的隔火解决方案

特别应该注意的是，设有垃圾管道的建筑，应将垃圾管道放在靠外墙的位置，并用非燃烧体砌筑，垃圾道入口处必须装有可自动关闭的垃圾斗，以防垃圾道内易燃物被引燃导致火灾蔓延。

5.4 防火分隔设施

5.4.1 防火墙

防火墙是水平防火分区的主要防火分隔物。一般来讲，防火墙的耐火极限都应在3h以上。设置防火墙时，其构造部分的处理，应满足以下基本要求：

1）防火墙应直接设置在基础上或钢筋混凝土的框架上。防火墙应截断燃烧体或难燃烧体的屋顶结构，且应高出非燃烧体屋面不小于40cm，高出燃烧体或难燃烧体屋面不小于50cm。

当建筑物的屋盖为耐火极限不低于0.5h的非燃烧体时、高层工业建筑屋盖为耐火极限不低于1h的非燃烧体时，防火墙（包括纵向防火墙）可砌至屋面基层的底部，不高出屋面。

2）防火墙中心距天窗端面的水平距离小于4m，且天窗端面为燃烧体时，应采取防止火势蔓延的设施。

3）建筑物的外墙如为难燃烧体时，防火墙应突出难燃烧体墙的外表面40cm；防火带的宽度，从防火墙中心线起每侧不应小于2m。

4）防火墙内不应设置排气道，民用建筑如必须设置时，其两侧的墙身截面厚度均不应小于12cm。

防火墙上不应开门窗洞口，如必须开设时，应采用耐火极限不低于1.2h的甲级防火门窗，并应能自行关闭。有些国家则要求防火墙上不得安置任何玻璃窗，并对不同隔墙上镶嵌丝玻璃的面积作了具体的规定，如表5-8所示。

表5-8 防火墙及隔墙上开口的允许面积

类别	防火墙及隔板的位置	耐火极限/h	嵌丝玻璃允许的最大面积/in^2
A	防火墙和防火分区隔墙、垂直交通工具的围墙	3	不允许
B	具有2h耐火极限的楼梯及电梯的隔墙	1或1.5	100
C	走廊及房间隔墙	0.75	1291
D	可受到外部火焰强烈辐射的外墙	1.50	不允许
E	可受到外部火焰中等辐射的外墙	0.75	1291

注：1in = 0.0254m。

考虑到防火墙的防火安全，应严禁煤气、氢气、液化石油气等可燃气体和甲、乙、丙类液体管道穿过防火墙，其他管道如必须穿过时，应用非燃烧材料将缝隙紧密填塞。穿过防火墙处的管道保温材料，应采用不燃烧材料。

5）为了防止火势从一个防火分区通过窗口烧到另一个防火分区，不应在U形、L形建筑的转角处设置防火墙。如设在转角附近，内转角两侧上的门窗洞口之间最近的水平距离不应小于4m。紧靠防火墙两侧的门窗洞口之间最近的水平距离不应小于2m，如装有耐火极限不低于0.9h的非燃烧体固定窗扇的采光窗（包括转角墙上的窗洞），可不受距离的限制。

6）设计防火墙时，应考虑防火墙一侧的屋架、梁、楼板等受到火灾的影响而破坏时，不致使防火墙倒塌。

5.4.2 防火门

防火门是具有一定耐火极限，且在发生火灾时能自行关闭的门。防火门是一种防止火灾蔓延的有效防火分隔物，防火门的防火门锁，由手动及自动环节组成。发生火灾时，由感烟探测器或联动控制盘发出指令信号使电磁锁动作，或用手拉防火门使固定销掉下，门关闭。

按照耐火极限不同，防火门可分为甲、乙、丙三级，其耐火极限分别是1.2h、0.9h、0.6h。按照燃烧性能不同，可分为非燃烧体防火门和难燃烧体防火门。按防火门的材质，一般包括钢质和木质防火门两种类型。

钢质防火门即非燃烧体防火门，一般采用薄型钢作框架，框架外敷设以1～1.2mm厚的薄钢板做门面，并可根据耐火等级的需要填充不同厚度的硅酸铝纤维、矿棉、玻璃棉、硅酸钙板等，或仅留有一定厚度的空气层。

木质防火门即难燃烧体防火门，其构造不尽相同。如双层木板，两面铺石棉板，外包镀锌铁皮；或双层木板，外包镀锌铁皮。以上均可根据总截面尺寸的不同，而达到不同的耐火等级要求。经过耐火试验测定，仅用双层木板，外包镀锌铁皮，总厚度为36mm的防火门，其耐火极限为0.9h。双层木板外包镀锌铁皮，总厚度为41mm的防火门，其耐火极限为1.2h。双层木板，中间夹石棉板，外包镀锌铁皮，总厚度为45mm的防火门，其耐火极限为1.5h；双层木板，双层石棉板，外包镀锌铁皮，总厚度为51mm的防火门，其耐火极限为2.1h；木质防火门在火烧、高温的作用下，木板或其他难燃材料受热炭化会分解出大量的气体使外包镀锌铁皮膨胀而撑开，从而使防火门过早地失去阻火能力，因此应在铁皮上做泄气孔，泄气孔位置可设置在门的中心，且宜朝向易于起火房间一侧。

防火门作为一种防火分隔物，不仅应具有一定的耐火极限，还应做到关闭后密封性能好，以免窜烟、窜火，而丧失防止火灾蔓延的作用。因此，宜在门扇与框架缝隙处粘贴防火膨胀胶条。目前，许多品牌的防火门与火灾探测器联锁或由火灾中心控制系统操作，还可实现自动关闭功能。各级防火门的适用范围见表5-9。在具体选用防火门时，可参照生产厂家的具体说明。

表 5-9 钢木质防火门耐火极限及适用范围

级别	耐火极限/h	适用范围
甲	1.2	防火墙及防火分隔等
乙	0.9	封闭式楼梯间、通向楼梯间前室的门、消防控制室、空调机房的门
丙	0.6	电缆井、管道井、排烟道等

5.4.3 防火卷帘

防火卷帘是一种类似于防火门的防火分隔物，被广泛应用于大型营业厅、展览大厅以及敞开式楼梯间或电梯间处。防火卷帘有适用于门窗洞口、室内分隔的上下开启和横向开启式，亦有适用于楼板孔道等的水平开启式。火灾发生时，放下卷帘，可起到一定的阻火作用，延缓火灾的蔓延速度，以利于人员的安全疏散和消防救助。

防火卷帘一般由钢板或铝合金等金属材料制成，也有以无机织物组合而成的软质防火卷帘。防火卷帘有轻型、重型之分。轻型卷帘钢板的厚度为 0.5 ~ 0.6mm；重型卷帘钢板的厚度为 1.5 ~ 1.6mm。厚度为 1.5mm 以上的卷帘适用于防火墙或防火分隔墙上。厚度为 0.8 ~ 1.5mm 的卷帘适用于楼梯间或电动扶梯的隔墙。

防火卷帘的卷起方法，有电动式和手动式两种。手动式经常采用拉链控制，如在转轴处安装电动机则是电动式卷帘。电动机由按钮控制，一个按钮可以控制一个或几个卷帘门，也可以对所有卷帘进行远距离控制。

安装防火卷帘时，对门扇各接缝处、导轨、卷筒等处的缝隙，应作防火密封处理，以防烟火外窜。钢质防火卷帘一般不具备隔热性能，对于面积较大的钢质防火卷帘，最好结合水幕或喷淋系统共同使用，对其加以保护。软质卷帘有些可具有隔热性能，耐火隔热性根据制作方式的不同可达 3h。对门扇上易被燃烧部分，应使用防火涂料进行喷涂，以提高卷帘的耐火能力。

5.5 特殊建筑结构的防火分隔措施

5.5.1 玻璃幕墙的防火分隔

玻璃幕墙是由金属构件和玻璃板组成的建筑外墙面围护结构，作为一种新型的建筑构件，玻璃幕墙以其自重轻、光亮、明快、挺拔、美观、装饰艺术效果好等优点，自 20 世纪 70 ~ 80 年代以来，被大量地应用在高层建筑之中。玻璃幕墙多采用全封闭式，分明框、半明框和隐框玻璃幕墙三种。构成玻璃幕墙的材料主要有：钢/铝合金、玻璃、不锈钢和粘接密封剂。幕墙上的玻璃常采用热反射玻璃、钢化玻璃等。这些玻璃强度高，但耐火性能差，一般幕墙玻璃在250℃左右即会炸裂、脱落，使大面积的玻璃幕墙成为火势向上蔓延的重要途径。另一方面，由于建筑构造的要求，垂直的玻璃幕墙与水平楼板之间留有较大的缝隙，若对其没有进行密封或密封不好，火焰烟气就会由此向上扩散，造成蔓延。为了防止建筑发生火灾时通过玻璃幕墙造成大面积蔓延，根据GB 50045—1995《高层建筑设计防火规范（2005版）》，在设置玻璃幕墙时应符合下列规定：

1）窗间墙、窗槛墙（窗下墙）的玻璃幕墙，其填充材料应采用岩棉、矿棉、玻璃棉、硅酸铝棉等不燃烧材料。当其外墙面采用耐火极限不低于1h的不燃烧体时，其墙内封底材料可采用难燃烧材料，如B1级的泡沫塑料等。

2）无窗间墙、窗槛墙（窗下墙）的玻璃幕墙，应在每层楼板外沿设置耐火极限不低于1h、高度不低于0.8m的不燃烧实体裙墙。还可在建筑幕墙内侧每层设置自动喷水系统保护，其喷头间距宜在1.8～2.2m之间，见图5-8。

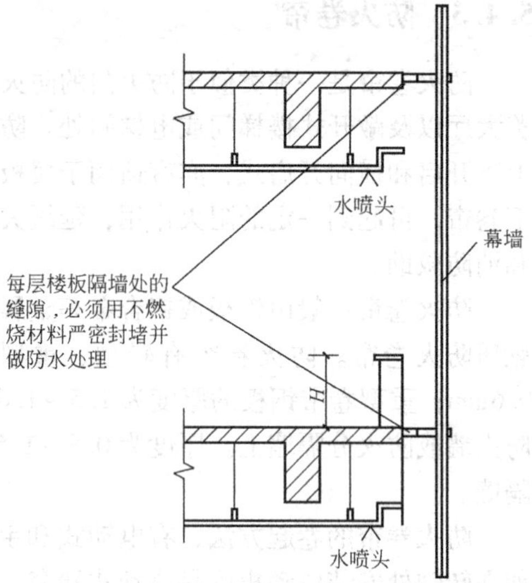

图5-8　建筑幕墙加装自动喷水灭火系统保护示意图

3）玻璃幕墙与每层楼板、隔墙处的缝隙，应采用不燃烧材料填塞密实。

当幕墙遇到防火墙时，应遵循防火墙设置的要求。防火墙应与其框架连接，不应与玻璃直接连接。

5.5.2　中庭的防火分隔

中庭是在大型建筑内部、以上下楼层贯通的大空间为核心并营造出具有室外自然环境美的室内共享空间。中庭的短边（半径）长度不小于6m，横截面积不小于100m^2，共享层数不小于3层，并带有顶盖。中庭的高度不等，有的与建筑物同高，有的则在建筑物的上部或下部。中庭建筑大致可分为长廊式、封闭式、回廊式和互通式。长廊式中庭两侧面是半室外化敞开的，其显著特点是内部空间具有对流的自然风。回廊式和互通式中庭通过回廊或中庭内部空间直接与其周围的房间发生空间上的联系。各种形式中庭上下左右贯通的大空间，加剧了中庭空间烟囱效应所造成的火焰和烟气的蔓延。一旦中庭起火，涉及到多个楼层，极易形成立体火灾，给人员疏散和灭火救灾造成很大的难度，给防火设计提出了许多新的课题。

根据中庭的火灾特点，结合国内外高层建筑中庭防火设计的具体作法，参考国外有关防火规范的规定，贯通中庭的各层应按上下层连通的面积叠加计算，当其建筑面积超过一个防火分区规定的面积时，应采取以下防火分隔措施。

1）房间与中庭回廊相通的门、通道等，应设能自行关闭的乙级防火门、窗。

2）与中庭相通的过厅、通道等，应设乙级防火门或耐火极限大于3h的防火卷帘分隔。

3）中庭每层回廊应设自动喷水灭火系统。

4）中庭每层回廊应设火灾自动报警系统，并与排烟设备和防火门联锁控制。

为了方便客人的垂直运输，很多大型公共建筑常设置有自动扶梯。这些扶梯将上下楼层贯通，因此扶梯所处的空间也类似中庭。在进行防火分隔设计时，若有自动扶梯，也应将上下贯通的各层作为一个防火分区处理。

为了满足防火分区扩大的需要，我国常采用的措施有两种，一种是在自动扶梯开口周边设置与防火墙耐火极限相当的分隔物，如软质隔热性卷帘、复合型防火玻璃等；另一种是在自动扶梯处加钢质卷帘及水幕保护，以达到阻止火灾蔓延的效果。如北京国际贸易中心和长富宫饭店的自动扶梯就采用了这种方法。设防火卷帘的地方，宜在卷帘旁设一扇平开甲级防火门，以利疏散，见图5-9。

5.5.3 各种竖井等特殊部位的防火分隔

在烟囱效应作用下，建筑中的各种竖向管井，不仅是火势上下蔓延的主要途径，而且是烟气蔓延的通道，若防火分隔不当或未作适当防火处理，高温烟火会迅速传播扩大，造成扑救困难，严重危及人身安全，增大火灾损失。电梯是重要的垂直交通工具，电梯井一般都与电梯厅、走道及其他房间相通，若在其中设有可燃气体和易燃、可燃液体、电线（缆），一旦失火会威胁其他管井及整个建筑的安全，因此，对建筑物中的这些部位的建筑构造应严格要求，具体应采取以下防火措施。

低层建筑的管道井、电缆井应每隔2～3层在楼板处用耐火极限不低于0.5h的不燃烧体封隔，其井壁应采用耐火极限不低于1h的不燃烧体。井壁上的检查门应采用丙级防火门。

电梯井应独立设置，井内严禁敷设可燃气体和甲、乙、丙类液体管道，并不应敷设与电梯无关的电缆、电线等。电梯井井壁除开设电梯门洞和通气孔洞外，不应开设其他洞口。电梯门不应采用栅栏门。

高层建筑的电缆井、管道井、排烟道、排气道、垃圾道等竖向管道井，应分别独立设置；其井壁应为耐火等级不低于1h的不燃烧体；井壁上的检查门应采用丙级防火门。

建筑高度不超过100m的高层建筑，其电缆井、管道井应每隔2～3层在楼板处用相当于楼板耐火极限的不燃烧体作防火分隔；建筑高度超过100m的高层建筑，应在每层楼板处用相当于楼板耐火极限的不燃烧体作防火分隔。

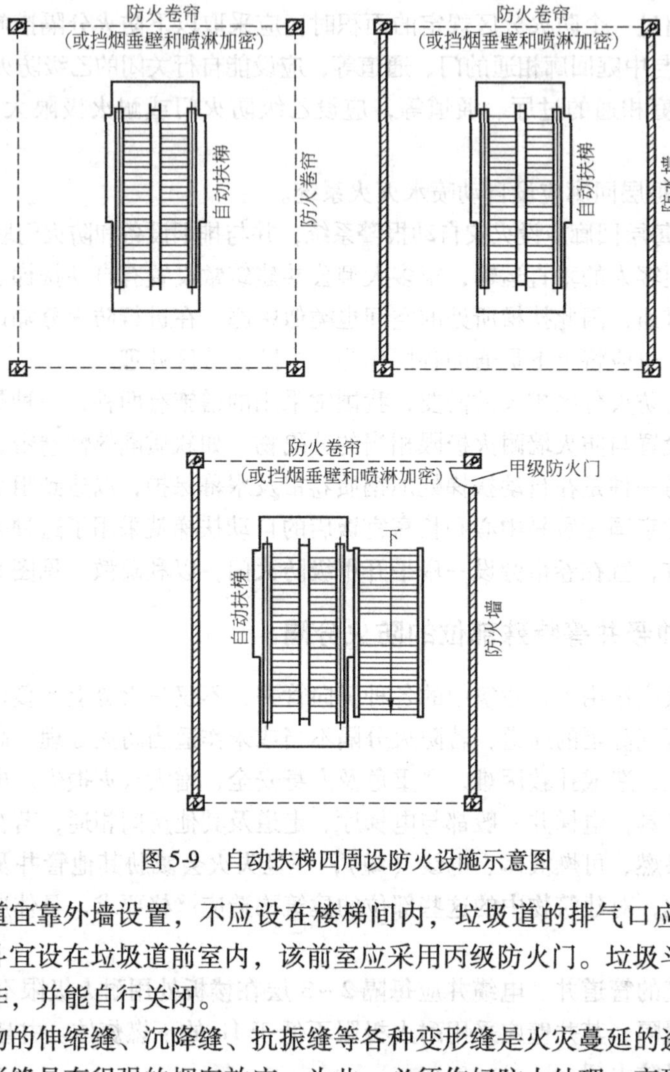

图5-9 自动扶梯四周设防火设施示意图

垃圾道宜靠外墙设置，不应设在楼梯间内，垃圾道的排气口应直接开向室外。垃圾斗宜设在垃圾道前室内，该前室应采用丙级防火门。垃圾斗应采用不燃烧材料制作，并能自行关闭。

建筑物的伸缩缝、沉降缝、抗振缝等各种变形缝是火灾蔓延的途径之一，尤其纵向变形缝具有很强的烟囱效应，为此，必须作好防火处理。变形缝的基层应采用不燃烧材料，其表面装饰层宜采用不燃烧材料，严格限制使用可燃材料。变形缝内不准敷设电缆、可燃气体管道和甲、乙、丙类液体管道。如上述电缆、管道需穿越变形缝时，应在穿过处加不燃材料套管保护，并在空隙处用不燃材料严密填塞。

电缆井、管道井、与房间、走道等相连通的孔洞，其空隙应采用不燃烧材料填塞密实。管道穿过楼板时，应用不燃烧材料将其周围空隙填塞密实。

冷库采用稻壳、泡沫塑料等可燃烧材料作墙体内的隔热层时，宜采用不燃烧隔热材料做水平防火带。防火带宜设在每层楼板水平处。冷库阁楼层和墙体的可燃保温宜用不燃烧体墙隔开。

5.6 防烟分区

5.6.1 防烟分区的划分原则

防烟分区是指以屋顶挡烟隔板、挡烟垂壁或从顶棚向下突出不小于500mm的梁为界，从地板到屋顶或吊顶之间的规定空间。防烟分区的合理划分，主要是保证在一定时间内，使火场上产生的高温烟气不至随意扩散，并进而加以排除，使人员避难空间的烟气层高度和烟气浓度处在安全允许范围内，进而达到控制火势蔓延和减小火灾损失的目的。

设置防烟分区时，如果面积过大，会使烟气波及面积扩大，增加受灾面，不利安全疏散和扑救；如面积过小，不仅影响使用，还会提高工程造价。根据GB 50045—1995（2005版）《高层民用建筑设计防火规范》的规定，防烟分区的划分，应遵循下列原则：

1）每个防烟分区的面积，不宜大于500m²；而且防烟分区不应跨越防火分区，防火分区和防烟分区的关系见图5-10。

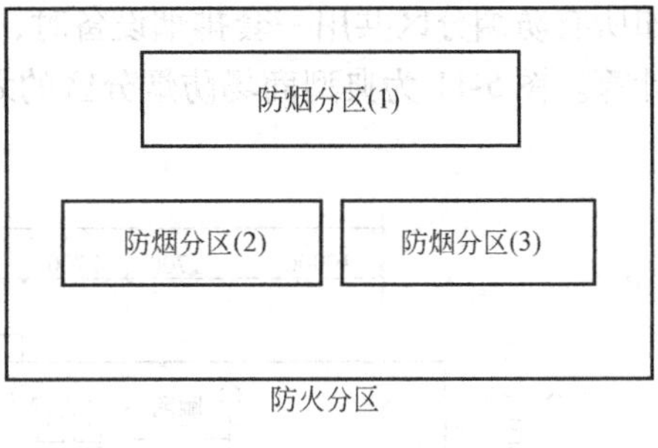

图5-10　防火分区和防烟分区的关系

2）防烟分区一般不跨越楼层，某些情况下，如低层建筑且面积过小，允许包括一个以上的楼层，但以不超过三层为宜。

3）对于一些重要的、大型的综合性高层建筑，尤其是超高层建筑，为保证建筑物内的所有人员在发生火灾时能安全脱险，需设置专门的避难层或避难间，而且，避难层或避难间应单独划分防烟分区，并设独立的防排烟设施。

4）疏散楼梯间及其前室和消防电梯间及其前室作为疏散和扑救的主要通道，应单独划分防烟分区并设独立的防排烟设施。

5）不设排烟设施的房间（包括地下室）和走道，不划分防烟分区；走道和房间（包括地下室）按规定均设置排烟设施时，可根据具体情况分设或合设排烟设施，并据此划分防烟分区。一座建筑物的某几层需要设置排烟设施，且采用垂直排烟道（竖井）进行排烟时，其余不需要设置排烟设施的楼层，如投资增加不多，也宜设置排烟设施，并划分防烟分区。

6）需设排烟设施的走道、净高不超过6m的房间，应采用挡烟垂壁、隔墙或从顶棚突出不小于0.5m的梁划分防烟分区，梁或垂壁至室内地面的高度不应小于1.8m。当顶棚（或顶板）高度在6m以上时，或者诸如会议厅、观众厅等使用面积较大的大空间发生火灾时，一般不会在很短时间内达到危及人员生命安全的烟层高度和烟层厚度，故可以不划分防烟分区。

5.6.2 防烟分区的划分方法

防烟分区一般根据建筑物的种类和要求不同，可按其用途、面积、楼层划分：

（1）按用途划分。对于建筑物的各个部分，按其不同的用途，如厨房、卫生间、起居室、客房及办公室等，来划分防烟分区比较合适，也较方便。国外常把高层建筑的各部分划分为居住或办公用房、疏散通道、楼梯、电梯及其前室、停车库等防烟分区。但按此种方法划分防烟分区时，应注意对通风空调管道、电气配管、给排水管道等穿墙和楼板处，应用不燃烧材料填塞密实。

（2）按面积划分。在建筑物内按面积将其划分为若干个基准防烟分区，这些防烟分区在各个楼层，一般形状相同、尺寸相同、用途相同。不同形状和用途的防烟分区，其面积也宜一致。每个楼层的防烟分区可采用同一套防排烟设施。如所有防烟分区共用一套排烟设备时，排烟风机的容量应按最大防烟分区的面积计算。图5-11为典型商场防烟分区的划分示意图。

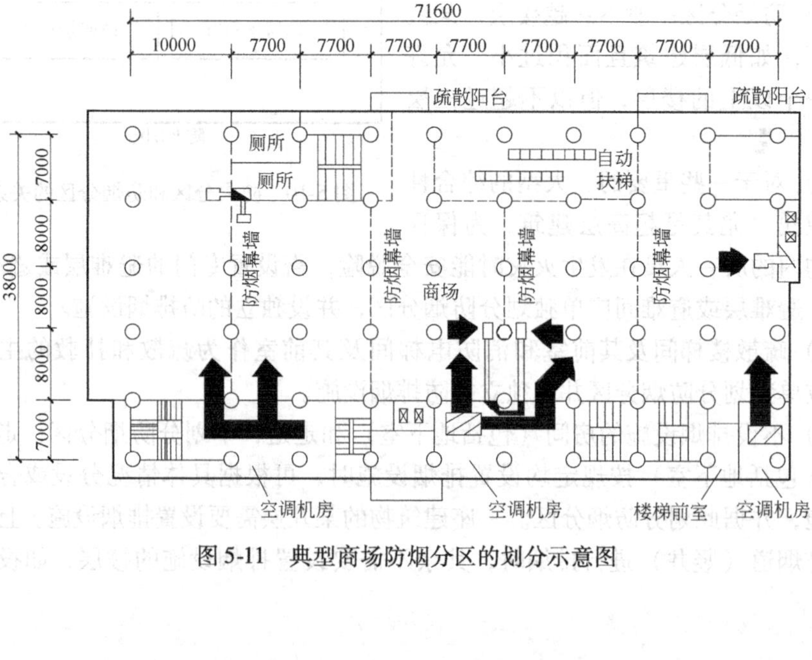

图5-11 典型商场防烟分区的划分示意图

（3）按楼层划分。从防排烟的观点看，在进行建筑设计时应特别注意的是垂直防烟分区，尤其是对于建筑高度超过100m的超高层建筑，可以把一座高层建筑按15～20层分段，一般是利用不连续的电梯井在分段处错开，楼梯间也作成不连续的，这样处理能有效地防止烟气无限制地向上蔓延，对超高层建筑的安全是十分有益的。

在高层建筑中，底层部分和上层部分的用途往往不太相同，如高层旅馆建筑，底层布置餐厅、接待室、商店、会计室、多功能厅等，上层部分多为客房。火灾统计资料表明，底层发生火灾的机会较多，火灾概率大，上部主体发生火灾的机会较小。因此，应尽可能根据房间的不同用途沿垂直方向按楼层划分防烟分区。图5-12a为典型高层旅馆防烟分区的划分示意图，该设计把底层公共设施部分和高层客房部分严格分开。图5-12b为典型高层办公楼防烟分区的划分示意图。从图中可以看出，底部商场是沿垂直方向按楼层划分防烟分区的，地上层则是沿水平方向划分防烟分区的。

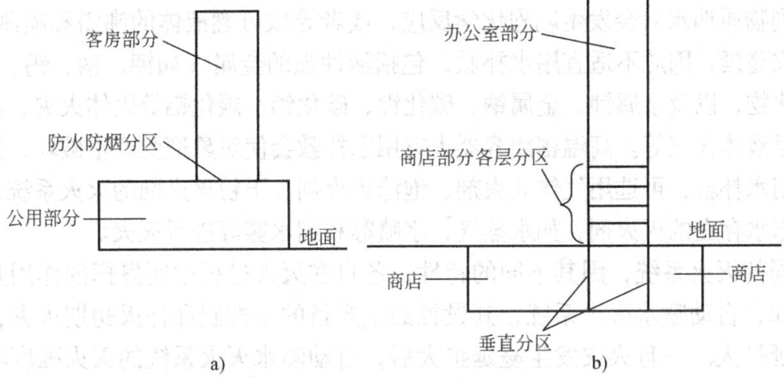

图5-12　楼层防烟分区的设计实例

a）旅馆　b）高层办公大楼

第6章　建筑消防灭火系统和设计

灭火系统和设备的适用范围依据灭火剂的不同而不同。凡是能够有效破坏燃烧条件，使燃烧终止的物质，统称为灭火剂。灭火剂按灭火原理可分为物理灭火剂（如水、泡沫、二氧化碳等）、化学灭火剂（如干粉、卤代烷等）；按物质形态可分为气体灭火剂（如二氧化碳、卤代烷、洁净气体和惰性混合气体等）、固体灭火剂（如干粉等）和液体灭火剂（水、泡沫等）。

根据灭火剂和灭火原理的不同，建筑消防灭火系统可分为：室内（外）消火栓给水系统、自动喷水灭火系统、气体灭火系统、泡沫灭火系统等。其中水作灭火剂的灭火系统，其灭火原理主要是借助水的冷却作用、水对氧（助燃剂）的稀释作用以及水的冲击作用，适用范围十分广泛。

下列物质遇水后会发生剧烈化学反应，或者导致可燃液体的沸溢和喷溅现象，导致火灾蔓延，因此不适宜用水扑救，包括活性强的金属（如钾、钠、钙、镁等）的过氧化物，以及金属钾、金属钠、碳化钾、碳化钙、碳化铝等固体火灾，高温粘稠的可燃液体火灾等。高温密闭容器火灾用水扑救会使对象遭受严重破坏，因此也不适宜用水扑救，可选用气体灭火剂、泡沫灭火剂、干粉灭火剂的灭火系统，或以其他形态水存在的灭火剂，如水蒸气、水喷雾和细水雾等进行灭火。

不同的灭火系统，因其不同的特性，各自在灭火过程中所发挥的作用是不同的。例如，自动喷水灭火系统，其设置的主要目的是控制和扑灭初期火灾，防止火灾蔓延扩大。一旦火灾发生蔓延扩大后，自动喷水灭火系统的灭火强度将大大减弱，将不能发挥其灭火作用。而消火栓系统则在整个灭火救援过程中，可持续发挥其作用和效能。

6.1　消火栓系统

消火栓给水系统是消防给水系统的重要组成部分。应根据建筑物的使用性质、高度、容积大小等条件，合理进行设计，达到供水安全可靠、节约投资的目的。消火栓给水系统可分为室外消火栓给水系统和室内消火栓给水系统。

6.1.1　室外消火栓给水系统

1. 室外消火栓给水系统的设置范围

在建筑物外墙中心线以外的消火栓给水系统统称为室外消火栓给水系统。室外消火栓给水系统由水源、室外消火栓、室外消防给水管网、水泵接合器和消防水池组成。扑救火灾时，室外消火栓给水系统可向消防车等室外消防用水设备或室内消火栓给水系统加压供水。我国建筑消防法规中规定，在进行城镇、居住区、企事业单位规划和建筑设计时，必须同时设计室外消火栓消防给水系统。室外消火栓给水系统设置场所包括：

1）城镇、居住区及企事业单位。

2）厂房、库房及民用建筑。

3）易燃、可燃材料露天、半露天堆场，可燃气体储罐或储罐区等室外场所。

4）汽车库、修车库和停车场。

但综合考虑建筑性质、建筑规模、火灾危险性和经济条件等因素，对于以上建筑中符合下列条件的可不设室外消火栓给水系统：

1）耐火等级不低于二级且体积不超过 $3000m^3$ 的戊类厂房。

2）居住区人数不超过 500 人且建筑物不超过 2 层的居住小区。

3）耐火等级为一、二级且停车数不超过 5 辆的汽车库。

4）Ⅳ类修车库。

5）停车数不超过 5 辆的停车场。

2. 室外消火栓的设置要求

GB 50016—2006《建筑设计防火规范》规定，室外消火栓布置应符合下列要求：

1）室外消火栓应按道路设置。道路宽度超过 60m 时，宜在道路两边设置消火栓，并宜靠近十字路口。

2）消火栓距路边不应超过 2m，距房屋外墙不宜小于 5m，并不宜大于 40m；在上述范围内的市政消火栓可作为该建筑室外消火栓。

3）室外消火栓的间距不应超过 120m。

4）室外消火栓的保护半径不应超过 150m，在市政消火栓保护半径 150m 以内，如消防用水量不超过 15L/s 时，可不设室外消火栓。

5）建筑物室外消火栓应沿建筑周围消防车道均匀布置，不宜布置在建筑物一侧。

6）人防工程室外消火栓距人防工程出入口不宜小于 5m。

7）停车场的室外消火栓宜沿停车场周边设置，且距离最近一排汽车不宜小于 7m，距加油站或油库不宜小于 15m。

8）室外消火栓应设置在便于消防车使用的地点。

9）甲、乙、丙类液化储罐区和液化石油气储罐区的消火栓，应设在防火堤外，但距罐壁 15m 范围内的消火栓，不算在该罐可使用的消火栓的数量内。

GB 50045—1995（2005 版）《高层民用建筑设计防火规范》规定，室外消火栓应沿高层建筑均匀布置，消火栓距高层建筑外墙的距离不宜小于5.0m，不宜大于40m；距路边的距离不宜大于2.0m。在该范围内的市政消火栓可计入室外消火栓的数量。

3. 室外消火栓的类型及规格

根据设置位置不同，室外消火栓可分为地上和地下室外消火栓两种类型。

（1）地上式室外消火栓。其特点是结构紧凑，标志明显，便于寻找，使用维修方便，但不利于防冻，也影响美观。通常情况下宜采用这种消火栓。地上式消火栓应有一个直径为150mm或100mm和2个直径为65mm的栓口，如图6-1所示。

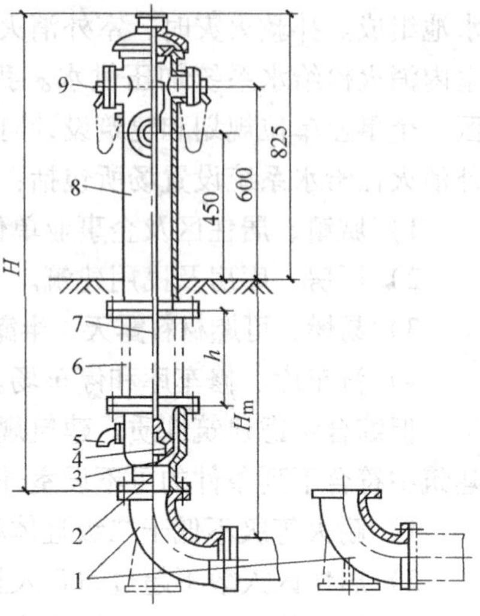

图6-1　地上式消火栓

1—90°弯头　2—阀体　3—阀座　4—阀瓣　5—排水阀　6—法兰短管　7—阀杆　8—本体　9—接口

（2）地下式室外消火栓。其特点是隐蔽、防冻、不影响美观，地面上应设有明显的标志。有防冻或建筑美观要求时，可以采用这种消火栓，见图6-2。地下式消火栓应有直径为100mm和65mm的栓口各一个，并应有明显的标志。

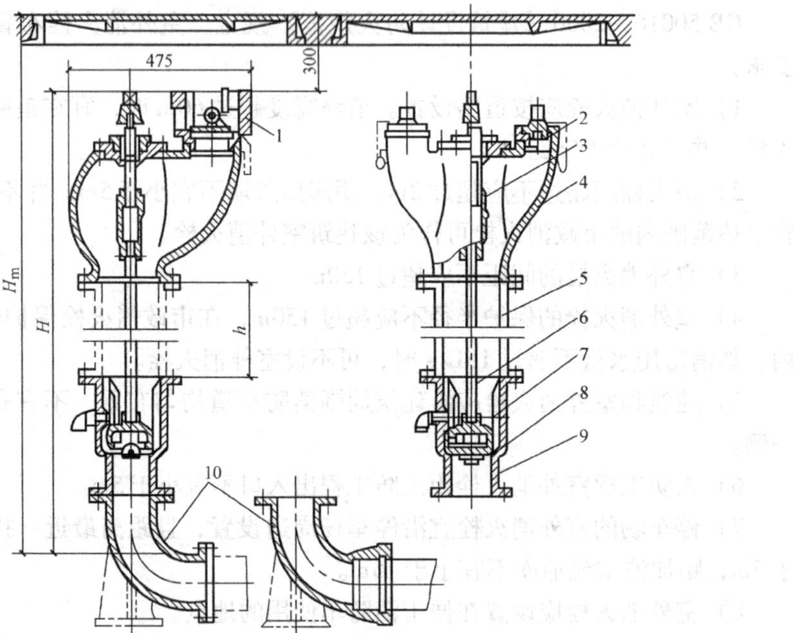

图6-2　地下式消火栓

1—连接器座　2—接口　3—阀杆　4—本体　5—法兰短管　6—排水阀　7—阀瓣　8—阀座　9—阀体　10—进水弯管

4. 室外消防给水管网系统设计

(1) 水源设计。用于建筑灭火的消防水源有给水管网和天然水源，消防用水可由给水管网、天然水源或消防水池供给，也可临时由游泳池、水景等其他水源供给。

室外消火栓消防给水管网系统消防用水量按以下原则确定：

a. 城镇、居住区室外消防用水量。城镇、居住区室外消防用水量，应按同一时间内的火灾次数和一次用水量确定，并不得小于表6-1的规定。

表6-1　城镇、居住区室外消防用水量

人数/万人	同一时间内的火灾次数	一次用水量/(L/s)	人数/万人	同一时间内的火灾次数	一次用水量/(L/s)
≤1.0	1	10	≤40.0	2	65
≤2.5	1	15	≤50.0	3	75
≤5.0	2	25	≤60.0	3	85
≤10.0	2	35	≤70.0	3	90
≤20.0	2	45	≤80.0	3	95
≤30.0	2	55	≤100.0	3	100

b. 工厂、仓库和民用建筑（低层和多层）室外消防用水量。工厂、仓库和民用建筑（低层和多层）室外消防用水量，应按同一时间内的火灾次数（见表6-2）和一次用水量确定（见表6-3）。

表6-2　工厂、仓库和民用建筑（低层和多层）的火灾次数

名　称	基地面积/($\times10^4m^2$)	附近居住区人数/万人	同时间内火灾次数/次	备　注
工厂	≤100	≤1.5	1	按需水量最大的一座建筑物计算
		>1.5	2	工厂、居住区各一次
	>100	不限	2	按需水量最大两座建筑物（或堆场、储罐）计算
仓库及民用建筑	不限	不限	1	按需水量最大的一座建筑物（或堆场、储罐）计算

表 6-3　建筑物室外消火栓的一次灭火用水量

耐火等级	建筑类别		建筑物体积/m^3 一次用水量/(L/s) ≤1500	1500～3000	3001～5000	5001～20000	20000～50000	>50000
一、二级	厂房	甲、乙	10	15	20	25	30	35
		丙	10	15	20	25	30	40
		丁、戊	10	10	10	15	15	20
	库房	甲、乙	15	15	25	25	—	—
		丙	15	15	25	25	35	45
		丁、戊	10	10	10	15	15	20
	民用建筑		10	15	15	20	25	30
三级	厂房或库房	乙、丙	15	20	30	40	45	—
		丁、戊	10	10	15	20	25	35
	民用建筑		10	15	20	25	30	—
四级	丁、戊类厂房或库房		10	15	20	25	—	—
	民用建筑		10	15	20	25	—	—

注：1. 室外消火栓用水量应按消防需水量最大的一座建筑物或一个防火分区计算。成组分布的建筑物应按消防需水量较大的相邻两座计算。

2. 火车站、码头和机场的中转库房，其室外消火栓用水量应按相应耐火等级的丙类物品库房确定。

3. 国家级文物保护单位的重点砖木、木结构的建筑物室外消防用水量，按三级耐火等级民用建筑物消防用水量确定。

c. 高层民用建筑室外消火栓给水系统消防用水量，参见表 6-4。

表 6-4　高层民用建筑室外消火栓给水系统消防用水量

建筑物名称	建筑高度/m	室外消火栓用水量/(L/s)
普通住宅	≤50	15
	>50	15
1. 高级住宅 2. 医院 3. 二类建筑的商业楼、展览楼、综合楼、财贸金融、电信楼、商住楼、图书馆、书库 4. 省级以下邮政楼、防灾指挥调度楼、广播电视楼、电力调度楼	≤50	20

（续）

建筑物名称	建筑高度/m	室外消火栓用水量/(L/s)
建筑高度不超过 50m 的教学楼和普通的旅馆、办公楼、科研楼、档案楼等	≤50	20
1. 高级旅馆 2. 建筑高度超过 50m 或每层建筑面积超过 $1000m^2$ 的商业楼、展览楼、综合楼、财贸金融楼、电信楼 3. 建筑高 50m 或每层建筑面积超过 $1500m^2$ 的商住楼	≤50	30
4. 中央级和省级（含计划单列市）广播电视楼 5. 网局和省级（含计划单列市）电力调度楼 6. 省级（含计划单列市）邮政楼、防灾指挥调度楼 7. 藏书超过 100 万册的图书馆、书库 8. 重要的办公楼、科研楼、档案楼 9. 建筑高度超过 50m 的教学楼和普通的旅馆、办公楼、科研楼、档案楼等	>50	30

当市政给水管道和进水管或天然水源不能满足消防用水量，市政给水管道为枝状或只有一条进水管（二类居住建筑除外），且消防用水量之和超过 25L/s 时，应设消防水池。供消防车取水的消防水池，保护半径不应大于 150m。为了保证消防车能够吸上水，供消防车取水的消防水池的吸水高度不应超过 6m。根据各供水水质的要求，消防水池与生活或生产储水池可合用，也可单独设置。当消防水池的总容量超过 $1000m^3$ 时，应分成两个能独立使用的消防水池，水池间设连通管，且设控制阀门，消防泵分别在两池内设吸水管或公用吸水井，以保证正常供水。消防水池应设有水位控制阀的进水管、给水管、泄水管、出水管及水位指示器等附属装置。寒冷地区的消防水池应采取防冻措施。一般情况下将室内消防水池和室外消防水池合并考虑。

（2）室外消防给水管网系统设计

1）给水管网系统的设计原则

a. 室外消防给水管网应布置成环状。由于环状管网的干线彼此相通，供水安全可靠，并且其供水能力比枝状管网供水能力大 1.5～2.0 倍。但对于非高层建筑在建设初期或室外消防用水量不超过 15L/s 时，可布置成枝状。

b. 环状管网的输水干管及向环状管网输水的进水管均不应少于两条，进水管宜从两条市政给水管道引入。当其中一条进水管发生故障时，其余进水管应仍能保证全部用水量。当其中一条发生故障时，其余的干管应仍能通过消防用总水量。

c. 环状管道应用阀门分成若干独立段，每段内消火栓的数量不宜超过 5 个。

d. 室外消防给水管道的最小直径不应小于 100mm。

e. 室外消防给水管道可利用市政管道共同构成室外环网。

2）水压。室外低压消防给水系统的供水压力应保证当生活、生产和消防用水量达到最大时，不小于 0.10MPa（从室外地面算起）。

室外高压或临时高压消防给水系统，当生活、生产和消防用水量达到最大时，供水压力应满足最不利点灭火设备的要求。

3）管径。进水管管径按式（6-1）计算

$$D = \sqrt{\frac{4Q}{\pi(n-1)v}} \tag{6-1}$$

式中 D——进水管管径，单位为 mm；

Q——生活、生产与消防用水总量，单位为 L/s；

v——进水管水流速度，单位为 m/s；不宜大于 2.5m/s；独立自动喷水灭火系统，进水管水流速度不宜大于 5.0m/s；

n——进水管数量。

4）室外消火栓的数量。通常室外消火栓的数量可按式（6-2）计算

$$N_y = \frac{Q_y}{q_y} + n_j \tag{6-2}$$

式中 N_y——室外消火栓数量；

Q_y——室外消防用水量，单位为 L/s；

q_y——每个室外消火栓用水量，单位为 L/s。室外消火栓的用水量根据建筑物的类别，按表 6-2 确定。每个消火栓的用水量为 10～15L/s；

n_j——水泵接合器数量。

6.1.2 室内消火栓给水系统

1. 室内消火栓系统的设置原则

（1）应设室内消火栓给水系统的建筑物。按照我国 GB 50016—2006《建筑设计防火规范》的规定，存在与水接触会引起剧烈燃烧爆炸的物品的场所除外，下列场所应设置消火栓给水系统：

1）厂房、库房、高度不超过 24m 的科研楼（存有与水接触能引起燃烧爆炸的物品除外）。

2）超过 800 个座位的剧院、电影院、俱乐部和超过 1200 个座位的礼堂、体育馆。体积超过 5000m^3 的车站、码头、机场建筑物以及展览馆、商店、病房楼、门诊楼、图书馆、书库等。

3）超过 7 层的单元式住宅，超过 6 层的塔式住宅、通廊式住宅，底层设有

商业网点的单元式住宅，底层为商场或车库且共用疏散楼梯的住宅。

4）超过5层或体积超过10000m³的教学楼等其他民用建筑。

5）国家级文物保护单位的重点砖木和木结构的古建筑。

（2）可以不设室内消火栓给水系统的建筑物

1）耐火等级为一、二级且可燃物较少的丁、戊类厂房和库房（高层工业建筑除外）；耐火等级为三、四级且建筑体积不超过3000m³的丁类厂房和建筑体积不超过5000m³的戊类厂房。

2）室内没有生产、生活给水管道，室外消防用水取自储水池且建筑体积不超过5000m³的建筑物。

（3）视情况确定是否设置室内消火栓给水系统的建筑物。在一座一、二级耐火等级的厂房内，如有生产性质不同的部位时，可根据各部位的特点确定设置或不设置室内消防给水。

2. 室内消火栓给水系统的组成

室内消火栓给水系统主要是由室内消火栓、水龙带、水枪、消防卷盘（消防水喉设备）、水泵接合器，以及消防管道（进户管、干管、立管）、消防水箱、增压设备、水源等组成。

（1）消火栓。室内消火栓分为单阀和双阀两种。单阀消火栓又分为单出口（见图6-3）、双出口两种。双阀消火栓为双出口（见图6-4）。单阀单出口消火栓栓口直径有*DN*50mm、*DN*65mm两种，对应的水枪最小流量分别为2.5L/s和5L/s。双出口消火栓直径为*DN*65mm，用于每支水枪最小流量不小于5L/s。高层建筑消火栓一般选择*DN*65mm。一般情况下多采用单阀单出口型消火栓。双阀双出口消火栓，除塔式楼住宅外，一般不宜采用。单阀双出口消火栓，高层建筑中不得采用。消火栓进口端与管道相连接，出口与水带相连接。

（2）水枪和水带。室内一般采用直流式水枪，常用的水枪口径为13mm、16mm、19mm三种规格。喷嘴口径13mm的水枪配*DN*50mm接口；喷嘴口径16mm水枪配*DN*50mm或*DN*65mm两种接口；喷嘴口径为19mm水枪配*DN*65mm接口。

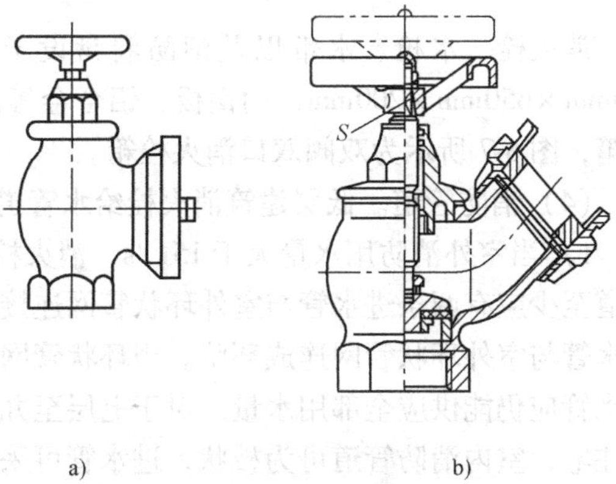

图6-3 单阀单出口型消火栓
a）直角出口型 b）45°出口型

消防水龙带有麻质、棉织和衬胶水带。前两种水龙带抗折叠性能较好，后者水流阻力小。其规格有*DN*50mm、*DN*65mm两种，其长度有 15m、20m、25m 三种。

（3）消防卷盘（又称消防水喉）。在高层建筑中，由于水压及消防水量大，对于没有经过专业训练的人员，使用 *DN*65mm 口径的消火栓较为困难，因此可使用消防卷盘进行有效的自救灭火。

消防卷盘由 25mm 或 32mm 小口径室内消火栓、内径不小于 19mm 的输水胶管、喷嘴口径为 6.8mm 或 9mm 的小口径开关和转盘配套组成，胶管长度为 20～40mm，整套消防卷盘与普通消火栓可设在一个消防箱内（见图 6-5），也可从消防立管接出独立设置在专用消防箱内。消防卷盘一般设置在走道、楼梯附近明显易于取用地点，其间距应保证室内地面的任何部位有一股水柱能够到达。

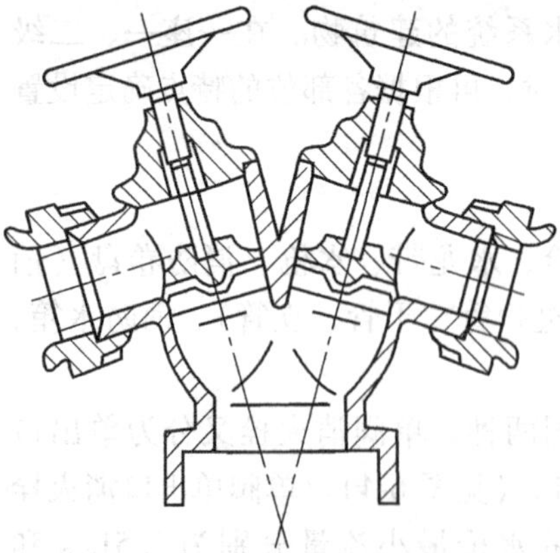

图 6-4　双阀双出口型消火栓

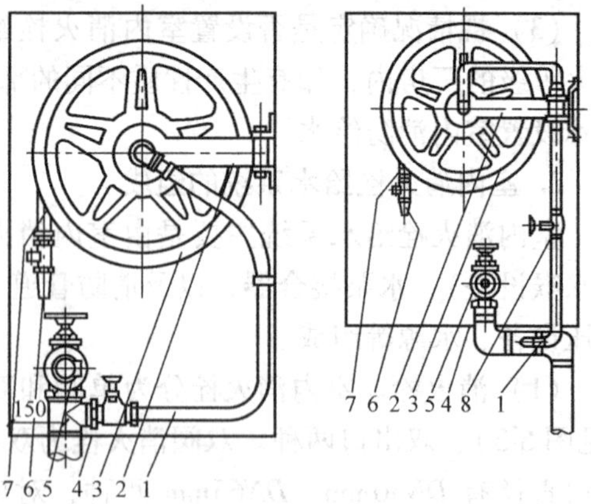

图 6-5　普通消火栓和卷盘共用消火栓箱
1—消防卷盘接管　2—消防卷盘接管支架
3—消防卷盘　4—消火栓箱　5—消火栓
6—消防卷盘水枪　7—胶带　8—阀门

消火栓、水枪、水带以及消防卷盘设于消防箱内，常用消防箱的规格有 800mm×650mm×200mm，用钢板、铝合金等制作。图 6-6 所示为单阀单口消火栓箱，图 6-7 所示为双阀双口消火栓箱。

（4）消防管道。低层建筑消火栓给水管道布置应满足下列要求：

1）当室外消防用水量大于 15L/s，消火栓个数多于 10 个时，室内消防给水管道至少应有两条进水管与室外环状管网连接，并应将室内管道连接成环状或将进水管与室外环状管网连成环状。当环状管网的一条进水管发生事故时，其余的进水管应仍能供应全部用水量。对于七层至九层单元式住宅和不超过八户的通廊式住宅，室内消防管道可为枝状，进水管可采用一条。

2）超过六层的塔式（采用双出口消火栓除外）和通廊式住宅，超过五层或体积大于 $10000m^3$ 的其他民用建筑，超过四层的厂房和车库，如室内消防立管大于等于 2 条时，应至少每两根竖管相连组成环状管网。每根竖管直径应按最不利点消火栓出水，并按室内设计消防用水量确定。

3）消火栓给水管网应与自动喷水灭火管网分开设置。若布置有困难时，可共用给水干管，在自动喷水灭火系统报警阀后不允许设消火栓。

4）阀门的设置应便于管网维修和使用安全，检修关闭阀门后，停止使用的消防立管不应多于 1 根，在一层中停止使用的消火栓不应多于 5 个。

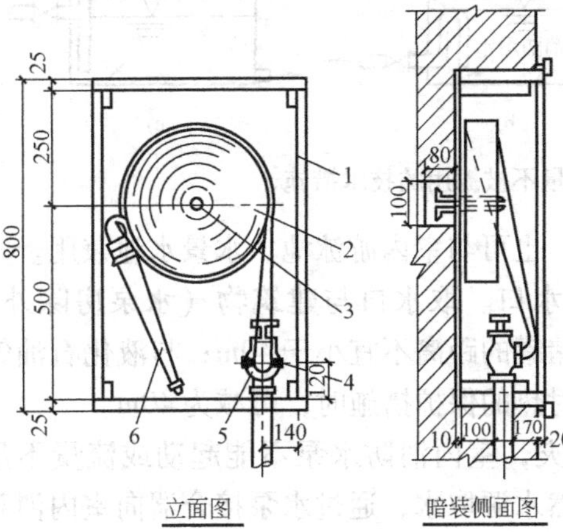

图 6-6　单阀单口消火栓箱

1—消火栓箱　2—水带　3—轴　4—水带接口　5—消火栓　6—水枪

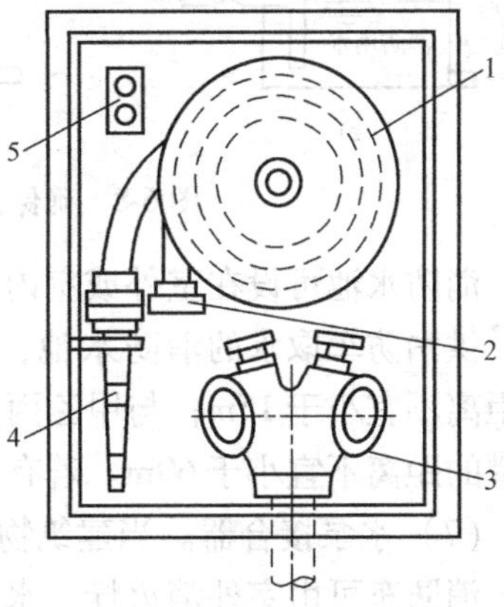

图 6-7　双阀双口消火栓箱

1—卷盘和水带　2—接头　3—双阀双口消火栓　4—水枪　5—按钮

消防用水量大、压力也大，对于独立消防系统，管材采用焊接钢管；生活消防共享系统采用镀锌钢管或焊接钢管。

（5）消防水箱。消防水箱的主要作用是供给建筑扑灭初期火灾的消防用水量，并保证相应的水压要求。消防水箱宜与生活或生产高位水箱合用，以保持箱内储水经常流动、防止水箱水质变坏。水箱应有防止水质变坏和确保消防水量不被挪用的技术措施。

高压消防给水系统可不设高位消防水箱。临时高压消防给水系统应在建筑物的最高部位设置重力流的消防水箱或气压罐、水塔。高位水箱的用途即提供火灾初期消防水泵投入前 10min 的消防用水。其水量应满足保证楼内最不利点消火栓设备所需压力。

（6）消防水池。当生产、生活用水量达到最大时，市政给水管道和进水管或天然水源不能满足室内外消防用水量，或市政给水管道为枝状或只有一条进水管时，且消防用水量之和超过 25L/s 时，应设消防水池。一般情况下室内外消防水池合并考虑。消防水池的技术要求如下：

消防水池补水时间不宜超过48h，但缺水地区或独立的石油库区可延长到96h。消防水池与其他水池共用时，应采取一定的技术措施，确保消防水量不被挪用（见图6-8）。

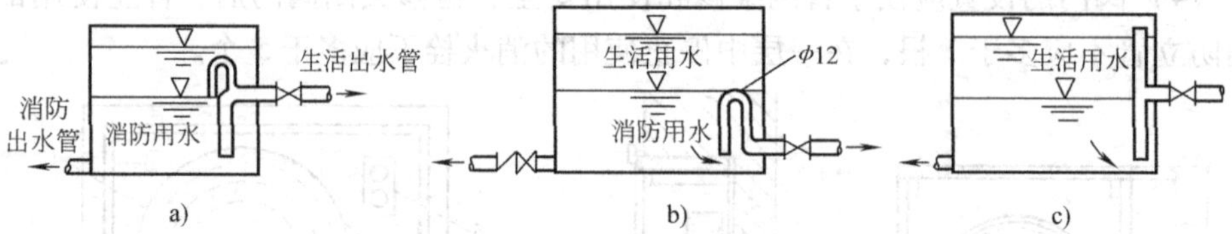

图6-8 确保消防用水量不被挪用的技术措施

消防水池可设在室外或室内地下室，也可与室内游泳池、水景水池兼用。

供消防车取水的消防水池，应设取水口。取水口与建筑物（水泵房除外）的距离不宜小于15m；与甲乙丙类液体储罐的距离不宜小于40m；与液化石油气储罐的距离不宜小于60m。若有防止辐射热的保护措施时，可减为40m。

（7）水泵接合器。当建筑物发生火灾，室内消防水泵不能起动或流量不足时，消防车可由室外消火栓、水池或天然水源取水，通过水泵接合器向室内消防给水管网供水。水泵接合器是消防车或移动式水泵向室内消防管网供水的连接口。水泵接合器的接口直径有*DN*65mm和*DN*80mm两种，分地上式、地下式、墙壁式三种类型，见图6-9，其设计参数和尺寸分别见表6-5和表6-6。

表6-5 水泵接合器型号及其基本参数

型号规格	形式	公称直径 *DN*/mm	公称压力 *PN*/MPa	进水口	
				形式	直径/mm
SQ100	地上	100	1.6	内扣式	65×65
SQX100	地下				
SQB100	墙壁				
SQ150	地上	150			80×80
SQX150	地下				
SQB150	墙壁				

表6-6 水泵接合器的尺寸　　（单位：mm）

公称直径	结构尺寸/mm								法兰					消防接口
	B_1	B_2	B_3	H_1	H_2	H_3	H_4	L	D	D	D	d	n	
100	300	350	220	700	800	210	318	130	220	180	158	17.5	8	KWS65
150	350	480	310	700	800	325	465	160	285	240	212	22	8	KWS80

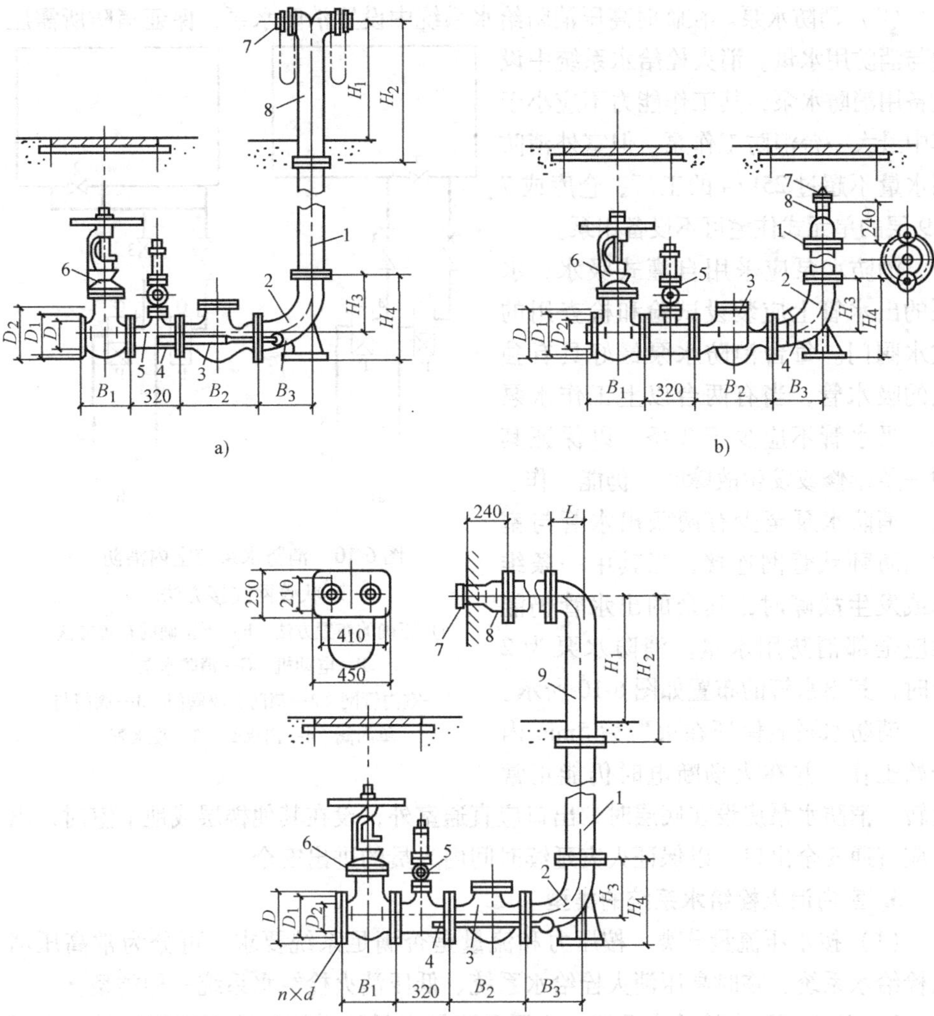

图 6-9　水泵接合器

a）SQ 型地上式　b）SQ 型地下式　c）SQ 型墙壁式

1—法兰接管　2—弯管　3—升降式单向阀　4—放水阀　5—安全阀

6—楔式闸阀　7—进水用消防接口　8—本体　9—法兰弯管

超过四层的厂房和库房、设有消防管网的住宅以及超过五层的其他民用建筑，其室内消防管网应设消防水泵接合器。水泵接合器应设在消防车易于到达的地点，同时还应考虑在其附近 15 ~ 40m 内有供消防车取水的室外消火栓或储水池。水泵接合器的数量应按室内消防用水量计算确定；每个水泵接合器进水流量可达 10 ~ 15L/s，当计算的水泵接合器的数量少于 2 个时仍采用 2 个，以保证供水安全。

（8）消防水泵。在临时高压消防给水系统中设置消防水泵，保证消防所需压力与消防用水量。消火栓给水系统中设置备用消防水泵，其工作能力不应小于其中最大一台消防工作泵。但室外消防用水量不超过25L/s的工厂、仓库或7～9层的单元式住宅可不设备用泵。

消防水泵应采用自灌式吸水，水泵的出水管上应装设试验和检查用的放水阀门。每台消防水泵最好具有独立的吸水管，当有两台以上工作水泵时，吸水管不应少于2条，以保证其中一条维修或发生故障时，仍能工作。

消防水泵至少有两条出水管与室内消防环状管网连接，当其中一条维修或发生故障时，其余的出水管仍能供应全部消防用水量。消防水泵为2台时，其出水管的布置如图6-10所示。

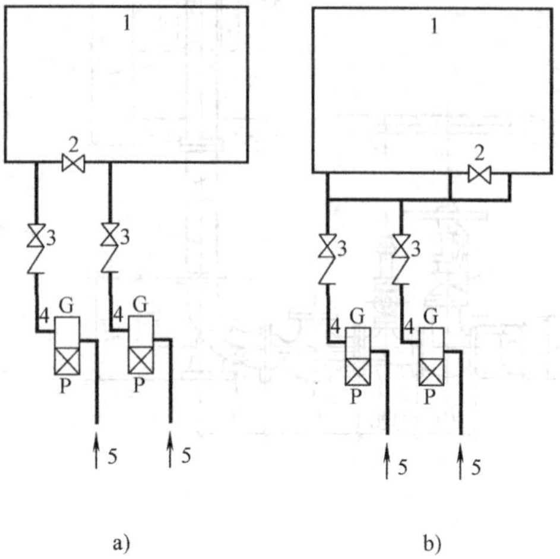

图6-10　消防水泵与室内消防环状管网连接方法

a）正确的布置方法　b）不正确的布置方法

P—电动机　G—消防水泵

1—室内管网　2—消防分隔阀门　3—阀门与单向阀　4—出水管　5—吸水管

消防水泵应保证在火警后5min内开始工作，并在火场断电时仍能正常运转。消防水泵房设在底层时，出口应直通室外，设在其他楼层或地下室时，出口应直通安全出口，以保证火灾延续时间内人员的进出安全。

3. 室内消火栓给水系统的类型

（1）按水压流量分类。按压力和流量是否满足系统要求，可分为常高压消火栓给水系统、临时高压消火栓给水系统、低压消火栓给水系统三种类型。

1）常高压消火栓给水系统。水压和流量在任何时间和地点都能满足灭火时所需要的压力和流量，系统中不需要设消防泵的消火栓给水系统，如图6-11所示。两路不同城市给水干管供水，常高压消防给水系统管道的压力应保证用水总量达到最大且水枪在任何建筑物的最高处时，水枪的充实水柱高度不小于10m。

2）临时高压消火栓给水系统。水压和流量平时不完全满足灭火时的需要，在灭火时起动消防泵。当采用稳压泵稳压时，可满足压力，但不满足水量；当采用10min屋顶消防水箱稳压时，高层建筑物的下部可满足压力和流量，建筑物的上部不满足压力和流量，如图6-12所示。临时高压消防给水系统，多层建筑物管道的压力应保证用水总量达到最大且水枪在任何建筑物的最高处时，水枪的充实水柱高度仍不小于10m；高层建筑应满足室内最不利点充实水柱的水量和水压要求。

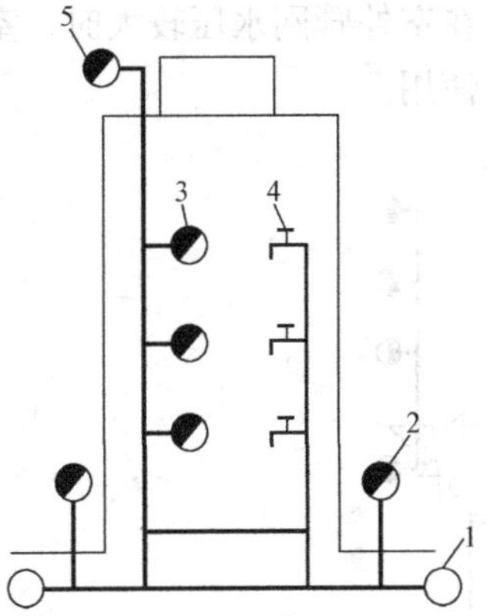

图 6-11 常高压消火栓给水系统

1—室外管网 2—室外消火栓

3—室内消火栓 4—生活给水点

5—屋顶试验用消火栓

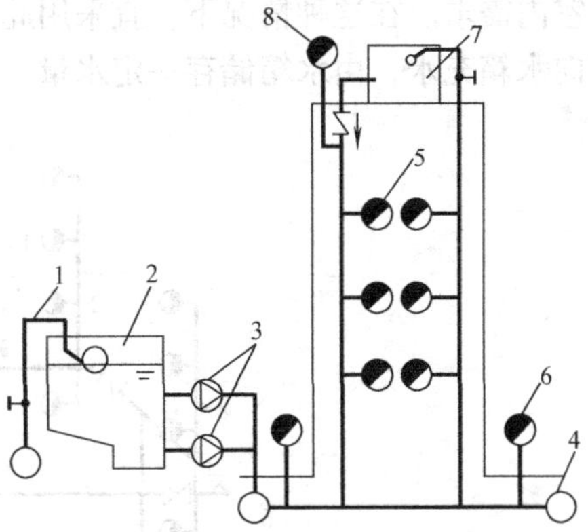

图 6-12 临时高压消火栓给水系统

1—市政管网 2—水池 3—消防水泵组

4—室外环网 5—室内消火栓 6—室外

消火栓 7—高位水箱和补水管

8—屋顶试验用消火栓

3）低压消火栓给水系统。满足或部分满足消防水压和水量要求。消防时可由消防车或消防水泵提升压力，或作为消防水池的水源水，由消防水泵提升压力，如图 6-13 所示。低压给水系统，管道的压力应保证灭火时最不利点消火栓的水压不小于 0.10MPa（从地面算起）。

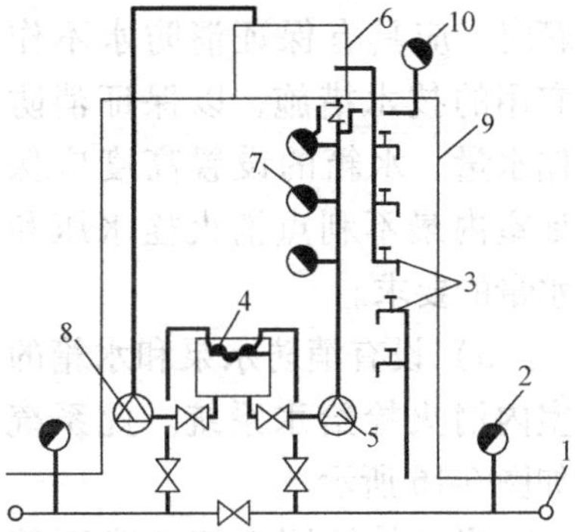

图 6-13 低压消火栓给水系统

1—市政管网 2—室外消火栓 3—室内生活用水点 4—室内水池 5—消防水池 6—水箱 7—室内消火栓 8—生活水泵 9—建筑物 10—屋顶试验用消火栓

（2）按系统有无消防水泵和消防水箱分类

1）无加压泵和水箱的消火栓给水系统。此系统如图 6-14 所示。当室外为常高压消防给水系统，或建筑物不太高，室外给水管网的水压、水量任何时刻均能满足室内最不利点消火栓处的设计水压和水量时，可采用无加压消防水泵、无水箱的室内消火栓给水系统。

2）设有水箱的室内消火栓给水系统。此系统如图 6-15 所示。在室外给水管网中水压变化较大的城市和居住区，当生活、生产用水量达到最大时，室外管网不能保证室内最不利点消火栓的压力和流量，而当生活、生产用水量较小时，室内管网的压力又能较高出现，昼夜内间断地满足室内需求。在这种情况下，宜采用此种方式。在室外管网水压较大时，室外管网向水箱充水，由水箱储存一定水量，以备消防使用。

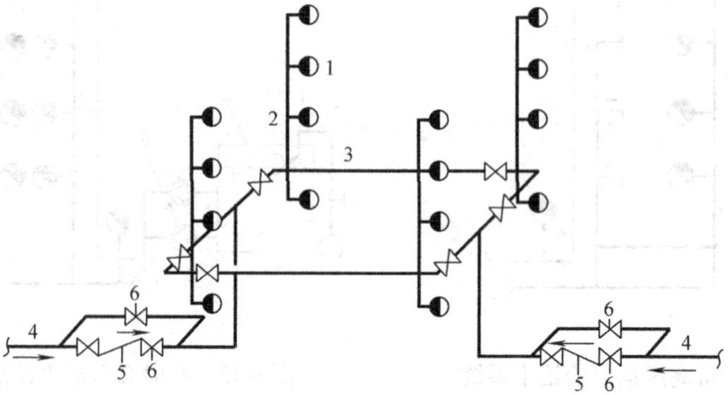

图 6-14　无加压泵和水箱的室内消火栓给水系统

1—室内消火栓　2—室内消防竖管　3—干管　4—进户管

5—止回阀　6—旁通管及阀门

消防水箱的容积按室内10min消防用水量确定。当生活、生产与消防合用水箱时，应具有保证消防水不作它用的技术措施，以保证消防储水量。水箱的设置高度应保证室内最不利点消火栓水压和水量的要求。

3）设有消防水泵和水箱的室内消火栓给水系统。此系统如图 6-16 所示。

当室外管网水压经常不能满足室内消火栓给水系统水压和水量要求时，宜采用此种给水方式。当消防用水与生活、生产用水共用室内给水系统时，其消防水泵应保证供应生活、生产、消防用水的最大流量，并应满足室内最不利点消火栓的水压要求。水箱应保证贮存10min的室内消防用水量。水箱的设置高度应保证室内最不利点消火栓所需的水压要求。为了避免灭火时消防水泵的出水进入水箱，应在水箱的消防出水管上设置止回阀。

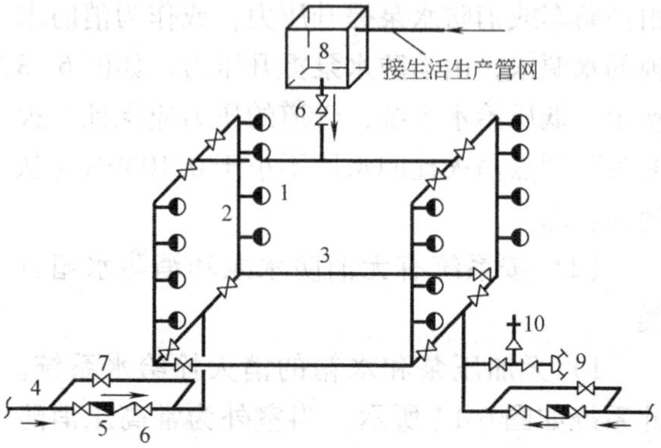

图 6-15　设有水箱的室内消火栓给水系统

1—室内消火栓　2—消防竖管　3—干管

4—进户管　5—水表　6—止回阀

7—旁通管及阀门　8—水箱

9—水泵接合器　10—安全阀

(3) 分区供水方式。建筑高度大于24m但不超过50m的高层建筑物，扑救火灾时除启动室内消火栓外，还可以使用消防车，通过水泵接合器往室内管网供应消防用水，这类建筑物可采用不分区消防给水系统，如图6-17所示。

有大型消防车的城市，建筑高度超过50m而不超过80m时，室内消防给水系统也可不分区。该系统水泵扬程较低，系统简单，维护方便。

消火栓处栓口的静水压力超过1.0MPa的室内消火栓给水系统，为便于火场扑救和加强供水安全，应采用分区给水系统。这样的划分标准，主要是考虑消火栓的水带和普压钢管所能承受压力的允许值。但室内消火栓给水系统与室内给水系统共建于同一建筑物内，因此，应协调一致分区为好。高层建筑竖向分区高度一般宜在45～55m范围内。消火栓栓口的出水压力大于0.5MPa时，应采取减压措施。

分区供水的室内消火栓给水系统可分为并联分区供水和串联分区供水。

1) 并联分区供水。其特点是各区分别有各自专用消防水泵，独立运行，水泵集中布置，便于管理，运行比较安全可靠，如图6-18所示。但高区水泵扬程较高，需要耐高压

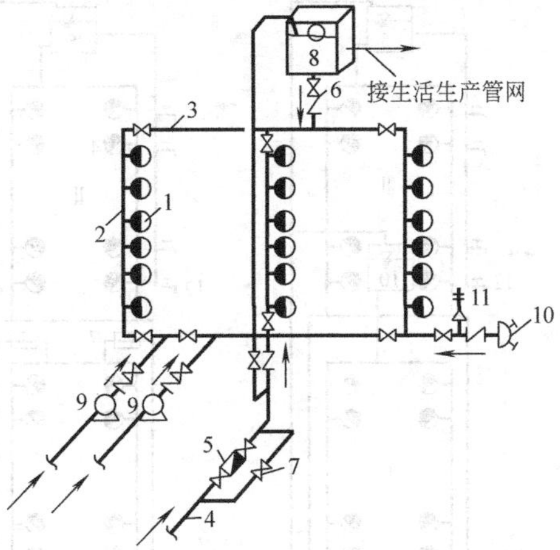

图6-16　设置消防水泵和水箱的室内消火栓给水系统

1—室内消火栓　2—消防竖管　3—干管　4—进户管　5—水表　6—止回阀　7—旁通管及阀门　8—水箱　9—消防水泵　10—水泵接合器　11—安全阀

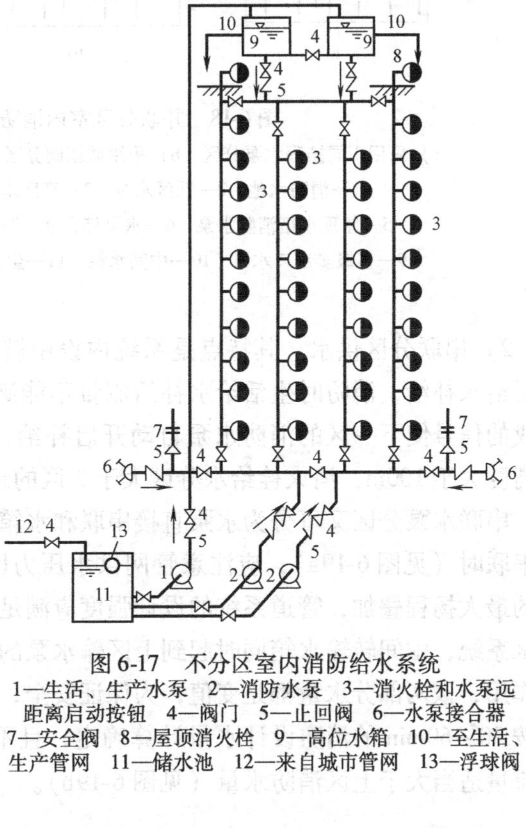

图6-17　不分区室内消防给水系统

1—生活、生产水泵　2—消防水泵　3—消火栓和水泵远距离启动按钮　4—阀门　5—止回阀　6—水泵接合器　7—安全阀　8—屋顶消火栓　9—高位水箱　10—至生活、生产管网　11—储水池　12—来自城市管网　13—浮球阀

管材与管件，它适用于建筑高度不超过100m的情况。

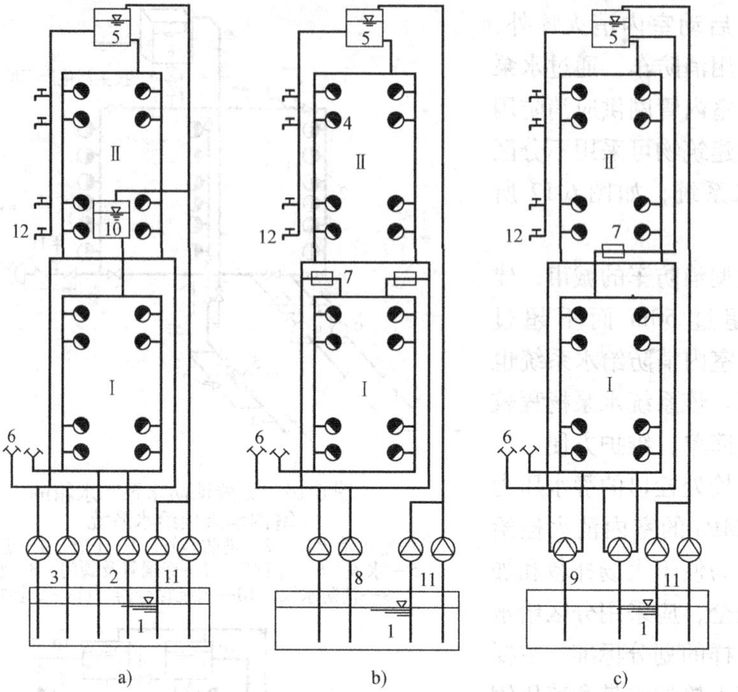

图6-18　并联分区室内消防给水系统

a）采用不同扬程水泵分区　b）采用减压阀分区　c）采用多级出口水泵分区

1—消防水池　2—低区水泵　3—高区水泵　4—室内消火栓

5—屋顶水箱消防水泵　6—水泵接合器　7—减压阀　8—消防水泵

9—多级多出口水泵　10—中间水箱　11—生活给水泵　12—生活给水

2）串联分区供水。其特点是系统内设中转水箱（池），中转水箱的蓄水由生活给水补给，消防时生活给水补给流量不能满足消防要求，随水箱水位降低，形成的信号使下一区的消防水泵自动开启补给，如图6-19所示。一般适用于建筑高度大于100m，消火栓给水分区大于2区的超高层建筑或设有避难层的建筑。

串联水泵分区又可分为水泵直接串联和水箱转输间接串联两种。采用水泵直接串联时（见图6-19a），应注意管网供水压力因接力水泵在小流量高扬程时出现的最大扬程叠加，管道系统的设计强度应满足此要求。水箱转输间接串联分区给水系统，中间转输水箱同时起到上区输水泵的吸水池与本区消防给水屋顶水箱的作用，该两部分水量都是变值，为保证安全，输水水箱的容积宜适当放大，建议按30～60min的消防设计水量计算确定，且不易小于36m^3，并使下区水泵输水流量适当大于上区消防水量（见图6-19b）。

在超高建筑中，也可采用串联、并联混合给水的方式，见图6-19c。

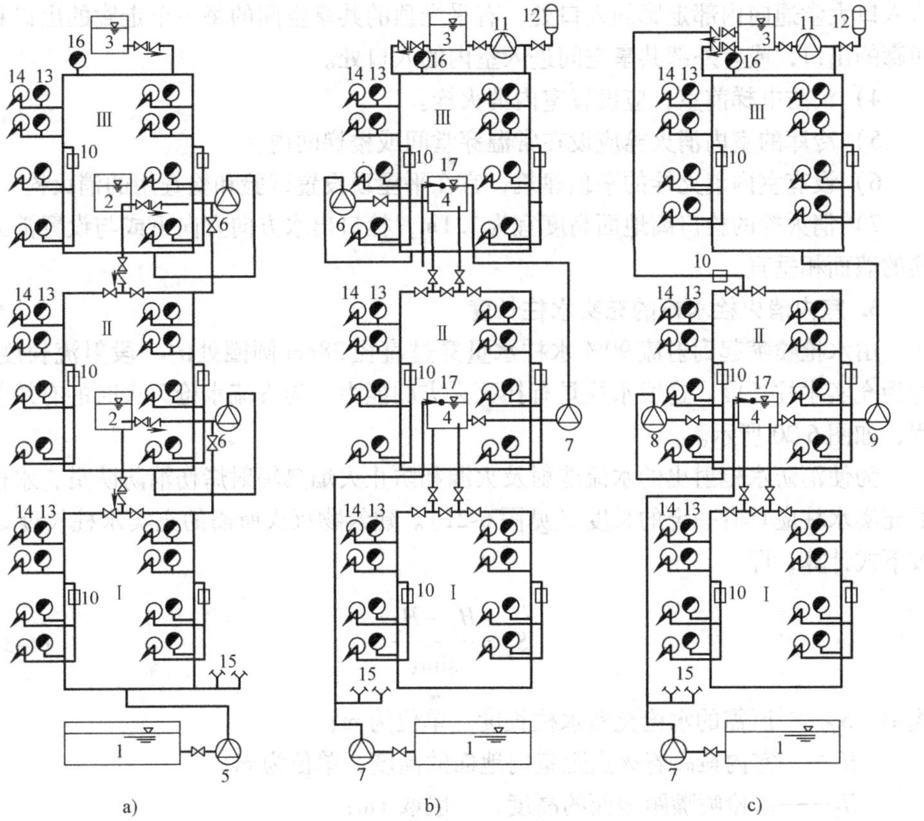

图6-19　直接串联分区给水系统

a）消防水泵直接串联给水　b）消防水泵间接串联给水　c）消防水泵混合给水

1—消防水池　2—中间水箱　3—屋顶水箱　4—中间传输水箱　5—消防水泵　6—中、高区消防水泵　7—低、中区消防水泵兼转输　8—中区消防水泵　9—高区消防水泵　10—减压阀　11—增压水泵　12—气压罐　13—室内消火栓　14—消防卷盘　15—水泵接合器　16—屋顶消火栓　17—浮球阀

4. 室内消火栓系统的布置原则

室内消火栓系统的布置，应遵循以下原则：

1）除无可燃物的设备层以外，设有消防给水的建筑物各层均应设置室内消火栓。

2）同一楼层内消火栓的设置，应确保相邻两支水枪的充实水柱能同时到达室内任何一点。建筑高度小于或等于24m，且体积小于或等于5000m^3的库房、Ⅳ类汽车库及Ⅲ、Ⅳ类修车库，可采用一支水枪充实水柱到达室内任何部位。

3）室内消火栓应设置在明显易于取用的位置，一般设在走道、楼梯附近，从入口大堂通向内部走廊的入口处，有采光顶的共享空间的每一个走廊的出口和回廊的出口，或者外部共享空间进入室内的入口处。

4）消防电梯前室，应设置室内消火栓。

5）冷库的室内消火栓应设在常温穿堂间或楼梯间内。

6）设有室内消火栓的平顶建筑，宜在平屋顶设置试验和检查用的消火栓。

7）消火栓的栓口离地面高度宜为1.1m，栓口出水方向宜向下或与设置消火栓的墙面相垂直。

5. 室内消火栓水枪的充实水柱长度

由水枪喷嘴起到射流90%水柱水量穿过直径38cm圆圈处的一段射流长度，称为充实水柱长度。这段水柱具有扑灭火灾的能力，为直流水枪灭火时的有效射程，如图6-20所示。

为使消防水枪射出的水流能射及火源和防止火焰热辐射烤伤消防队员，水枪的充实水柱应具有一定的长度（见图6-21）。建筑物灭火所需的充实水柱长度S_k按下式计算，即

$$S_k = \frac{H_1 - H_2}{\sin\alpha} \tag{6-3}$$

式中 S_k——所需的水枪充实水柱长度，单位为m；

H_1——室内最高着火点距室内地面的高度，单位为m；

H_2——水枪喷嘴距地面的高度，一般取1m；

α——射流的充实水柱与地面的夹角，一般取45°或60°。

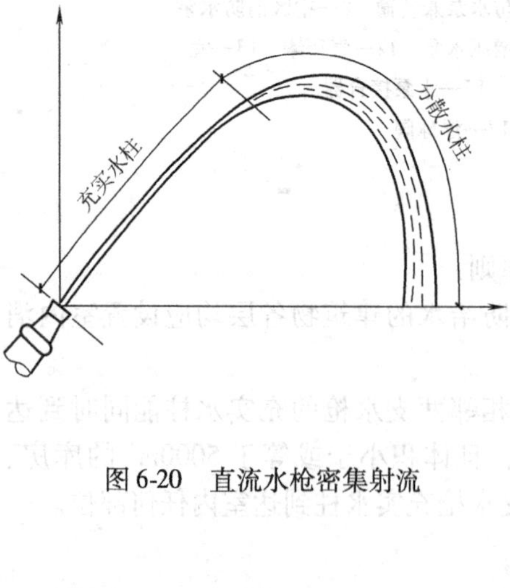

图6-20 直流水枪密集射流

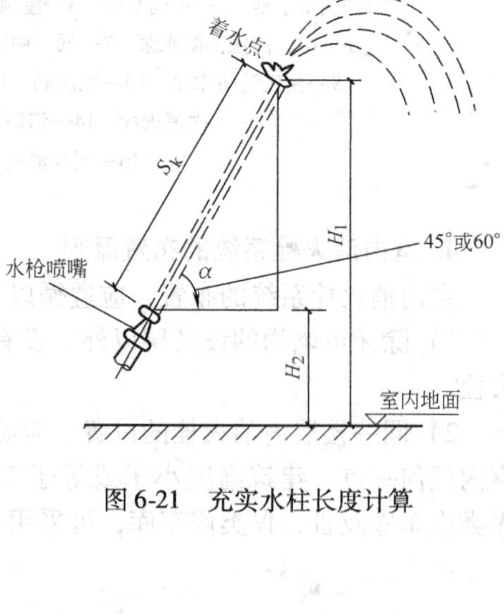

图6-21 充实水柱长度计算

水枪的充实水柱长度应按式（6-3）计算，但不应小于表6-7的规定。当计算值大于表中所列数据时，因选用计算值。

消防实践证明，当水枪的充实水柱长度小于7m时，由于火场烟雾大、辐射热高，扑救火灾有一定困难。当充实水柱长度增大时，水枪的反作用力也随之加大。充实水柱长度超过15m时，射流的反作用力使消防队员无法把握水枪灭火。因此，常用的水枪的充水水柱长度一般为10～15m。

表6-7　各类建筑要求水枪充实水柱长度

建筑物类别		充实水柱长度/m
低层建筑	一般建筑	≥7
	甲、乙类厂房，大于6层民用建筑，大于4层厂、库房	≥10
	高架库房	≥13
高层建筑/m	民用建筑高度≥100	≥13
	民用建筑高度<100	≥10
	高层工业建筑	≥13
人防工程内		≥10
停车库、修车库内		≥10

6. 消火栓的保护半径

消火栓的保护半径是指一定规格消火栓、水枪、水龙带配套后，以消火栓为圆心，消火栓能充分发挥灭火作用的半径。消火栓的保护半径可用下式计算，即

$$R = L_d + L_s \tag{6-4}$$

式中　R——消火栓保护半径，单位为m；

L_d——水龙带工作长度（可按实际长度的90%计算），单位为m；

L_s——水枪充实水柱在平面上的投影长度（$L_s = S_k \cdot \cos\alpha$），单位为m。

7. 室内消火栓的布置间距

室内消火栓布置间距应由计算确定，对于高层工业建筑、高架库房、甲、乙类厂房、设有空气调节系统的旅馆，室内消火栓的布置间距不大于30m。其他单层和多层建筑室内消火栓间距不应大于50m。

1）当消火栓单排布置，并且要求保证1支水枪到达室内任何部位时（见图6-22），消火栓的间距按下式计算

$$S_1 = 2\sqrt{R^2 - b^2} \tag{6-5}$$

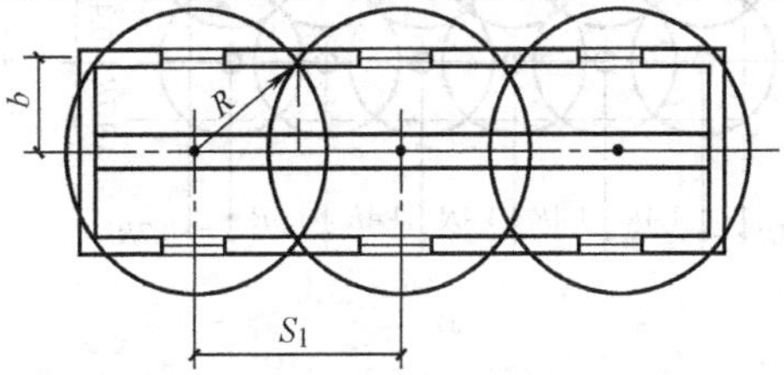

图6-22　单排布置、1支水枪灭火时消火栓的布置间距

式中　S_1——一股水柱时的消火栓间距，单位为 m；

　　b——消火栓的最大保护宽度，单位为 m；

　　R——消火栓保护半径，单位为 m。

2）当消火栓单排布置，并且要求保证 2 支水枪同时到达室内任何部位时（见图 6-23），消火栓间距按式（6-6）计算

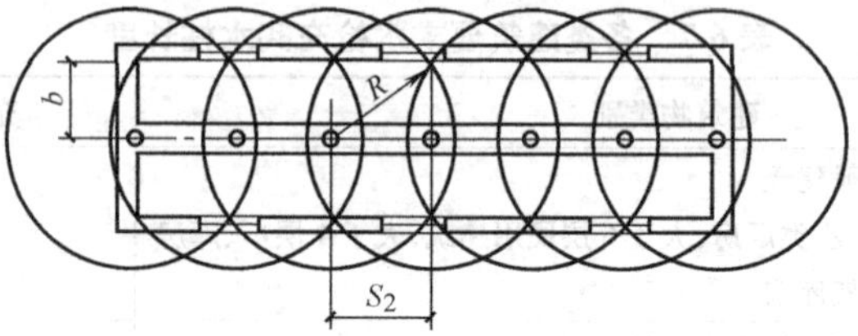

图 6-23　单排布置、2 只水枪灭火时消火栓的布置间距

$$S_2 = \sqrt{R^2 - b^2} \tag{6-6}$$

式中　S_2——两股水柱时的消火栓间距，单位为 m；

　　b——消火栓的最大保护宽度，单位为 m；

　　R——消火栓保护半径，单位为 m。

3）当房间较宽，需要布置多排消火栓，且要求保证 1 支水枪到达室内任何部位时，可按图 6-24a 布置。消火栓间距按下式计算

$$S_n = \sqrt{2}R = 1.4R \tag{6-7}$$

式中　S_n——多排消火栓一股水柱时的消火栓间距，单位为 m；

　　R——消火栓的保护半径，单位为 m。

4）当室内需要布置多排消火栓，并且要求保证有多只水枪灭火时，消火栓间距按图 6-24b 布置。

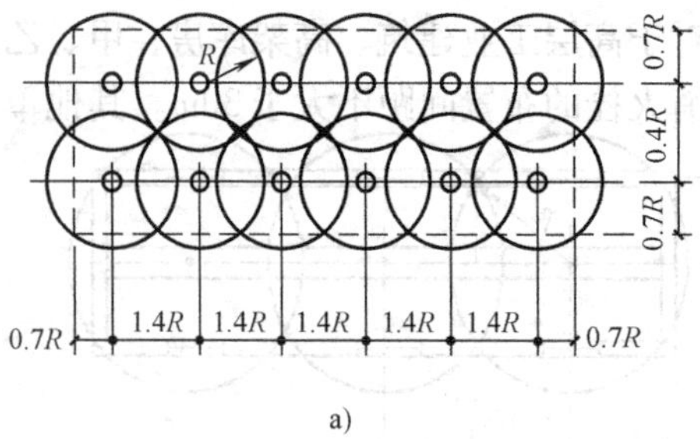

a)

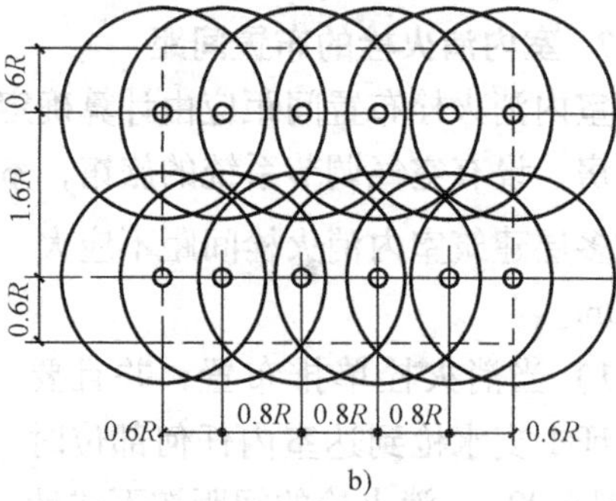

b)

图 6-24　消火栓布置间距

a）多排消火栓一股水柱时的消火栓布置间距　b）多排消火栓两股水柱时的消火栓布置间距

8. 消火栓给水系统的水力计算

消火栓给水系统水力计算的目的，是为了保证从喷水枪射出的水流不仅要射入火焰，还应具有足够的流量及水压。其主要任务是根据规范规定的消防用水量及要求使用的水枪数量与水压确定管网管径、系统所需水压、水池水箱容积、水泵以及减压设备的选型等。

（1）水枪喷嘴处的压力。如果不考虑水枪与空气阻力，则水枪喷嘴处的压头为

$$H_q = \frac{v^2}{2g} \tag{6-8a}$$

水枪喷嘴处的压力 $$p_q = \gamma H_q \tag{6-8b}$$

式中 p_q——水枪喷嘴处的压力，单位为 10^{-2}MPa；

H_q——水枪喷嘴处的压头，单位为 m；

γ——水的容重，单位为 kN/m³；

v——水枪喷嘴水流速度，单位为 m/s。

实际射流对空气的阻力头为

$$\Delta H = H_q - H_f = \frac{K_1}{d_f} \times \frac{v^2}{2g} H_f \tag{6-9}$$

将式（6-9）带入式（6-8a），得

$$H_q = \frac{H_f}{1 - \frac{K_1}{d_f} H_f} \tag{6-10}$$

令 $\frac{K_1}{d_f} = \phi$，则

$$H_q = \frac{H_f}{1 - \phi H_f} \tag{6-11}$$

式中 K_1——阻力系数，须由试验确定；

H_f——垂直射流高度，单位为 m；

ϕ——系数，与水枪喷口直径 d_f 有关，可按经验公式（6-12）计算，也可按表 6-8 选用

$$\phi = \frac{0.25}{d_f + (0.1 d_f)^3} \tag{6-12}$$

表 6-8 系数 ϕ 值

d_f/mm	13	16	19
ϕ	0.0165	0.0124	0.0097

水枪充实水柱高度 H_m 与垂直射流高度 H_f 的关系为

$$H_f = \alpha_f H_m \tag{6-13}$$

式中 α_f——实验系数，$\alpha_f = 1.19 + 80\ (0.01H_m)^4$，也可查表6-9。

表6-9 系数 α_f 值

H_m/m	6	8	10	12	16
α_f	1.19	1.19	1.20	1.21	1.24

实际消防实践中，消防射流不可能是垂直向上的，往往与地面成一定的角度，射流呈抛物线状态。倾斜射流的长度比垂直射流时的长度稍大，充实水柱在倾斜时的长度比垂直时的长度也稍有增大，但可以忽略这些增大因数，按垂直射流计算。将式（6-13）带入式（6-11）可得水枪喷嘴处的压头与充实水柱高度的关系为

$$H_q = \frac{\alpha_f H_m}{1 - \alpha_f \phi H_m} \tag{6-14}$$

（2）水枪喷射流量。实际喷射流量与喷嘴压力水枪之间的关系可按式（6-15）计算

$$q_{xh} = \sqrt{BH_q} \tag{6-15}$$

式中 q_{xh}——水枪射流量，单位为L/s；

B——水枪水流特性系数，与水枪喷嘴口径有关，见表6-10；

H_q——水枪喷嘴处的压头，单位为m。

表6-10 水流特性系数 B 值

水枪喷口直径 d_f/mm	13	16	19	22	25
B	34.6	79.3	157.7	283.6	472.7

按《建筑设计防火规范》设计的一般民用建筑室内消火栓给水系统消防用水量及消火栓每只水枪最小流量见表6-11。高层建筑室内消火栓给水系统消防用水量参见《高层建筑设计防火规范》。

表6-11 一般民用建筑室内消火栓给水系统消防用水量

建筑名称	高度或体积	消火栓用水量/(L/s)	同时使用水枪数量/只	消火栓每只水枪最小流量/(L/s)	每根竖管最小流量/(L/s)
厂　房	高度≤24m,体积≤10000m³	5	2	2.5	5
	高度≤24m,体积>10000m³	10	2	5	10
	24<高度≤50m	25	5	5	15
	>50m	30	6	5	15

（续）

建筑名称	高度或体积	消火栓用水量/(L/s)	同时使用水枪数量/只	消火栓每只水枪最小流量/(L/s)	每根竖管最小流量/(L/s)
商店、病房楼、教学楼	体积 5001 ~ 10000m^3	5	2	2.5	5
	体积 10001 ~ 25000m^3	10	2	5	10
	>25000m^3	15	3	5	10
科研楼、实验楼	高度≤24m，体积≤10000m^3	10	2	5	10
	高度≤24m，体积>10000m^3	15	3	5	10
剧院、电影院、俱乐部、礼堂、体育馆	801 ~ 1200 个	10	2	5	10
	1201 ~ 5000 个	15	3	5	10
	5001 ~ 10000 个	20	4	5	15
	>10000 个	30	6	5	15
住宅	7 ~ 9 层	5	2.5	2.5	5
其他	≥6 层，或体积≥10000m^3	15	3	5	10

（3）水龙带水头损失。水龙带的压力损失可按式（6-16）计算

$$p_d = A_z L_d q_{xh}^2 \gamma \tag{6-16}$$

式中　p_d——水龙带的压力损失，单位为 MPa；

A_z——水龙带的比阻，见表 6-12；

L_d——水龙带的长度，单位为 m；

q_{xh}——水枪射流量，单位为 L/s。

表 6-12　水龙带的比阻值 A_z

水带口径/mm	比阻值 A_z	
	帆布的、麻织的水带	补胶的水带
50	0.0001501	0.0000677
65	0.0000430	0.0000172
80	0.0000150	0.0000075

（4）消火栓栓口所需水压。消火栓栓口所需水压可按式（6-17）计算

$$p_{xh} = p_q + p_d \tag{6-17}$$

式中　p_{xh}——消火栓栓口所需水压，单位为 MPa；

p_d——水龙带的压力损失，单位为 MPa；

p_q——水枪喷口造成某充实水柱所需压力，单位为 MPa。

消火栓栓口所需水压计算值按计算确定，同时须满足表 6-13 的限定。

表 6-13 建筑室内消火栓的静水压力和出水压力的限定

内容	高层建筑的栓口压力/×10kPa		低层或多层建筑的栓口压力/×10kPa
	高度≤100m	高度>100m	
最不利点处消火栓最小静压	≥7	≥15	水箱设于建筑最高处
危险点处栓口最大静压	≤80	≤80	≤80
栓口最大动压	≤50	≤50	≤50

为了便于计算和校核，可将充实水柱长度 H_m、水枪喷口所需水头 H_q 及喷口出流量 q_{xh}三者之间的关系制成表 6-14。

表 6-14 充实水柱长度、水枪喷口所需水压及喷口出流量之间的关系

充实水柱 H_m/m	喷口直径/mm					
	13		16		19	
	H_q/×10kPa	q_{xh}/(L/s)	H_q/×10kPa	q_{xh}/(L/s)	H_q/×10kPa	q_{xh}/(L/s)
6	8.1	1.7	7.8	2.5	7.7	3.5
8	11.2	2.0	10.7	2.9	10.4	4.1
10	14.9	2.3	14.1	3.3	13.6	4.5
12	19.1	2.6	17.7	3.8	16.9	5.2
14	23.9	2.9	21.8	4.2	20.6	5.7
16	29.7	3.2	26.5	4.6	24.7	6.2

在确定消防用水量和水压时，一般首先是根据要求初步选定充实水柱 H_m 和水枪喷口直径 d_f，其次是按式（6-15）和式（6-17）分别计算 q_{xh}和 H_{xh}，最后查表 6-14 校核 q_{xh}，若 q_{xh}满足要求，则按式（6-16）和式（6-17）计算 h_d 和 H_{xh}，如果 q_{xh}不满足要求，则调整 H_m 和 d_f 重新计算。也可以根据要求直接查表 6-14，确定出 H_q 和 q_{xh}，然后再计算 h_d 和 H_{xh}。

（5）确定消防给水管网的管径。枝状管网和环状管网均应确定最不利管路上的最不利点。当室内要求有两个或两个以上消火栓同时使用时，在单层建筑中以最高最远的两个或多个消火栓作为计算最不利点；在多层建筑中按表 6-15 所列数值确定最不利点和进行流量分配。环状网在确定最不利计算管路时，可按枝状网对待，即选择恰当管道作为假设不通水管路，这样环状网就可以按枝状网计算。

表 6-15 最不利点计算流量分配

室内消防计算流量/(L/s)	最不利消防竖管出水枪数/支	相邻竖管出水枪数/支
1×5	1	
2×2.5	2	
2×5	2	
3×5	2	1
4×5	2	2
6×5	3	3

按式（6-15）确定最不利点处消火栓水枪射流量，以下各层水枪的实际射流量根据消火栓口的实际压力计算，确定消防管网中各管段的流量。根据假设流速法，预选各管段的管径。消防管内水流速度一般以 1.4 ~ 1.8m/s 为宜，不允许超过 2.5m/s。

为了保证消防车通过水泵接合器向消火栓给水系统供水灭火，规范规定低层建筑消防竖管管径不应小于 50mm。

消防用水与其他用水合并的室内管道，当其他用水达到最大秒流量时，应仍能供给全部消防用水量。淋浴用水量可按计算用水量的 15% 计算，洗涮用水量可不计算在内。

（6）消防给水管网的水头损失。管道沿程阻力损失按单位长度压力损失和管段长度进行核算。

管道的局部水头损失宜采用当量长度法计算，即将各种阀门管件折算成当量长度计算。管道的局部水头损失也可按沿程损失的 10% 计

$$p = iL \tag{6-18}$$

式中 p——管段的压力损失，单位为 MPa；

i——单位管长沿程阻力损失，单位为 MPa/m；

L——管段的计算长度，$L = L_1 + L_2$，单位为 m；

L_1——管段的实际长度，单位为 m；

L_2——管段的当量长度，单位为 m。

（7）消防水泵扬程。消防水泵的扬程相应的压力按式（6-19）计算

$$p_b = p_q + p_d + p_g + 0.01H_z \tag{6-19}$$

式中 p_b——消火栓泵的扬程相应的压力，单位为 MPa；

p_q——最不利点消防水枪喷嘴所需水压力，单位为 MPa；

p_d——消防水带的压力损失，单位为 MPa；

p_g——管网的压力损失，单位为 MPa；

H_z——消防水池的最低消防水面或水泵吸入管轴心与最不利点消火栓之间的高差，单位为 m。

（8）高位水箱设置高度。水箱设置高度应保证室内最不利点消火栓栓口的水压要求，可按式（6-20）计算，同时应满足表6-16 的规定

$$H = 100(p_{xh} + p_g) \tag{6-20}$$

式中 H——高位水箱与最不利消火栓之间的垂直压力差高度，单位为 m；

p_{xh}——最不利点消火栓栓口所需水压，单位为 MPa；

p_g——管网的累计压力损失，单位为 MPa。

表 6-16 高层民用建筑高位水箱应提供的静水压力

名　称	建筑物高度/m	
	≤100	>100
最不利点消火栓最小静水压/MPa	0.07	0.15

6.2 自动喷水灭火系统

6.2.1 概述

自动喷水灭火系统，即利用加压设备，将水通过管网送至带有热敏元件的喷头，喷头在火灾的热环境中自动开启喷水灭火，同时发出火警信号，是当今世界上公认的最为有效的、应用最广泛、用量最大的自动灭火系统。

从灭火的效果来看，凡发生火灾时可以用水灭火的场所，均可以采用自动喷水灭火系统。但鉴于我国的经济发展状况，仅要求对发生火灾频率高、火灾危险等级高的建筑中某些部位设置自动喷水灭火系统。我国现行的 GB 50084—2001（2005 版）《自动喷水灭火系统设计规范》规定，自动喷水灭火系统应在人员密集、不易疏散、外部增援灭火与救援较困难或火灾危险性较大的场所中设置。规范同时又规定自动喷水灭火系统不适用于存在较多下列物品的场所：

1）遇水发生爆炸或加速燃烧的物品。

2）遇水发生剧烈化学反应或产生有毒有害物质的物品。

3）洒水将导致喷溅或沸溢的液体。

6.2.2 自动喷水灭火系统的分类

根据被保护建筑物的性质和火灾发生、发展特性的不同，自动喷水灭火系统可以有许多不同的系统形式。通常根据系统中所使用的喷头有无感温阀和堵水支撑结构，分为闭式自动喷水灭火系统和开式自动喷水灭火系统两大类。

闭式自动喷水灭火系统的喷头是常闭式，有堵水支撑结构，受感温阀控制其开启。发生火灾时，只有处于火焰之中或临近火源的闭式喷头周围的环境温度达到喷头感温阀预定的动作温度时，才会开启灭火。开式自动喷水灭火系统的喷头处于常开状态，没有堵水支撑结构，不带感温闭锁装置，水流在管道上进行控制。发生火灾时，火灾所处的系统保护区域内所有的开式喷头一起喷水灭火。

根据被保护建筑物的要求，闭式自动喷水灭火系统还可分为，湿式自动喷水灭火系统、干式自动喷水灭火系统、干湿式自动喷水灭火系统、预作用喷水灭火系统。开式自动喷水灭火系统可分为雨淋系统、水幕系统等形式。

1. 湿式自动喷水灭火系统

湿式自动喷水灭火系统组成见图6-25，其基本部件包括闭式喷头、湿式报警阀组、水流指示器、水源和管网等。

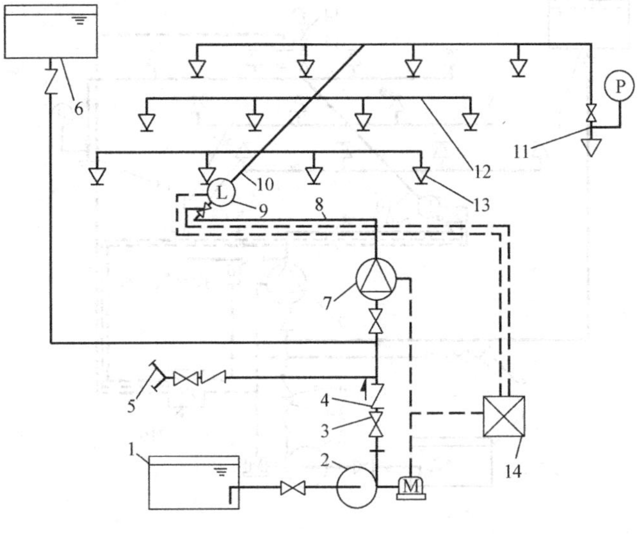

图 6-25　湿式自动喷水灭火系统

1—水池　2—水泵　3—闸阀　4—止回阀　5—水泵接合器　6—消防水箱
7—湿式报警阀组　8—配水干管　9—水流指示器　10—配水管　11—末端试水装置
12—配水支管　13—闭式洒水喷头　14—报警控制器　P—压力表
M—驱动电动机　L—水流指示器

火灾发生时，当温度升高到喷头开启温度时，火源上方喷头的闭锁熔化脱落，喷头开启出水，由于湿式报警阀导向杆中的水压平衡小孔来不及补水，报警阀上面的水压下降，阀下水压大于阀上水压，致使阀板开启，接通管网和水源，向喷头连续供水灭火。与此同时，水沿着报警阀的环形槽进入延迟器、压力继电器及水力警铃等设施，发出火警信号并起动消防水泵等设施，消防控制室同时接到信号。

湿式自动喷水灭火系统具有动作迅速，具有灭火速度快、及时扑救效率高的优点，是世界上使用时间最长、应用最广泛、控火灭火率最高的一种闭式自动喷水灭火系统。目前世界上已安装的自动喷水灭火系统有70%以上采用了湿式自动喷水灭火系统。

湿式系统管网中充满有压力的水，故称湿式喷水灭火系统。当温度低于4℃时，管网内的水有冰冻的危险；当环境温度高于70℃时，管网内水汽化的加剧有破坏管道的危险。因此，湿式系统适用于安装在室内温度不低于4℃且不高于70℃的建筑物、构筑物内。湿式报警装置最大工作压力为1.2MPa。

2. 干式自动喷水灭火系统

干式自动喷水灭火系统的组成如图6-26所示。

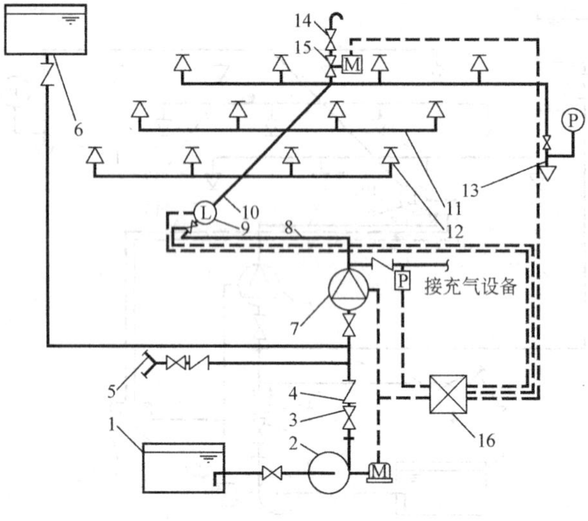

图6-26　干式自动喷水灭火系统

1—水池　2—水泵　3—闸阀　4—止回阀　5—水泵接合器　6—消防水箱　7—干式报警阀组　8—配水干管　9—水流指示器　10—配水管　11—配水支管　12—闭式喷头　13—末端试水装置　14—快速排气阀　15—电动阀　16—报警控制器　P—压力表　M—驱动电动机

干式系统主要由闭式喷头、管网、干式报警阀、充气设备、报警装置和供水设备组成。平时报警阀后管网充以有压气体（或氮气），水源至报警阀的管段内充以压力水。火灾发生时，火源处温度上升，火源上方喷头开启并借助排气阀加速排气，首先排除管网中的压缩空气，致使干式报警阀后管网压力下降，干式报警阀阀前压力大于阀后压力，干式报警阀开启，水流向配水管网，并从已开启的喷头喷水灭火。根据干式报警阀阀前的水压来设计确定阀后的充气压力，干式系统管网容积不超过3000L。干式自动喷水灭火系统管网中充以有压气体，适用于室内温度低于4℃或年采暖期超过240天的不采暖房间，或高于70℃的建筑物、构筑物内，如不采暖的地下停车场、冷库等。

干式自动喷水灭火系统是除湿式系统以外使用历史最长的一种闭式自动喷水灭火系统。与湿式自动喷水灭火系统相比，干式系统具有如下特点：

1）干式自动喷水灭火系统在报警阀后的管网无水，可避免冻结和水汽化的危险。不受环境温度的制约，可用于一些无法使用湿式系统的场所。

2）比湿式系统投资高。因为需要充气，增加一套充气设备，因而提高了系统造价。

3）干式系统的施工和平时管理较为复杂，对管网的气密性有较严格要求，管网平时的气压应保持在一定范围，当气压下降到一定值时，应进行及时充气。

4）干式系统的喷水灭火速度不如湿式系统快，因为喷头受热开启后，首先要排除管道中的气体，然后才能出水灭火，延误了灭火的时机。

3. 干湿式自动喷水灭火系统

干湿式系统的组成与干式系统大致相同，只是将干式报警阀改为干式报警阀和湿式报警阀串联而成的组合阀，或者采用干湿两用报警阀，系统可以交替作为干式系统和湿式系统使用。在冬季，系统管网中充以有压气体，系统为干式系统；在温暖季节，管网中充以压力水，系统为湿式系统。干湿两用报警装置最大工作压力不超过1.6MPa，喷水管网的容积不易超过3000L。干湿式阀后空气压与水压的关系如表6-17所示。

表6-17　干湿式阀后空气压力与水压的关系

最大供水压力/MPa	0.20	0.40	0.60	0.80	1.00	1.20	1.40	1.60
空气压力/MPa	0.16	0.19	0.23	0.26	0.30	0.33	0.37	0.40

对于环境温度小于4℃或大于70℃的小型区域，如建筑物中的局部小型冷藏室、温度超过70℃的烘房、蒸汽管道等部位，当建筑物的其他部位采用了湿式自动喷水灭火系统时，在这种特殊小区域可以在湿式系统上接设尾端干式系统或干湿式系统。采用小型尾端干湿式系统或干湿系统时，可以采用电磁阀代替干湿式报警阀和干式阀，同时还要设置可行的放空管道积水的设施。

为利于湿式系统改为干式系统时放空管道积水，干湿式系统应采用直立型喷头或干式下垂型喷头。管道应以一定坡度敷设，并应采取适当措施，放空管道积水。

由于干湿式系统管网内交替使用水和空气，管道易受腐蚀，所以系统每年都需随季节变化变换系统形式，管理繁琐。当气候条件允许时，可以常年改为湿式系统使用。

4. 预作用自动喷水灭火系统

预作用自动喷水灭火系统主要由火灾探测系统、闭式喷头、预作用阀组、充气设备、供水设备等组成，如图6-27所示。

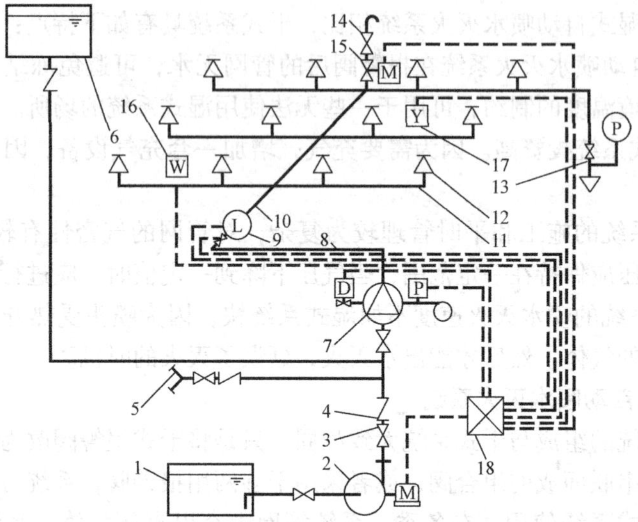

图6-27　预作用自动喷水灭火系统

1—水池　2—水泵　3—闸阀　4—止回阀　5—水泵接合器　6—消防水箱
7—预作用报警阀组　8—配水干管　9—水流指示器　10—配水管　11—配水支管
12—闭式喷头　13—末端试水装置　14—快速排气阀　15—电动阀　16—感温探测器
17—感烟探测器　18—报警控制器　19—压力开关　D—电磁阀　M—驱动开关

日常状态下，预作用系统预作用阀后管网充以低压压缩空气或氮气（也可以是空管）。火灾时，火灾探测系统探测到火灾，通过火灾报警控制箱或手动开启预作用阀，打开排气阀，排出管网内预先充好的压缩空气，消防水进入管网，呈湿式系统。随着火场温度继续升高，闭式喷头动作，喷出压力水灭火。

一般情况下，预作用系统要求火灾探测器的动作先于喷头的动作，而且应确保当闭式喷头受热开放式管道内已充满了压力水。从火灾探测器动作到水流流到最远喷头的时间，应不超过3min。此时水流在配水管中的流速不应小于2m/s，由此可以确定预作用系统管网最长的保护距离。

如果发生火灾时，火灾探测器发生故障，未能发出报警信号并启动预作用阀，火源处温度上升使得喷头开启，造成管网中压缩空气气压迅速下降，可以借压力开关发出报警信号，并通过火灾报警控制开启预作用阀，供水灭火。因此，对于充气式预作用系统，即使火灾探测器发生故障，预作用系统仍能正常工作。

预作用系统将电子技术、自动化技术结合起来，集湿式系统和干式系统的优点于一身，克服了干式系统喷水迟缓，和湿式系统由于误动作而造成水渍的缺点，应用范围广，能广泛适用于干式系统和湿式系统适用的场合。

火灾探测器的早期报警和系统的自动监测功能，能随时发现系统中的渗透和损坏情况，提高了系统的安全可靠度。其灭火率也优于湿式自动喷水灭火系统。

预作用系统组成较其他系统复杂，投资高，对系统管网和喷头安装要求严格，因此常用于不能使用干式系统或湿式系统的场所，或对系统安全程度要求较高的一些场所。

5. 重复启闭预作用系统

重复启闭预作用系统是指能在火灾后能自动关闭，火灾再次发生时仍能自动重新启动喷水的预作用系统。重复启闭预作用系统的自动关闭功能，节省消防用水，最重要的是能将灭火造成的水渍损失减轻到最低程度。

重复启闭预作用系统目前主要有两种形式：第一种是利用洒水喷头本身具有的自动重复启闭功能；第二种是系统通过火灾探测，控制重复启闭系统的水流控制阀。水流控制阀阀板是一个与橡皮隔膜圈相连的圆形阀，可以垂直上下移动，橡皮隔膜圈将供水与上室隔开。阀板下部的供水端和上室由一压力平衡管相连。当阀门关闭时，上下阀室板闭合，只有当阀板上部水压降至下部水压的1/3时，阀板才会开启。当接在阀上部的排水阀开启排水，压力平衡管上由于装有限流孔板，补水有限，已不能维持两侧的压力平衡，此时阀板上升，供水进入喷水管网，喷头开启，迅速出水灭火。水流控制阀上部接出的排水管上装有两个电磁阀，电磁阀的开启放水控制了水流控制阀的动作。电磁阀是由设在被保护区域上方的、可重复使用的感温探测器控制的。当喷头开启扑灭了火灾，使环境温度下降到60℃时，感温探测器复原，电磁阀关闭。随着压力平衡的不断补水，水流控制阀上室的水压与供水侧达到平衡，阀板又落回到阀座上，关闭阀门。出于安全考虑，系统在电磁阀关闭后5min才关闭。如果火灾复燃增大到重新开启感温探测器，电磁阀重新开启放水，喷头重新喷水灭火。由于感温探测器比喷头更敏感，所以不大可能有更多的喷头开启，而且在火灾增大之前就能重新提供足够的流量。

6. 雨淋灭火系统

雨淋灭火系统属开式自动喷水灭火系统，雨淋灭火系统组成主要包括三部分：①雨淋报警阀；②火灾探测传动控制系统；③具有开式喷头的自动喷水管网系统。雨淋报警阀的启动可采用电动启动或传动管网启动的方式。

电动启动雨淋喷水灭火系统如图6-28所示。

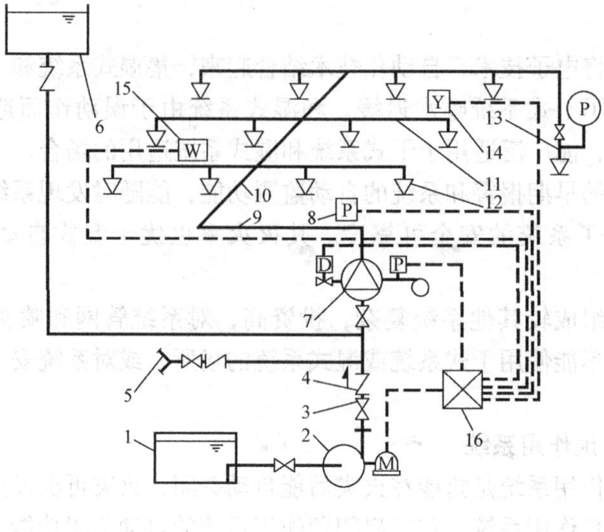

图 6-28　电动启动雨淋喷水灭火系统

1—水池　2—水泵　3—闸阀　4—单向阀　5—水泵结合器　6—消防水箱　7—雨淋报警阀组
8—压力开关　9—配水干管　10—配水管　11—配水支管　12—开式洒水喷头
13—末端试水装置　14—感烟探测器　15—感温探测器　16—报警控制器

图 6-29 所示为传动管启动雨淋喷水灭火系统。

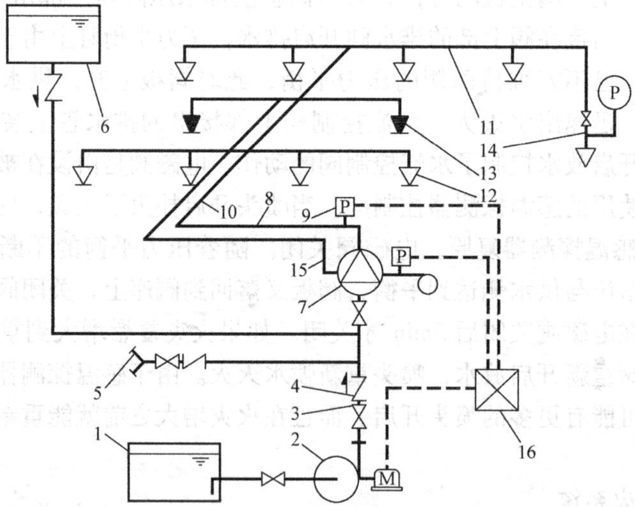

图 6-29　传动管启动雨淋喷水灭火系统

1—水池　2—水泵　3—闸阀　4—单向阀　5—水泵结合器　6—消防水箱
7—雨淋报警阀组　8—配水干管　9—压力开关　10—配水管　11—配水支管
12—开式洒水喷头　13—闭式喷头　14—末端试水装置　15—传动管　16—报警控制器

火灾时，电动起动雨淋灭火系统由两路不同的火灾探测信号自动开启雨淋阀，由雨淋阀控制洒水管道系统上的所有开式喷头同时开启喷水灭火。传动管启动雨淋灭火系统中着火区的闭式喷头首先开启并造成传动管排水，使雨淋阀失去压力平衡并开启管道系统上所有的开式喷头喷水灭火。

雨淋灭火系统与闭式系统相比，具有反应快、喷水量大、覆盖面积大、降温和灭火效率显著等特点，适用于大面积喷水快速灭火的特殊场所，有利于控制来势凶猛、蔓延快的火灾。但系统的喷头全部为开式，启动完全由控制系统操纵，因而对自动控制系统的可靠性要求高。

闭式喷水灭火系统在灭火时只有火焰直接影响到的喷头才被开启喷水，雨淋喷水灭火系统克服了以上缺点，但雨淋灭火系统水渍损失大于闭式系统。

规范规定具有下列条件之一的场所应采用雨淋灭火系统：①燃烧猛烈、火灾水平蔓延速度快、闭式喷头的开放不能及时使喷水有效覆盖着火区域；②严重危险级建筑；③室内净空高度超过表6-18的规定，且必须迅速扑灭初期火灾。

表6-18　采用闭式系统场所的最大净空高度

设置场所	采用闭式系统场所的最大净空高度/m
民用建筑与工业厂房	8
仓库	9
采用快速响应早期抑制喷头的仓库	12

应设置雨淋灭火系统的具体场所包括以下方面：①面积大于400m^{2}的演播室、大于500m^{2}的电影摄影棚；②火柴厂的氯酸钾压碾厂房；③建筑面积超过100m^{2}生产和使用硝化棉、喷漆棉、火胶棉、赛璐珞胶片、硝化纤维的厂房，或建筑面积超过60m^{2}储存上述物品超过2t的库房；④日装瓶数量超过3000瓶的液化石油储配站的罐瓶间、实瓶库；⑤乒乓球厂的轧坯、切片、磨球、分球检验部位；⑥超过1500个座位的剧院和超过2000个座位的会堂舞台的葡萄架下部。

7. 水幕系统

水幕系统由水幕喷头、管道、雨淋阀（或手动快开阀）、供水设备和火灾探测报警装置等组成。

水幕系统的动作方式和工作原理与雨淋系统相同。当发生火灾时，借助玻璃球闭式喷头的感温装置或手动快开阀控制。

水幕系统是自动喷水灭火系统中唯一不以灭火为主要直接目的的一种系统。消防水幕系统将水喷洒成水帘幕状，用以冷却防火分隔物，提高其耐火性能；或形成防火水帘，防止火焰穿过开口部位，造成火势扩大和火灾蔓延。在下列部位应设置消防水幕：

1）应进行防火分隔，但由于生产工艺需要或其他原因而无法设置防火分隔物的部位。

2）相邻建筑之间的防火间距不能满足要求，其相邻建筑之间的门、窗、孔洞处以及可燃的屋檐处。

3）在建筑物或工艺装置区内，生产类别不同的部位。

4）用防火卷帘和防火水幕代替防火门、防火窗的部位。

5）超过1500个座位的剧院、会堂以及高层建筑物内超过800个座位的剧院、礼堂的舞台口以及与室内舞台相连的门、窗、洞口等部位。

6）根据消防实际需要，需用水幕保护的其他部位。

6.2.3 自动喷水灭火系统组成

自动喷水灭火系统由水源（供水设备）、配水管网、控制信号阀、火灾控制器、喷头、报警控制装置等组成。

1. 水源

消防供水应无污染、无腐蚀、无悬浮物。可由市政或企业的生产、消防给水管道供给，也可由消防水池或天然水源供给，并应确保持续喷水时间内的用水量。与生活用水合用的消防水箱和消防水池，其储水的水质，应符合饮用水标准。严寒与寒冷地区，对系统中遭受冰冻影响的部分，应采取防冻措施。当自动喷水灭火系统中设有两个及以上报警阀组时，报警阀组前宜设环状供水管道。

消防用水通常按两种情况进行计算，即水箱供水和水泵供水。前者指火灾发生至消防水泵开启时的一段时间内的供水情况，一般采用高位水箱、水塔、气压水罐等储水设备；后者指消防水泵开动后的供水情况。

（1）消防高位水箱。凡采用独立的临时高压给水系统的自动喷水灭火系统，应设置高位消防水箱。消防水箱的供水，应满足系统最不利点处喷头的最低工作压力和喷水强度。

一类建筑的消防高位水箱不能满足建筑物内最不利点的喷洒水灭火设备的水压时，应考虑设置气压水罐来增压。

建筑高度不超过24m、并按轻危险级或中危险级场所设置湿式系统、干式系统或预作用系统时，如设置高位消防水箱确有困难，应采用5L/s流量的气压给水设备供给10min初期用水量。

高位水箱或气压水管的储水量应满足以下要求：

1）保证火灾后10min内灭火系统用水。

2）高位水箱的储水容积按下式计算

$$V \geqslant Qt \tag{6-21}$$

式中 V——高位水箱（或气压水罐）储水容积，单位为m^3；

Q——消防用水流量，单位为m^3/s；

t——消防要求最短供水时间，单位为s。

消防水箱的出水管，应符合下列规定：

1）应设止回阀，并应与报警阀入口前管道连接。

2）轻危险级、中危险级场所的系统，管径不应小于80mm，严重危险级和仓库危险级不应小于100mm。

自动喷水灭火系统消防用水与其他用水合用水箱时，应有确保消防用水不被他用的技术措施。

（2）消防水池。装有自动喷水灭火系统的建筑物，下列情况应设消防水池：

1）无给水管道或天然水源。

2）给水管道和天然水源不能满足消防用水量。

3）给水管道为枝状或只有一条进水管道。

消防水池的容量应以火灾持续时间不小于1h计算，但若在发生火灾时能保证连续送水，则水池容量可减去火灾延续时间内连续补充的水量。

自动喷水灭火系统的中间储水池和蓄水池可用钢结构或钢筋混凝土结构，可安装在中间层或地下层。中间水池的容量当作有限水源时，用于轻火灾危险级建筑物，水池容量不小于$5m^3$；用于中火灾危险级建筑物，水池容量不小于$20m^3$；用于严重火灾危险级建筑物，水池容量不小于$70m^3$。

自动喷水灭火系统消防用水与其他用水合用水箱时，应有确保消防用水不被他用的技术措施。

2. 消防水泵接合器

自动喷水灭火系统应设水泵接合器，当自动喷水灭火消防水泵因检修、停电、发生故障或消防用水量不足时，需要利用消防车从消火栓、消防蓄水池或天然水源取水，通过水泵接合器送至室内管网，供灭火用水。

水泵接合器的设置数量应按室内消防用水量确定，每个水泵接合器的流量应按10～15L/s计算。当计算出来的水泵接合器数量少于2个时，应采用2个，以利安全。

采用分区给水的高层建筑物，每个分区的消防给水管网应分别设置水泵接合器。

水泵接合器应设在便于同消防车连接的地方，其周围15～45m内应设室外消火栓或消防水池取水口。

3. 消防水泵

自动喷水灭火系统应设独立的供水泵，并应按一用一备或二用一备设置备用泵。按二级负荷供电的建筑，宜采用柴油机泵作备用泵。系统的供水泵、稳压泵，应采用自罐式吸水方式。采用天然水源时，水泵的吸水口应采取防止杂物堵塞的措施。

每组供水泵的吸水管不应少于2根。报警阀入口前设置环状管道的系统，每组供水泵的出水管不应少于2根。供水泵的吸水管应设控制阀；出水管应设控制阀、止回阀、压力表和直径不小于65mm的试水阀。必要时，应采取控制供水泵出口压力的措施。

4. 配水管网

（1）供水干管。每一单元喷头管网宜布置成树枝状，但作为一个建筑物的自喷系统，其给水干管应布置成环状，进水管不少于两条，与干管相连，一条发生故障时，另一条进水管保证全部用水量。当两者压力相近时，供水环状干管，可与消火栓系统合为一个系统但必须在控制阀前分开。

（2）配水管网。自喷系统配水管网分为配水干管、配水立管、配水支管、分布支管

1）配水立管。最好设在配水干管的中央。

2）配水支管。和干管应在配水立管两侧均匀分布。

3）配水支管应在配水支管两侧均匀分布。

4）每根配水支管和分布支管直径均不应小于25mm。

5）每根分布支管的喷头对于轻危险和中危险不应超过8个，对严重危险级不超过6个（目的是控制配水支管管径≤50mm）。

6）为了便于检修放空管道内的水，配水管道应有一定坡度，并应坡向泄水阀。充水管道的坡度不宜小于2‰，准工作状态不充水管道的坡度不宜小于4‰。

5. 喷头

喷头是自喷系统的关键部位。目前主要有三类：闭式喷头、开式喷头、特殊喷头。各种喷头适用场所及其技术性能参数，见表6-19。

表6-19　各类喷头适用场所

	喷头类别	适用场所
闭式喷头	玻璃球洒水喷头	因具有外表美观、体积小、质量轻、耐腐蚀，适用于宾馆等要求美观高和具有腐蚀性场所
	易熔合金洒水喷头	适用于外观要求不高、腐蚀性不大的工厂、仓库和民用建筑
	直立型洒水喷头	适用安装在管路下经常有移动的体育场，尘埃较多的场所
	下垂型洒水喷头	适用于各种保护场所
	边墙型洒水喷头	安装空间狭窄、通道状建筑适用此种喷头
	吊顶型洒水喷头	属装饰型喷头，可安装于旅馆、客厅、餐厅、办公室等建筑
	普通型洒水喷头	可直立、下垂安装，适用于有可燃吊顶的房间
	干式下垂型洒水喷头	专用于干式喷水灭火系统的下垂型洒水喷头
开式喷头	开式洒水	适用于雨淋喷水灭火和其他开式系统
	水幕喷头	凡需要保护的门、窗、洞、檐口、舞台口等应安装这类喷头
	水喷雾喷头	用于保护石油化工装置、电力设备等
特殊喷头	自动起闭洒水喷头	这种喷头具有自动起闭功能，凡需要降低水渍损失场所均适用
	快速反应洒水喷头	这种喷头具有短时启动效果，凡要求启动时间短场所均适用
	大水滴洒水喷头	适用于高架库房等火灾危险等级高的场所
	扩大覆盖面洒水喷头	喷水保护面积可达30～36m^2，可降低系统造价

(1) 闭式喷头。闭式喷头按热敏组件不同可以分为易燃合金闭式喷头和玻璃球式喷头；按安装位置分为直立型、下垂型、边墙型、普通型和吊顶型喷头。按用途可分为开启式、水幕喷头、喷雾式。图 6-30a 所示为玻璃球式闭式喷头构造示意图，图 6-30b 所示为易熔合金闭式喷头构造示意图。

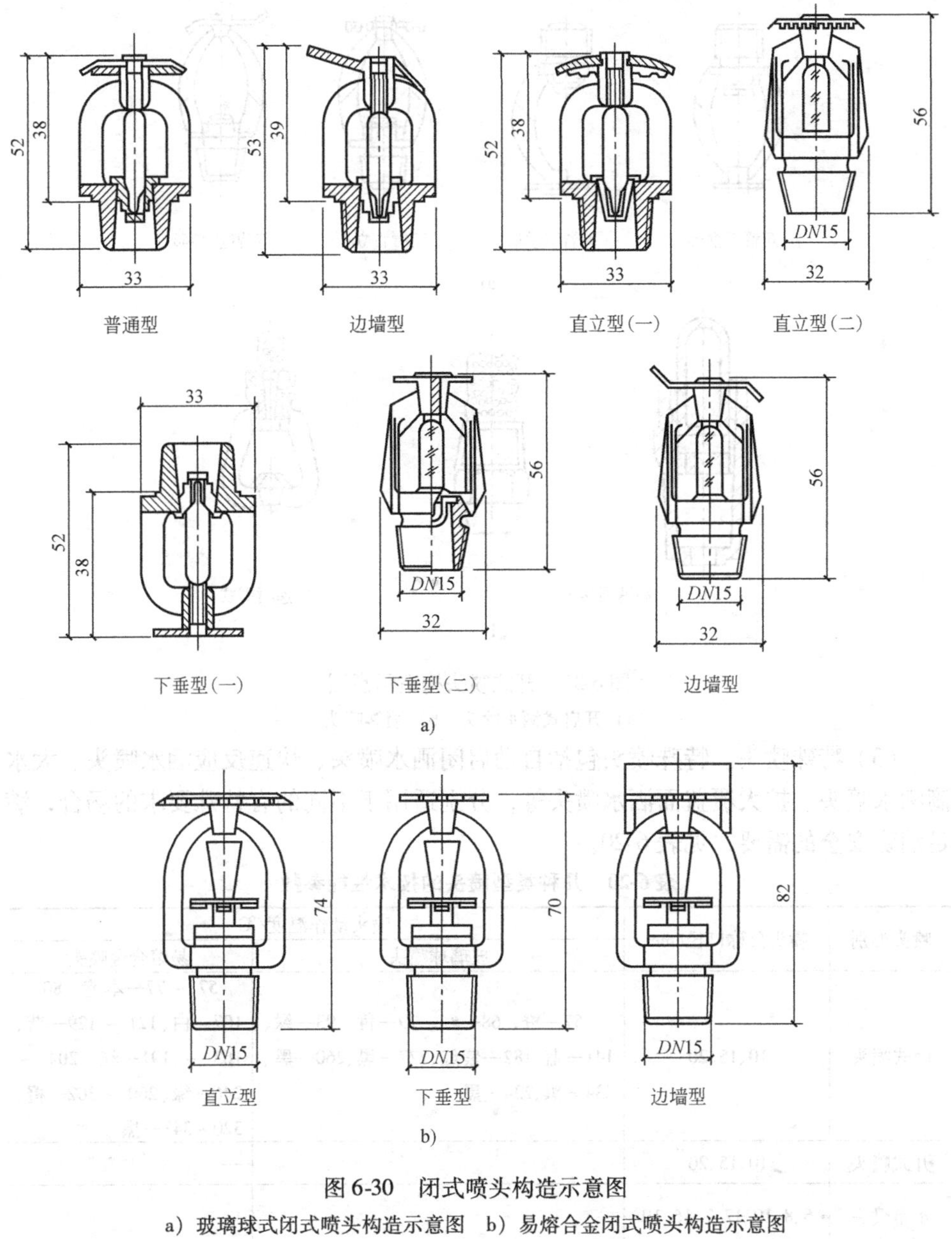

图 6-30　闭式喷头构造示意图

a）玻璃球式闭式喷头构造示意图　b）易熔合金闭式喷头构造示意图

喷头的动作温度是根据环境温度确定的，一般情况下，自动喷头的温标及动作温度宜高出使用环境最高温度30℃，不同温标的喷头是依据各自的颜色来区分的。

（2）开式喷头。开式喷头由溅水盘、喷水口组成。按用途可分为开启式、水幕喷头和喷雾式。图6-31所示为开式喷头构造示意图。

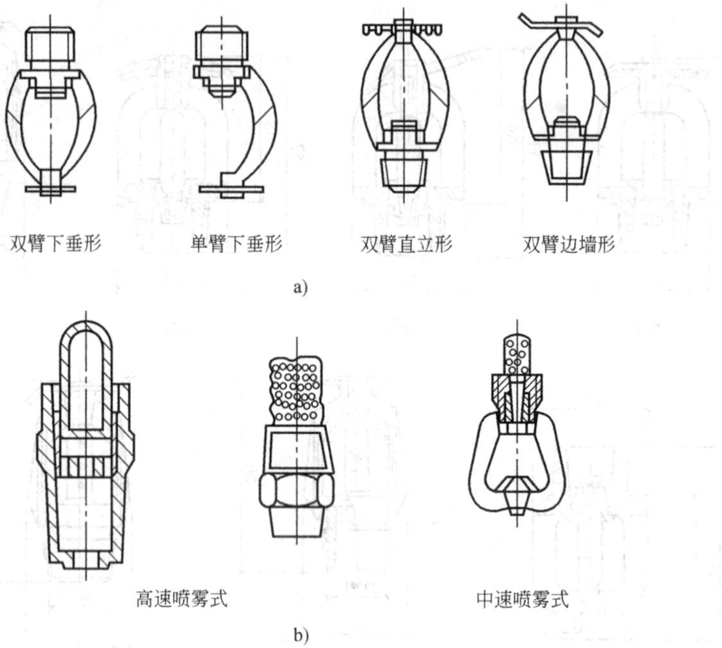

图6-31　开式喷头构造示意图

a）开启式洒水喷头　b）喷雾喷头

（3）特殊喷头。特殊喷头包括自动启闭洒水喷头、快速反应洒水喷头、大水滴洒水喷头、扩大覆盖面洒水喷头等，分别适用于不同的有特殊要求的场合，满足消防安全的需要，见表6-20。

表6-20　几种类型喷头的技术性能参数

喷头类别	喷头公称口径/mm	喷头动作温度/℃	
		玻璃球喷头	易熔合金喷头
闭式喷头	10、15、20	57—橙、68—红、79—黄、93—绿、141—蓝、182—紫红、227—黑、260—黑、234—黑、234—黑	57 ~ 77—本色、80 ~ 107—白、121 ~ 129—蓝、163 ~ 191—红、204 ~ 246—绿、260 ~ 302—橙、320 ~ 343—黑
开式喷头	10、15、20	—	—
水幕喷头	6、8、10、12、7、16、19		

6. 报警阀

报警阀是自动喷水灭火系统中的重要组成部分，闭式自动喷水灭火系统的报警阀分为干式、湿式、干湿式和预作用式4种类型，在雨淋系统中采用雨淋式报警阀。报警阀共有 *DN*50mm、*DN*65mm、*DN*80mm、*DN*125mm、*DN*150mm、*DN*200mm 等6种规格。

（1）湿式报警阀。火灾发生时，闭式喷头喷水，由于水压平衡小孔来不及补水，报警阀上面的水压下降，阀下水压大于阀上水压，阀板开启，向洒水管网及洒水喷头供水，同时，水沿着报警阀的环形槽进入延迟器，待延迟器充满水后，水流向压力继电器及水力警铃等设施，发出火警信号并启动消防水泵等设施。湿式报警阀同时还起到防止水倒流的作用，并通过报警阀对系统的供水装置和报警装置进行检验。若水流较小，不足以补充从节流孔板排出的水，就不会引起误报。目前，国产的有导孔阀型和隔板座圈型两种形式。

湿式报警阀应垂直安装，与延时器、水力警铃、压力开关和试水阀等构成一个整体，图6-32所示为湿式报警阀原理示意图。

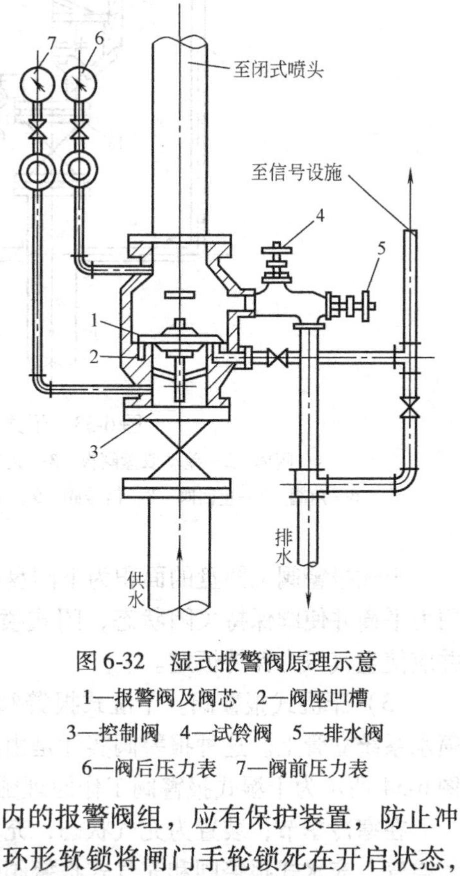

图6-32 湿式报警阀原理示意
1—报警阀及阀芯 2—阀座凹槽
3—控制阀 4—试铃阀 5—排水阀
6—阀后压力表 7—阀前压力表

湿式报警阀安装在湿式自动喷水灭火系统的总供水干管上，应设在距地面0.8～1.5m范围内，并且没有冰冻危险、管理维护方便的房间内。安装在生产车间内的报警阀组，应有保护装置，防止冲撞和误动作。湿式报警阀前的控制阀应用环形软锁将闸门手轮锁死在开启状态，也可用安全信号阀显示其开启状态。安装报警阀的部位应设有排水设施，其排水管径不应小于报警阀组试水阀直径的2倍。

（2）干式报警阀。干式报警阀安装在干式自动喷水灭火系统的总供水干管的立管上。其作用是隔开管网中的空气和供水管道中的压力水，使喷水管网始终保持干管状态。

图6-33所示为干式报警阀原理图。阀体1内装有差动双盘阀板2，以其下圆盘关闭水，阻止从干管进入喷水管网，以其上圆盘承受压缩空气，保持干式阀处于关闭状态。

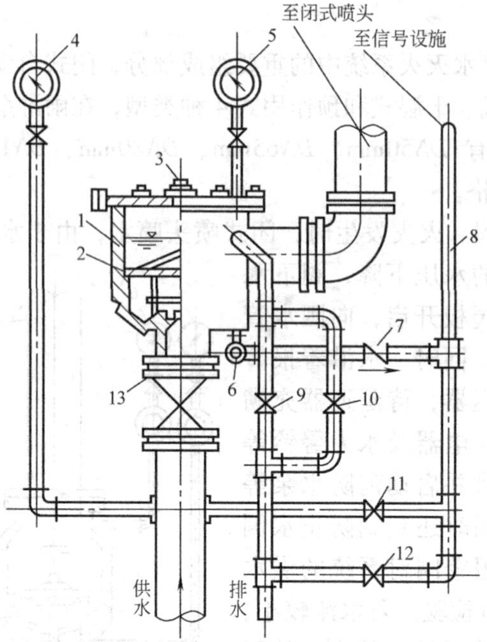

图 6-33 干式报警阀构造示意

1—阀体 2—差动双盘阀板 3—充气塞 4—阀前压力表 5—阀后压力表 6—角阀 7—止回阀 8—信号阀 9、10、11—截止阀 12—小孔阀 13—总闸阀

干式报警阀上圆盘的面积为下圆盘面积的 8 倍。为了使上下差动阀板上的总用力平衡并使阀保持关闭状态，闭式喷洒管网内的空气压力应大于水压的 1/8，并应使空气压力保持恒定。

（3）干湿式报警阀。干湿式报警阀又称充气充水式报警阀，安装在干湿式喷水系统立管上。这种报警阀实际是由湿式报警阀和干式报警阀依次连接而成。图 6-34 所示为干湿式报警阀工作原理图。

在寒冷季节，装置为充气状态，充气式报警阀的上室和闭式喷水管网充满压缩空气，充水式报警阀和充气式报警阀的下室充满水。当闭式喷头开启时，压缩空气从喷水管网中喷出，使管网中的压力下降，当气压降到供水压力的 1/8 之下时，作用在阀板上的力的平衡被打破，水将阀板推起而进入喷水管网，并通过截止阀 9 和信号阀 14 进入信号设施。

在温暖季节，装置为充水状态，差动阀板 2 从充气式报警阀中取出，全部闭式喷水管网、充气和充水式报警阀中均充满水。此时工作原理同湿式阀组。

（4）雨淋阀。雨淋阀是雨淋灭火系统、水喷雾、水幕灭火系统中的专用报警阀。雨淋阀阀瓣上方为自由空气，阀瓣用锁定机构扣住，锁定机构的动力由供水压力提供。发生火灾后，启动装置使锁定机构上作用的供水压力迅速降低，从而使阀瓣脱扣、开启，供水进入消防管网。常用雨淋阀有隔膜式雨淋阀、双圆盘式雨淋阀、杠杆式雨淋阀等几种形式。

图 6-35 所示为隔膜式雨淋阀结构图。

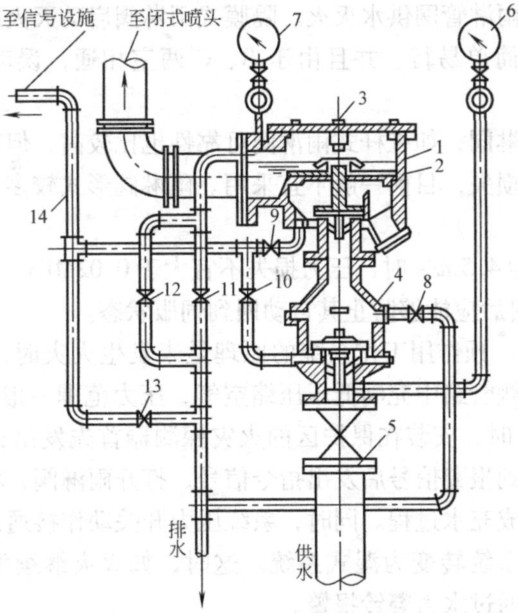

图 6-34　干湿式报警阀原理

1—干式报警阀　2—差动阀板　3—充气塞　4—干式报警阀　5—控制阀
6—阀前压力表　7—阀后压力表　8、9、10、11、12—截止阀　13—小孔阀　14—信号阀

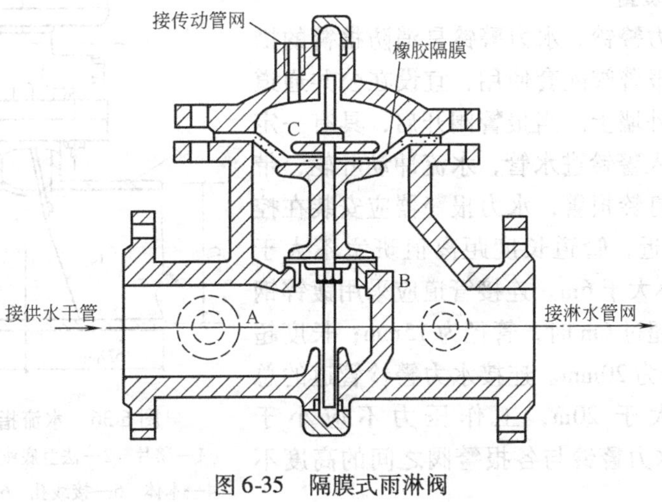

图 6-35　隔膜式雨淋阀

隔膜式雨淋阀分 A、B、C 三室，A 室通供水干管，B 室通淋水管网，C 室通传动管网。未失火时，都充满水，其中 A、C 两室内水压相同，B 室的水具有一定的静压。在相同水压作用下，雨淋阀处于关闭状态。发生火灾时，传动管网由手动或自动将传动管及 C 室中大圆盘上的水压释放，雨淋阀在供水管水压作用下自动开启，向雨淋管网供水灭火。隔膜式雨淋阀启动灭火后，可以借水的压力自动复位，操作简单易行。并且由于 B、C 两室相通，误动作造成水渍损失小。

其他形式的雨淋阀，如杠杆式雨淋阀可靠性也比较高，但双圆盘式雨淋阀容易误动作造成水渍损失，目前一般不宜采用。雨淋阀形式较多，选择雨淋阀时要注意以下两方面：

1）水流速度为 4.5m/s 时，压力损失不宜大于 0.02MPa。

2）雨淋阀开启后应能够防止其自动回到伺服状态。

（5）预作用阀。预作用工作系统的原理是未发生火灾时，为防止管道和闭式喷头渗漏，系统侧管路中充满低压压缩空气，压力范围一般为$(0.1\sim0.25)\times10^5$Pa。当发生火灾时，安装在保护区的火灾探测器首先发出火警报警信号，火警报警控制器在接到报警信号后发出指令信号，打开雨淋阀，将水压入管内，并在很短的时间内完成充水过程。同时，系统压力开关动作接通声光显示盒，显示管网中已充水，使系统转变为湿式系统。这时，如火灾继续发展，闭式喷头破碎，开启喷水，并通过水力警铃报警。

一般是将雨淋阀出水口上端接配一套同规格的湿式报警阀构成一套预作用系统。适用于不允许出现误喷的重要场所。

7. 报警装置

（1）水力警铃。水力警铃是消防报警的措施之一，与报警阀配套使用，宜设在公共通道或值班室的外墙上。当报警阀开启，具有一定压力的水流入警铃进水管，水流冲动叶轮，带动铃锤转动打铃报警，水力报警器应安装在控制信号阀附近，管道长度距离值班室不大于 25m，高度不大于 6m。连接管道应采用镀锌钢管，长度不超过 6m 时，管径为 15mm；长度超过 6m，管径为 20mm。连接水力警铃管道的总长度不宜大于 20m，工作压力不应小于 0.05MPa。水力警铃与各报警阀之间的高度不得大于 5m。

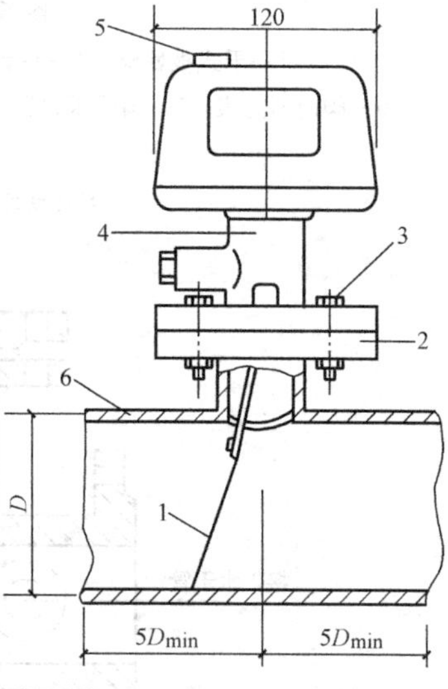

图 6-36　水流指示器

1—桨片　2—法兰底座　3—螺栓
4—本体　5—接线孔　6—喷水管道

（2）水流指示器。水流指示器的构造如图 6-36 所示。水流指示器的功能是及时报告发生火灾的部位。当喷头开启喷水或管网发生水量泄漏时，管道中有水流通过，引起水流指示器中浆片随水流而动作，接通延时电路 15～30s 后，继电器触点吸合，向消防控制室发出电信号，指示开启喷头所在的地区。

水流指示器安装在喷头配水管网水平支管上。除报警阀组控制的喷头只保护不超过防火面积的同层场所外，每个防火分区和每个楼层均要求设有水流指示器。设置货架内喷头的仓库，顶板下喷头与货架内喷头应分别设置水流指示器，以有利于判断喷头的状况。为使系统维修时关停的范围不致过大而在水流指示器入口前设置阀门时，要求该阀门采用信号阀，其信号线与消防控制室相连，在消防控制室可以监视信号阀启闭状态，防止因误操作而造成配水管道断水的故障。国内生产的信号阀有无触点式输出和有触点式输出两种，电源为 24V 直流电，显示灯可就近显示，也可远距离（消防控制室）显示。

（3）压力开关。当自喷系统投入工作后，水流通过压力继电器在水压作用下，其电触点闭合发出报警信号，它一般用于辅助报警，安装在延时器与水力警铃之间的信号管道上。

8. 延时器

是一种罐式容器，安装在报警阀之后、水力警铃和压力开关之前，用以消除因水源压力瞬间变化引起控制信号阀波动发出水锤，并对报警系统造成影响。以免发生虚假报警，延时器可将上述渗漏水排除。一旦真正发出火灾，经控制信号阀来的水会在 30 秒内充满容器，并封闭排水器，然后触发压力开关和水力警铃发出报警信号。

9. 末端试水装置

设置末端试水装置的目的为了检验系统的可靠性，测试系统能否在开放一只喷头的最不利条件下可靠报警并正常启动。末端试水装置测试的内容，包括水流指示器、报警阀、压力开关、水力警铃的动作是否正常，配水管道是否畅通，以及最不利点处的喷头工作压力等。

每个报警阀组控制的最不利喷点处，应设末端试水装置。其他防火分区、楼层的最不利喷头处均设直径为 25mm 的试水阀。

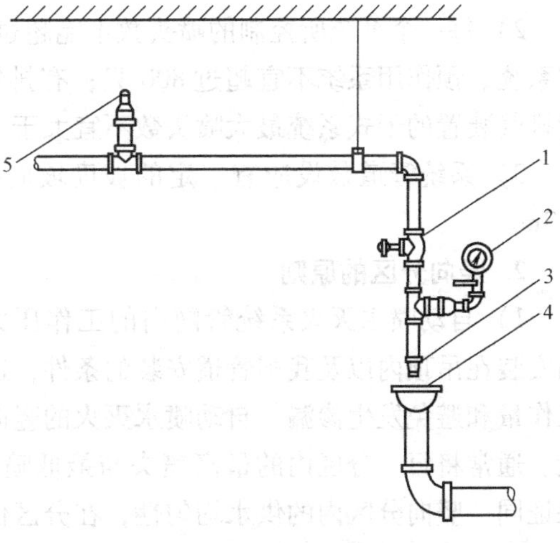

图 6-37　末端试水装置示意

1—截止阀　2—压力表　3—试水接头

4—排水漏斗　5—最不利喷头

末端试水装置由试水阀、压力表以及试水接头组成，见图6-37。试水接头出水口流量系数与同楼层或防火分区内喷头的最小流量系数相同。末端试水装置的出水，应采取孔口出流的方式排入排水管道。

6.2.4 自动喷水灭火系统分区

大型建筑或高层建筑往往需要若干个自动喷水灭火系统才能满足实际使用的要求，在平面上、竖向上分区设置各自的系统。

1. 平面分区的原则

1）系统的布置宜与建筑防火分区一致，尽量做到区界内不出现两个以上的系统交叉；若在同层平面上有两个以上自动喷水灭火系统时，系统相邻处两个边缘喷头的间距不应超过0.5m，以加强喷水强度，起到加强两区之间阻火能力，如图6-38所示。

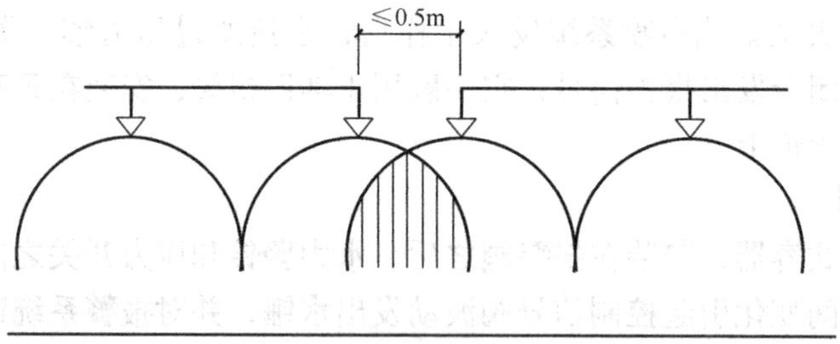

图6-38　两个相邻自动喷水灭火系统交界处的喷头间距要求

2）每一个系统所控制的喷头数不能超过一个报警阀控制的最多喷头数，湿式系统、预作用系统不宜超过800只；有排气装置的干式系统不宜超过500只，无排气装置的干式系统最大喷头数不宜大于250只。

3）系统管道敷设应有一定的坡度坡向排水口，管道坡降值一般不宜超过0.3m。

2. 竖向分区的原则

1）自动喷水灭火系统管网内的工作压力不应大于1.2MPa，考虑到系统管网安装在吊顶内以及我国管道安装的条件，适当降低管网的工作压力可减少维修工作量和避免发生渗漏。自动喷水灭火的竖向分区压力可以与消火栓给水系统相近。通常将每一分区内的最高喷头与最低喷头之间的高程差控制在50m内。为保证同一竖向分区内的供水均匀性，在分区低层部分的入口处设减压孔板，将入口压力控制在0.40MPa以下。

2）屋顶设高位水箱供水系统，最高层喷头最低供水压力小于0.05MPa时，需设置增压设备，可单独形成一个系统。

3）在城市供水管道能保证安全供水时，可充分利用城市自来水压力，单独形成一个系统。

3. 闭式系统常用的给水方式

（1）设重力水箱和水泵的分区供水。此种系统布置方式适用于建筑高度低于100m的一般高层建筑，如图6-39所示。优点是初期火灾的消防出水量有保证，且水压稳定、安全可靠。气压水罐设在高处，工作压力小，有效容积利用率高；低层供水在报警阀前采用减压阀减压，保证系统供水的均匀性。在实际应用中还可以采用多级多出口水泵替代该系统的水泵和减压阀，用同一水泵来保证高、低区各自不同的用水压力，使系统更为简单。

（2）无水箱分区供水。对于地震区高层建筑、无法设水箱的高层建筑或规范允许不设消防水箱的建筑，可采用如图6-40所示的无水箱分区供水系统布置。

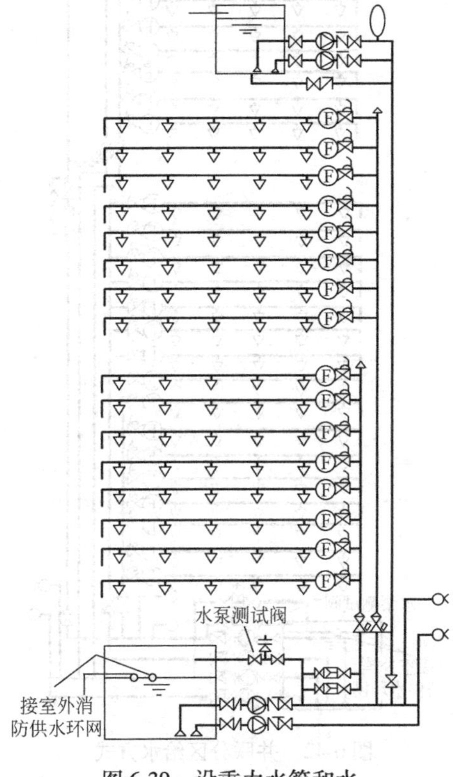

图6-39　设重力水箱和水泵的分区给水方式

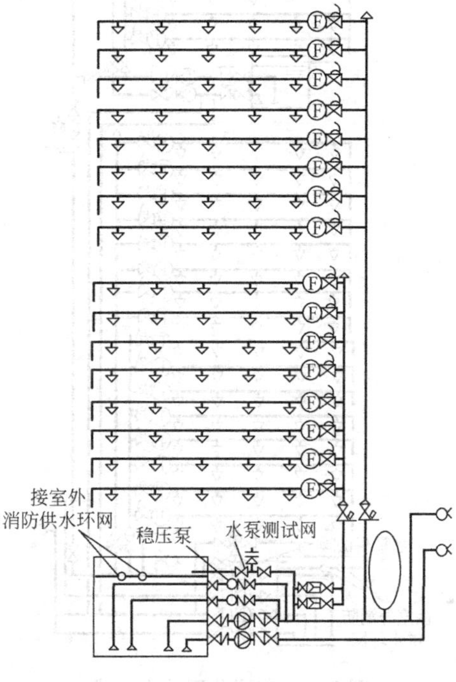

图6-40　无水箱分区供水给水方式

此种布置方式对供电的要求更严格，其中的消防泵可换成气压给水装置或变频调速装置。因为不设高位水箱，导致初期火灾10min的消防用水得不到保证，气压水罐容积较大。

（3）串联分区供水。如图 6-41 所示为水箱串联分区供水方式。

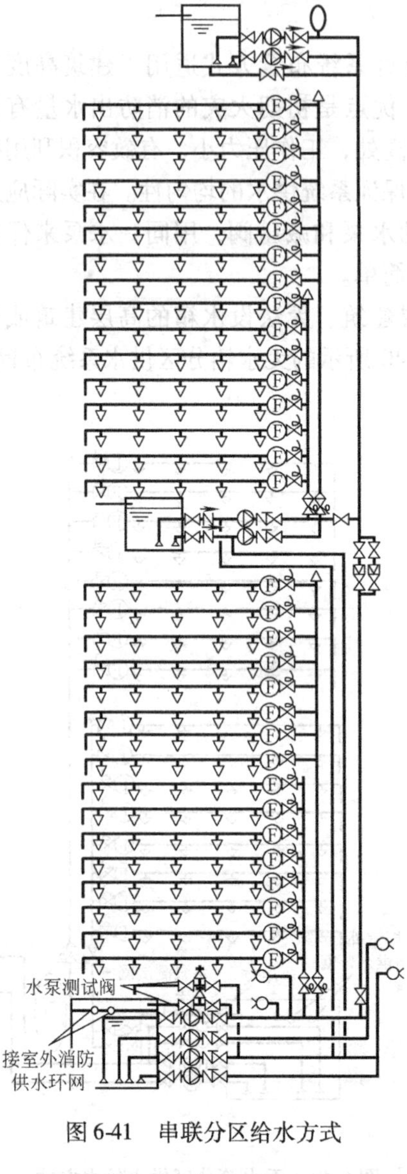

图 6-41　串联分区给水方式

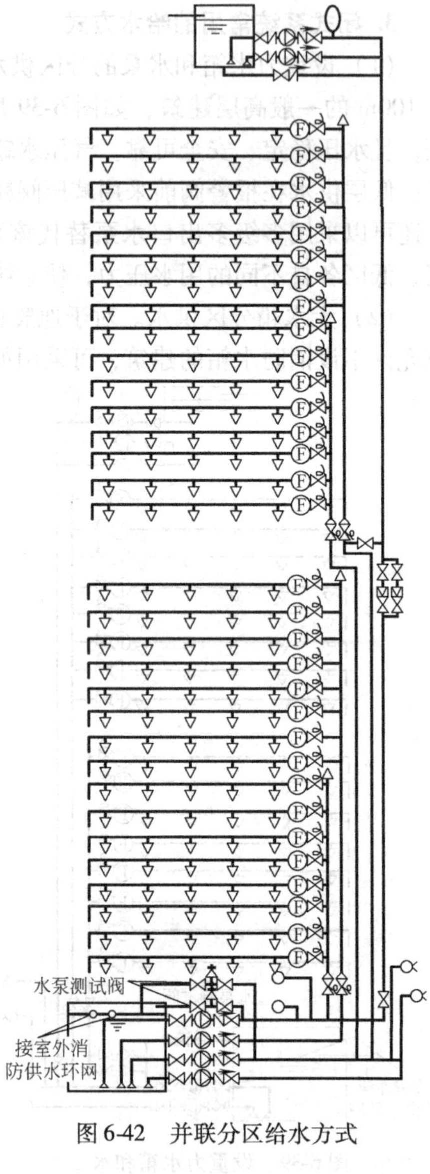

图 6-42　并联分区给水方式

此种系统布置形式适用于建筑高度 100m 以上的超高层建筑。该系统高低区供水独立。低区采用屋顶消防水箱作稳压水源，使中间水箱的高度不受限制。高区采用水泵串联加压供水。高区发生火灾时，先启动运输泵，后启动喷淋，水泵运行安全可靠。减压阀设在高位，工作压力低，对于超过消防车压力范围的高区，可在位于低区的高压消防水泵接合器处设能启动高区水泵的启泵按钮，使消防车能够通过消防水泵接合器与高区水泵串联工作，像高区加压供水。该系统设中间消防水箱，占用上层使用面积，容易产生噪声和二次污染；水泵机组多，投资大；设备分散，不便于维护管理。

串联分区给水方式也可利用水泵串联方式，即低区喷淋泵作为高区的传输泵，从而节省了投资和占用面积。但低区喷淋泵同时受高、低区报警的控制，系统控制比较复杂，运行可靠性有一定的风险。

（4）水泵并联供水。如图6-42所示。初期火灾用水由屋顶高位水箱统一供给，不设中间分区减压水箱，节省中间层建筑面积。分区消防水泵集中在地下层，水泵机组少，管理、启动方便。缺点是水泵扬程以最高层最不利喷头工作压力进行计算，对Ⅰ区而言，水泵扬程过剩，Ⅰ区需设减压阀。由于水泵扬程有限，这种给水方式不适用于高区高度超出水泵供水压力范围的情况。

6.2.5 喷头的选型和布置

1. 喷头的选择原则

喷头的选用和设置，应根据被保护建筑物或场所的实际情况和要求决定，如安装地点的几何形状、结构特点、最高环境温度、腐蚀情况、美观要求等。

喷头的选择应注意以下问题：

1）应按环境温度选用喷头的温级，喷头的公称动作温度应比安装环境的最高温度高30℃左右。对于安装在特殊场合，如大型炊事设备及通风空调系统附近的喷头，应实测使用位置的最高环境温度，以选择合适的公称动作温度。蒸汽压力小于0.1MPa的散热器附近2m以内的空间，宜采用高温级喷头（121～149℃）；2～6m以内在空气热流趋向的一侧采用中温级喷头（79～107℃）。设有保温的蒸汽管道上方0.75m，两侧0.3m以内的空间，宜采用中温级喷头（79～107℃），低压蒸汽安全阀旁2m以内，宜采用高温级喷头（121～149℃）。不通风的厨柜内，天花板处装有高功率的电气照明设备时，靠近天花板处应装设中温级喷头。

2）在设置喷头的场所应注意防止腐蚀性气体的腐蚀。对有腐蚀介质存在的场所，应对喷头进行防腐处理或选用特殊的耐腐蚀喷头。

3）有特殊要求的场合，应根据安装环境的特点，选用特殊喷头。如燃烧比较猛烈的场所，可选大水滴喷头；有装饰要求的场合，可选吊顶型喷头、平齐型喷头等；高架仓库，或火灾危险性较大的场所，要求喷头快速动作的，可选用快速反应喷头；有冻结危险的场所，要求喷头向下安装时应采用干式下垂型喷头；走道、标准客房等狭长场所，可选用边墙型喷头；易被灰尘、纤维堆积的狭长气流区，应采用鹤嘴柱式喷头。

4）喷头的公称口径应与建筑物火灾等级相符。

5）喷头的安装间距应符合要求。

2. 喷头的布置

喷头布置应满足 GB 50084—2001（2005 版）《自动喷水灭火系统规范》的有关规定，具体简述如下：

（1）喷头布置形式。喷头应布置在顶板或吊顶下易于接触到火灾热气流并有利于均匀布水的位置，并使得房间内任何部位都能受到喷水保护，还要满足喷水强度的要求。喷头布置方式有正方形（见图 6-43）、长方形（见图 6-44）和平行四边形。

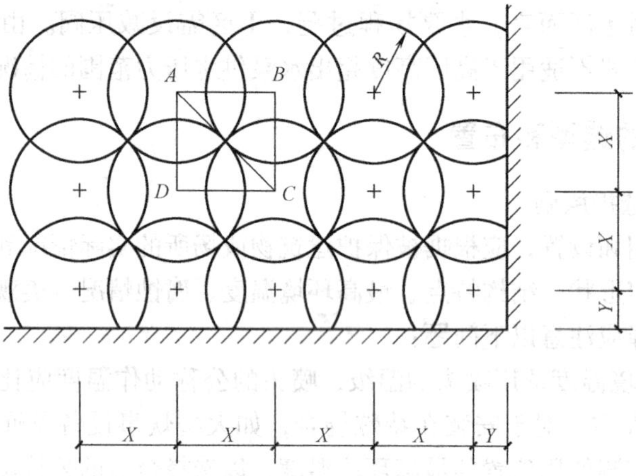

图 6-43　正方形喷头的布置形式

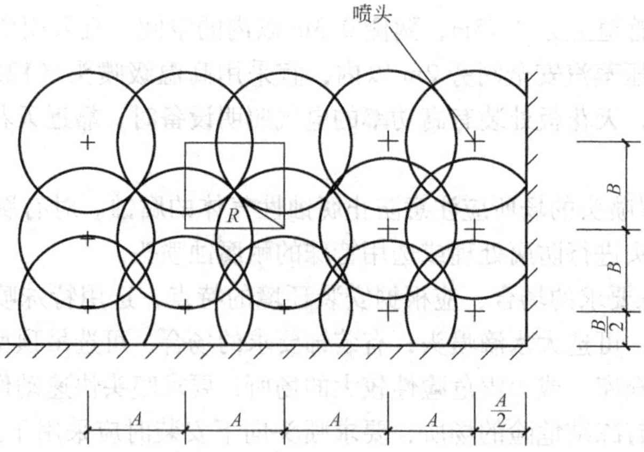

图 6-44　长方形喷头的布置形式

喷头布置间距：

正方形布置满足

$$X = 2R\cos 45° \tag{6-22}$$

长方形布置满足

$$(A^2 + B^2)^{1/2} \leqslant 2R \tag{6-23}$$

具体采用何种形式应根据建筑平面和构造确定。喷头的布置间距和位置原则上应满足房间的任何部位发生火灾时均能有一定强度的喷水保护。适用于不同危险级建筑物的自动喷水灭火系统，每只标准喷头的保护面积、喷头间距以及喷头与墙面、柱的间距应符合表6-21。对喷头布置成正方形、长方形、菱形情况下的喷头布置间距，可利用喷头工作压力作用下喷头出水量 q 与各种危险级喷水强度 L（见表6-22）的比值得到喷水面积，然后再按喷水面积和喷头各种布置几何关系得到。

表6-21　标准喷头的保护面积和间距

建筑物、构筑物危险等级分类		每只喷头最大保护面积/m²	喷头间最大水平间距/m	喷头与墙柱之间的最大水平距离/m
严重危险级	生产建筑	8.0	2.8	1.4
	储存建筑	5.4	2.3	1.1
中危险级		12.5	3.6	1.8
轻危险级		21.0	4.6	2.3

表6-22　自动喷水灭火系统设计的基础数据

建、构筑物的危险等级		设计喷水强度/[L/(min·m²)]	作用面积/m²	最不利点处喷头最低压力/kPa
严重危险级	生产建筑物	10.0	300	98
	储存建筑物	15.0	300	98
中危险级		6.0	200	98
轻危险级		3.0	180	98

注意，最不利点喷头工作压力可降低到50kPa；若自动喷洒系统的实际作用面积小于表中规定面积时，按实际面积计算其用水量；雨淋喷水灭火系统应按严重危险级计算，水幕系统最不利点喷头工作压力应不小于29.4～49kPa。

直立型、下垂型喷头的布置，包括同一根配水支管上喷头的间距及相邻配水支管的间距，应根据系统的喷水强度、喷头的流量系数和工作压力确定，并不应大于表6-23的规定，且不宜小于2.4m。

表 6-23 同一根配水支管上喷头的间距及相邻配水支管的间距

喷水强度 /[L/(min·m²)]	正方形布置的边长/m	矩形或平行四边形布置的长边边长/m	一只喷头的最大保护面积/m²	喷头与端墙的最大距离/m
4	4.4	4.5	20.0	2.2
6	3.6	4.0	12.5	1.8
8	3.4	3.6	11.5	1.7
12~20	3.0	3.6	9.0	1.5

(2) 喷头布置的一般规定

1) 除吊顶型喷头及吊顶下安装的喷头外，直立型、下垂型标准喷头，其溅水盘与顶板的距离不应小于75mm，且不应大于150mm。

2) 图书馆、档案馆、商场、仓库中的通道上方宜设有喷头。喷头与被保护对象的水平距离，不应小于0.3m；喷头溅水盘与保护对象的最小垂直距离为：标准喷头0.45m，其他喷头0.9m。

3) 货架内喷头宜与顶板下喷头交错布置，其溅水盘与上方层板的距离，应符合1) 条的规定，与其下方货品顶面的垂直距离不应小于150mm。

货架内喷头上方的货架层板应为封闭层板。货架内喷头上方如有空洞、缝隙，应在喷头的上方设置集热挡水板。集热挡水板应为正方形或圆形金属板，其平面面积不宜小于0.12m，周围弯边的下沿，宜与喷头的溅水盘平齐。

4) 净空高度大于800mm的闷顶和技术夹层内有可燃物时，应设置喷头。

5) 当局部场所设置自动喷水灭火系统时，与相邻不设自动喷水灭火系统场所相连通的走道或连通开口的外侧，应设喷头。

6) 装设通透性吊顶的场所，喷头应布置在顶板下。

7) 顶板或吊顶为斜面时，喷头应垂直于斜面，并应按斜面距离确定喷头间距。

尖屋顶的屋檐处应设一排喷头。喷头溅水盘至屋脊的垂直距离，屋顶坡度大于1/3时，不应大于0.8m；屋顶坡度小于1/3时，不应大于0.6m。

8) 边墙型标准喷头的最大保护跨度与间距，应符合表6-24的规定。

表 6-24 边墙型标准喷头的最大保护跨度与间距

设置场所火灾危险等级	轻危险级	中危险级
配水支管上喷头的最大间距/m	3.6	3.0
单排喷头的最大保护跨度/m	3.6	3.0
两排相对喷头的最大保护跨度/m	7.2	6.0

注：1. 两排相对喷头应交错布置。

2. 室内跨度大于两排相对喷头的最大保护跨度时，应在两排相对喷头中间增设一排喷头。

边墙型扩展覆盖喷头的最大保护跨度、配水支管上的喷头间距、喷头与两侧端墙的距离，应按喷头工作压力下能够喷湿对面墙和邻近端墙距溅水盘 1.2m 高度以下的墙面确定，且保护面积内的喷水强度应符合规定。

直立式边墙型喷头，其溅水盘与顶板的距离不应小于 100mm，且不宜大于 150mm，与背墙的距离不应小于 50mm，并不应大于 100mm。

水平式边墙型喷头溅水盘与顶板的距离不应小于 150mm，且不应大于 300mm。

9）防火分隔水幕的喷头布置，应保证水幕的宽度不小于 6m。采用水幕喷头时，喷头不应少于 3 排；采用开式洒水喷头时，喷头不应少于 2 排。防护冷却水幕的喷头宜布置成单排。

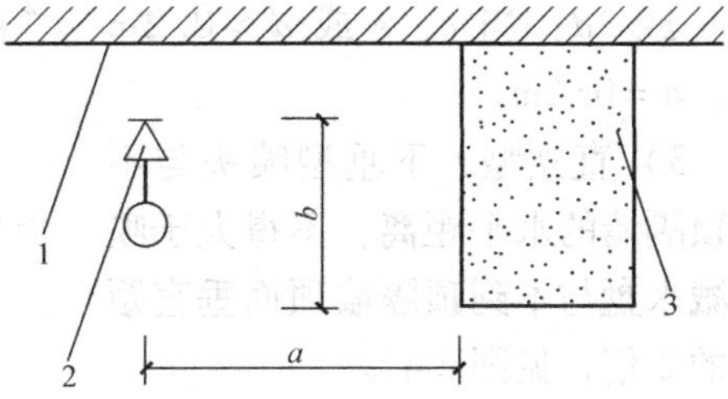

图 6-45　直立、下垂型喷头与梁的距离

1—顶板　2—直立型喷头　3—梁（或通风管道）

10）通常闭式喷头下方的覆盖面积大约为 $12m^2$。受喷头有效射程的影响，对采用闭式自动喷水灭火系统建筑物的最大净空高度规定如下：民用建筑和工业厂房为 8m，仓库为 9m，采用快速响应早期抑制喷头的仓库为 12m。

（3）喷头与障碍物的距离（见图 6-45）

1）直立型、下垂型喷头与梁、通风管道的距离宜符合表 6-25 的规定。

表 6-25　喷头与梁和通风管的距离

喷头溅水盘与梁或通风管道的底面的最大距离 b/m		喷头与梁或通风管道的水平距离 a/m
标准喷头	其他喷头	
0	0	<0.3
0.06	0.038	$0.3 \leqslant a < 0.6$
0.14	0.14	$0.6 \leqslant a < 0.9$
0.24	0.25	$0.9 \leqslant a < 1.2$
0.35	0.375	$1.2 \leqslant a < 1.5$
0.45	0.55	$1.5 \leqslant a < 1.8$
>0.45	>0.45	$a = 1.8$

2）直立型、下垂型标准喷头的溅水盘以下 0.45m，其他直立型、下垂型喷头的溅水盘以下 0.9m 范围内，如有屋架等间断障碍物或管道时，喷头与邻近障碍物的最小水平距离，见图 6-46。当 c、e 或 $d\leqslant 0.2\mathrm{m}$ 时，$a=3c$ 或 $3e$（c 与 e 取最大值）或 $3d$；当 c、e 或 $d>0.2\mathrm{m}$ 时，$a=0.6\mathrm{m}$。

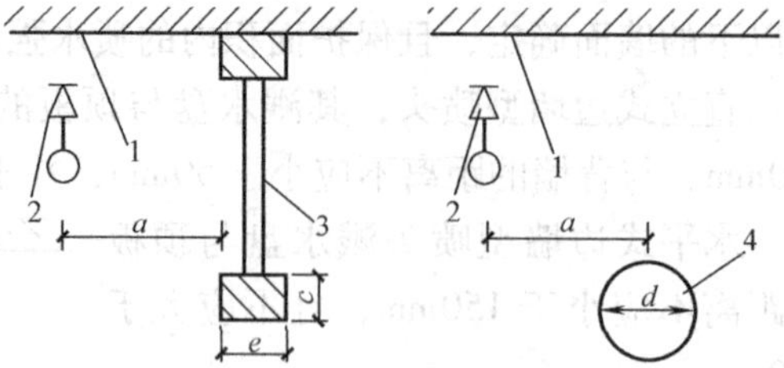

图 6-46　喷头与邻近障碍物的最小水平距离

1—顶板　2—喷头　3—屋架　4—管道

3）直立型、下垂型喷头与不到顶隔墙的水平距离，不得大于喷头溅水盘与不到顶隔墙顶面垂直距离的 2 倍，见图 6-47。

4）直立型、下垂型喷头与靠墙障碍物的距离，应符合下列规定，见图 6-48。

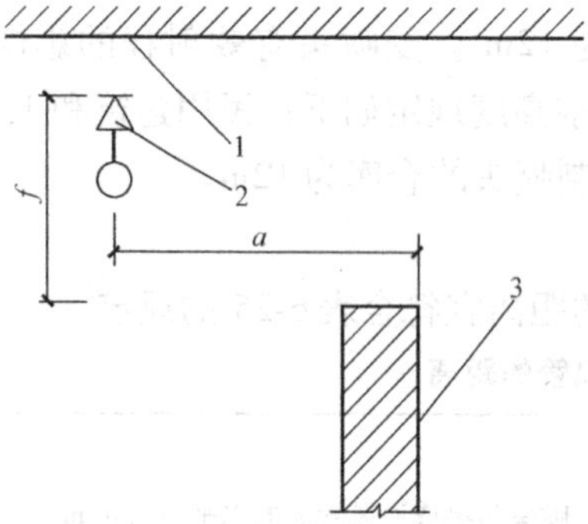

图 6-47　喷头与不到顶隔墙的距离

1—顶板　2—喷头　3—不到顶隔墙

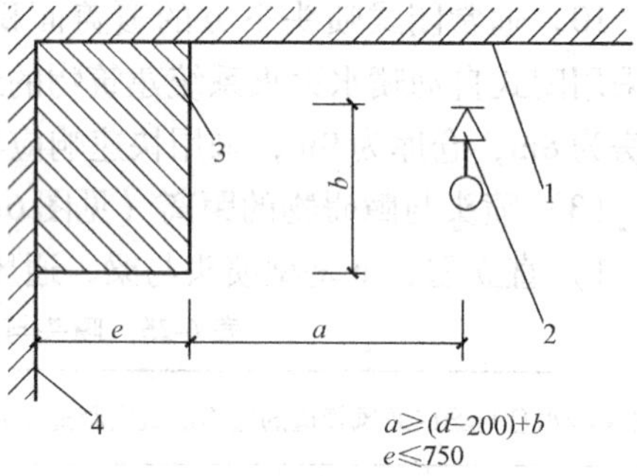

图 6-48　直立型、下垂型喷头与靠墙障碍物的距离

1—顶板　2—直立型喷头　3—靠墙障碍物　4—墙面

a. 障碍物横截面边长小于 750mm 时，喷头与障碍物的距离，应满足下式

$$a\geqslant(e-200)+b \tag{6-24}$$

式中　a——喷头与障碍物的水平距离，单位为 mm；

b——喷头溅水盘与障碍物底面的垂直距离，单位为 mm；

e——障碍物横截面的边长，单位为 mm，$e<750$。

b. 障碍物横截面边长等于或大于 750mm 或 a 的计算值大于表中喷头与端墙距离的规定时，应在靠墙障碍物下增设喷头。

5）边墙型喷头的两侧 1m 及正前方 2m 范围内，顶板或吊顶下不应有阻挡喷水的障碍物。

6）当梁、通风管道、排管、桥架等障碍物的宽度大于1.2m时，其下方应增设喷头。

6.2.6 管网的布置

自动喷水灭火系统的管网由供水管、配水立管、配水干管、配水管及配水支管组成。根据主管与配水管之间的连接方式，管网的布置形式常见的有四种：即中央中心型给水、侧边中心型给水、中央末端型给水和侧边末端型给水，如图6-49所示。管道布置形式应根据喷头布置的位置和数量来确定。

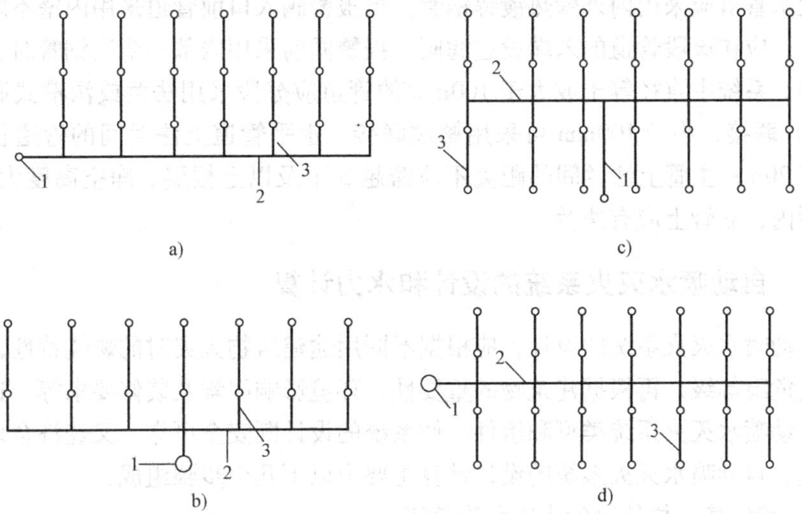

图6-49 管网布置方式

a）侧边末端型 b）侧边中心型 c）中央中心型 d）中央末端型

1—主管 2—配水管 3—配水支管

每根配水支管或配水管的管径均不应小于25mm，短立管及末端试水装置的连接管，其管径不应小于25mm。水平安装的管道宜有坡度，并应坡向泄水阀。充水管道的坡度不易小于2‰，准工作状态补充水管道的坡度不易小于4‰。

配水管道的布置，应使配水管入口的压力均衡。轻危险级、中危险级场所中各配水管入口的压力均不宜大于0.40MPa。配水管两侧每根配水支管控制的标准喷头数，轻危险级、中危险级场所不应超过8只，吊顶上下同时安装喷头的配水支管，上下侧均不应超过8只。严重危险级及仓库危险级场所均不应超过6只。轻危险级、中危险级场所中配水支管、配水管控制的标准喷头数，不应超过表6-26的规定。

表 6-26 轻危险级、中危险级场所中配水支管、配水管控制的标准喷头数

公称直径/mm	控制的标准喷头数/只	
	轻危险级	中危险级
25	1	1
32	3	3
40	5	4
50	10	8
65	18	12
80	48	32
100	—	64

配水管道应采用内外壁热镀锌钢管。当报警阀入口前管道采用内壁不防腐的钢管时，应在该段管道的末端设过滤阀。报警阀前采用内部不防腐钢管时，可焊接联接。系统中直径等于或大于100mm的管道应分段采用法兰或沟槽式联接件（卡箍）联接，小于100mm可采用螺纹联接。水平管道上法兰间的管道长度不宜大于20m；主管上法兰间的距离不应跨越3个及以上楼层。净空高度大于8m的场所内，立管上应有法兰。

6.2.7 自动喷水灭火系统的设计和水力计算

自动喷水灭火系统的设计，应根据不同用途建筑物火灾时的燃烧特性，确定其火灾危险等级，再根据建筑物的重要性、环境影响因素及装修要求等，选择不同的自动喷水灭火系统类型和组件，使系统的设计既安全可靠、又经济合理、技术先进。自动喷水灭火系统的设计计算主要由以下几个步骤组成：

1）确定建、构筑物的火灾危险等级。

2）确定设计技术数据。

3）选择系统类型。

4）布置喷头。

5）进行管网布置，绘制管网平面布置图和轴测图。

6）初步确定管径，并按以上计算出的流量校核各管段的允许流速 $v \leqslant 5\text{m/s}$，超过规定值时，重新调整管径。

7）进行管网水力计算，对于环状管网和格栅状管网还需进行系统压力平衡计算。

8）校核设计作用面积内的平均喷水强度。

9）选择减压装置。

10）选择消防水泵。

11）确定高位水箱的容积和设置高度。

12）确定水泵接合器的型号和设置数量。

13）确定消防水池容积。

1. 设置自动喷水灭火系统建筑物火灾危险等级的划分

设置自动喷水灭火系统建筑物（场所）火灾危险等级的划分，应根据其用途、容纳物品的火灾荷载及室内空间条件等因素，在分析火灾特点、热气流驱动喷头开启以及喷水到位的难易程度后确定。当建筑物内各场所的火灾危险性及灭火难度存在较大差异时，宜按各场所的实际情况确定系统选型与火灾危险等级。

世界上一些主要国家在制定自动喷水灭火系统设计安装标准时，一般将建筑物划分成3个或4个火灾危险等级。我国《自动喷水灭火系统规范（2005版）》（GB 50084—2001）中将火灾危险等级分为四大级、八大小级，即轻危险级、中危险级（Ⅰ、Ⅱ级）、严重危险级（Ⅰ、Ⅱ级）和仓库危险级（Ⅰ、Ⅱ、Ⅲ级），如表6-27所示。

表6-27　自动喷水灭火系统设置场所火灾危险等级举例

危险等级		设置场所举例
轻危险级		建筑高度为24m及以下的旅馆、办公楼；仅在走道设置闭式系统的建筑等
中危险级	Ⅰ级	1. 高层民用建筑中的旅馆、办公楼、综合楼、邮政楼、金融电信楼、指挥调度楼、广播电视塔（楼） 2. 公共建筑（含单、多、高层）中的医院、疗养院、娱乐场所、木结构古建筑、国家文物保护单位、图书馆（书库除外）、档案馆、展览馆（厅）、总建筑面积小于5000m^{2}的商场、总建筑面积小于1000m^{2}的地下商场 3. 文化遗产建筑中的木结构古建筑、国家文物保护单位等 4. 工业建筑中的食品、家用电器、玻璃制品厂等的备料与生产车间，且室内净空高度不超过4m；火车站、飞机场、码头的旅客休息厅；钢结构屋架、冷藏库等
中危险级	Ⅱ级	1. 民用建筑：舞台（葡萄架除外）、书库、总建筑面积5000m^{2}及以上的商场、总建筑面积1000m^{2}及以上的地下商场 2. 工业建筑：棉毛麻丝及化纤的纺织、织物及制品生产车间；木材木器及胶合板、谷物加工、烟草及制品、饮用酒（啤酒除外）、皮革及制品、造纸及纸制品、制药厂等的备料与生产车间
严重危险级	Ⅰ级	印刷厂、酒精制品、可燃液体制品等工厂的备料与生产车间
严重危险级	Ⅱ级	固体易燃物品、易燃液体喷雾操作区域、可燃的气溶胶制品、溶剂、油漆、沥青制品等工厂的备料及生产车间、摄影棚、舞台“葡萄架”下部
仓库危险级	Ⅰ级	食品、烟酒、木箱、纸箱包装的不燃难燃物品、仓储式商场的货架区等
仓库危险级	Ⅱ级	木材、纸、皮革、谷物及制品、棉毛麻丝化纤及制品、家用电器、电缆、钢塑混合材料制品、各种塑料瓶包装的不燃物品及各类物品混杂储藏的仓库等
仓库危险级	Ⅲ级	A组塑料与橡胶及其制品；沥青制品等

注：表中A组塑料与橡胶举例参见《自动喷水灭火系统设计规范》［GB 50084—2001（2006版）］附录B。

2. 自动喷水灭火系统基本设计数据的确定

基本设计数据包括喷水强度、作用面积、喷头动作数、每只喷头保护面积、最不利点处喷头压力以及理论供水量等。民用建筑和工业厂房的系统设计基本参数不应低于表6-28的规定。仓库的系统设计基本参数不应低于表6-29的规定。

喷水强度是喷水灭火系统最重要的控制数据，是一个实验数据，并参考世界各国有关资料在规范中给以限定。

表6-28 民用建筑和工业厂房的系统设计基本参数

火灾危险等级		喷水强度 /[L/(min·m²)]	作用面积/m²	喷头工作压力/MPa
轻危险级		4	160	0.10
中危险级	Ⅰ级	6		
	Ⅱ级	8		
严重危险级	Ⅰ级	12	260	
	Ⅱ级	16		

表6-29 仓库的系统设计基本参数

仓库等级	最大净空高度/m	货品最大堆积高度/m	喷水强度 /[L/(min·m²)]	作用面积/m²	喷头工作压力/MPa
Ⅰ级	9.0	4.5	12	200	0.10
Ⅱ级			16	300	
Ⅲ级	6.5	3.5	20	260	

作用面积，即喷水灭火系统设计喷水的最大面积。在这个面积内，喷水强度、喷水的均匀性能可以得到保证。作用面积的大小主要是根据建筑物的燃烧特性（包括建筑物内储存的可燃物）、可燃物的多少及燃烧时间等因素确定。

最不利点处喷头压力一般情况为0.1MPa，最低不得小于0.05MPa，这主要是根据喷头特性和喷水强度要求决定的。

各种危险级别的建（构）筑物自动喷水灭火系统每只标准喷头的保护面积、喷头间距以及喷头与墙柱间的间距等参数，见表6-30。

表6-30 闭式喷水灭火系统的保护面积、喷头间距以及喷头与墙柱间等的参数

建、构筑物的危险等级		项目：消防用水量 /(L/s)	设计喷水强度 /[L/(min·m²)]	作用面积 /m²	每个喷头最大保护面积/m²	喷头最大水平间距 /m	喷头与墙柱面最大间距/m
严重危险级	生产建筑物	50	10.0	300	8	2.8	1.4
	储存建筑物	75	15.0	300	5.4	2.3	1.1
中危险级		20	6.0	200	12.5	3.6	1.8
轻危险级		9	3.0	180	21	4.6	2.3

3. 系统作用面积的确定

按表6-28和表6-29对基本设计数据的要求，并根据管网的布置情况，确定设计对象的最不利作用面积的大小和位置。考虑到实际火灾发生时，一般都是由火源点呈辐射状向四周蔓延，在失火区才会开放喷头，因此，可采用矩形面积保护法，仅在矩形面积范围内的喷头才计算流量。水力计算选定的最不利作用面积宜采用正方形或长方形，当采用长方形时，其长边应平行于配水支管，边长不宜小于作用面积平方根的1.2倍，即

$$L = 1.2\sqrt{A} \tag{6-25}$$

$$B = A/L \tag{6-26}$$

式中 A——最不利作用面积，单位为m^2；

L——最不利作用面积长边边长，单位为m；

B——最不利作用面积短边边长，单位为m。

最不利作用面积通常在水力条件最不利处，即系统供水的最远端。图6-50所示为枝状管网最不利作用面积的几个位置图，其中A、B两种方式应优先选择。图6-51所示为环状管网最不利作用面积位置可供选择的几个方案。

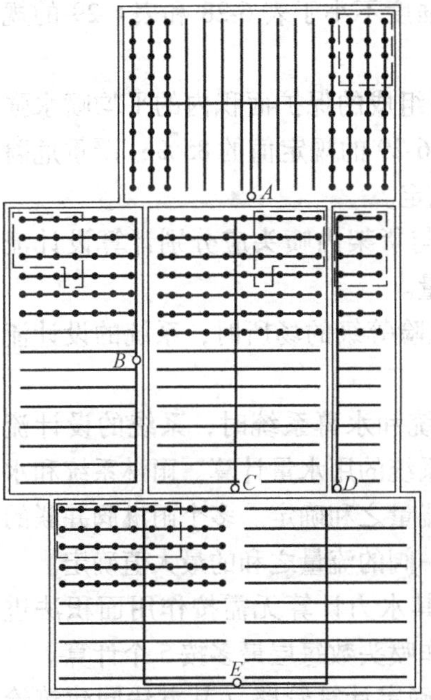

图6-50 枝状管网最不利作用面积的位置

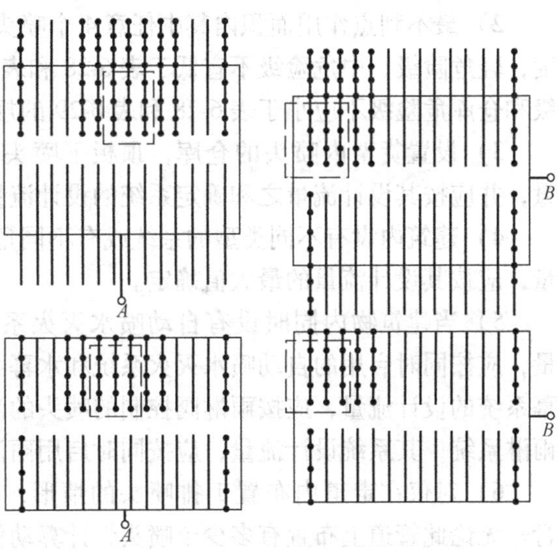

图6-51 环状管网最不利作用面积的位置

4. 喷头的流量

喷头的流量取决于喷头处的水压力和喷头本身与结构有关的水力特性，按下式计算

$$q = K\sqrt{100H} \tag{6-27}$$

式中 q——喷水出水量，单位为 L/s；

K——与喷头结构有关的特性系数，公称直径 15mm 的玻璃球喷头和公称直径 12.7mm 的易熔金属喷头，$K=4.2$；

H——喷头工作压力，单位为 MPa。

在进行轻危险级和中危险级建筑物（构筑物）系统水力计算时，假定作用面积内各喷头的喷水量相等，均等于最不利点喷头出水量。

5. 系统的设计流量

自动喷水灭火系统的设计流量按最不利点作用面积内喷头同时喷水的总流量确定为

$$Q_s = \Sigma q_i \tag{6-28}$$

式中 Q_s——系统的设计流量，单位为 L/s；

q_i——最不利作用面积内各喷头节点的流量，单位为 L/s。

自动喷水灭火系统设计流量的计算应注意以下几点：

1）保证任意作用面积内喷头的平均喷水强度不小于表 6-28 和表 6-29 的规定。

2）最不利点作用面积内其中任意 4 个喷头组成的保护面积内的平均喷水强度，轻危险级、中危险级不宜低于表 6-28 和表 6-29 的规定值的 85%；严重危险级和仓库危险级不应小于表 6-28 和表 6-29 的规定。

3）设置货架内喷头的仓库，顶板下喷头与货架内喷头应分别计算设计流量，并应按其设计流量之和确定系统的设计流量。

4）建筑内设有不同类型的系统或有不同危险等级的场所时，系统的设计流量，应按其设计流量的最大值确定。

5）当建筑物内同时设有自动喷水灭火系统和水幕系统时，系统的设计流量，应按同时启用的自动喷水灭火系统和水幕系统的用水量计算。雨淋系统和水幕系统的设计流量，应按雨淋阀控制的喷头的流量之和确定。多个雨淋阀并联的雨淋系统，其系统设计流量，应按同时启用雨淋阀的流量之和的最大值确定。

6）对仅在走道内布置 1 排喷头的情形，其水力计算无需按作用面积法进行。无论此管道上布置有多少个喷头，计算动作喷头数每层最多按 5 个计算。

作用面积确定后，从最不利点喷头开始，确定计算管路（其方法同建筑给水），并依次计算各管段的流量和压力损失，直至计算到作用面积内最末一个喷头为止，以后管段的流量不再增加，仅计算管段的压力损失。

6. 管道水力计算

（1）选择最不利计算管路，计算所有喷头流量、计算管段流量。如图6-52所示为某自动喷水系统计算管路中最不利作用面积内的管段，其中，喷头1、2、3、4和节点5为管段I；喷头10、9、8、7和节点6为管段II，假设喷头口径及其安装等均相同。支管I的起点喷头1为整个管系的最不利点，在规定的最小工作压力 H_1（高层为0.10MPa）下，喷头1的出流量采用式（6-27）形式

$$q_1 = K\sqrt{100H_1} \tag{6-27a}$$

通过管段1-2的水头损失为 h_{1-2}，则喷头2的压力

$$H_2 = H_1 + h_{1-2} \tag{6-27b}$$

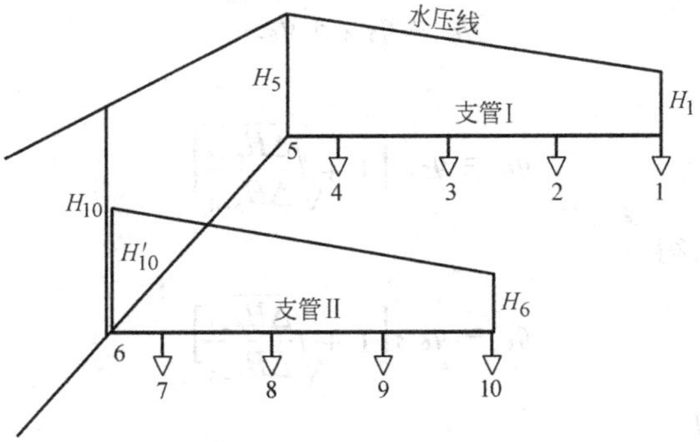

图6-52　自动喷水灭火管网计算原理图

喷头2的流量为

$$q_2 = K\sqrt{100(H_1 + h_{1-2})} \tag{6-27c}$$

同理喷头3、4的压力分别为

$$H_3 = H_2 + h_{2-3}、H_4 = H_3 + h_{3-4} \tag{6-27d}$$

则喷头3、4的流量分别为

$$q_3 = K\sqrt{100(H_2 + h_{2-3})} \tag{6-27e}$$

$$q_4 = K\sqrt{100(H_3 + h_{3-4})} \tag{6-27f}$$

$$q_{5-4} = q_1 + q_2 + q_3 + q_4 \tag{6-27g}$$

在节点5只有转输流量而无节点出流量，则

$$q_{6-5} = q_{5-4} \tag{6-27h}$$

$$\Delta H_{5-4} = H_5 - H_4 = A_{5-4}l_{5-4}q_{5-4}^2 \tag{6-27i}$$

式中　ΔH_{5-4}——节点5、4两点间的水压差，单位为MPa；

H_5——节点5的水压，单位为MPa；

H_4——节点4的水压，单位为MPa；

A_{5-4}——管段比阻；

l_{5-4}——管段长度，单位为 m。

同理，若以支管Ⅱ起端喷头 10 为最不利点，可求各管段的水头损失，喷头处的压力及管段流量，得到 H_6 及 Q_{6-7}之值。则仍有

$$\Delta H_{6-7} = H_6 - H_7 = A_{6-7} l_{6-7} q_{6-7}^2 \tag{6-27j}$$

设支管Ⅰ和Ⅱ的水力条件（管材、管径、管长、喷头口径及安装位置等）相同，可得

$$q_{6-7} = q_{5-4}\sqrt{\frac{\Delta H_{6-7}}{\Delta H_{5-4}}} \tag{6-27k}$$

水流在管中流动应满足连续性方程，节点 6 的转输流量为

$$q_6 = q_{5-4} + q_{6-7} \tag{6-27l}$$

可得

$$q_6 = q_{5-4}\left[1 + \sqrt{\frac{\Delta H_{6-7}}{\Delta H_{5-4}}}\right] \tag{6-27m}$$

由 $q_{6-5} = q_{5-4}$,得

$$q_6 = q_{6-5}\left[1 + \sqrt{\frac{\Delta H_{6-7}}{\Delta H_{5-4}}}\right] \tag{6-27n}$$

上式也可写为

$$q_6 = q_{6-5}\left[1 + \sqrt{\frac{H_6 - H_7}{H_5 - H_6}}\right] \tag{6-27p}$$

为简化计算,令

$$\sqrt{\frac{H_6 - H_7}{H_5 - H_4}} \approx \sqrt{\frac{H_6}{H_5}} \tag{6-27q}$$

可得

$$q_6 = q_{6-5}\left[1 + \sqrt{\frac{H_6}{H_5}}\right] \tag{6-28}$$

式中 q_6——喷水管网节点 6 的转输流量,单位为 L/s;

q_{6-5}——管段 6-5 中的流量,单位为 L/s;

H_6——节点 6 的水压,单位为 MPa;

H_5——节点 5 的水压,单位为 MPa。

式(6-28)表明,流进节点 6 管段中的流量,是由两股组成,两股流量中供给支管Ⅱ的流量值与供给支管Ⅰ的流量相比,仅相差大于 1 的系数 $\sqrt{\frac{H_6}{H_5}}$。系数 $\sqrt{\frac{H_6}{H_5}}$ 中 H_6 为支管Ⅱ上节点 6(或称高水压侧)水压,H_5 为支管Ⅰ上节点 5(或称低水压侧)水压。应再一次指出,应用式(6-28)的条件是支管Ⅰ、Ⅱ水力条件(喷头构造、数

量、管径、管长、标高等)完全相同。

(2) 预选管径。系统中管道管径可按所负担的喷头数从表6-31 直接选定。

表6-31 管径与喷头数的关系

管径/mm	20	25	32	40	50	70	80	100	125	150	200
最多喷头数/个	1	2	3	5	10	20(05)	40(30)	100	160	275	400

注：括号内数字表示当喷头或分布支管间距大于3.60m 的喷头数。

(3) 管道流速。闭式自动喷水灭火系统管道内的流速宜采用经济流速，一般不大于5m/s，特殊情况下不应超过10m/s。为了计算简便，可根据预选管径，查表6-32 得流速系数，并以流速系数直接乘以流量，校核流速是否超过允许值。即

$$v = K_0 Q \tag{6-29}$$

式中 v——管道流速，单位为m/s；

K_0——流速系数，单位为m/L，见表6-32；

Q——管道流量，单位为L/s。

校核管段流速大于规定值，说明初选管径偏小，应重新选择管径。

表6-32 流速系数 K_0 值

钢管管径/mm	15	20	25	32	40	50	70
K_0/(m/L)	5.85	3.105	1.883	1.05	0.8	0.47	0.283
钢管管径/mm	80	100	125	150	200	250	
K_0/(m/L)	0.204	0.115	0.075	0.053			
铸铁管管径/mm		100	125	150	200	250	
K_0/(m/L)		0.1273	0.0814	0.0566	0.0318	0.021	

(4) 管道水压损失。每米管道的水压损失应按下式计算

$$i = 0.0000107 \frac{v^2}{d_j^{1.3}} \tag{6-30}$$

式中 i——每米管道的水压损失，单位为MPa/m；

v——管道内水的平均流速，单位为m/s；

d_j——管道的计算内径，单位为m，取值应按管道的内径减1mm 确定。

管道的局部水压损失，宜采用当量长度法计算，见表6-33。

管道的水压损失按下式计算

$$h = i(L + L') \tag{6-31}$$

式中 h——管道的水压损失，单位为MPa；

L——管道的长度，单位为m；

L'——管道局部水压损失的当量长度，单位为m。

表 6-33　当量长度表

管件名称	管件直径/mm								
	25	32	40	50	70	80	100	125	150
45°弯头	0.3	0.3	0.6	0.6	0.9	0.9	1.2	1.5	2.1
90°弯头	0.6	0.9	1.2	1.5	1.8	2.1	3.1	3.7	4.3
三通或四通	1.5	1.8	2.4	3.1	3.7	4.6	6.1	7.6	9.2
蝶阀				1.8	2.1	3.1	3.7	2.7	3.1
闸阀				0.3	0.3	0.3	0.6	0.6	0.9
止回阀	1.5	2.1	2.7	3.4	4.3	4.9	6.7	8.3	9.8
异径接头	32/25	40/32	50/40	70/50	80/70	100/80	125/100	150/125	200/150
	0.2	0.3	0.3	0.5	0.6	0.8	1.1	1.3	1.6

注：1. 过滤器当量长度的取值，由生产厂提供。

2. 当异径接头的出口直径不变而入口直径提高 1 级时，其当量长度应增大 0.5 倍；提高 2 级或 2 级以上时，其当量直径应增 1.0 倍。

（5）报警阀和水流指示器的水压损失。湿式报警阀、水流指示器取值 0.02MPa，雨淋阀取值 0.07MPa，蝶阀型报警阀及马鞍型水流指示器的取值由生产厂提供。

（6）减压措施的水压损失。减压孔板应设在直径不小于 50mm 的水平直管段上，前后管段的长度均不宜小于该管段直径的 5 倍，孔口直径不应小于设置管段直径的 30%，且不应小于 20mm，应采用不锈钢板材制作。减压孔板的水压损失，应按下式计算

$$H_k = \xi \frac{v_k^2}{2g} \tag{6-32}$$

式中　H_k——减压孔板的水压损失，单位为 10^{-2}MPa；

v_k——减压孔板后管道内水的平均流速，单位为 m/s；

ξ——减压孔板的局部阻力损失系数，按表 6-34 取值。

表 6-34　减压孔板的局部阻力系数

D_k/d_j	0.3	0.4	0.5	0.6	0.7	0.8
ξ	292	83.3	29.5	11.7	4.75	1.83

节流管直径宜按上游管段直径的 1/2 确定，长度不宜小于 1m，节流管内水的平均流速不应大于 20m/s。节流管的水压损失，应按下式计算

$$H_g = \xi \frac{v_g^2}{2g} + 0.00107L \frac{v_g^2}{d_g^{1.3}} \tag{6-33}$$

式中　H_g——节流管的水压损失，单位为 10^{-2}MPa；

v_g——节流管内水的平均流速，单位为m/s；

ξ——节流管中渐缩管与渐扩管的局部阻力损失系数之和，取值0.7；

d_g——节流管的计算内径，单位为m，取值应按节流管内径减1mm确定；

L——节流管的长度，单位为m。

（7）水泵扬程或系统入口的供水压力。水泵扬程或系统入口的供水压力应按下式计算

$$H = p_0 + 0.01Z + \Sigma h + H_k \tag{6-34}$$

式中 H——水泵扬程或系统入口的供水压力，单位为MPa；

Z——最不利点处喷头与消防水池的最低水位或系统入口管水平中心线之间的高程差，单位为m，当系统入口管或消防水池最低水位高于最不利点处喷头时，Z应取负值；

Σh——管道沿程和局部水压损失的累计值，单位为MPa；

p_0——最不利点处喷头的工作压力，单位为MPa；

H_k——报警阀压力损失，单位为MPa。

【例6-1】 某重要办公楼为7层建筑（属中危险级建筑），顶层喷头安装标高为23.7m（以1层地面为±0.00m）。采用标准玻璃喷头，其特性系数$K=80$，喷头处工作压力为100kPa，设计喷水强度为6L/（min·m²），作用面积为200m²，形状为长方形，长边$L=1.2\sqrt{F}=1.2\times\sqrt{200}=17$m，短边为12m，作用面积内共有喷头20只，布置方式见图6-53。试按作用面积法进行管道水力计算。

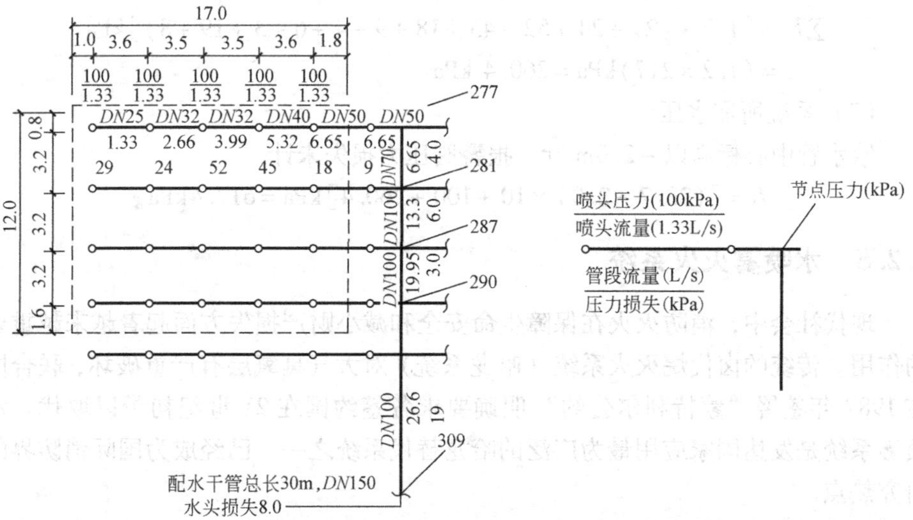

图6-53 某重要办公楼消防系统

【解】

（1）该建筑属中危险级建筑，假定作用面积内各喷头的喷水量相同，按式（6-27）有

$$q = K\sqrt{\frac{p}{9.81 \times 10^4}} = 80\sqrt{\frac{100 \times 10^3}{9.81 \times 10^4}} = 80\text{L/min} = 1.33\text{L/s}$$

（2）作用面积内的设计秒流量为

$$Q_s = nq = 20 \times 1.33 = 26.6\ \text{L/s}$$

（3）理论秒流量为

$$Q_L = \frac{q'_p}{60} \times F = \frac{(17 \times 12) \times 6}{60}\text{L/s} = 20.4\text{L/s}$$

比较 Q_s 与 Q_L，相差 1.3 倍，符合要求。

（4）作用面积的平均喷水强度为

$$q_p = \frac{20 \times 80}{204}\text{L/(min} \cdot \text{m}^2) = 7.84\text{L/(min} \cdot \text{m}^2)\ (F = 204\text{m}^2)$$

此数值大于表 6-30 规定的 6L/(min · m²)，符合要求。

（5）作用面积内，任意间距不等的 4 个喷头所保护的面积分别为 11.52m² 及 11.2m²，其喷水强度为（1.33 ×60/11.52）L/（min · m²）=6.94 L/（min · m²）及（1.33 ×60/11.2）L/（min · m²）=7.14L/（min · m²），均未小于设计喷水强度的 20%。

（6）计算管路中各管段的流量、流速、管径、压力损失计算从略，计算结果见图 6-53。管道系统总压力损失为

$$\begin{aligned}\sum h &= [1.2 \times (29 + 24 + 52 + 45 + 18 + 9 + 4 + 6 + 3 + 19 + 8)]\text{kPa} \\ &= (1.2 \times 217)\text{kPa} = 260.4\ \text{kPa}\end{aligned}$$

（7）系统所需水压

给水管中心标高以 −2.0m 计，报警阀压力损失未计

$$H = [(23.7 + 2.0) \times 10 + 100 + 260.4]\text{kPa} = 617.4\text{kPa}$$

6.2.8 水喷雾灭火系统

现代社会中，消防灭火在保障生命安全和减小财产损失方面起着越来越重要的作用。传统的卤代烷灭火系统（哈龙系统）对大气臭氧层有严重破坏，联合国在 1987 年签署“蒙特利尔公约”明确要求各签约国在 21 世纪初予以取代。水喷雾系统是发达国家应用最为广泛的哈龙替代系统之一，已经成为国际消防界的研究热点。

水喷雾灭火系统是在自动喷水灭火系统的基础上发展起来的，具有安全可靠、经济适用、操作方便、灭火效率高的特点。与水喷淋系统相比，水喷雾灭火

系统的最大优点是用水量低、释放后二次灾害小，灭火效能、工程造价等方面均优于水喷淋系统。水喷雾灭火系统可用于扑救固体火灾、闪点高于60℃的液体火灾和电气火灾。也可用于可燃气体和甲、乙、丙类液体的生产、储存装置或装卸设施的防护冷却。过去水喷雾灭火系统主要用于石化、交通和电力部门的消防系统中，随着大型民用建筑的发展，水喷雾灭火系统在民用建筑消防系统中的应用成为可能，《高层民用建筑设计防火规范》明确规定，高层建筑内的可燃油油浸电力变压器室、充可燃油的高压电容器和多油开关室、自备发电机房和燃油、燃气锅炉房应设水喷雾灭火系统。图 6-54 所示为变压器水喷雾灭火系统示意图。

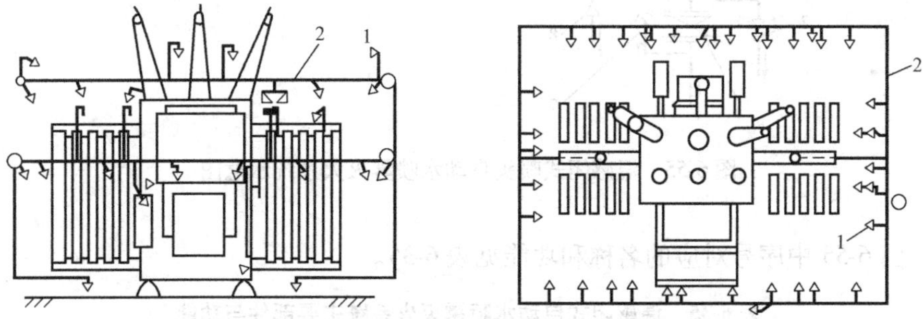

图 6-54　保护变压器时喷头布置示意图

1—水喷雾喷头　2—管路

1. 水喷雾灭火系统的灭火机理

水喷雾灭火系统的灭火机理是利用水雾喷头在一定水压下将水流分解成细小水雾滴，起到表面冷却、窒息、冲击乳化和稀释作用。从水雾喷头喷出的雾状水滴，粒径细小，表面积很大，遇火后迅速汽化，带走大量的热量，使燃烧表面温度迅速降到燃点以下，使燃烧体达到冷却目的；当雾状水喷射到燃烧区遇热汽化后，形成比原体积大 1700 倍的水蒸气，包围和覆盖在火焰周围，因燃烧体周围的氧浓度降低，使燃烧因缺氧而熄灭；对于不溶于水的可燃液体，雾状水冲击到液体表面并与其混合，形成不燃性的乳状液体层，从而使燃烧中断；对于水溶性液体火灾，由于雾状水能与水溶性液体很好溶合，使可燃烧性液体浓度降低，降低燃烧速度而熄灭。

2. 系统组成

水喷雾灭火系统的组成与工作原理与雨淋自动灭火系统基本相同。主要由水源、供水设备、供水管道、雨淋阀组、过滤器和水喷雾喷头组成，如图 6-55 所示为温感闭式喷头自动水喷雾灭火系统示意图。表 6-35 为系统的主要部件与功能。

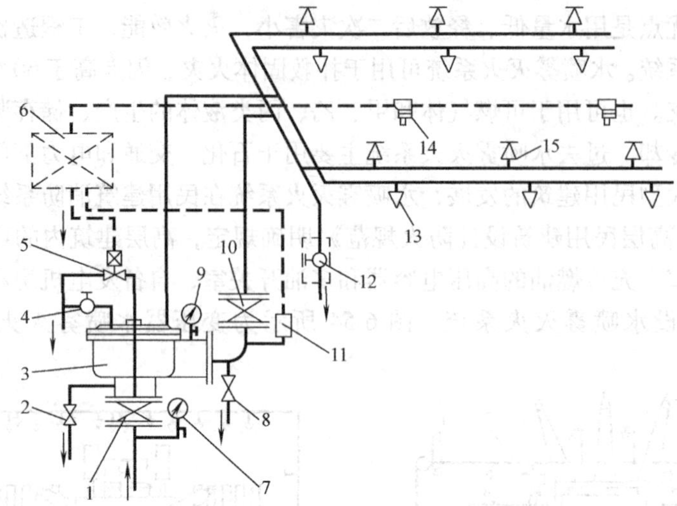

图 6-55　温感闭式喷头自动水喷雾灭火系统示意图

图 6-55 中序号对应的名称和功能见表 6-35。

表 6-35　温感闭式自动水喷雾灭火系统主要部件与功能

编号	名　称	用　途	工作状态	
			平时	灭火时
1	蝶阀	进水总阀	常开	开
2	截止阀(13mm)	系统准备,充水时排气	常闭	闭
3	雨淋阀	消防供水,自动控制	常闭	开
4	球阀(10mm)	手动控制雨淋阀开启	常闭	开(手动时)
5	电磁阀(10mm)	自动控制雨淋阀开启	常闭	开
6	报警灭火控制盘	接收火警信号,发出指令	工作	工作
7	压力表	测供水管压力	有压力指示	有压力指示
8	截止阀(40mm)	检查雨淋阀功能时放水用	常闭	闭
9	压力表	测阀的出口压力	无压力指示	有压力指示
10	蝶阀(或截止阀)	系统准备,调试时使用	常开	开
11	压力开关	输送水流压力信号,启动水泵和报警	常开	闭
12	球阀(10mm)	现场手动控制雨淋阀开启	常闭	开(手动时)
13	水雾喷头	喷水雾灭火或冷却	不出水	出水
14	火灾探测器	探测火灾,发出火警信号	探测	维持
15	温感闭式喷头	探测火灾,破裂时开启雨淋阀	闭	开

（1）水雾喷头。以进口最低水压为标准，水喷雾喷头有中速和高速水喷雾喷头有两种。中速水雾喷头压力为0.15～0.5MPa，水滴粒径0.4～0.7mm，常用于防护冷却。高速喷头压力为0.25～0.80MPa，水滴粒径为0.3～0.4mm，用于灭火和控火。目前，粒径太大是制约水喷雾灭火系统广泛应用的主要因素。水喷雾灭火系统不能用于保护纸张、木材等可燃物，是因为雾状水会使上述可燃物产生水渍，损失严重；水喷雾灭火系统不能用于保护大、中型电子计算机等贵重设备，是因为大粒径的雾状水喷射到带电设备上时，容易导致电气设备损失和机壳导电现象。

水雾喷头的选型应符合下列要求：

1）扑救电气火灾应选用离心雾化型水雾喷头。

2）腐蚀性环境应选用防腐型水雾喷头。

3）粉尘场所设置的水雾喷头应有防尘罩。

（2）雨淋阀。雨淋阀的控制可为湿式控制、干式控制和电气控制三种。水喷雾灭火系统则应具有自动控制、手动控制和应急控制三种启动方式。

雨淋阀组应设在环境温度不低于4℃，并有排水设施的室内，其安装位置宜靠近保护对象并在便于操作的地点。雨淋阀前的管道应设置过滤器。当水雾喷头无滤网时，雨淋阀后的雨淋阀组的功能应符合下列要求：

1）接通或关断水喷雾灭火系统的供水。

2）接收电控信号可电动开启雨淋阀。

3）接收传动管信号可液动或气动开启雨淋阀。

4）具有手动应急操作阀。

5）显示雨淋阀启、闭状态。

6）驱动水力警铃。

7）监测供水压力。

8）电磁阀前应设过滤器。

管道亦应设过滤器。过滤器滤网应采用耐腐蚀金属材料，滤网的孔径应为4.0～4.7目/cm^2。

（3）水源。水喷雾灭火系统的用水可由市政给水管网、工厂消防给水管网、消防水池或天然水源供给，并应确保用水量。水喷雾灭火系统的取水设施应采取防止被杂物堵塞的措施，严寒和寒冷地区的水喷雾灭火系统的给水设施应采取防冻措施。给水管道应符合下列要求：

1）过滤器后的管道，应采用内外镀锌钢管，且宜采用螺纹联接。

2）雨淋阀后的管道上不应设置其他用水设施。

3）应设泄水阀、排污口。

3. 设计基本参数和喷头布置

（1）设计基本参数。水喷雾灭火系统的设计基本参数应根据防护目的和保护对象确定。主要技术参数包括水雾喷头的有效射程、水雾锥、设计喷雾强度和持续喷雾时间。

水雾喷头的有效射程，即水雾喷头水平喷射时，水雾达到的最远点与喷口之间的距离。

水雾锥，即在水雾喷头有效射程内水雾形成的圆锥体。

设计喷雾强度和持续喷雾时间不应小于表6-36的规定。

水雾喷头的工作压力，当用于灭火时不应小于0.35MPa；用于防护冷却时不应小于0.2MPa。

表6-36　水喷雾灭火系统的设计喷雾强度与持续喷雾时间

防护目的	保护对象		设计喷雾强度/[L/(min·m²)]	持续喷雾时间/h
灭　火	固体火灾		15	1
	液体火灾	闪点60～120℃的液体	20	0.5
		闪点高于120℃的液体	13	
	电气火灾	油浸式电力变压器、油开关	20	0.4
		油浸式电力变压器的集油坑	6	
		电　缆	13	
防护冷却	甲乙丙类液体生产、输送、储存、装卸设施		6	4
	甲乙丙类液体储罐	直径20m以下	6	4
		直径20m及以上		6
	可燃气体生产、输送、装卸、储存设施和罐瓶间、瓶库		9	6

水喷雾灭火系统的响应时间，当用于灭火时不应大于45s；当用于液化气生产、储存装置或装卸设施防护冷却时，不应大于60s；用于其他设施防护冷却时，不应大于300s。

采用水喷雾灭火系统的保护对象，其保护面积应按其外表面面积确定，并应符合下列规定：

1）当保护对象外形不规则时，应按包容保护对象的规则形体的外表面面积确定。

2）变压器的保护面积除应按扣除底面面积以外的变压器外表面面积确定外，尚应包括油枕、冷却器的外表面面积和集油坑的投影面积。

3）分层敷设的电缆的保护面积应按整体包容的最小规则形体的外表面面积确定。

4）可燃气体和甲、乙、丙类液体的灌装间、装卸台、泵房、压缩机房等的保护面积应按使用面积确定。

5）输送机传动带的保护面积应按上行传动带的上表面面积确定。

6）开口容器的保护面积应按液面面积确定。

（2）喷头布置。水雾喷头的布置应使水雾直接喷射和覆盖保护对象，当不能满足要求时应增加水雾喷头的数量。

当保护对象为油浸式电力变压器时，水雾喷头布置应符合下列规定：

1）水雾喷头应布置在变压器的周围，不宜布置在变压器顶部。

2）保护变压器顶部的水雾不应直接喷向高压套管。

3）水雾喷头之间的水平距离与垂直距离应满足水雾锥相交的要求。

4）油枕、冷却器、集油坑应设水雾喷头保护。

当保护对象为可燃气体和甲乙丙类液体储罐时，水雾喷头与储罐外壁之间的距离不应大于0.7m。

当保护对象为球罐时，水雾喷头布置尚应符合下列规定：

1）水雾喷头的喷口应面向球心。

2）水雾锥沿纬线方向应相交，沿经线方向应相接。

3）当球罐的容积等于或大于1000m^3时，水雾锥沿纬线方向应相交，沿经线方向宜相接，但赤道以上环管之间的距离不应大于3.6m。

4）无防护层的球罐钢支柱和罐体液位计、阀门等处应设水雾喷头保护。

5）当保护对象为电缆时，喷雾应完全包围电缆。

6）当保护对象为输送机传动带时，喷雾应完全包围输送机的机头、机尾和上、下行传动带。

水雾喷头的平面布置方式可为矩形或菱形。当按矩形布置时，水雾喷头之间的距离不应大于1.4倍水雾喷头的水雾锥底圆半径；当按菱形布置时，水雾喷头之间的距离不应大于1.7倍水雾喷头的水雾锥底圆半径。

水雾锥底圆半径应按下式计算

$$R = B\mathrm{tg}\theta/2 \tag{6-35}$$

式中 R——水雾锥底圆半径，单位为m；

B——水雾喷头的喷口与保护对象之间的距离，单位为m；

θ——水雾喷头的雾化角，取值范围为30°、45°、60°、90°、120°。

水雾喷头、管道与电气设备带电（裸露）部分的安全净距应符合有关标准的规定。

水雾喷头与保护对象之间的距离不得大于水雾喷头的有效射程。

保护对象的水喷雾喷头数量应根据设计喷雾强度、保护面积和水雾喷头特性计算确定。

4. 水喷雾灭火系统设计

（1）系统的设计流量

1）水雾喷头的流量应按下式计算

$$q = K\sqrt{10P} \tag{6-36}$$

式中 q——水雾喷头的流量，单位为L/min；

P——水雾喷头的工作压力，单位为MPa；

K——水雾喷头的流量系数，取值由生产厂提供。

2）保护对象的水雾喷头的计算数量应按下式计算

$$N = \frac{SW}{q} \tag{6-37}$$

式中 N——保护对象的水雾喷头的计算数量，单位为只；

S——保护对象的保护面积，单位为m^2；

W——保护对象的设计喷雾强度，单位为L/（min·m^2）。

3）系统的计算流量应按下式计算

$$Q_j = \frac{1}{60\Sigma q_i} \tag{6-38}$$

式中 Q_j——系统的计算流量，单位为L/s；

q_i——水雾喷头的实际流量，单位为L/min，应按水雾喷头的实际工作压力（MPa）计算。

4）采用雨淋阀控制同时喷雾的水雾喷头数量时，水喷雾灭火系统的计算流量应按系统中同时喷雾的水雾喷头的最大用水量确定。

5）系统的设计流量应按下式计算

$$Q_s = kQ_j \tag{6-39}$$

式中 Q_s——系统的设计流量，单位为L/s；

k——安全系数，应取1.05～1.10。

（2）管道水力计算

1）钢管管道的沿程水压损失应按下式计算

$$i = 0.00107\frac{v^2}{D_j^{1.3}} \tag{6-40}$$

式中 i——管道的沿程水压损失，单位为MPa/m；

v——管道内水的流速，单位为m/s，宜取$v \leqslant 5$m/s；

D_j——管道的计算内径，单位为m。

2）管道的局部水压损失宜采用当量长度法计算，或按管道沿程水压损失的10%～20%计算。

3）雨淋阀的局部水压损失应按下式计算

$$h_r = B_R Q^2 \tag{6-41}$$

式中　h_r——雨淋阀的局部水压损失，单位为 MPa；

B_R——雨淋阀的比阻值，取值由生产厂提供；

Q——雨淋阀的流量，单位为 L/s。

4）系统管道入口或消防水泵的计算压力应按下式计算

$$H = \Sigma h + h_0 + \frac{Z}{100} \tag{6-42}$$

式中　H——系统管道入口或消防水泵的计算压力，单位为 MPa；

Σh——系统管道沿程水头损失与局部水头损失之和，单位为 MPa；

h_0——最不利点水雾喷头的实际工作压力，单位为 MPa；

Z——最不利点水雾喷头与系统管道入口或消防水池最低水位之间的高程差，单位为 m。当系统管道入口或消防水池最低水位高于最不利点水雾喷头时，Z 应取负值。

（3）管道减压措施。管道减压可用减压孔板，也可采用节流管。不同的减压措施，须遵循以下原则：

1）管道采用减压孔板时宜采用圆缺形孔板。减压孔板的圆缺孔应位于管道底部，减压孔板前水平直管段的长度不应小于该段管道公称直径的 2 倍。

2）管道采用节流管时，节流管内水的流速不应大于 20m/s，长度不宜小于 1.0m。节流管如图 6-56 所示，要设置在水平管段上，截留管管径可比干管管径缩小 1～3 号规格。节流管两侧大小头局部水头损失当量长度见表 6-37 的规定。

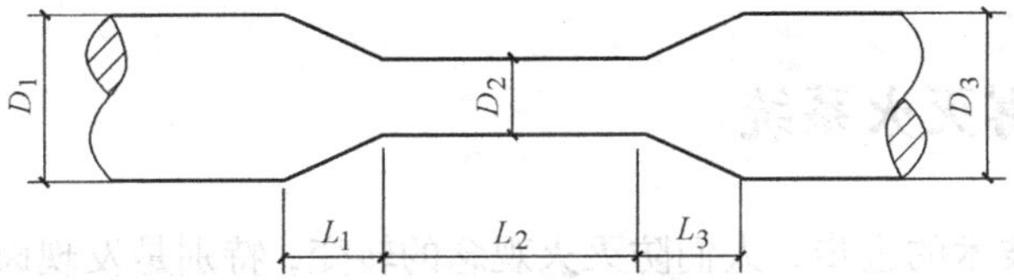

图 6-56　节流管示意

表 6-37　节流管大小头局部水头损失当量长度　　（单位：mm）

$D_1=D_3$ 干管	50	70	80	100	125	150	200	250
D_2 节流管	40	50	70	80	100	125	150	200
当量长度	0.6	1.0	1.0	1.3	1.7	1.5	4.5	4.0
D_2 节流管	32	40	50	70	80	100	125	150
当量长度	2.1	3.5	3.5	5.3	6.0	5.3	15.8	14
D_2 节流管	25	32	40	50	70	80	100	125
当量长度	5.7	9.5	9.5	12.4	16.2	14.3	42.8	38

5. 操作与控制

水喷雾灭火系统应设有自动控制、手动控制和应急操作三种控制方式。当响应时间大于60s时，可采用手动控制和应急操作两种控制方式。水喷雾灭火系统的控制设备应具有下列功能：

1）选择控制方式。

2）重复显示保护对象状态。

3）监控消防水泵起、停状态。

4）监控雨淋阀启、闭状态。

5）监控主、备用电源自动切换。

火灾探测与报警应按现行的国家标准《火灾自动报警系统设计规范》的有关规定执行。火灾探测器可采用缆式线型定温火灾探测器、空气管式感温火灾探测器或闭式喷头。当采用闭式喷头时，应采用传动管传输火灾信号。

传动管的长度不宜大于300m，公称直径宜为15～25mm。传动管上闭式喷头之间的距离不宜大于2.5m。

当保护对象的保护面积较大或保护对象的数量较多时，水喷雾灭火系统宜设置多台雨淋阀，并利用雨淋阀控制同时喷雾的水雾喷头的数量。

保护液化气储罐的水喷雾灭火系统的控制，除应能启动直接受火储罐的雨淋阀外，尚应能启动距离直接受火储罐1.5倍罐径范围内邻近罐的雨淋阀。

分段保护传动带输送机的水喷雾灭火系统，除应能启动起火区段的雨淋阀外，尚应能启动起火区段下游相邻区段的雨淋阀，并应能同时切断传动带输送机的电源。

6.3 细水雾灭火系统

随着科学技术的进步、人们防灭火观念的转变，特别是发现卤代烷灭火剂对大气臭氧层有破坏作用以及1987年《关于消耗臭氧层物质的蒙特利尔议定书》签署之后，细水雾灭火技术作为哈龙主要替代技术之一，得到各界的关注和青睐。细水雾灭火技术在20世纪90年代得到飞跃性地发展。

我国20世纪90年代末开始进行细水雾灭火系统的研究开发和试验工作，并列为国家“十五”科技攻关项目。其主要是参照美国NFPA750标准并结合我国实际应用情况开展各项研发工作，至此已经相继开发出相应的细水雾灭火系统，目前已有产品问市及应用。目前北京、浙江省及湖北省的主管部门已制定相应的细水雾灭火系统设计、施工及验收规范，江苏省和湖南省的主管部门也正在制定相应的设计、施工及验收规范。相信随着细水雾产品的大量应用，很快会有国家级的细水雾灭火系统设计、施工及验收标准和规范出台。

6.3.1 细水雾的定义

“细水雾”是相对于“水喷雾”的概念，所谓的细水雾，是使用特殊喷嘴、通过高压喷水产生的水微粒。在 NFPA750 中，细水雾的定义是：在最小设计工作压力下、距喷嘴 1m 处的平面上，测得水雾最粗部分的水微粒直径 $D_v0.99$ 不大于 1000μm。这是用体积法表示雾滴直径的一种方法，$D_v0.99$ 表示小于 1000μm 的直径体积含量为 99%。一般情况下细水雾是指雾滴直径 $D_v0.99 \leq 400\mu m$ 的水雾。

根据国内外目前的研究成果及产品情况，细水雾的形成主要有以下几方面的原因：

1）液体以相对于周围的空气很高的速度被释放出来，由于液体与空气的速度差而被撕碎成为细水雾。

2）液体射流被冲击到一个固定的表面，液体在固定表面的冲击，将液体射流打散成细水雾。

3）两股成分类似的液体射流相互碰撞，两股射流碰撞将液体射流打散成细水雾。

4）液体振动或电子粉碎成细水雾（超声波和静电雾化器）。

5）液体在压力容器中被加热到高于沸点，突然被释放到大气压力状态（突发液体喷雾器）。

6.3.2 细水雾灭火机理

细水雾的灭火功能比较复杂，它与可燃物的类型、可燃物的数量以及燃烧速度和细水雾的粒径等有关。水滴粒径大小和细水雾的灭火能力之间的关系是相当复杂的，仅仅水滴大小分布不能确定细水雾灭掉一个给定的火灾的能力。对于一个给定的保护对象来说，火灾能否被扑灭，取决于诸如燃料特性、封闭空间效应、水雾强度和水雾速度（动量）等多种因素。

细水雾灭火系统对保护对象可实施灭火、抑制火、控制火、控温和降尘的多种方式的保护，其灭火机理可归纳如下：

冷却：粒径越小，相对表面积越大，受热后更易于汽化，在汽化的过程中，从燃烧物表面或火灾区域吸收大量的热量，从而使燃烧物表面温度迅速降低，当温度降至燃烧临界值以下时，热分解中断，燃烧随即终止。

窒息：细水雾喷入火场后，迅速蒸发形成蒸汽，体积急剧膨胀，最大限度地排除火场空气，使燃烧物周围的氧含量迅速降低。当燃烧物周围的氧气浓度降低到一定程度时，燃烧即会因缺氧而受到抑制或中断。

阻隔热辐射：细水雾喷入火场后，蒸发形成的蒸汽迅速将燃烧物、火焰和烟羽笼罩，对火焰的辐射热具有极佳的阻隔能力，能够有效抑制辐射热引燃周围其他物品，达到防止火焰蔓延的效果。

浸润作用：颗粒大冲量大的雾滴会冲击到燃烧物表面，从而使燃烧物得到浸湿，阻止固体进一步挥发产生可燃气体，达到灭火和防止火灾蔓延的目的。

另外，还有对液体的乳化和稀释作用，在灭火的过程中，往往会有几种作用同时发生，从而有效灭火。

6.3.3 细水雾灭火系统分类

根据细水雾的成雾机理，可以将细水雾灭火系统分类如下：

1. 按介质分类

（1）单相流系统：是指采用单管供水至每个喷头的细水雾灭火系统。

（2）双相流系统：是指水和雾化介质分开来供给并在细水雾喷头上混合的细水雾灭火系统。

2. 按系统工作压力分类

（1）低压系统：系统管网工作压力小于或等于1.21MPa的细水雾灭火系统。

（2）中压系统：系统管网工作压力大于1.21MPa，小于或等于3.45MPa的细水雾灭火系统。

（3）高压系统：系统管网工作压力大于3.45MPa的细水雾灭火系统。

3. 按应用方式分类

（1）局部应用系统：系统被设计和安装成向保护对象直接喷射细水雾的应用方式。

（2）全空间应用系统：是指设计和安装成用来保护整个封闭空间里的所有危险的应用方式。

（3）分区应用系统：系统被设计和安装成用于保护在一个封闭空间的某个预定部分的危险的应用方式。

4. 按动作方式分类

开式系统（雨淋系统）和闭式系统（即湿式系统、干式系统和预作用系统）。

5. 按供水方式分类

（1）泵组式系统：采用泵组进行供水的细水雾灭火系统。

（2）容器式系统：采用储水容器、储气容器进行加压供水的细水雾灭火系统。

6. 按保护区多少分类

(1) 组合分配系统：用一套灭火系统保护两个或两个以上保护区或保护对象的细水雾灭火系统。

(2) 单元独立系统：用一套灭火系统保护一个保护区或保护对象的细水雾灭火系统。

6.3.4 细水雾灭火系统的性能特点

1. 细水雾灭火系统适用范围和应用场所

细水雾适用于A、B、C类及带电设备火灾。可用于保护经常有人场所。

细水雾灭火系统可用于扑救下列物质的火灾：

室内可燃液体火灾；室内固体火灾；室内油浸变压器火灾；计算机房、交换机房等火灾；图书馆、档案馆火灾；配电室、电缆夹层、电缆隧道、柴油发电机房、燃气轮机、锅炉房、直燃机房等；船舶A类机器处所：如机舱中的柴油发动机、柴油发电机、燃油锅炉、焚烧炉、燃油装置等；其他适于细水雾灭火系统的火灾。

细水雾系统不得直接用于和水产生剧烈化学反应或产生一定有害物的物质上，如锂、钠、钾、镁、钛、锆、铀等金属或其化合物。细水雾系统不能直接应用于有低温液化气体的场合（如液化天然气）。

2. 与水喷淋灭火系统或常规水喷雾灭火系统的比较

1）用水量大大降低。通常而言常规水喷雾用水量是水喷淋的70%～90%，而细水雾灭火系统的用水量通常为常规水喷雾的20%以下。

2）降低了火灾损失和水渍损失。对于水喷淋系统，很多情况下由于使用大量水进行火灾扑救造成的水渍损失还要高于火灾损失。

3）减少了火灾区域热量的传播。由于细水雾的阻隔热辐射作用，有效控制火灾蔓延。

4）电气绝缘性能更好，可以有效扑救带电设备火灾。

5）能够有效扑救低闪点的液体火灾。

3. 与气体灭火系统的比较

1）细水雾对人体无害，对环境无影响，适用于有人的场所。

2）细水雾具有很好的冷却作用，可以有效避免高温造成的结构变形，且灭火后不会复燃。

3）细水雾系统的水源更容易获取，灭火的可持续能力强。

4）可以有效降低火灾中的烟气含量及毒性。

6.3.5 需解决的问题

1）细水雾全空间灭火系统不能等同于全淹没气体灭火系统，与全淹没气体灭火系统相比，细水雾的灭火能力更多地依赖于喷头工作参数的选择以及与保护对象相对位置的确定。目前细水雾产品还达不到将细水雾雾滴均匀地分布于整个被保护空间，且带有一定冲量到达燃烧面。

2）根据试验证明细水雾灭火系统对遮挡火的扑救有很大的难度。当在喷头和火焰之间放置障碍物时，火焰附近的温度不能很快地降下来，灭火时间将有很大变化，有时将不能达到灭火目的。这是由于障碍物的阻挡作用使细水雾在障碍物的表面沉积下来，减少了水雾的数量和动量所致。

3）细水雾灭火系统的性能主要取决于两个能力：一个是其产生足够小的水滴的能力，一个是将足够数量的水分布到整个空间的能力。这两种能力又受液滴大小、速度分布、冲量以及喷头几何特性等因素的影响，同时也受保护对象的几何形状和被保护空间大小等其他客观因素的影响。

6.4 其他灭火系统

因为建筑使用功能不同，其内部的可燃物质性质各异，仅仅使用水作为消防手段是远远不够的也不能达到扑灭火灾的目的，甚至还会带来更大的损失。因此应该根据可燃物的物理、化学性质，采用不同的灭火方法和手段，才能达到预期的目的。建筑内常用的其他固定灭火系统有以下几种。

6.4.1 二氧化碳灭火系统

二氧化碳灭火系统在我国应用始于20世纪70年代，后因1980年风行了卤代烷灭火系统的应用，阻碍了二氧化碳灭火系统的推广使用。但自从发现氟氯烃对地球大气臭氧层的破坏作用后，国际社会及我国政府开始了淘汰卤代烷灭火剂的行动，二氧化碳灭火系统因同样具有灭火后无污渍的特点，所以作为气体灭火技术替代卤代烷灭火系统的使用，二氧化碳灭火系统的应用越来越广泛。二氧化碳灭火系统是目前应用非常广泛的一种现代化消防设备，二氧化碳灭火剂具有无毒、不污损设备、绝缘性能好等优点。主要缺点是灭火需要浓度高，会使人员受到窒息毒害，若设计不合理易引起爆炸。

1. 系统组成

二氧化碳灭火系统一般为管网灭火系统，由储存灭火剂的储存容器、容器阀、连接软管和止回阀、集流管、输送灭火剂的管道和附件、喷嘴、泄压装置、储存启动气源的小钢瓶和电磁瓶头阀、气源管道、固定支架以及火灾探测报警器等组成，见图6-57。

2. 灭火机理

在常温常压条件下，二氧化碳的物态为气相。当储存于密封高压气瓶中，低于临界温度31.4℃时是以气液两相共存的。在灭火中，当二氧化碳从储存气瓶中释放出来，压力骤然下降，使得二氧化碳由液态转变成气态，稀释空气中的氧含量。氧含量降低会使燃烧时热的产生率减小，而当热产生率减少到低于热散失率的程度，燃烧就会停止下来。二氧化碳施放时又因焓降的关系，温度会急剧下降，形成细微的固体干冰粒子，干冰吸取周围的热量而升华，即能产生冷却燃烧的作用，但二氧化碳灭火作用主要在于窒息，冷却起次要作用。

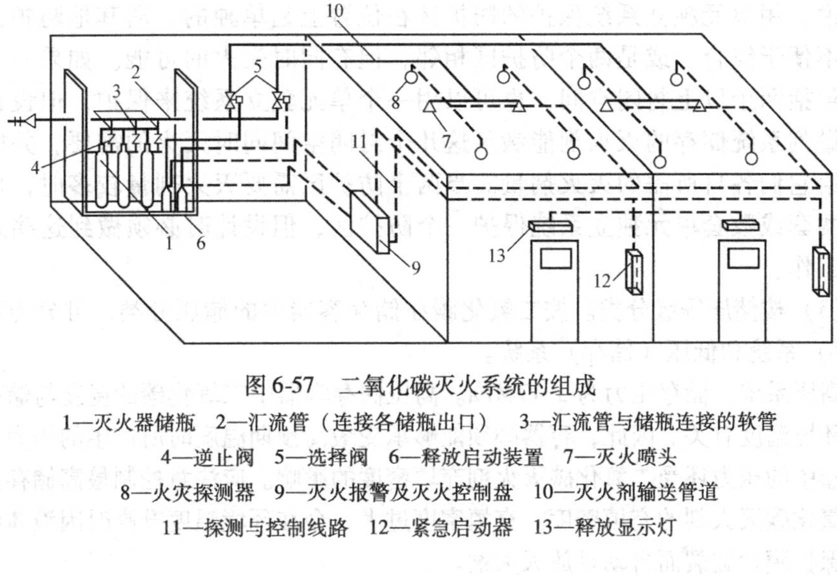

图6-57　二氧化碳灭火系统的组成

1—灭火器储瓶　2—汇流管（连接各储瓶出口）　3—汇流管与储瓶连接的软管　4—逆止阀　5—选择阀　6—释放启动装置　7—灭火喷头　8—火灾探测器　9—灭火报警及灭火控制盘　10—灭火剂输送管道　11—探测与控制线路　12—紧急启动器　13—释放显示灯

3. 系统分类

二氧化碳灭火系统是一种固定式灭火系统，按灭火方式、系统结构特点、储存压力等级、管网布置形式，可以分为如下几种类型：

(1) 按防护区的特征和灭火方式分类。可分为全淹没灭火系统和局部应用系统。

全淹没灭火系统是由一套储存装置在规定时间内，向防护区喷射一定浓度的灭火剂，并使其均匀地充满整个防护区空间的系统。全淹没系统防护区应是一个封闭良好的空间，在此空间内能够建立有效扑灭火灾的灭火剂浓度，并将灭火剂浓度保持一段所需要的时间。如厂房、计算机房、地下室、高架停车塔、封闭机械设备、管道、炉灶等。

局部应用系统，指在灭火过程中不能封闭，或是虽然能够封闭但不符合全淹没系统要求的表面火灾所采用的灭火系统。如轧机、淬火槽、喷漆棚、注油变压器、浸油槽和蒸气泄放口。

（2）按系统结构特点分类。按系统结构特点，可分为管网系统和无管网系统。管网系统又可分为组合分配系统和单元独立系统。

组合分配系统由一套灭火剂储存装置保护多个防护区。组合分配系统总的灭火剂储存量只考虑按照需要灭火剂最多的一个防护区配置，如组合中某个防护区需要灭火，则通过选择阀、容器阀等控制，定向释放灭火剂。这种灭火系统的优点是储存容器数和灭火剂用量可以大幅度减少，有较高应用价值。

单元独立系统是用一套灭火剂储存装置保护一个防护区的灭火系统。一般来说，用单元独立系统保护的防护区在位置上是单独的，离其他防护区较远，不便于组合，或是两个防护区相邻，但有同时失火的可能。如果一个防护区包括两个以上封闭空间，也可以用一个单元独立系统来保护，但设计时必须做到系统储存的灭火剂能满足这几个封闭空间同时灭火的需要，并能同时供给它们各自所需的灭火剂量。当两个防护区需要灭火剂量较多时，也可采用两套或数套单元独立系统保护一个防护区，但设计时必须做到这些系统同步工作。

（3）按储压等级分类。按二氧化碳在储存容器中的储压分类，可分为高压（储存）系统和低压（储存）系统。

高压系统，储存压力为5.17MPa。高压储存容器中二氧化碳的温度与储存地点的环境温度有关。因此，容器必须能够承受最高预期温度时所产生的压力。储存容器中的压力还受二氧化碳灭火剂充填密度的影响。应注意控制最高储存温度下二氧化碳灭火剂的充填密度。充填密度过大，会在环境温度升高时因液体膨胀造成保护膜片破裂而自动释放灭火剂。

低压系统储存压力为2.07MPa。储存容器内二氧化碳灭火剂利用绝热和制冷手段被控制在-180℃。典型的低压储存装置是压力容器外包一个密封的金属壳，壳内有绝缘体，在储存容器一端安装一个标准的空冷制冷机装置，它的冷却蛇管装于储存容器内。该装置以电力操纵，用压力开关自动控制。目前，我国低压储存系统均为进口装置。

（4）按管网布置形式分类。按管网布置形式，二氧化碳灭火系统可分为均衡系统管网和非均衡系统管网。

均衡系统管网具备以下三个条件：

1）从储存容器到每个喷嘴的管道长度应大于最长管道长度的90%。

2）从储存容器到每个喷嘴的管道计算长度应大于实际管道长度的90%（管

道计算长度 = 实际管长 + 管道的当量长度）。

3）每个喷嘴的平均质量流量相等。

均衡系统管网有利于灭火剂的均化，计算时管网灭火剂剩余量可不予考虑。

不具备上述条件的管网系统，为非均衡系统。

4. 适用场合

二氧化碳灭火系统一般为管网灭火系统，是一种固定装置，主要适用于：①固体表面火灾及部分固体的深位火灾（如棉花、纸张）及电气火灾；②液体或可溶化固体（如石蜡、沥青等）火灾；③灭火前可切断气源的气体火灾。

二氧化碳灭火系统不能扑救含氧化剂的化学品（如硝化纤维、火药等）引发的火灾、活泼金属（如钾、钠、钛、锆等）以及金属氢化物（如氢化钾、氢化钠）等引发的火灾。二氧化碳灭火系统的选用要根据防护区和保护对象具体情况确定。全淹没二氧化碳灭火系统适用于无人居留或发生火灾能迅速（30s 以内）撤离的防护区；局部二氧化碳灭火系统适用于经常有人的较大防护区内，扑救个别易燃烧设备或室外设备。

6.4.2 蒸汽灭火系统

1. 灭火机理和适用范围

水蒸气为热含量高的惰性气体，能冲淡燃烧区的可燃气体，降低空气中氧的含量，达到窒息灭火的作用。

饱和蒸汽灭火效果优于过热蒸汽，尤其对于高温设备的油气火灾，不仅能迅速扑灭泄漏点火灾，而且可以避免水系统灭火形式可能引起的设备破裂的危险。

设置蒸汽灭火系统的场所主要有：

使用蒸汽的甲乙类厂房，操作温度等于或超过本身自燃点的丙类液体厂房。

单台锅炉蒸发量超过 2t/h 的燃油、燃气锅炉房。

火柴厂的火柴库部位。

蒸汽灭火系统是在经常具备充足蒸汽源的条件下使用的一种灭火方式，具有设备造价低、淹没性好等优点，但不适用于大体积、大面积的火灾区，也不适用于扑灭电器设备、贵重仪表、文物档案等的火灾。

2. 蒸汽灭火系统类型与组成

蒸汽灭火系统按其灭火场所不同，可分为固定蒸汽灭火系统及半固定式蒸汽灭火系统。蒸汽灭火系统组成如图 6-58 所示。

（1）固定式蒸汽灭火系统。固定式蒸汽灭火系统，一般由蒸汽源、输气干管、支管、排气管等组成，见图6-58a。固定式蒸汽灭火系统采用全淹没方式来扑灭整个房间、舱室的火灾。它使燃烧房间惰化而熄灭火焰。常用于生产厂房、燃油锅炉的泵房、游船舱、甲苯泵房等场所。对建筑物容积不大于500m^3的保护空间灭火效果较好。

（2）半固定式蒸汽灭火系统。半固定式蒸汽灭火系统由蒸汽源、输汽干管、支管、接口短管等组成，如图6-58b所示。

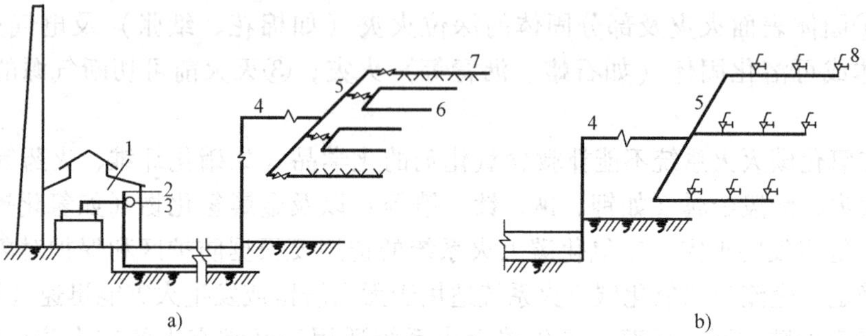

图6-58　固定和半固定式蒸汽灭火系统

a）固定式　b）半固定式

1—蒸汽锅炉房　2—生活蒸汽管网　3—生产蒸汽管网　4—输汽干管

5—配气支管　6—配气管　7—蒸汽幕　8—接蒸汽喷枪短管

该系统利用水蒸气的机械冲击力量吹散可燃气体，并可瞬间在火焰周围形成蒸汽层，隔绝氧气从而达到灭火的目的。该系统可用于扑救闪点大于45℃的罐体会破裂的可燃液体储罐的火灾以及局部火灾，有良好的灭火效果。例如，地上式可燃液体（不包括润滑油）储罐区，宜设置半固定式蒸汽灭火系统。

3. 蒸汽灭火体积分数

将蒸汽释放到燃区进行灭火时，汽油、煤油、柴油和原油的蒸汽灭火体积分数不宜小于35%，即每立方米燃烧区空间内应有不少于0.35m^3的水蒸气。

厂房、库房、泵站、舱室的灭火蒸汽量可按式（6-43）计算

$$W = 0.248V \tag{6-43}$$

式中　W——灭火最小蒸汽量，单位为kg；

V——室内空间体积，单位为m^3。

蒸汽灭火除了需要满足式（6-43）计算的蒸汽量外，还应有一定的供给强度，才能达到灭火效果。汽油、煤油、柴油生产车间和储存舱室的蒸汽供给强度，不仅与防护区的封闭性有关，而且与防护区的空间体积有关。蒸汽灭火的延续时间不宜超过3min，即宜在3min内使燃烧区空间内的蒸汽量达到灭火要求。

4. 蒸汽灭火系统的设计要求

灭火用的蒸汽源不应被易燃、可燃液体或可燃气体所污染。生产、生活和消防合用蒸汽分配箱时，在生产和生活用的蒸汽管线上应设置止回阀和阀门，以防止其管线内的蒸汽倒流。

灭火蒸汽管线蒸汽源的压力不应小于0.6MPa。

从蒸汽源到保护区的输气干管和蒸汽支管的长度不应超过60m。当总长度超过60m时，宜分设灭火蒸汽分配箱，以保证蒸汽灭火效果。

6.4.3 干粉灭火系统

干粉灭火系统是以干粉作为灭火剂的灭火系统。

干粉灭火剂是用于灭火的干燥、易于流动的微细粉末，由具有灭火效能的无机盐和少量的添加剂经干燥、粉碎、混合而成微细固体粉末组成。主要是化学抑制和窒息作用灭火。除扑救金属火灾的专用干粉灭火剂外，常用干粉灭火剂一般分为BC干粉灭火剂和ABC干粉灭火剂两大类，如碳酸氢钠干粉、改性钠盐干粉、磷酸二氢铵干粉、磷酸氢二铵干粉、磷酸干粉等。干粉灭火剂主要通过在加压气体的作用下喷出的粉雾与火焰接触、混合时发生的物理、化学作用灭火。一是靠干粉中的无机盐的挥发性分解物与燃烧过程中燃烧物质所产生的自由基或活性基发生化学抑制和负化学催化作用，使燃烧的链式反应中断而灭火；二是靠干粉的粉末落到可燃物表面上，发生化学反应，并在高温作用下形成一层覆盖层，从而隔绝氧窒息灭火。

干粉灭火系统是通过供应装置、管道或软带输送干粉，利用固定喷嘴、干粉喷枪、干粉炮喷放干粉的灭火系统。主要用于扑救易燃/可燃液体、可燃气体和电气设备的火灾。干粉灭火系统工作原理见图6-59。

干粉灭火系统的优点主要体现在：

1）灭火时间短、效率高。对石油产品的灭火效果尤为显著。

2）不用水，绝缘性好，可扑救带电设备的火灾，对机器设备的污损较小。

3）无毒或低毒，对环境不会产生危害。

4）以有相当压力的二氧化碳或氮气作喷射动力，或以固体发射剂为喷射动力，不受电源限制。

5）干粉能较长距离输送，干粉设备可远离火区。

干粉灭火具有灭火时间短、效率高、绝缘好、灭火后损失小、不怕冻、可以长期储存等优点。干粉灭火系统对A、B、C、D四类火灾均可适用，但主要还是用于B、C类火灾的扑救。系统选用时，尤其注意需根据不同的保护对象，例如对于D类金属火灾，须选用相应的干粉灭火剂。

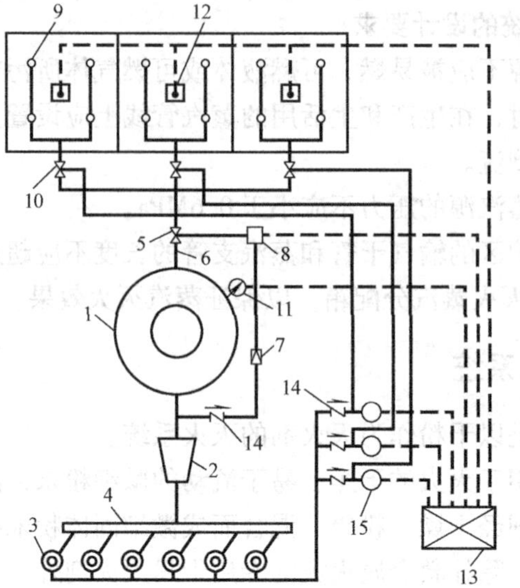

图 6-59 干粉灭火系统工作原理

1—干粉储罐 2—压力控制器 3—氮气瓶 4—集气管 5—球阀 6—输粉管
7—减压阀 8—电磁阀 9—喷嘴 10—选择阀 11—压力传感器 12—火灾探测器
13—消防控制中心 14—止回阀 15—启动气瓶

干粉灭火系统，不适用于下列场所或类型的火灾扑救：

1）不能用于扑救自身能够释放氧气或提供氧源的化合物火灾。例如硝化纤维素、过氧化物等的火灾。

2）不能扑救普通燃烧物质的深部位的火或阴燃火。

3）不宜扑救精密仪器、精密电气设备、计算机等火灾。干粉灭火剂会对上述仪器设备造成污损。

4）固定干粉灭火剂不能有效解决复燃问题，对有复燃危险的火灾危险场所，宜用干粉、泡沫联用装置。

干粉灭火系统类型的划分主要有三种方式：

1）按系统的启动方式分类，可分为手动干粉灭火系统和自动干粉灭火系统。

有的手动系统全部需要人工开启各种阀门，有的手动系统只需按一下启动按钮，其他动作可以自动完成，称为半自动灭火系统。

自动干粉灭火系统一般依靠火灾自动探测控制系统与干粉灭火系统联动。

2）按固定方式，可分为固定式干粉灭火系统和半固定式灭火系统。

固定式干粉灭火系统的主要部件，如干粉容器、气瓶、管道和喷嘴都是永久固定的。

半固定式系统的干粉容器、气瓶是永久固定的，而干粉的输送和喷射分别通过软管和手持喷枪完成，是可移动的。

3）按保护对象情况，可分为全淹没系统和局部保护系统。

全淹没系统指干粉灭火剂经永久性固定管道和喷嘴进入的火灾危险场所是一个封闭空间或封闭室，这个空间能足以形成需要的粉雾浓度。如果此空间有开口，开口的最大面积不能超过侧壁、顶部和底部总面积的15%。

6.4.4 泡沫灭火系统

泡沫灭火剂的灭火机理主要是应用泡沫灭火剂，使其与水混溶后产生一种可漂浮、黏附在着火的燃烧物表面形成一个连续的泡沫层，或者充满某一火场的空间，起到隔绝、冷却、窒息的作用。即通过泡沫本身和所析出的混合液对燃烧物表面进行冷却，以及通过泡沫层的覆盖作用使燃烧物与氧隔绝而灭火。泡沫灭火剂的主要缺点是水渍损失和污染、不能用于带电火灾的扑救。

泡沫灭火系统广泛用于油田、炼油厂、油库、发电厂、汽车库、飞机库、矿井坑道等场所。泡沫灭火系统按其使用方式有固定式、半固定式和移动式之分。选用泡沫灭火系统时，应根据可燃物的性质选用泡沫液。泡沫罐应贮存于通风、干燥场所，温度应在0~40℃范围内。此外，还应保证泡沫灭火系统所需的消防用水量、水温（$T=4\sim35$℃）和水质要求。

1. 灭火机理

泡沫是一种体积较小、表面被液体包围的气泡群。泡沫灭火系统的作用机理主要有：

1）泡沫的相对密度在0.001~0.5之间，密度远远小于一般可燃液体的密度，可以漂浮在可燃液体的表面，或粘附于一般可燃固体的表面，形成泡沫覆盖层，使燃烧物表面与空气隔离。

2）泡沫层可以遮挡火焰对燃烧物表面的热辐射，降低可燃液体的蒸发速度或固体的热分解速度，使可燃气体难以进入燃烧区。

3）泡沫中析出的水分对燃烧表面有冷却作用。

4）泡沫中的水分受热蒸发产生的水蒸气进入燃烧区有降低氧气浓度的作用。

泡沫灭火剂包括化学泡沫灭火剂和空气泡沫灭火剂两大类。化学泡沫是通过硫酸铝和碳酸氢钠的水溶液发生化学反应，产生二氧化碳，而形成泡沫。化学泡沫灭火剂主要是充装于100L以下的小型灭火器内，用以扑救小型初期火灾。

空气泡沫是由含有表面活性剂的水溶液在泡沫发生器中通过机械作用而产生的，泡沫中所含的气体为空气。空气泡沫也称为机械泡沫。目前我国大型泡沫灭火系统以采用空气泡沫灭火剂为主。本节主要介绍空气泡沫灭火系统。

2. 系统分类

根据泡沫灭火剂发泡性能的不同可分为：低倍数泡沫灭火系统、中倍数泡沫灭火系统和高倍数泡沫灭火系统三类。低倍泡沫灭火剂的发泡倍数一般在20倍以下，中倍数泡沫灭火剂的发泡倍数一般在20~200倍之间，高倍数泡沫灭火剂的发泡倍数在200~1000倍之间。

根据喷射方式不同，分为液上、液下系统；根据设备与管道的安装方式不同，分为固定式、半固定式、移动式系统。

根据灭火范围不同，分为全淹没式、局部应用式系统。

（1）低倍数泡沫灭火系统。该系统主要用于扑救原油、汽油、煤油、柴油、甲醇、乙醇、丙酮等B类火灾，适用于炼油厂、化工厂、油田、油库、为铁路油槽车装卸的鹤管栈桥、码头、飞机库、机场、燃油锅炉房等。

1）固定式泡沫灭火系统。《石油库设计规范》（GB 50074—2002）规定独立的石油库宜采用固定式泡沫灭火系统。一般由水池、固定的泡沫泵站（内设泡沫液泵、泡沫液储罐及比例混合器等）、泡沫混合液的输送管道、阀门、泡沫发生器等组成。它适用于下列情况：

a. 总储量大于、等于$500m^3$，独立的非水溶性甲、乙、丙类液体储罐区。

b. 总储量大于、等于$200m^3$的水溶性甲、乙、丙类液体储罐区。

c. 机动消防设施不足的企业附属非水溶性甲、乙、丙类液体储罐区。

根据泡沫喷射方式的不同，固定式泡沫灭火系统又分为液下喷射和液上喷射两种形式。

液下喷射泡沫灭火系统必须采用氟蛋白泡沫液或水成膜泡沫液。国内现行的低倍数泡沫灭火系统设计规范规定了以氟蛋白泡沫液为灭火剂的设计参数。该系统在防火堤外安装高倍压泡沫发生器，泡沫管入口装在油罐的底部，泡沫由油罐下部注入，通过油层上升进入燃烧液面，产生的浮力使罐内油品上升，冷却表层油。同时，可以避免泡沫在油罐爆炸掀顶时，因热气流、热辐射和热罐壁高温而遭到破坏，提高了灭火效率。该系统一般用于固定顶罐的防护，但不能用于水溶性甲、乙、丙类液体储罐的防护，也不宜用于外浮顶和内浮顶储罐，见图6-60。

液上喷射泡沫灭火系统的泡沫发生器安装在油罐壁的上端，喷射出的泡沫由反射板反射在罐内壁，沿罐内壁向液面上覆盖，达到灭火的目的。缺点是当油罐发生爆炸时，泡沫发生器或泡沫混合液管道有可能被拉坏，造成火灾失控，见图6-61。

2）半固定式泡沫灭火系统。半固定式泡沫灭火系统适用于机动消防设施强的企业、附属甲、乙、丙类液体的储罐区、石油化工生产装置区、火灾危险大的场所。

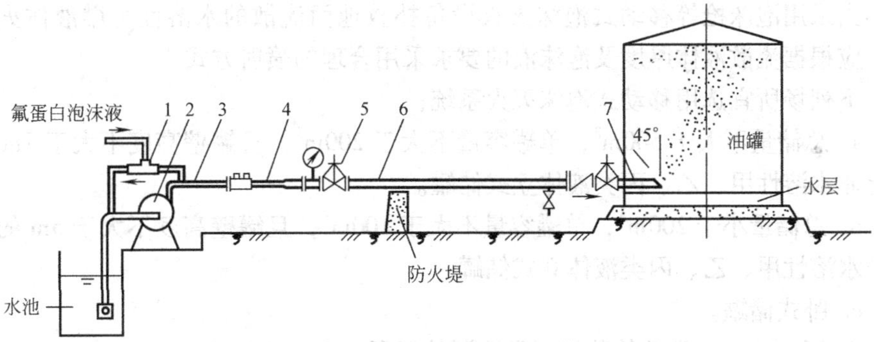

图 6-60　固定式液下喷射泡沫灭火系统

1—环泵式比例混合器　2—泡沫混合液泵　3—泡沫混合液管道
4—液下喷射泡沫产生器　5—背压调节阀　6—泡沫管道　7—泡沫注入管

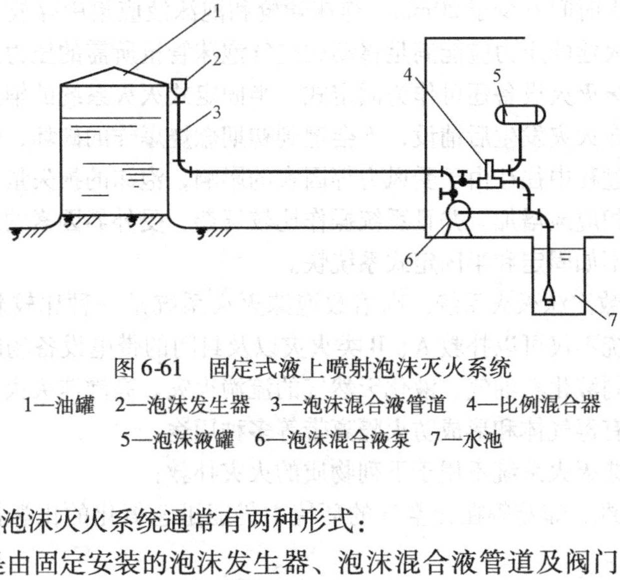

图 6-61　固定式液上喷射泡沫灭火系统

1—油罐　2—泡沫发生器　3—泡沫混合液管道　4—比例混合器
5—泡沫液罐　6—泡沫混合液泵　7—水池

半固定式泡沫灭火系统通常有两种形式：

a. 一种是由固定安装的泡沫发生器、泡沫混合液管道及阀门配件组成，没有固定泵站，泡沫混合液由泡沫消防车提供。该系统在大型的石化企业、炼油厂中采用较多。有液上喷射和液下喷射两种形式。

b. 另一种是由固定消防泵站、相应的管道和移动的泡沫发生装置组成。一般在泡沫混合液管道上留出接口，必要时用水带连接泡沫管枪、泡沫钩管等设备组成灭火系统扑灭火灾。在罐区中一般不用这种形式作为主要的灭火方式，而可作为固定式泡沫灭火系统的辅助和备用手段。

3）移动式泡沫灭火系统。该系统一般由水源（室外消火栓、消防水池或天然水源）、泡沫消防车、水带、泡沫枪或泡沫钩管、泡沫管架等组成。也可用大型泡沫消防车的泡沫炮直接喷射。

当采用泡沫枪等移动式泡沫灭火设备扑救地面流散的水溶性可燃液体火灾时，应根据流散液体厚度及泡沫液的要求采用合理的喷射方式。

下列场所宜选用移动式泡沫灭火系统：

a. 总储量不大于500m^3，单罐容量不大于200m^3，且罐壁高度不大于7m的地上非水溶性甲、乙、丙类液体立式储罐。

b. 总储量小于200m^3，单罐容量不大于100m^3，且罐壁高度不大于5m的地上非水溶性甲、乙、丙类液体立式储罐。

c. 卧式储罐。

d. 甲、乙、丙类液体装卸区易泄漏的场所。

e. 石油库设计规范规定了半地下、地下、覆土和卧油罐、润滑油罐也可采用移动式泡沫灭火系统。

地下停车库，每层宜设置移动式泡沫管枪2只，泡沫液储量不应小于灭火用量的2倍，灭火时间不少于20min。泡沫管枪和泡沫液应集中存放在便于取用的地点。室内消火栓的压力应能满足移动式空气泡沫管枪所需的压力。

移动式泡沫灭火设备还可作为固定式、半固定式灭火系统的辅助灭火设施。

该系统是在火灾发生后铺设，不会遭到初期燃烧爆炸的破坏，使用起来机动灵活。但使用过程中往往由于受风力等因素的影响，泡沫的损失量大，系统需要供给的泡沫量相应地增加。并且系统操作比较复杂，受外界因素的影响较大，扑救火灾的速度不如固定和半固定式系统快。

（2）高倍数泡沫灭火系统。高倍数泡沫灭火系统是一种比较新型的泡沫灭火方式。该系统不仅可以扑救A、B类火灾以及封闭的带电设备场所的火灾，而且可以有效控制液化石油气、液化天然气的流淌火灾。高泡沫灭火系统同时又具有消烟、排除有毒气体和形成防火隔离带等多种用途。

高倍数泡沫灭火系统不用于下列物质的火灾扑救：

a. 硝化纤维、炸药等在无空气的环境中仍能迅速氧化的化学物质与强氧化剂。

b. 钾、钠、镁、钛和五氧化二磷等活泼金属和化学物质。

c. 非封闭的带电设备。

d. 扑救立式油罐内的火灾。

1）全淹没式高倍数泡沫灭火系统。该系统将泡沫按规定的高度充满整个需要保护的空间，并将泡沫保持到所需要的时间，阻止连续燃烧所必需的新鲜空气接近火焰，使其窒息、冷却，达到控制火灾和扑救火灾的目的。大范围的封闭空间以及大范围的设有阻止泡沫流失的固定围墙或其他围挡设施的场所均可选择全淹没式高倍数泡沫灭火系统。

全淹没高倍数泡沫灭火系统一般采用固定式。其系统组成包括水泵、泡沫液泵、出水设备、泡沫液储罐、比例混合器、压力开关、管道过滤器、控制箱、泡沫发生器、导泡筒、固定管道及阀门、附件等。如果配上火灾自动控测器、报警装置、控制装置，即可组成自动控制全淹没式高倍数泡沫灭火系统。

2）局部应用式高倍数泡沫灭火系统。局部应用式高倍数泡沫灭火系统一般有两种形式，固定式和半固定式。固定式的组件与自动控制等要求均与全淹没式高倍数泡沫灭火系统相同。半固定式一般由泡沫发生器、压力开关、导炮筒、控制箱、管道过滤器、阀门、比例混合器、水管消防车或泡沫消防车、管道、水带及附件等组成。

局部应用式高倍数泡沫灭火系统的服务范围小，主要用于大范围内的局部封闭空间以及大范围内的局部设有阻止泡沫流失的围挡设施的场所。例如，需要特殊保护某一个大厂房内的火灾危险性较大的试验间、高层建筑下层的汽车库和地下仓库等场所，及有限的易燃液体的流淌火灾、油罐防护堤、矿井、沟槽内的火灾等。

3）移动式高倍数泡沫灭火系统。该系统的灭火原理与全淹没式和局部应用式是相同的，只是设备可以移动。由于它也是“淹没方式”扑灭火灾，所以要求火灾场所应设置固定的或临时的由不燃、难燃材料组成的阻止泡沫流失的围挡措施。该系统可以作为固定式灭火系统的补充设施。

系统组成一般包括手提式泡沫发生器或车载式泡沫发生器、比例混合器、泡沫液桶、水带、导泡筒、分水器、水罐消防车或手抬机动泵等。

下列场所可选择该系统：①发生火灾的部位难以确定或人员难以接近的火灾场所；②流淌的B类火灾场所；③发生火灾时需要排烟、降温或排除有毒气体的封闭空间。

(3) 中倍数泡沫灭火系统。中倍数泡沫灭火系统一般有局部应用式和移动式两种形式。

该系统的灭火原理、扑救对象及使用场所和高倍数泡沫灭火系统基本相同。凡高倍数泡沫灭火系统不适用的场所，中倍数泡沫灭火系统一般也不能使用，但它能扑救立式钢制储油罐内火灾。

第7章 建筑消防电气系统

建筑消防电气系统主要由两部分组成：一部分为感应机构，即火灾自动报警系统；另一部分为执行机构，即消防联动控制系统。它的主要功能是：自动捕捉火灾探测区域内火灾发生时的烟雾或高温烟气，从而发出声光报警。根据建筑的防火分区和防烟分区、防排烟设施、自动灭火系统等的防火灭火需求，通过火灾自动报警系统的联动控制，合理、有效地控制消防水泵、防火阀、防火卷帘等相关的消防用电设备，同时切断着火相关区域的非消防设备的供电电源，为人员疏散、消防救援提供火灾应急照明，保障消防电梯的安全运行，确保火场内相关人员的人身安全，最大程度地将火灾造成的人员伤亡和经济损失降至最低程度。计算机软、硬件的发展，目前已广泛应用于建筑消防设备的管理和应用，为消防安全提供了技术保证。

7.1 消防电源

消防电源是指在火灾时能保证消防用电设备继续正常运行的电源。消防电源的负荷等级应满足建筑物最高负荷等级的要求。一般情况下，根据消防用电设备在火灾时起到的作用不同，保证消防电源正常运行的时间及电源要求也不同。

7.1.1 消防负荷及其分级

在供配电系统中，用电设备被称为电力负荷，简称负荷。电力负荷的大小以功率（kW）或电流（A）表示。

消防负荷，即指消防用电设备，一般包括消防水泵、消防电梯、防烟排烟设备、火灾自动报警装置、自动灭火装置、火灾事故照明、疏散指示标志、火灾应急广播和电动防火门、卷帘、阀门及消防控制室的各种控制装置等用电设备。

对于适用于 GB 50045—1995（2005 版）《高层民用建筑设计防火规范》的高层建筑，其消防负荷的等级为：一类建筑为一级负荷，二类建筑为二级负荷。

对于适用于 GB 50016—2006《建筑设计防火规范》的建筑，消防负荷的分级为：

1）一级负荷。建筑高度超过 50m 的乙、丙类厂房和丙类库房。

2）二级负荷。室外消防用水量超过 30L/s 的工厂、仓库；室外消防用水量超过 35L/s 的易燃材料堆场、甲类和乙类液体储罐或储罐区、可燃气体储罐或储罐区；超过 1500 个座位的影剧院、超过 3000 个座位的体育馆、每层面积超过 $3000m^2$ 的百货楼、展览楼和室外消防用水量超过 25L/s 的其他公共建筑。

3）三级负荷。除上述一、二级负荷外的民用建筑、储罐（区）和露天堆场等。

7.1.2 不同消防负荷供电要求

根据供配电系统的有关规范，各级消防负荷的供电要求如下：

1. 一级负荷的供电要求

一级负荷应由两个电源供电，且当一个电源发生故障时，另一个电源不应同时受到损坏。根据我国现阶段的经济技术条件和供电情况，下列几种情况均视为满足一级负荷供电的两个电源：

1）两个电源分别来自两个不同的发电厂。

2）两个电源分别来自两个电压在 35kV 及以上的区域变电站。

3）一个电源来自一个区域变电站，另一个电源来自自备发电设备。

一般情况下，电源来自两个不同发电厂的可能性不大。因为发电厂发出的电能往往直接并入电网，电网电压为 500kV、220kV、110kV 等。除大型钢铁企业、石化企业等用电大户，电源进线电压可能为 110V、35kV，绝大多数用户为 10kV 电源进线，因此，我们要求电源来自两个区域变电站，电压一般在 35kV 及以上。当确有困难时，也可是同一区域变电站的不同母线。

电源数量越多，供电越可靠，但要从技术经济方面进行综合考虑。从最大限度保证供电可靠性出发，应按建筑物的重要程度及负荷大小并视当地电网的可供能力来决定电源数量，但两路独立电源是最其码的要求，只有二类负荷或个别一类负荷技术经济上确有困难时，两个电源仍然需要，但不一定是独立的。即使暂时无法取得双电源，设计仍按双电源做，使用时可只有单电源供电，待争取到双电源时再接上。

一级负荷中特别重要的负荷，除由两个电源供电外，尚应增设应急电源，甚至采用不停电装置（UPS）来供电，并严禁将其他负荷接入应急供电系统。

2. 二级负荷供电要求

二级负荷所包括的范围比一级负荷广，其停电造成的损失较大。根据国家规范要求，二级负荷宜由两回线路供电，且变压器亦应有两台，即应做到当发生变压器故障或电力线路常见故障时不致中断供电，或中断后能迅速恢复。但是，如果二级负荷容量较小，或者地区供电条件困难无法提供两回线路时，允许由一回 6kV 及以上的专用架空线或电缆供电。当采用架空线时，可为一回架空线供电。当采用电缆线路供电时，应采用两根电缆组成的线路供电，并且每根电缆均应能承受100%的二级负荷，且互为热备用配电方式。

根据二级负荷的供电要求，主要有以下几种供配电方案：

（1）两路高压（10kV）供电方案。适用于地区电网有条件提供两路高压电源，并且消防用电设备较多的建筑物。两路高压电源可以来自同一区域变电站（35kV及以上）的不同母线，两路高压电源可能不是专线，且二级负荷两路高压电源一般采取不联络接线方式。

（2）一路高压（10kV）进线和一路低压（220/380V）进线供电方案。当消防用电设备容量较少（一般150kW以下）时，可采用一高一低的供电方案。

（3）一路高压供电方案。如果地区电网不能提供两路供电的条件，只能一路高压供电时，应采用两根电缆组成的线路供电，每根电缆应能承受100%的二级负荷，并应采用两台变压器。当一台变压器故障时，另外一台变压器可以正常运行。

三级负荷的供电没有特别要求。

7.1.3 消防备用电源

当地区供电条件不能满足消防一级负荷和二级负荷的供电可靠性要求，或从地区变电站取得第二电源不经济时，应设置自备消防备用电源。

自备消防备用电源有：独立于正常电源的发电机组、供电网络中独立于正常电源的专用的供电线路、蓄电池、干电池、不间断电源装置（UPS）、燃料电池。

根据允许中断供电的时间，可分别选择下列消防备用电源：

1）允许中断供电时间为15s以上的供电，可选用快速自起动的发电机组。

2）一类高层建筑自备发电设备，应设有自动起动装置，并能在30s内供电。二类高层建筑自备发电设备，当采用自动起动装置有困难时，可采用手动起动装置。

3）允许中断供电时间为毫秒级的供电，可选用蓄电池静止型不间断供电装置、蓄电池机械储能电机型不间断供电装置或柴油机不间断供电装置。

4）自投装置的动作时间能满足允许中断供电时间的，可选用带有自动投入装置的独立于正常电源的专用供电线路。

国内外新建的一些大饭店、宾馆、综合建筑等一类高层建筑均设有双电源，北京长城饭店等高层建筑备用电源、应急电源配置示例如表7-1所示。

表7-1 高层建筑备用电源、应急电源配置示例

序号	建筑名称	城市电网电压等级/kV	自备发电机容量/kW
1	北京长城饭店	35kV两个不同变电站	750
2	南京金陵饭店	10kV双回路电源	自备发电机415

（续）

序号	建筑名称	城市电网电压等级/kV	自备发电机容量/kW
3	北京国际大厦	10kV 双回路电源	自备发电机 415
4	北京亮马河大厦	10kV 双回路电源	自备发电机 800
5	香港上海汇丰银行	6.6 kV 双电源	自备发电机 900
6	深圳国际贸易中心	10kV 双回路电源	自备发电机 900
7	长富宫中心	10kV 双回路电源	自备发电机 1000
8	日本东京阳光大厦	6.6 kV 双电源	2500 蓄电池 $\begin{cases}400Ah\times5\\300Ah\times7\end{cases}$ 250Ah ×2
9	日本新宿中心大厦	22 kV 双电源	1500 蓄电池 $\begin{cases}100V\times1500Ah\\100V\times210Ah\end{cases}$ 100V ×1500Ah
10	日本新大谷饭店	22 kV 双电源	自备发电机 415

1. 自备应急发电机组

吸收了无数火灾的教训，国外经济较发达的国家，如欧、日等国家，高层建筑普遍设应急发电机组。日本把应急柴油发电机组规定做为防火的必要措施。而且还设有蓄电池作为应急电源供事故照明或作操做电源用，其容量从几万安时（Ah）到几千安时（Ah）不等。做为高层建筑电气设计人员，对重要的高层建筑设应急柴油发电机组的必要性要有足够的认识。

自备应急发电机组有柴油发电机组和燃气轮机发电机组两种。

选择柴油发电机组时，宜选用高速柴油发电机组和无刷型自动励磁装置。因为，高速柴油发电机组具有体积小、质量轻、起动运行可靠等优点。无刷型自动励磁装置具有适应各种起动方式、易于实现机组自动化或对发电机组遥控的特点，当与自动电压调整装置配套使用时，可使静态电压调整率保证在 ±2.5% 以内。

燃气轮机发电机组可分为固定型、可动型和轨道型。发电机为三相交流同期发电机，无刷交流励磁方式。燃气轮机的冷却采用空气自行冷却，加之燃烧需要大量空气，所以，燃气轮机组的空气需要量比柴油机组大 2.5 ~4 倍。因此，装设位置必须考虑进气排气方便的地上层或屋顶为宜，不宜设在地下层，因地下层的进气排气都有一定难度。

应急发电机组设置的位置及供电电压选择应符合以下要求：

1）接近负荷中心。一般设在变配电所附近。应急发电机组一般采用 AC230/400V 低压供电。当建筑物体形很大，消防用电设备很多并且分散时，可采用高压应急发电机组供电。

2）民用建筑可以将应急发电机组设置在地下室，但应考虑消防、通风、设备运输等要求，机房内应设置储油间，其总储存量不应超过 8h 的需要量。

自备应急发电机组应装设快速自动起动及电源自动切换装置，并具有连续三次自起动的功能。对于一类高层建筑，自起动切换时间不超过 30s；对于其他建筑，在采用自动起动有困难时也可采用手动起动装置。机组一般应采用电起动，不宜用压缩空气起动。发电机组总台数不宜超过 2 台，单机容量一般在 800kW 及以下。

应急发电机组的接线方式主要有热备用和冷备用两种。对于一级负荷建筑以及火灾危险性非常大的重要建筑物，应采用热备用连接方式。两路电源供电、应急发电机组热备用低压系统原理图见图 7-1。

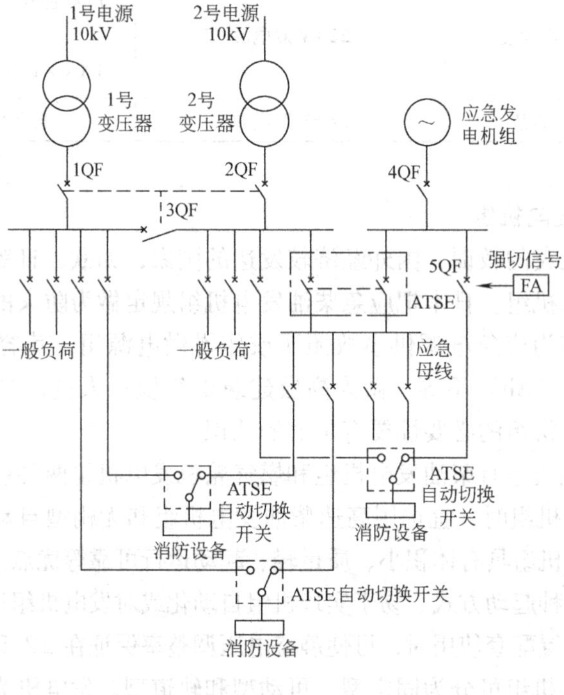

图 7-1 两路电源供电、应急发电机组热备用低压系统

图 7-1 中，2 号变压器低压侧的一路电源与应急发电机组的一路电源，通过 ATSE 自动转换开关后，设置应急母线系统。该应急母线的电源平时一直带电，处于热备用状态。正常时由 2 号电源提供，当该电源失电时，正常电源失电的信号自动传输给应急发电机的起动装置，应急发电机组在 30s 内自动起动，通过双电源自动转换开关电气（ATSE）自动切换到应急发电机电源上，满足该应急母线的电源需要。当正常电源由于事故或检修失电时，应急发电机组电源可以通过

另外独立回路作为一些重要负荷的备用电源，并处于待机状态。一旦发生火灾，马上发出火灾信号，强制将引至非消防设备的回路清除（即图中 5QF 强制分闸），保证消防设备的供电。

2. 蓄电池组

蓄电池是将所获得的电能以化学能的形式贮存并将化学能转变成电能的一种电化学装置。在放电以后，用充电的方法使活性物质复原，以后能够再放电，并且充电和放电能够反复多次、循环使用。它是一种独立而又十分可靠的备用电源。

在建筑供配电系统中，蓄电池组用作小容量设备的备用电源，如火灾自动报警系统的直流备用电源、应急照明的备用电源、变电所的直流操作电源、不间断电源装置的直流电源等。

按照电解液的性质不同，蓄电池分为酸性蓄电池和碱性蓄电池。酸性蓄电池主要有铅酸蓄电池，其电极为铅、电解液为硫酸溶液。碱性蓄电池主要有镉镍蓄电池和铁镍蓄电池等，其电解液是氢氧化钾或氢氧化钠溶液。

不间断电源系统用的蓄电池需在常温下能瞬时起动，一般选碱性或酸性蓄电池，有条件时应选用碱性燃料电池。当要求继续维持供电时间较短时宜采用镉镍蓄电池，否则宜用固定型铅蓄电池。

蓄电池的充电分为充（放）电制和浮充电制两种工作方式。充（放）电制为蓄电池在使用前充足电，当使用时电压不足后再放电，放完电（但其端电压不得低于规定的终止电压）后再充电使用。浮充电制蓄电池一直由交流电源经整流器以微小充电电流充电，充电电流补偿自放电的损失，使之保持完全充电状态。用于小容量消防设备（如应急照明）的蓄电池常采用浮充电制工作方式。

蓄电池的额定放电时间，是指在交流输入发生故障时，起动蓄电池，在规定的工作条件下，不间断电源设备保持向负荷连续供电的最小时间。为保证用电设备按照操作顺序进行停机，以停机所需最长时间来确定，蓄电池的额定放电时间一般取 8 ~ 15min；当有备用电源时，为保证用电设备的供电连续性，并等待备用电源的投入，蓄电池的额定放电时间取 10 ~ 30min。

蓄电池组容量应根据市电停电后需要由其维持的供电时间来确定。

3. 燃料电池

燃料电池与普通电池一样，是将化学能直接转化成电能的一种化学装置。其基本工作原理为：在阳极，天然气、液化石油气、沼气等燃料分解（或裂解）后所产生的氢气与电解质中的水形成水合氢离子，同时释放出电子，并经由阴极和阳极间的外部电路形成电流，使电子汇集于阴极。在阴极，氧气与电解质中的水合氢离子和由阴极流入的电子反应生成水分子，从而完成整个化学循环。只要持续不断地提供氢气和氧气，就可以得到持续的、稳定的电流。表 7-2 为燃料电池与柴油发电机组的特性比较。

表 7-2 燃料电池与柴油发电机的特性比较

指标	燃料电池	柴油发电机	指标	燃料电池	柴油发电机
燃料	天然气、液化气、沼气	柴油	贮油间	不需要	需要
发电方式	静态/化学	动态/机械	减压/表房	需要	不需要
冷却方式	水冷、风冷	水冷、风冷	维护	简单	较复杂
适用环境	室内、室外	室内、室外	发电效率	高	低
噪声	极低	很高	运行成本	低	高
振动	无	很强烈	初期投资	较高	低
烟囱	不需要	需要			

燃料电池按工作温度分为低温燃料电池和高温燃料电池。低温燃料电池有碱性低温燃料电池、固态聚合物低温燃料电池和磷酸低温燃料电池等，其工作温度一般在250℃以下。高温燃料电池有碳酸盐燃料电池和陶瓷燃料电池等，其工作温度在650～1000℃之间。

目前，燃料电池因其能量转化率高、电气特性好，尤其因其在环保方面的优越性而越来越受到人们的关注，尽管当前的燃料电池在能量体积比和电池反应器寿命等方面尚待改进，相信随着技术的不断进步以及其输出功率的大为提高，燃料电池的应用前景将十分广阔。

4. EPS 应急电源

EPS 应急电源平时以市电给蓄电池充电，市电失电后利用蓄电池放电而继续供电。放电的时间和放电电流取决于蓄电池的安时容量(Ah)。EPS 应急电源主要适用于：

1）整个建筑物消防用电设备容量不大，例如100kW 以下，采用EPS 从技术和经济上较合理。

2）一般用于火灾疏散照明系统。火灾疏散照明采用 EPS 应急电源供电与自带蓄电池的火灾疏散照明灯具(包括疏散指示标志)相比，具有节省初期投资、减低运行费用、电源可以集中故障监视报警等优点。但如果 EPS 出现故障，影响面大。

3）对消防水泵等电动机负载。如果使用 EPS 作为应急电源，在选择时要考虑电动机起动时的冲击电流对蓄电池的影响，并且 EPS 的连续供电时间必须满足消防能够要求。

4）EPS 的总容量应大于安装容量中最大回路的起动容量和其他回路额定工作容量之和。各种消防设备应急回路起动容量为：

a. 电动机的直接起动电流为额定电流的 6～10 倍，EPS 的额定起动容量应大于电动机额定功率7倍以上(主要是整流设备的额定容量)。

b. 电动机为软起动、星三角起动、自耦降压起动时，EPS的额定起动容量应大于电动机额定功率3倍以上。

c. 当电动机为变频起动时，EPS的额定起动容量可以等于电动机的额定功率。

EPS与应急发电机组的比较见表7-3。

表7-3 EPS与应急发电机组的比较

指标	EPS应急电源	应急发电机组
切换时间	安全级，0.25s；一般级，5s	起动时间在30s之内
运行时间	一般不超过1.5h	可长期运行
使用寿命	主要为蓄电池的寿命，电池可循环放电300~500次	定期保养好，可以长期使用
容量	容量小，一般为100kW以下	容量大，可达2500kW/台
设置场所	可以在任何场所设置，可以分散设置在消防用电设备附近 设置在楼上时，对结构符合有要求；平时有通风要求，运行时没有污染	底层及地下室，对消防、通风等有要求，运行时有噪声及浓烟污染
价格	一次性投资大，运行成本低	容量越大一次性投资越便宜，需要定期维护，运行时需补充油料

7.1.4 消防用电设备的配电方式

大量的火灾案例表明，有了可靠的电源，而消防设备的配电线路不可靠，仍不能保证消防用电设备的安全供电。消防配电线路和控制回路一般按防火分区划分回路。《高层建筑设计防火规范》和《建筑设计防火规范》均明确规定，消防用电设备应采用专用的供电回路，当发生火灾切断生产、生活用电时，应仍能保证消防用电，其配电设备应设有明显标志。

消防用电设备的电源分别引自两台变压器的不同母线上，平时两路电源线路(常用和备用)均带电(热备用配电方式)，当一路失电时，通过双电源自动转换开关(ATSE)进行自动切换，保证消防设备供电的可靠性。目前，有些地方不是采用热备用方式，而是采用冷备用方式，即引至消防设备的两路线路，一路常用线路平时带电，一路备用线路不带电。这样的配电方式，在常用线路失电时，通过一系列操作，才使备用线路带电，因此供电可靠性没有热备用高。

消防用电设备的配电方式，根据用电设备的重要性、用电设备的容量以及平面分布情况，可以选择放射式、树干式、链式配电以及这三种方式的组合方式，见图7-2。

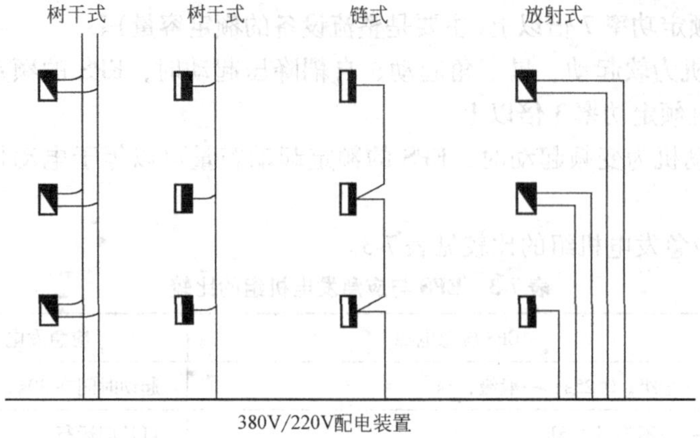

图 7-2　消防用电设备各种配电方式示意图

高层建筑的应急照明的总干线配电方式往往采用树干式配电方式，一般由变电所或大楼总配电间直接配出两个回路线路作为树干，相应楼层火灾应急照明配电箱的两个电源分别接自两个树干。

用电设备容量小、离开配电箱较远、但相互之间较近的小容量消防设备可以采用链式配电方式，但应注意不允许跨越防火分区，例如有些工程的防火卷帘门等。

放射式是由变电所或大楼总配电间直接配出引至用电设备，该配电方式适用于用电设备重要性高或容量大并且负荷集中的场合。消防水泵、消防电梯、消防控制室等设备应采用放射式配电方式。

为保证消防用电设备供电的可靠性，要求在最末一级配电箱处设置自动切换装置(ATSE)。消防控制室、消防水泵房或邻近配套的消防水泵控制室内、消防电梯机房内均应设置双电源自动切换装置。防烟排烟风机、防火卷帘门、消防排水泵等消防电气设备，可以按同一防火分区内设置一个总的双电源自动切换装置(ATSE)，再采用满足消防供电敷设要求的电线电缆，以放射式配电方式进行供电。

7.2　火灾探测器

7.2.1　火灾探测器的分类

火灾探测器是火灾自动报警系统的检测元件，它将火灾初期所产生的烟、热、光转变为电信号，输入火灾自动报警系统，经过火灾自动报警系统处理后，发出报警或相应的动作。

众所周知，火灾是一种伴随有光、热的化学反应过程，火灾过程中会产生大量的有毒的热烟气和高温火焰。根据火灾的燃烧特性，火灾探测器可分为感烟型、感温型、感光型、可燃气体火灾探测器、复合型、智能型等类型。根据火灾探测器监控区域的大小，可分为点型和线型火灾探测器。

1. 感烟火灾探测器

感烟火灾探测器是目前世界上应用较普遍、数量较多的探测器。据了解，感烟火灾探测器可以探测 70% 以上的火灾。根据工作原理，感烟探测器可以分为离子感烟探测器和光电感烟探测器两种。其中以离子感烟火灾探测器应用较为广泛。

（1）离子感烟火灾探测器。离子感烟探测器的原理见图 7-3。它由检测电离室和补偿电离室、信号放大回路、开关转换回路、火灾模拟检查回路、故障自动监测回路、确认等回路等组成。

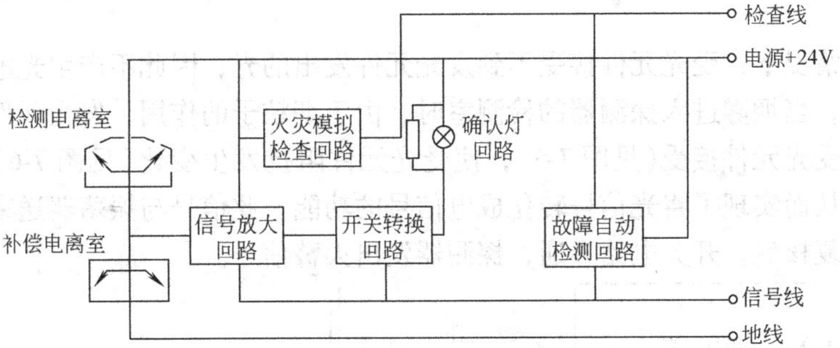

图 7-3　离子感烟探测器原理

检测电离室和补偿电离室有两片放射性物质镅（^{241}Am）α 源构成。当有火灾发生时，烟雾粒子进入检测电离室后，被电离的部分正离子和负离子吸附到烟雾离子上去，一方面造成离子在电场中运动速度降低，而且在运动中正负离子互相中和的几率增加，使到达电极的有效离子数减少；另一方面，由于烟雾粒子的作用，射线被阻挡，电离能力降低，电离室内产生的正负离子数减少。两方面的综合作用，宏观上表现为烟雾粒子进入检测电离室后，电离电流减少，施加在两个电离室两端电压的增加，见图 7-4。

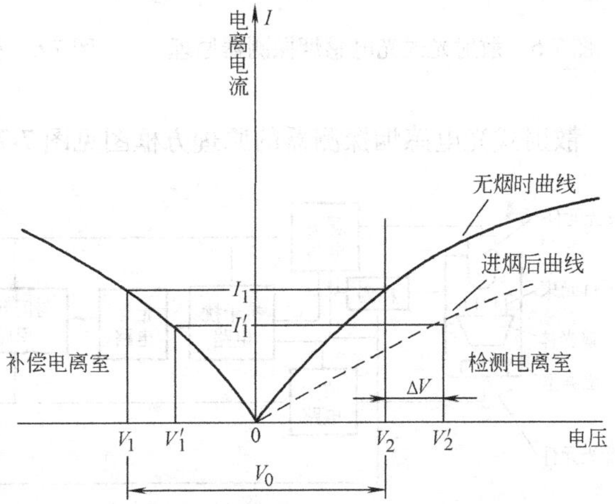

图 7-4　检测电离室和补偿电离室电压-电流特性曲线

当电压增加到规定值以上时开始动作，通过场效应晶体管(FET)作为阻抗耦合后将电压信号放大，进而通过开关转换回路将放大后的信号触发正反馈开关，将火灾信号传输给报警器，发出声光报警信号。

（2）光电感烟火灾探测器。它是对能影响红外、可见和紫外电磁波频谱区辐射的吸收或散射的燃烧物质敏感的探测器。光电式感烟探测器根据其结构和原理分为散射型和遮光型两种。新型的光电感烟探测器如激光感烟探测器、红外光束线形感烟探测器亦均利用了光散射原理。

1）散射式光电感烟探测器。散射式光电感烟探测器由发光元件、受光元件和遮光体组成的检测室、检测电路、振荡电路、信号放大电路、抗干扰电路、记忆电路、与门开关电路、确认电路、扩展电路、输出(入)电路和稳压电路等组成。

正常情况下，受光元件接受不到发光元件发出的光，因此不产生光电流。火灾发生时，当烟雾进入探测器的检测室时，由于烟粒子的作用，发光元件发生光散射并被受光元件接受(见图7-5)，使受光元件阻抗发生变化(见图7-6)，产生光电流，从而实现了将光信号转化成电信号的功能。此信号与振荡器送来的周期脉冲信号复核后，开关电路导通，探测器发出火警信号。

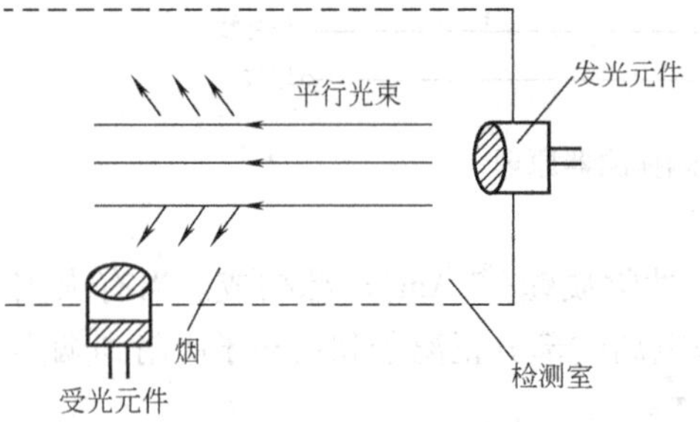

图7-5　散射光式光电感烟探测器原理

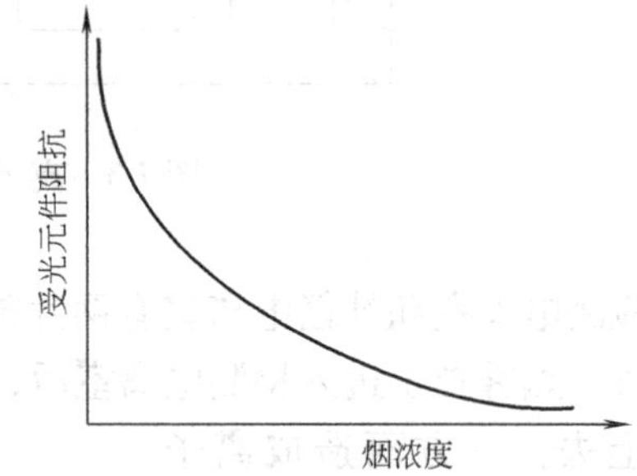

图7-6　受光元件阻抗随烟气浓度变化曲线

散射式光电感烟探测器的原理方框图见图7-7。

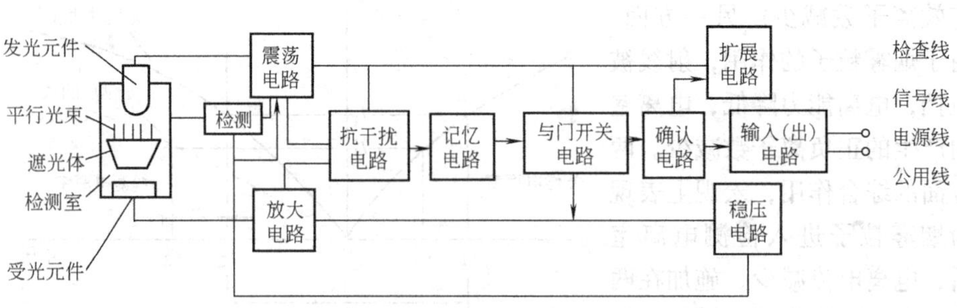

图7-7　散射式光电感烟火灾探测器方框图

2）遮光型光电感烟探测器。又称减光型光电感烟探测器。正常情况下，光源发出的光通过投射镜聚成光束，照射到光敏元件上，并将其转换成电信号，使整个电路维持正常状态，不发生报警。发生火灾有烟雾存在时，光源发出的光线受粒子的散射和吸收作用，使光的传播特性改变，光敏元件接受的光强明显减弱，电路正常状态被破坏，则发出声光报警。

3）激光感烟探测器。点型激光感烟探测的原理主要采用了光散射基本原理，但又与普通散射光探测有很大区别。激光感烟探测器的光学探测室的发射激光二极管和组合透镜使光束在光电接受器的附近聚焦成一个很小亮点，然后光线进入光接受光镜被吸收掉。当火灾发生时，烟粒子在窄激光光束中的散射光通过特殊的反光镜被聚到光接受器上，从而探测到烟雾颗粒。在普通的点型光电感烟探测器中，烟粒子向所有方向散射光线，仅一小部分散射到光电接受器上，灵敏度较差。激光探测器采用光学放大器件，将大部分散射光聚集到光电接受器上，大大地提高了灵敏度。应用在高灵敏度吸气式感烟火灾报警系统，点型激光感烟探测器的灵敏浓度高于一般光电感烟探测器灵敏度的50倍，误报率也大大降低。

4）红外光束线型火灾探测器。线型火灾探测器是响应某一连续线路附近的火灾产生的物理或化学现象的探测器。红外光束线型感烟火灾探测器的原理是应用烟粒子吸收或散射现象，使红外光束强度发生变化，从而实现火灾探测。

在正常情况下，红外光束探测器的发射器发送一个不可见的、波长为940mm的脉冲红外光束，它经过保护空间不受阻挡地射到接受器的光敏元件上。当发生火灾时，由于受保护空间的烟雾气溶胶扩散到红外光束内，使到达接受器的红外光束衰减，接受器接受的红外光束辐射通量减弱，当辐射通量减弱到预定的感烟动作阈值时，如果保持衰减5s（或10s）时间，探测器立即动作，发出火灾报警信号。

红外光束线型火灾探测器保护面积大，尤其适宜保护难以使用点型探测器甚至根本不可能使用点型探测器的场所。

2. 感温式火灾探测器

感温式火灾探测器是响应异常温度、温升速率和温差等参数的探测器。感温式火灾探测器按原理可分为定温、差温、差定温组合式三种。

（1）点型定温式火灾探测器。当监测点环境温度达到某一温度值时，即动作。其结构原理如图7-8。

1）利用不同膨胀系数双金属片的弯曲变形，达到感温报警的目的，其结构见图7-8a。它是利用两种膨胀系数不同的金属片制成。随着火场温度的升高，金属片受热，膨胀系数大的金属片就要向膨胀系数小的金属片方向弯曲，使接点闭合，将信号输出。

2）图7-8b所示的探测器利用双金属的反转使接点闭合，将信号输出。双金属反转后处于虚线所示的位置。

3）图 7-8c 所示的点型定温火灾探测器由膨胀系数大的金属外筒和膨胀系数小的内部金属板组合而成，膨胀系数的不同使得接点闭合。

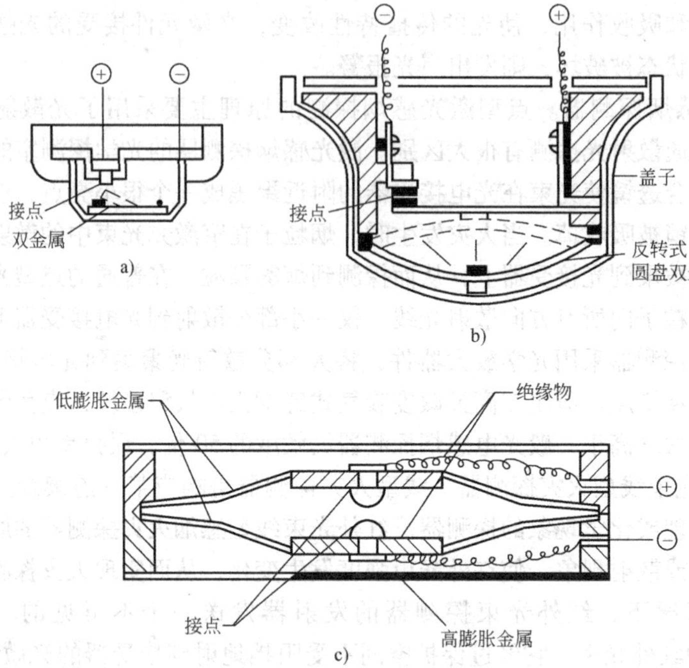

图 7-8　点型定温火灾探测器

4）电子定温火灾探测器。电子定温火灾探测器采用特制半导体热敏电阻作为传感器件。这种热敏电阻在室温下具有较高的阻值，可以达到 1MΩ 以上。随着火场温度的升高，热敏电阻的阻值缓慢下降，当达到设定的温度点时，临界电阻值迅速减至几十欧姆，信号交流迅速增大，探测器发出报警信号。常见的 JTW-DZ-262/062 电子定温探测器原理见图 7-9。

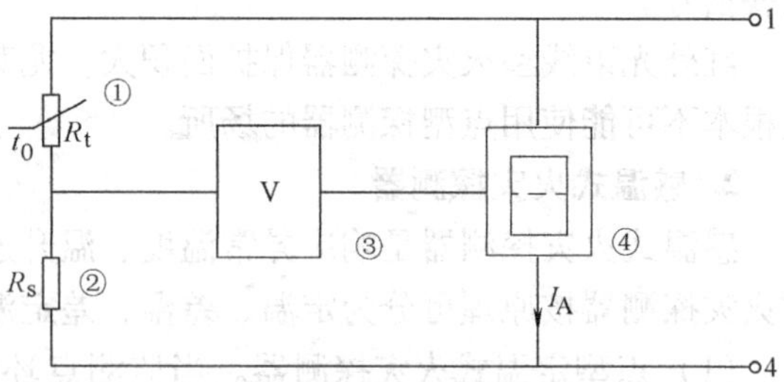

图 7-9　JTW-DZ-262/062 电子定温探测器原理

①—热敏电阻 CTR　②—采样电阻

③—阀值电路　④—双稳电路

（2）缆式线型定温探测器。缆式线型定温探测器构造及原理框图分别如图 7-10、图 7-11 所示。

它主要由智能缆式线型感温探测器编码接口箱、热敏电缆及终端模块三部分构成一个报警回路。在每一个热敏电缆中有一个极小的电流流动。当热面电缆线路上任何一点的温度上升达额定动作温度时，其绝缘材料溶化，两根钢丝互相接触，此时报警回路电流骤然增大，报警控制器发出声、光报警的同时，数码管显示火灾报警的回路号和火警的距离（即热敏电缆动作部分的米数）。报警后，经人工处理热敏电缆可重复使用。缆式线型定温探测器的动作温度如表7-4所列。

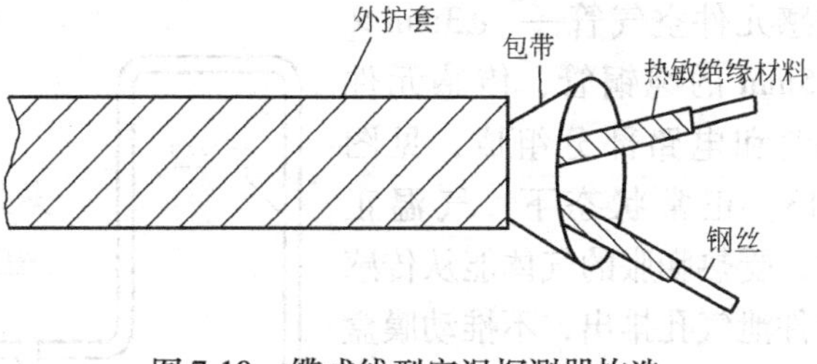

图7-10　缆式线型定温探测器构造

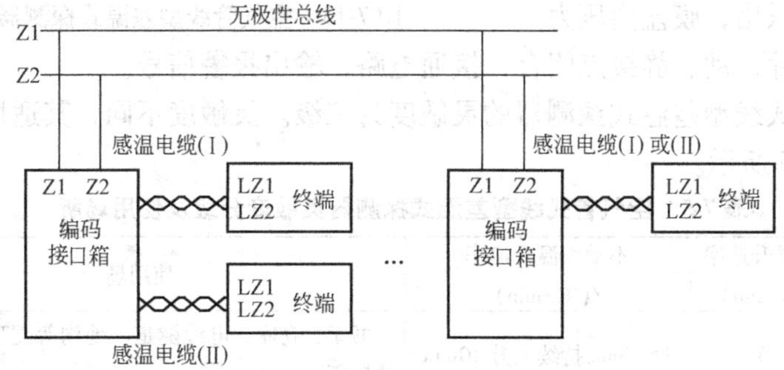

图7-11　智能线型缆式感温探测器系统

表7-4　缆式线型定温探测器的动作温度

安装地点允许的温度范围/℃	额定动作温度/℃	备　注
-30～40	68±10	应用于室内、可架空及靠近安装使用
-30～50	85±10	应用于室内、可架空及靠近安装使用
-40～75	105±10	适用于室内、外
-40～100	138±10	适用于室内、外

（3）点型差温式火灾探测器。图7-12所示为一种常用的膜盒式点型差温式探测器结构示意图。

点型差温式探测器主要由感热室、膜片、泄露孔及接点构成。当火灾发生时，如果环境温度变化缓慢，泄露孔的作用使得感热室内的空气泄漏，膜片保持不变，接点不会闭合。随周围火场温度的急剧上升，感热室内的空气迅速膨胀，当达到规定的升温速率以上时，膜片受压使接点闭合，发出火警信号。

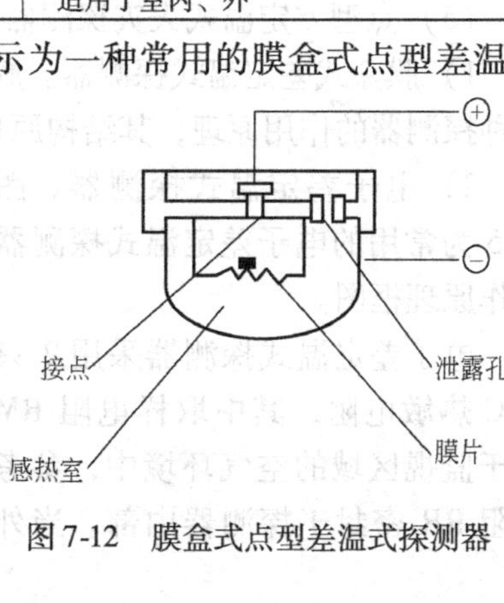

图7-12　膜盒式点型差温式探测器

(4) 空气管线型差温式探测器。它是一种感受温升速率的火灾探测器，由敏感元件空气管——ϕ3mm × 0.5mm 的纯铜管、传感元件膜盒和电路部分组成，见图 7-13。正常状态下，气温正常，受热膨胀的气体能从传感元件泄气孔排出，不推动膜盒片，动、静接点不闭合；当发生火灾时，保护区域温度快速升高，使空气管感受到温度变化，管内空气受热膨胀，邪空气无法立即派出，膜盒内压力增加推动膜片，动、静接点闭合，接通电路，输出报警信号。

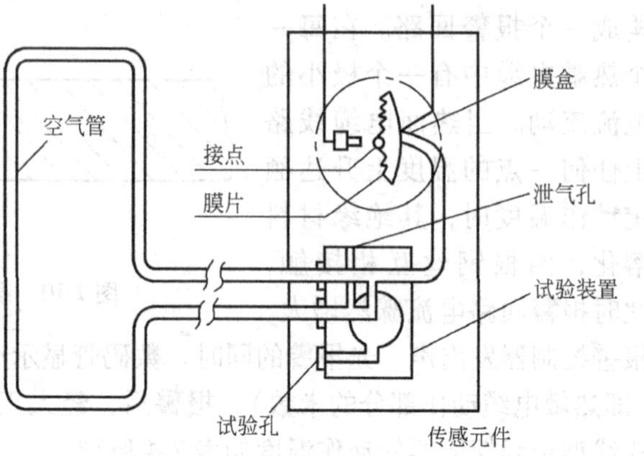

图 7-13　空气管线型差温式探测器

空气管式线型差温式探测器的灵敏度为三级。灵敏度不同，其适用场所也不同，如表 7-5 所示。

表 7-5　空气管式线型差温式探测器灵敏度分级及使用场所

灵敏度级别	动作温升速率/(℃/min)	不动作温升速率/(℃/min)	使用场合
1	7.5	1℃/min 持续上升 10min	书库、仓库、电缆隧道、地沟等温度变化率较小的场所
2	15	2℃/min 持续上升 10min	暖房设备等温度变化较大的场所
3	30	3℃/min 持续上升 10min	消防设备中要与消防泵自动灭火装置联动的场所

以上所描述的差温和定温感温探测器中，除缆式线型定温式探测器因其特殊的用途还在使用外，其余均已被下面介绍的差定温组合式探测器所取代。

(5) 点型差定温式火灾探测器

1) 膜盒式差定温式探测器。膜盒式差定温式探测器综合了差温式和定温式两种探测器的作用原理，其结构原理见图 7-14。

2) 电子差定温式探测器。图 7-15 为常用的电子差定温式探测器工作原理框图。

电子差定温式探测器采用 2 只 NTC 热敏电阻，其中取样电阻 RM 位于监视区域的空气环境中，参考电阻 RR 密封于探测器内部。当外

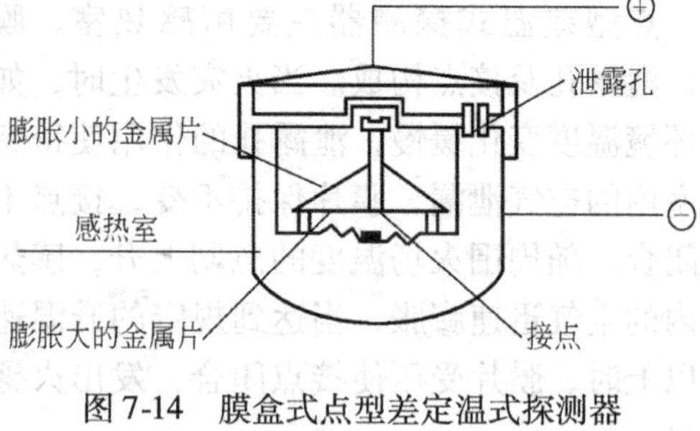

图 7-14　膜盒式点型差定温式探测器

界温度缓慢地上升时，RM 和 RR 均有相应，此时，探测器表现为定温特性。当外界温度急剧升高时，RM 阻值迅速下降，RR 阻值变化缓慢，探测器表现为差温特性，达到预定值时，探测器发出报警信号。电子差定温式探测器和电子定温式探测器都满足《点型感温火灾探测器》（GB 4716—2005）要求的响应时间，差定温式探测器对快升温响应更为灵敏，所以不宜安装在平时温度变化较大的场合，如锅炉房、厨房等，这种场所应适用定温式探测器。但对于汽车库、小会议室等场所，二者可等同使用。

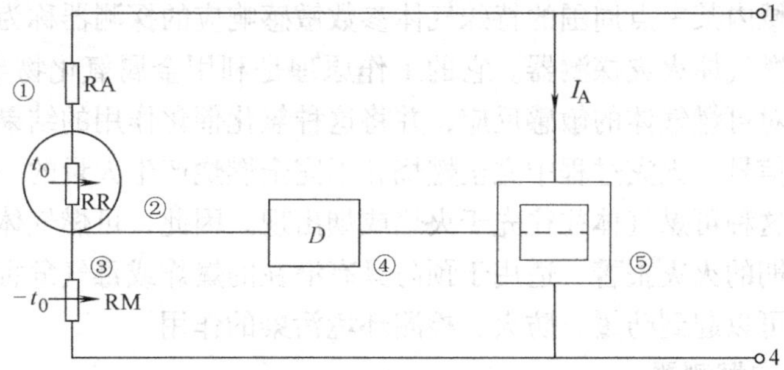

图 7-15　差定温式探测器原理图

①—调整电阻　②—参考电阻 NTC　③—采样电阻 NTC　④—阀值电路　⑤—双稳态电路

3. 火焰探测器

点型火焰探测器是一种对火焰中特定波段（红外、可见和紫外谱带）中的电磁辐射敏感的火灾探测器，又称感光探测器。因为电磁辐射的传播速度极快，因此，这种探测器对快速发生的火灾或爆炸能及时响应，是对易燃、可燃液体火灾探测的理想探测器。响应波长低于 400nm 辐射能通量的探测器称紫外火焰探测器，响应波长高于 700nm 辐射能通量的探测器称作红外火焰探测器。

紫外线火灾探测器结构见图 7-16。紫外线火灾探测器原理见图 7-17。

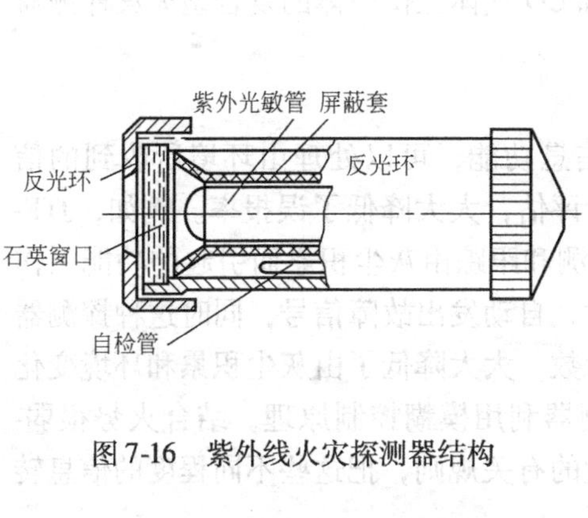

图 7-16　紫外线火灾探测器结构

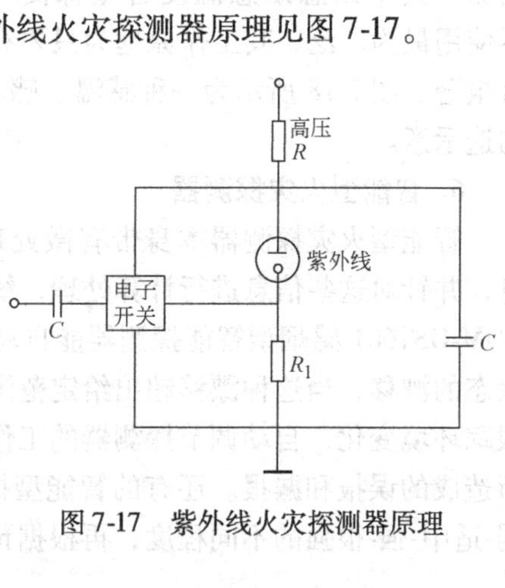

图 7-17　紫外线火灾探测器原理

探测器采用圆柱状紫外光敏元件，当它接收到1850～2450A的紫外线时，产生电离作用，紫外光敏管开始放电，使光敏管的内电阻变小，导电电流增加，使电子开关导通，光敏管工作电压降低。当降低到着火电压以下时，光敏管停止放电，导电电流减少，电子开关断开，此时电源电压通过RC电路充电，又使光敏管的工作电压升高到着火电压以上，又重复上述过程。这样就产生了一串脉冲，脉冲的频率与紫外线强度成正比，同时还与电路参数有关。

4. 可燃气体火灾探测器

对探测区域内某一点周围的特殊气体参数敏感响应的探测器称为气体火灾探测器，又称可燃气体火灾探测器。它的工作原理是利用金属氧化物半导体元件、催化燃烧元件对可燃气体的敏感反应，并将这种氧化催化作用的结果转化为电信号，发出报警信号。火灾过程中完全燃烧和不完全燃烧产生大量的一氧化碳等可燃气体，并且这种可燃气体往往先于火焰或烟出现。因此，可燃气体火灾探测器可能提供最早期的火灾报警，适用于预防具有潜在的爆炸或毒气危害的工业场所及民用建筑，可以起到防爆、防火、检测环境污染的作用。

5. 复合火灾探测器

复合火灾探测器是一种可以响应两种或两种以上火灾参数的探测器，是两种或两种以上火灾探测器性能的优化组合，集成在每个探测器内的微处理机芯片，对相互关联的每个探测器的探测值进行计算，从而降低了误报率。通常有感烟感温型、感温感光型、感烟感光型、红外光束感烟感光型、感烟感温感光型复合探测器。其中以感烟感温复合型探测器使用最为广泛，其工作原理为只要有一种火灾信号达到相应的阀值时探测器即可报警。图7-18所示为一种感温、感烟和CO气体三位一体的复合型火灾探测器构造示意。

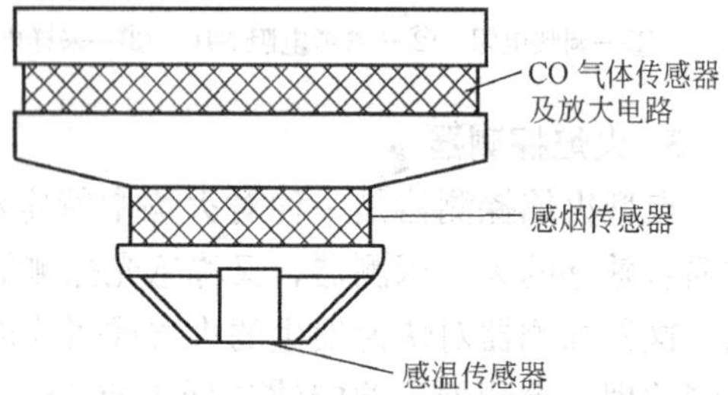

图7-18　一种复合探测器构造

6. 智能型火灾探测器

智能型火灾探测器本身带有微处理信息功能，可以处理由环境所收到的信息，并针对这些信息进行计算处理，统计评估，大大降低了误报率。例如，JTF-GOM-GST601感烟型智能探测器能自动检测和跟踪由灰尘积累而引起的功能工作状态的漂移，当这种漂移超出给定范围时，自动发出故障信号，同时这种探测器跟踪环境变化，自动调节探测器的工作参数，大大降低了由灰尘积累和环境变化所造成的误报和漏报。还有的智能型探测器利用模糊控制原理，结合火势很弱-弱-适中-强-很强的不同程度，再根据预设的有关规则，把这些不同程度的信息转化为适当的报警动作指标。如“烟不多，但温度快速上升——发出警报”，又如“烟不多，且温度没有上升——发出预警报等”。随着科技水平的不断提高，这类智能型探测器现在已经成为主流。

7.2.2　火灾探测器常用型号和主要技术性能

1. 火灾探测器的型号

火灾探测器的国际型号均是按汉语拼音字头的大写字母组合而成，从名称就可以看出产品类型和特征。

火灾探测器的型号由三部分组成，①②③④-⑤⑥-⑦，其各部分的意义如下：

①J(警)-火灾报警设备(消防产品中的分类代号)②T(探)-火灾探测器代号③火灾探测器种类代号，各种类型火灾探测器的具体表示方法有：

Y(烟)——感烟火灾探测器；

W(温)——感温火灾探测器；

G(光)——感光火灾探测器；

Q(气)——可燃气体探测器；

F(复)——复合式火灾探测器。④应用范围特征代号；其中

B(爆)——防爆型(无“B”即为非防爆型，其名称亦无须指出“非防爆型”)

C(船)——船用型。

非防爆或非船用型可省略，无须注明。⑤、⑥探测器特征表示法(敏感元件、敏感方式特征代号)：

LZ——离子；GD——光电；MC——膜盒差温；MD——膜盒定温；GW——感光感温；YW——感烟感温；YW-HS——红外光束感烟感温；BD——半导体定温；ZD——热敏电阻定温；BC——半导体差温；ZC——热敏电阻差温；BCD——半导体差定温；ZCD——热敏电阻差定温；HW——红外感光；ZW——紫外感光。⑦ 主参数-定温、差定温用灵敏度级别表示，一般有1、2、3级。例：JTY-LZ-F732-表示F732型离子感烟探测器。

2. 基本图形符号

在国家标准中消防产品图形符号不全，目前在设计中图形符号的绘制有两种选择，一种按国家标准绘制，另一种根据所选厂家产品样本绘制。这里仅给出几种常用探

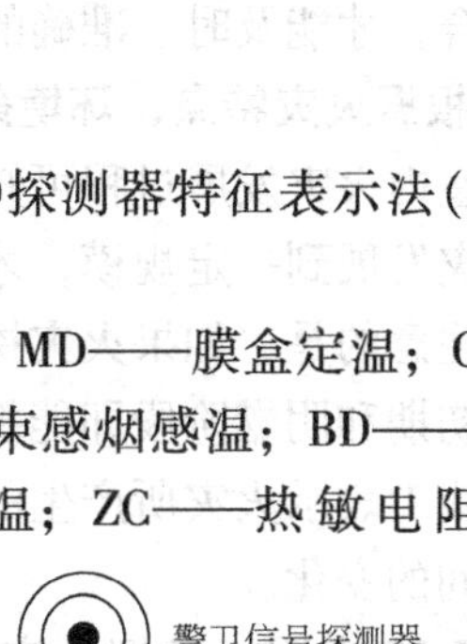

图7-19　火灾探测器的图形符号

测器的国家标准画法供参考，见图 7-19。

3. 火灾探测器的灵敏度

火灾探测器在火灾条件下响应火灾参数的敏感程度称为火灾探测器的灵敏度。

（1）感温探测器灵敏度。根据对温度参数的敏感程度，感温探测器分为Ⅰ、Ⅱ、Ⅲ级灵敏度。常用的点型定温、差定温探测器灵敏度级别标志如下：

Ⅰ级灵敏度(62℃)：绿色；

Ⅱ级灵敏度(70℃)：黄色；

Ⅲ级灵敏度(78℃)：红色；

（2）感烟探测器灵敏度。根据对烟参数的敏感程度，感烟探测器分为Ⅰ、Ⅱ、Ⅲ级灵敏度。在烟雾相同的情况下，高灵敏度意味着可对较低的烟粒子浓度做出响应。一般来讲，Ⅰ级灵敏度用于禁烟场所，Ⅱ级灵敏度用于卧室等少烟场所，Ⅲ级灵敏度用于多烟场所。Ⅰ、Ⅱ、Ⅲ级灵敏度的感烟探测器的感烟动作率分别为 10%、20%、30%。

7.2.3 火灾探测器的选择

应根据探测区域内的可能产生的火灾的特点、环境条件、安装场所房间高度、房间结构、安装场所的气流状况等，选用适合的火灾探测器或几种探测器的优化组合，才能及时、准确的探测火情，提高系统的可靠性。

1. 根据火灾特点、环境条件及安装场所选择

从室内火灾发展过程可知，如果火灾探测器的动作取决于温度的上升，那只有在火灾发展到一定规模，才能发出火警信号，这使得火灾损失已经较大了。应该引起注意的是，如果火灾探测器系统能够探测出燃烧气体和发烟的话，也就是在燃烧初期和阴燃阶段即能探测出来，可以大大提高消防安全性。如图 7-20 所示，曲线 1 表示火灾所产生的烟气浓度随时间的变化规律；曲线 2 表示热烟气温度随时间的变化。

图 7-20 表明，感烟火灾探测器能够在短时间内做出反应，早期发出火灾报警信号。当火灾发展到一定阶段时，温度急剧升高，差温探测器开始响应；随着燃烧不断扩大，温度不断升高，只有当环境温度达到某一定值时，定温探测器才能响应，发出火警信号。

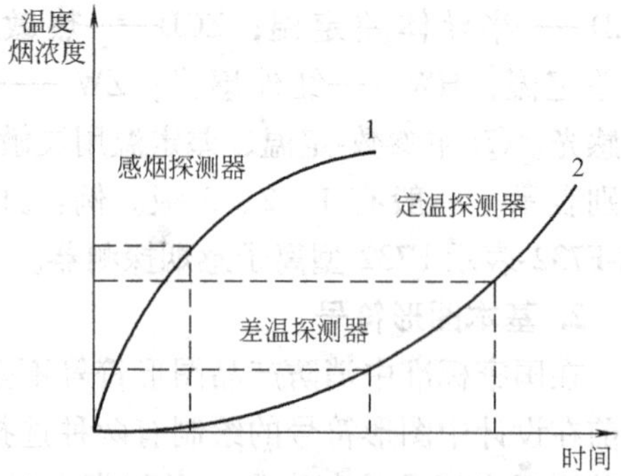

图 7-20 探测器的选择与时间的曲线

根据以上对火灾特点和各种不同

类型火灾探测器原理的分析，对探测器选择如下：

1）可燃气体探测器能在火灾的初期和早期阶段具有很高的、准确的探测率。

2）火灾初期有阴燃阶段，产生大量的烟和少量热，很少或没有火焰辐射的火灾，如棉、麻织物火灾等，应选用感烟探测器。不适宜选用感烟探测器的场所有：正常情况下有烟的场所、经常有粉尘及水蒸气等固体、液体微粒出现的场所、发火迅速、产生烟极少的爆炸性场所。

离子感烟与光电感烟探测器的使用场合基本相同，但离子感烟探测器较敏感，误报率较高，且其敏感元件的寿命较光电感烟探测器短。

有下列情形的场所不宜选用离子感烟探测器：①相对湿度长期大于95%；②气流速度大于5m/s；③大量粉尘、水雾滞留；④可能产生腐蚀性气体；⑤在正常情况下有烟滞留；⑥产生醇类、醚类、酮类等有机物。

不宜选用光电感烟探测器的场所包括：①可能产生黑烟；②大量积聚粉尘；③可能产生蒸汽和油雾；④在正常情况下有烟和蒸汽滞留；⑤存在高频电磁干扰。

3）火灾发展迅速，产生大量热、烟和火焰辐射，可选用感温探测器、感烟探测器、火焰探测器或其组合。

4）火灾发展迅速，有强烈的火焰辐射和少量烟热，应选用火焰探测器。有下列情形的场所，不宜选用火焰火灾探测器：①可能发生无焰火灾；②在火焰出现前有浓烟扩散；③探测器的镜头易被污染；④探测器的“视线”易被遮挡；⑤探测器易被阳光或其他光源直接或间接照射；⑥在正常情况下，有明火作业及X射线、弧光灯影响。

高层民用建筑及其有关部位火灾探测器类型的选择参照表7-6。

表7-6　高层民用建筑及其有关部位火灾探测器类型的选择

设置场所	火灾探测器的类型											
	差温式			差定温式			定温式			感烟式		
	Ⅰ级	Ⅱ级	Ⅲ级	Ⅰ级	Ⅱ级	Ⅲ级	Ⅰ级	Ⅱ级	Ⅲ级	Ⅰ级	Ⅱ级	Ⅲ级
剧院、电影院、礼堂、百货公司、商场、旅馆、饭店、住宅、医院、图书馆、博物馆等	△	○	○	△	○	○	○	△	△	×	○	○
厨房、锅炉房、开水间、消毒室等	×	×	×	×	×	×	△	○	○	×	×	×
进行干燥烘干的场所	×	×	×	×	×	×	△	○	○	×	×	×
有可能产生大量蒸汽的场所	×	×	×	×	×	×	△	○	○	×	×	×
发电机室、停车场、飞机库等	×	○	○	×	○	○	○	×	×	×	△	○
电视演播室、电影放映室	×	×	△	×	△	○	○	○	○	×	○	○
温度变化缓慢的小间	×	×	×	○	○	○	○	○	○	△	○	○
楼梯及通道	×	×	×	×	×	×	×	×	×	△	○	○
走道及通道	×	×	×	×	×	×	×	×	×	△	○	○

（续）

设置场所	火灾探测器的类型											
	差温式			差定温式			定温式			感烟式		
	Ⅰ级	Ⅱ级	Ⅲ级	Ⅰ级	Ⅱ级	Ⅲ级	Ⅰ级	Ⅱ级	Ⅲ级	Ⅰ级	Ⅱ级	Ⅲ级
电梯竖井、管道井	×	×	×	×	×	×	×	×	×	△	○	○
电子计算机房、通讯机房	△	×	×	△	×	×	△	×	×	△	○	○
书库、地下仓库	△	○	○		○	○	○	×	×	△	○	○
吸烟室、小会议室	×	×	○	○	○	○	○	×	×	×	×	○

注：○表示适用；△表示根据安装场所等状况，限于能有效地探测火灾发生的场所使用；×表示不适用。

2. 根据房间高度和结构选择探测器

探测器的选择及数量的确定要考虑的因素还包括房间高度、房间面积及房间结构，如顶棚或屋顶形状、角度等。根据房间高度不同，火灾探测器的选用原则见表7-7。

表7-7　根据房间高度火灾探测器的选用原则

房间高度 h	感烟探测器	感温探测器			火焰探测器
		一级	二级	三级	
$12<h<20$	不适合	不适合	不适合	不适合	适合
$8<h<12$	适合	不适合	不适合	不适合	适合
$6<h<8$	适合	适合	不适合	不适合	适合
$4<h<6$	适合	适合	适合	不适合	适合
$h<4$	适合	适合	适合	适合	适合

注意，当高出顶棚的面积小于整个顶棚面积的10%，只要这一顶棚部分的面积不大于1只探测器的保护面积，则该较高的顶棚部分同整个顶棚面积一样看待。否则，较高的顶棚部分应如同分隔开的房间处理。

在按房间高度选用探测器时，应注意这仅仅是按房间高度对探测器选用的大致划分，具体选用时尚需结合火灾的危险度和探测器本身的灵敏度级别来进行。

7.2.4　火灾探测区域的划分

火灾探测区域应按独立房间划分。一个探测区域的面积不宜超过500m^2。从主要出入口能看清其内部，且面积不超过1000m^{2}的房间，也可划为一个探测区域。一个探测区域里可以安置一个探测器，也可安置多个探测器。符合下列条件之一的非重点保护建筑，可将数个房间划为一个探测区域：①相邻房间不超过5个，总面积不超过400m^2，并在每个门口设有灯光显示装置；②相邻房间不超过10个，总面积不超过1000m^2，在每个房间门口均能看清其内部，并在门口设有灯光显示装置。

敞开或封闭楼梯间，防烟楼梯间前室，消防电梯前室，消防电梯与防烟楼梯间合用的前室，是火灾时建筑物内人员进行疏散的通道，必须确保这些场所发生的火灾能够及早而准确地发现，尽快扑灭，以减少人员伤亡。所以，应分别单独划为一个探测区域。走道、电缆隧道，它们宽窄不同，形状不同，直的、弯曲的、交叉的都有，也需单独划为一个探测区域。坡道、管道井等纵方向的，和平面警戒区域不同，也要单独划为一个探测区域。

建筑物闷顶或夹层着火，室内探测器往往探测不到，所以要单独划为一个探测区域。

7.2.5 火灾探测器的设置和布局

火灾探测器的设置、布局，与探测器的保护面积、建筑的结构、探测器的类别等因素有关。

1）探测区域内每个房间至少设置一只探测器；如果房间较大，超出了一个探测器的保护面积，可以设置多个或探测器并联，占用一个房间号。

2）感烟、感温探测器的保护面积和保护半径见表7-8。

3）一个探测区域内所需设置的探测器数量按下式计算

$$N \geqslant \frac{S}{KA} \tag{7-1}$$

式中 N—— 一个探测区域内所需设置的探测器数量，单位用“只”表示，N应取整数；

S—— 一个探测区域的面积，单位为 m^2；

A——探测器的保护面积，单位为 m^2，指一只探测器能有效探测的地面面积。由于建筑物房间的地面通常为矩形，因此，所谓“有效探测器的地面面积实际上是指探测器能探测到的矩形地面的面积。探测器的保护半径 R(m)是指一只探测器能有效探测的单向最大水平距离；

K——修正系数，特级保护对象 K 取0.7～0.8，一级保护对象 K 取值为0.8～0.9，二级保护对象 K 取0.9～1.0。

表7-8 感烟、感温探测器的保护面积和保护半径

火灾探测器的种类	地面面积 S/m^2	房间高度 h/m	探测器的保护面积 A 和保护半径 R					
			屋顶坡度 θ（°）					
			$\theta \leqslant 15$		$15 < \theta \leqslant 30$		$\theta > 30$	
			A/m^2	R/m	A/m^2	R/m	A/m^2	R/m
感烟探测器	$S \leqslant 80$	$h \leqslant 12$	80	6.7	80	7.2	80	8
	$S > 80$	$6 > h \leqslant 12$	80	6.7	100	8	120	9.9
		$h \leqslant 6$	60	5.8	80	7.2	100	9.0

（续）

火灾探测器的种类	地面面积 S/m^2	房间高度 h/m	探测器的保护面积 A 和保护半径 R					
			屋顶波度 $\theta(°)$					
			$\theta \leqslant 15$		$15 < \theta \leqslant 30$		$\theta > 30$	
			A/m^2	R/m	A/m^2	R/m	A/m^2	R/m
感温探测器	$S \leqslant 30$	$h \leqslant 8$	30	4.4	30	4.9	30	5.5
	$S > 30$	$h \leqslant 8$	20	3.6	30	4.9	40	6.3

注意，通风换气对感烟探测器的保护面积有影响。在通风换气房间，烟的自然蔓延方式受到破坏。换气越频，烟气的浓度越低，部分烟气被空气带走，导致探测器接受的烟量减少，或者说探测器感烟灵敏度相对降低。常用的补偿方法有两种：一是根据房间每小时换气次数将探测器的保护面积乘以一个压缩系数，见表7-9；二是增大探测器的灵敏度，但要注意防误报。

表 7-9　感烟探测器保护面积的压缩系数与房间换气次数的关系

房间换气次数/(次/h)	保护面积的压缩系数	房间换气次数/(次/h)	保护面积的压缩系数
$10 < N \leqslant 20$	0.9	$40 < N \leqslant 50$	0.6
$20 < N \leqslant 30$	0.8	$N > 50$	0.5
$30 < N \leqslant 40$	0.7		

4）当房屋顶部有热屏障时，感烟探测器下表面距顶棚（或屋顶）的距离应符合表7-10。

表 7-10　感烟探测器下表面距顶棚（或屋顶）的距离

探测器的安装高度 h /m	感烟探测器下表面距顶棚(或屋顶)的距离 d/mm					
	顶棚(屋顶)坡度 $Q(°)$					
	$Q < 15$		$15 < Q < 30$		$Q > 30$	
	最　小	最　大	最　小	最　大	最　小	最　大
$h \leqslant 6$	30	200	200	300	300	500
$6 < h \leqslant 8$	70	250	250	400	400	600
$8 < h \leqslant 10$	100	300	300	500	500	700
$10 < h \leqslant 12$	150	350	350	600	600	800

5）在梁突出顶棚的高度小于0.2m的顶棚上设置探测器时，可不考虑梁对探测器保护面积的影响。

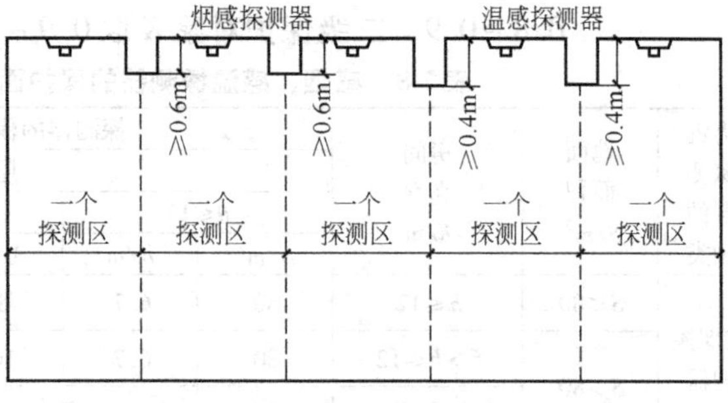

图 7-21　梁的高度对探测器设置的影响

当梁突出顶棚的高度超过0.6m时，被隔断的每个梁间区域应至少设置一只探测器。当被梁阻断的区域面积超过一只探测器的保护面积时，则应将其视为一个探测区域，并应按上述计算方法，设置探测器的数量。当梁间净距小于1m时，可视为平顶棚。梁的高度对探测器设置的影响见图7-21。

6）在宽度小于3m的内走道顶棚上设置探测器时宜居中布置。感温探测器的安装间距不应超过10m，感烟探测器的安装间距不宜超过15m。探测器至端墙的距离也不应大于探测器安装间距的一半，见图7-22。

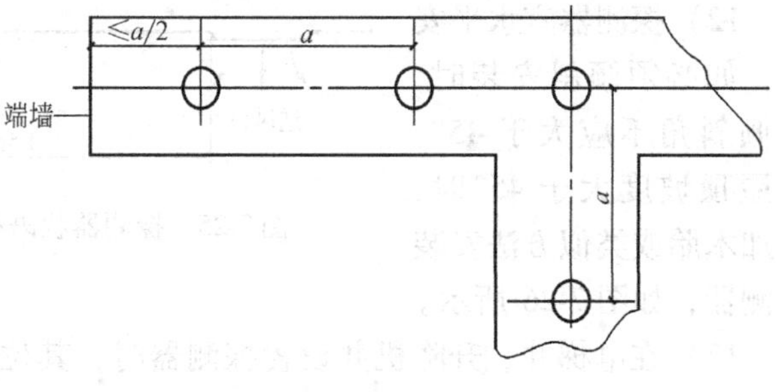

图7-22 探测器在内走道的布置

7）探测器至墙壁、梁边的水平距离不应小于0.5m，见图7-23。

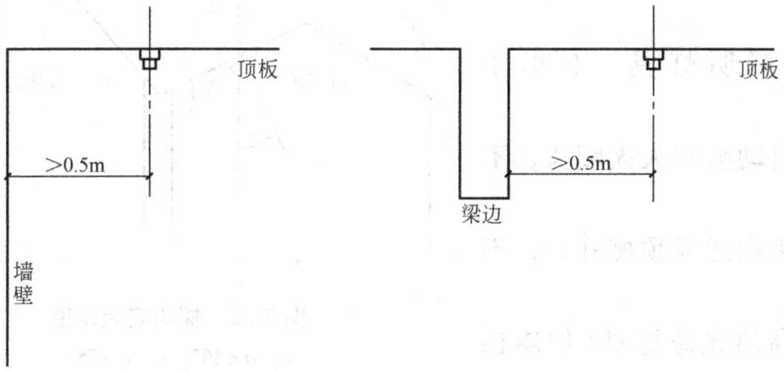

图7-23 探测器在顶棚上安装时与墙壁或梁边的距离

8）探测器周围0.5m内不应有遮挡物。

9）房间被书架、设备或隔断等分隔，其顶部至顶棚或梁的距离小于房间净高的5%时，则每个被隔开的部分应至少安装一只探测器。

10）如果探测区域内有过梁，定温型探测器安装在梁上时，其探测器下端到安装面必须在0.3m以内，感烟型探测器安装在梁上时，其探测器下端到安装面必须在0.6m以内，见图7-24。

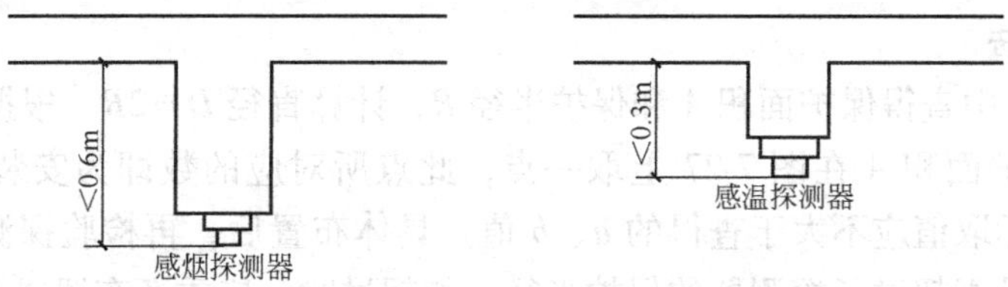

图7-24 探测器在梁下端安装时至顶棚的尺寸

11）探测器与空调送风口边或水喷淋头的水平距离不应小于1.5m。至多孔送风顶棚孔口的水平距离不应小于0.5m，如图7-25所示。

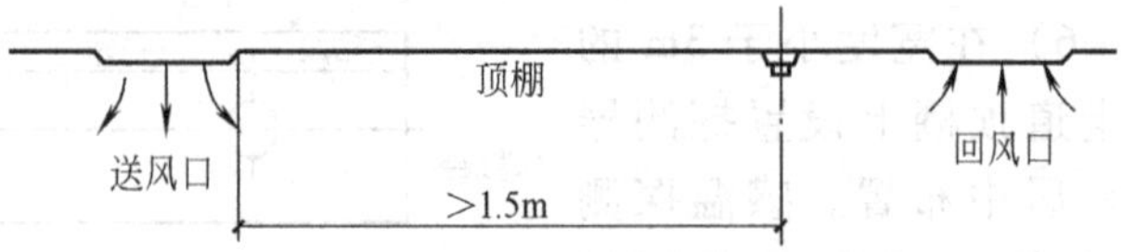

图7-25 探测器状语有空调房间时的位置示意

12）探测器宜水平安装，如必须倾斜安装时，其倾斜角不应大于45°。当屋顶坡度大于45°时，应加木胎或类似方法安装探测器，如图7-26所示。

13）在电梯井、升降机井设置探测器时，其位置宜在井道上方的机房顶棚上。

14）安装在顶棚上的探测器边缘与下列设施的边缘水平间距宜保持在：

a. 与不突出的扬声器，不小于0.1m。

b. 与照明灯具，不小于0.2m。

c. 与自动喷水灭火喷头，不小于0.3m。

d. 与多空送风顶棚孔口，不小于0.5m。

e. 与高温光源灯具（如碘钨灯、容量大于100W的白炽灯等），不小于0.5m。

f. 与电风扇，不小于1.5m。

g. 与防火卷帘、防火门，一般在1~2m的适当位置。

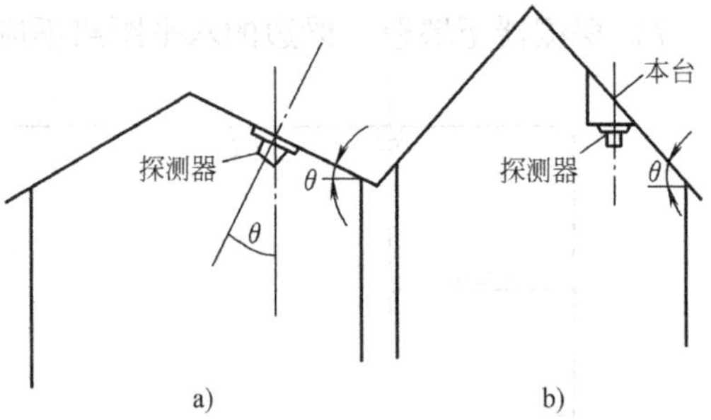

图7-26 探测安装角度

a）$\theta<45°$ b）$\theta>75°$

（θ为屋顶的法线与垂直方向的交角）

7.2.6 火灾探测器安装间距的确定

探测器在房间中布置时，如果是多只探测器，那么两探测器的水平距离和垂直距离称为安装间距，分别用a和b表示。安装间距的确定方法有以下五种：

1. 计算法

从表7-8中查得保护面积A和保护半径R，计算直径$D=2R$，根据所算D值和对应的保护面积A在图7-27上取一点，此点所对应的数即为安装间距a、b值。注意实际取值应不大于查得的a、b值。具体布置后，再检验探测器到最远点水平距离是否超过了探测器的保护半径。如超过时，应重新布置或增加探测器的数量。

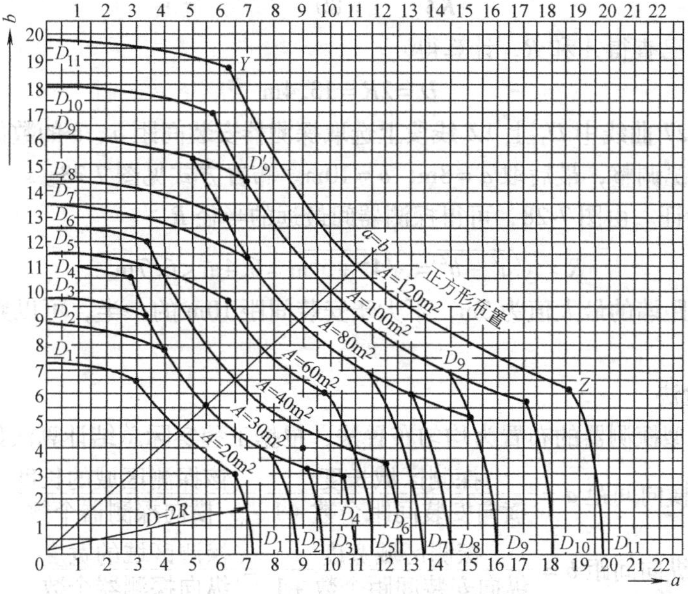

图 7-27　探测器安装间距的极限曲线

A—探测器的保护面积（m^2）　a、b—探测器的安装间距（m）

$D_1 \sim D_{11}$（含 D_9'）—在不同保护面积 A 和保护半径 R 下确定探测器安装间距 a、b 的极限曲线

Y、Z—极限曲线的端点（在 Y 和 Z 两点间的曲线范围内，保护面积可得到充分利用）

【例 7-1】 某高层教学楼的其中一个阶梯教室被划为一个探测区域，其地面面积为 30m×40m，房顶坡度为 13°，房间高度为 8m，属于二级保护对象。试问：①应选用何种类型的探测器？②探测器的数量为多少只？③探测器的安装间距多少为合理？

【解】 (1) 根据所用场所可知，选感温或感烟探测器均可。根据房间高度可知，仅能选感烟探测器。

(2) 由式(7-1)可知，因属二级保护对象故 K 取 1，地面面积 $S = 30\text{m} \times 40\text{m} = 1200\text{m}^2 > 80\text{m}^2$，房间高度 $h = 8\text{m}$，即 $6\text{m} < h \leqslant 12\text{m}$，房间坡度 $13 \leqslant 15$，于是根据 S、h、θ 查表 7-7 得，保护面积 $A = 80\text{m}^2$，保护半径 $R = 6.7\text{m}$

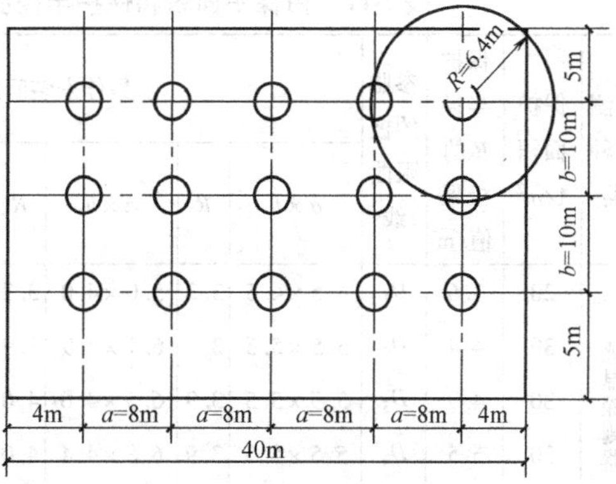

图 7-28　探测器的布置示例

$$N=\frac{S}{KA}=\frac{1200}{1\times 80}\text{只}=15\text{ 只}$$

（3）由已查得 A 和 R，计算得

$$D=2R=13.4\text{m}$$

查图 7-27 曲线中 D_7 上 YZ 线段上选取探测器安装间距 a、b 的数值，并根据现场实际情况调整，最后取 $a=8\text{m}$，$b=10\text{m}$。布置方式见图 7-28。

（4）验证。由图 7-28，可得探测器间最远的半径 R

$$R=\sqrt{a^2+b^2}=\sqrt{4^2+5^2}\text{m}=6.4\text{m}<6.7\text{m}$$

并且，距墙的最大值为 5m，不大于安装间距 10m 的一半，可以判定布置合理。

2. 经验法

一般点型探测器的布置为均匀布置法，根据工程实际总结计算法如下

$$\text{横向间距 } a=\frac{\text{探测区域长度}}{\text{横向安装间距个数}+1}=\frac{\text{该探测区域的长度}}{\text{横向探测器个数}}$$
$$\text{纵向间距 } b=\frac{\text{探测区域宽度}}{\text{纵向安装间距个数}+1}=\frac{\text{探测区域的宽度}}{\text{纵向探测器个数}} \qquad (7\text{-}2)$$

因为距墙的最大距离为安装间距的一半，两侧墙为 1 个安装间距。上例中按经验法布置如下

$$a=\frac{40}{4+1}\text{m}=8\text{m}$$

$$b=\frac{30}{2+1}\text{m}=10\text{m}$$

3. 查表法

另外，根据实际工程经验，可以由保护面积和保护半径查表 7-11 决定最佳安装间距。

表 7-11　由保护面积和保护半径决定最佳安装间距的选择表

探测器种类	保护面积 A/m^2	保护半径 R 的极限值/m	参照的极限曲线	最佳安装间距 a、b 及其保护半径 R 值/m									
				$a\times b$	R	$a\times b$	R	$a\times b$	R	$a\times b$	R	$a\times b$	R
感温探测器	20	3.6	D_1	4.5×4.5	3.2	5.0×4.0	3.2	5.5×3.6	3.3	6.0×3.3	3.4	6.5×3.1	3.6
	30	4.4	D_2	5.5×5.5	3.9	6.1×4.9	3.9	6.7×4.8	4.1	7.3×4.1	4.2	7.9×3.8	4.4
	30	4.9	D_3	5.5×5.5	3.9	6.5×4.6	4.0	7.4×4.1	4.2	8.4×3.6	4.6	9.2×3.2	4.9
	30	5.5	D_4	5.5×5.5	3.9	6.8×4.4	4.0	8.1×3.7	4.5	9.4×3.2	5.0	10.6×2.8	5.5
	40	6.3	D_6	6.5×6.5	4.6	8.0×5.0	4.7	9.4×4.3	5.2	10.9×3.7	5.8	12.2×3.3	6.3

（续）

探测器种类	保护面积 A/m^2	保护半径 R 的极限值/m	参照的极限曲线	最佳安装间距 a、b 及其保护半径 R 值/m									
				$a\times b$	R	$a\times b$	R	$a\times b$	R	$a\times b$	R	$a\times b$	R
感烟探测器	60	5.8	D_5	7.7×7.7	5.4	8.3×7.2	5.5	8.8×6.8	5.6	9.4×6.4	5.7	9.9×6.1	5.8
	80	6.7	D_7	9.0×9.0	6.4	9.6×8.3	6.3	10.2×7.8	6.4	10.8×7.4	6.5	11.4×7.0	6.7
	80	7.2	D_8	9.0×9.0	6.4	10.0×8.0	6.4	11.0×7.3	6.6	12.0×6.7	6.9	13.0×6.1	7.2
	80	8.0	D_9	9.0×9.0	6.4	10.6×7.5	6.5	12.1×6.6	6.9	13.7×5.8	7.4	15.4×5.3	8.0
	100	8.0	D_9'	10.0×10.0	7.1	11.1×9.0	7.1	12.2×8.2	7.3	13.3×7.5	7.6	14.4×6.9	8.0
	100	9.0	D_{10}	10.0×10.0	7.1	11.8×8.5	7.3	13.5×7.4	7.7	15.3×6.5	8.3	17.0×5.9	9.0
	120	9.9	D_{11}	11.0×11.0	7.8	13.0×9.2	8.0	14.9×8.1	8.5	16.9×7.1	9.2	18.7×6.4	9.9

4. 正方形组合布置法

这种方法的安装间距 $a=b$，且完全无“死角”，但使用时受到房间尺寸及探测器数量多少的约束，很难合适。

安装间距 a 和 b 的确定，可以结合查表法进行，也可利用式(7-2)计算得到。如果计算得到 $a=b$，则可采用正方形组合布置法。

5. 矩形组合布置法

具体作法是：当求得探测器的数量后，用正方形组合布置法的式(7-3)计算，如 $a\neq b$ 时可采用矩形组合布置法。

7.3 火灾自动报警系统

火灾自动报警系统由触发器件(探测器、手动报警按钮)、火灾报警装置(火灾报警控制器)、火灾警报装置(声光报警器)、控制装置(包括各种控制模块)等构成。火灾自动报警系统，应该能在火灾发生的初期，自动(或手动)发现火情并及时报警，以不失时机地控制火情的发展，将火灾的损失降低到最低限度。火灾自动报警系统是消防控制系统的核心部分。

7.3.1 火灾自动报警系统的分类

火灾自动报警系统应根据建筑的规模大小和重点防火部位的数量多少分别采用区域火灾报警系统、集中火灾报警系统和控制中心火灾报警系统。

大型建筑物的火灾自动报警系统，可分为三级或四级，即“火灾探测器—区域报警器—集中报警器—消防控制中心”。但在实施过程中应根据不同建筑工程的设计实际做出适当的选择。

1. 区域报警系统

区域报警系统由区域报警控制器和火灾探测器组成，见图7-29。

一个报警区域宜设置1台区域报警控制器。系统中区域报警控制器不应超过3台。这是由于没有设置集中报警控制器的区域报警系统中，如火灾报警区域过多又分散时，不便于监控和管理。

当用1台区域报警控制器警戒数个楼层时，应在每层各楼梯口明显部位装设识别楼层的灯光显示装置，以便发生火警时能很快找到着火楼层。

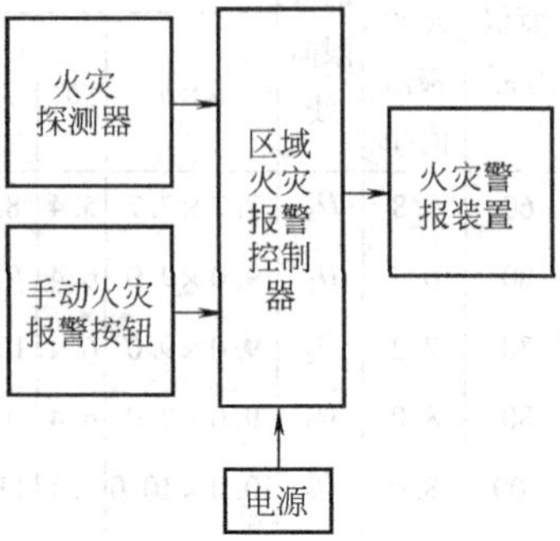

图7-29　区域报警系统图

区域报警控制器安装在墙上时，其底边距地面的高度不应小于1.5m；靠近其门轴的侧面距墙不应小于0.5m；正面操作距离不应小于1.2m，便于开门检修和操作。

区域报警控制器的容量不应小于报警区域内的探测区域总数。

区域报警系统简单且使用广泛，一般在工矿企业的计算机房等重要部位和民用建筑的塔楼公寓、写字楼等处采用区域报警系统。另外，还可作为集中报警系统和控制中心系统中最基本的组成设备。塔楼式公寓火灾自动报警系统如图7-30所示。目前区域系统多数由环状网络构成(如图右边所示)，也可能是枝状线路构成（如图左边所示)，但必须加设楼层报警确认灯。

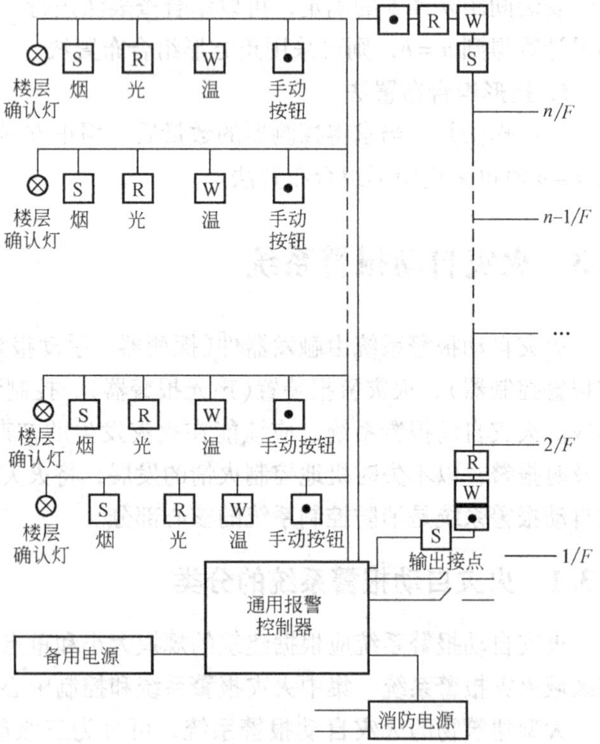

图7-30　公寓火灾自动报警系统

2. 集中报警系统

集中报警系统是由集中火灾报警控制器、区域报警控制器和火灾探测器组成的火灾自动报警系统，见图7-31。系统中应设一台集中火灾报警控制器和两台以上区域报警控制器。集中火灾报警控制器须从后面检修，安装时其后面的板距墙不应小于1m，当其一侧靠墙安装时，另一侧距墙不应小于集中报警器的正面操作距离：当设备单列布置时不应小于1.5m，双列布置时不应小于2m，在值班人员经常工作的一面，控制盘距墙不应小于3m。集中报警控制器应设在有人值班的专用房间或消防值班室内。集中报警控制器的容量不宜小于保护范围内探测区域总数。

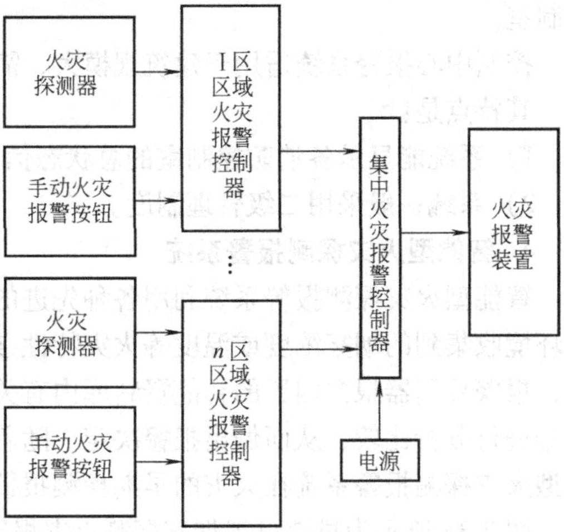

图7-31　集中报警系统

集中报警控制器不直接与探测器发生联系，它只将区域报警控制器送来的火警信号以声光显示出来，并记录火灾发生时间，将火灾发生时间、部位、性质打印出来，同时自动接通专用电话进行核查，并向消防部门报告。自动接通事故广播，指挥人员疏散和扑救。

3. 控制中心报警系统

如图7-32所示，控制中心报警系统由设置在消防控制室的消防控制设备、集中报警控制器、区域报警控制器和火灾探测器组成。

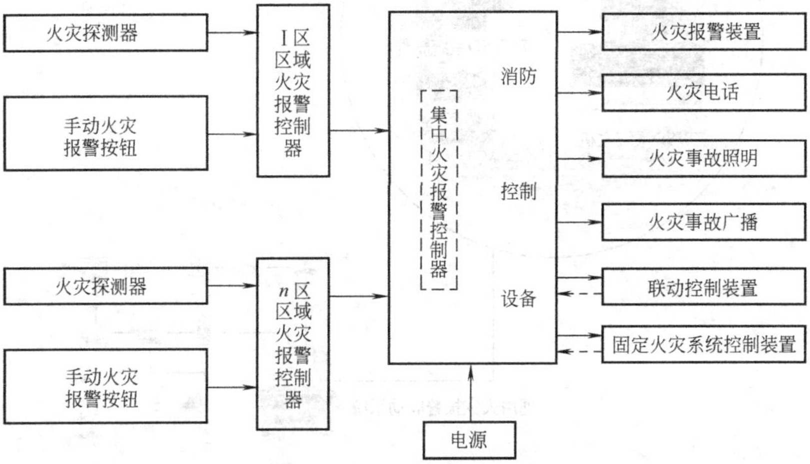

图7-32　控制中心报警系统

系统中应至少有一台集中报警控制器和必要的消防控制设备。设置在消防控制室以外的集中报警控制器，均应将火灾报警信号和消防联动控制信号送至消防控制室。

控制中心报警系统适用于建筑规模大、需要集中管理的群体建筑及超高层建筑。其特点是：

1）系统能显示各消防控制室的总状态信号并负责总体灭火的联络与调度。

2）系统一般采用二级管理制度。

4. 智能型火灾探测报警系统

智能型火灾探测报警系统利用各种先进的智能型复合型火灾探测技术，将监测环境收集到的烟雾浓度或温度等火灾特性参数随时间变化的数据送回报警控制器，报警控制器根据内置的智能资料库内有关火灾状态资料与探测器收集回来的数据进行分析比较，从而做出报警决定。随着消防科技的发展，近年来，各种智能型火灾探测报警系统在火灾的早期探测报警方面取得了很好的效果。

图 7-33 所示为早期可视烟雾探测火灾报警系统（VSD）结构示意图。

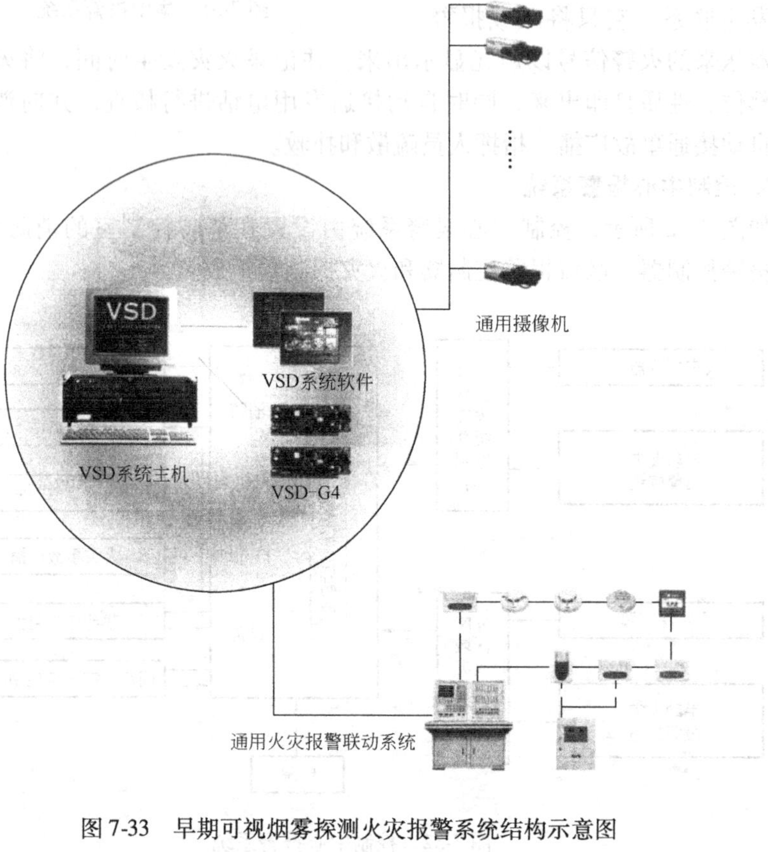

图 7-33　早期可视烟雾探测火灾报警系统结构示意图

它利用高性能计算机对标准闭路电视摄像机提供的图像进行分析。采用高级图像处理技术、复合探测及已知误报现象的计算自动识别各种烟雾模型的不同特性，系统内构建了丰富的工业火灾烟雾信号模型，使得 VSD 系统能够快速准确地锁定烟雾信号，系统烟雾判断的准确性甚至可以区分水蒸气和烟雾。通过有效探测烟雾，VSD 不必等待烟雾接近探测器即能进行探测，因而不受距离的限制，大大提高了火灾探测报警的可靠性。

7.3.2　火灾报警控制器型号

火灾报警产品型号是按照中华人民共和国专业标准（ZBC 81002—84）编制的。其型号意义如下：

①②③-④⑤-⑥

①——J（警），火灾报警设备（消防产品中的分类代号）

②——B（报），火灾报警控制器代号

③——应用范围特征代号

B—防爆型；C—船用型；省略—非防爆、非船用

④——分类特征代号

D—单路；Q—区域；J—集中；T—通用，既可作区域报警，又可作集中报警。

⑤——结构特征代号

G—柜式；T—台式；B—壁挂式

⑥——主参数，表示各区域报警的最大容量，一般表示报警器的路数，如 40，表示 40 路。

例如：JB-TB8-2700/063B 为 8 路通用壁挂式火灾报警控制器；JB-JG-60-2700/065 为 60 路柜式集中报警控制器。

7.3.3　火灾报警控制器的选择与使用

随着科学技术的发展，火灾自动报警系统逐渐由传统型向总线制、智能化等现代火灾报警系统发展，使得系统误报率、漏报率降低，用线数大大减少，施工和维护非常方便。据报道，日本已研制出由光电感烟、热敏电阻感温、高分子固体电解质电化学电池感应一氧化碳气体三种传感器为一体的实用性复合探测器组成的现代智能型火灾报警系统。该系统对火灾现象的判别采用模糊专家系统进行，配有人体红外线传感器和电话自动应答系统（或者标准闭路电视摄像机电视监控系统），使系统误报率进一步下降。

无论采用多么先进的火灾报警系统，须遵循以下原则：

1）根据所设计的自动监控消防系统的形式确定报警控制器的基本（功能）规

格。

2）在选择与使用火灾报警控制器时，应尽量使用成套产品。

3）被选用的火灾报警控制器，其容量不得小于现场使用容量。

4）报警控制器的输出信号(联动、联锁指令信号)回路数应尽量等于相关联动、联锁的装置数，以利其控制可靠。

5）需根据现场实际，确定报警控制器的安装方式，从而确定选择壁挂式、台式还是柜式报警控制器。

7.4 联动系统

7.4.1 消防控制室

消防控制室(也称消防集中控制中心)，是对整个建筑物的各种消防设备，包括火灾报警控制器及其他联动控制设备(或信号)都集中到消防控制室，以便于实现统一管理和指挥扑救。控制室的报警控制设备由火灾报警控制盘、CRT监视器(彩色图形显示屏)、打印机、火灾自动监视台、紧急广播设备、消防直通电话、内外线电话、电梯运行监视控制盘、UPS不间断电源及备用电流等组成。消防控制室系统功能示意图见图7-34。

1. 消防控制室设备的组成

消防控制设备根据需要可由下列部分或全部控制装备组成：

1）集中报警控制器。

2）室内消火栓系统的控制装置。

3）自动灭火系统的控制装置。

4）泡沫、干粉灭火系统的控制装置。

5）卤代烷(已被对环境无害产品代替)、二氧化碳等管网灭火系统控制装置。

6）电动防火门、防火卷帘的控制装置。

7）通风空调、防烟排烟设备及电动防火阀的控制装置。

8）电梯控制装置。

9）火灾事故广播报警设备控制装置。

10）消防通信设备等。

2. 消防控制设备的主要功能

消防控制设备必须显示或控制的主要功能包括以下内容：

(1）各种联动灭火设备的起动表示。

(2）报警设备动作表示：

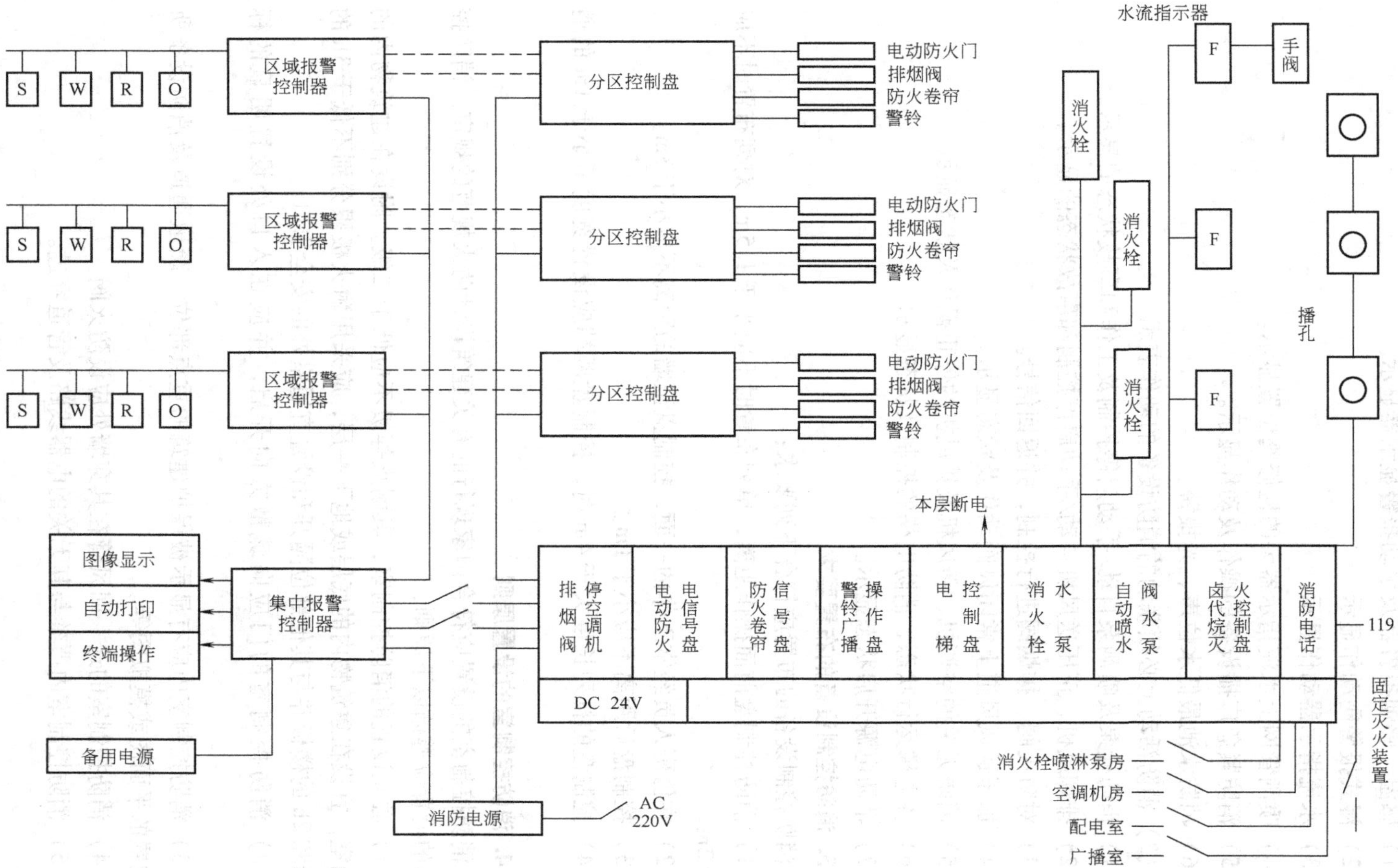

图 7-34　消防控制室系统功能

1）感温、感烟报警器及手动报警显示器显示。

2）湿式报警阀动作显示。

3）水流指示器动作显示。

4）喷洒管网上水流指示器旁的检修阀位置显示。

5）消防紧急广播设备的操作及动作显示。

6）消防水池最低水位声、光报警。

（3）消防活动上必须联动的消防设备的动作表示：

1）消防栓泵及喷洒泵自动/手动启停控制及工作和事故状态的显示。

2）排烟风机、正压送风机自动/手动启停控制和事故状态的显示。

3）对防火阀、排烟阀进行控制，并返回信号。

4）加压送风风道上常闭风阀动作及状态显示。

5）消防无关的空调机、新风机及排风机的停止操作及状态显示。

6）各电梯运行状态，消防电梯的控制及状态显示。

7）消防电源开启状态显示。

3. 消防控制设备的布置要求

消防控制设备的布置应符合下列要求：

1）消防控制盘前面操作距离，单列布置时不应小于1.5m，对列布置时不应小于2m。

2）在值班人员经常工作的一面，控制盘至墙的距离不应小于3m。

3）控制盘后距离不应小于1m。

4）控制盘的排列长度大于4m时，控制盘两端应设置宽度不小于1m的通道。

4. 消防控制室的设置原则

消防控制室的设置应符合国家现行的有关建筑设计防火规范的规定。消防控制室的设置应遵循以下原则：

1）独立设置的消防控制室，其耐火等级不应低于二级。附设在建筑物内的控制室，宜设在建筑物内的底层或地下一层，应采用耐火极限分别不低于3h的隔墙和2h的楼板并与其他部位隔开和设置直通室外的安全出口。

2）消防控制室的门应向疏散方向开启，并应在入口处设置明显的标志。

3）消防控制室内应有显示被保护建筑的重点部位、疏散通道及消防设备所在位置的平面图或模拟图等。

4）消防控制室的送、回风管在其穿墙处应设防火阀。

5）消防控制室内严禁与其无关的电器线路及管道穿过。

7.4.2 室内消火栓联动控制系统

消火栓是建筑物内最基本的消防设备，消火栓灭火是最常用的移动式灭火方式。室内消火栓系统的控制原理图见图7-35。消火栓设备的联动控制包括：

（1）蓄水池的水位控制。水位控制应能显示出水位的变化情况和高、低水位报警。

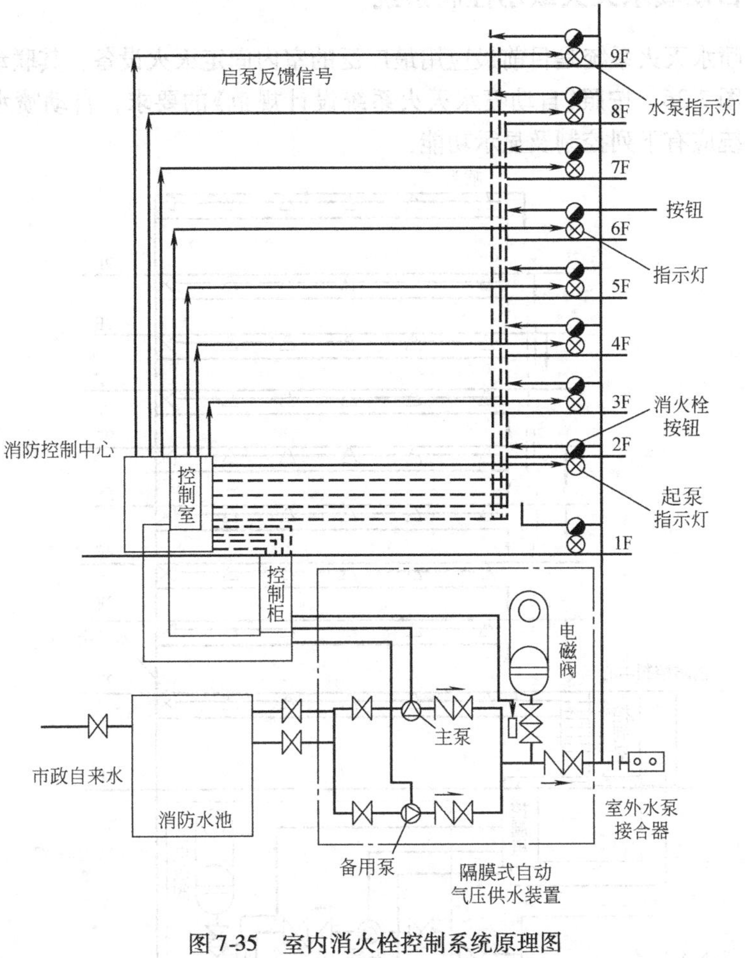

图7-35 室内消火栓控制系统原理图

（2）消防用水和加压水泵的起停。消火栓系统中采用消防水泵加压时，经常采用在每个消火栓内设置消火栓按钮的系统形式，控制消防水泵的起停。消防水泵还可以通过水流报警起动器控制，或通过消防中心发出主令信号控制。采用气压给水装置时，水泵功率较小，可采用电接点压力表，通过测量供水压力控制水泵的起动。

室内消火栓系统联动控制系统的设计应满足以下几点要求：

1）消火栓按钮起动消防水泵。

2）消防水泵起动后，消火栓按钮上指示灯点亮。

3）消防控制室显示消火栓按钮位置。

4）消防控制室显示消防水泵运行状态、故障状态。

5）在消防控制室可手动控制消防水泵起动、停止。

7.4.3 自动喷水灭火联动控制系统

自动喷水灭火系统是目前最应用最广泛的室内固定灭火设备，其联动控制系统原理见图7-36。按照《自动喷水灭火系统设计规范》的要求，自动喷水灭火联动控制系统应有下列控制及显示功能：

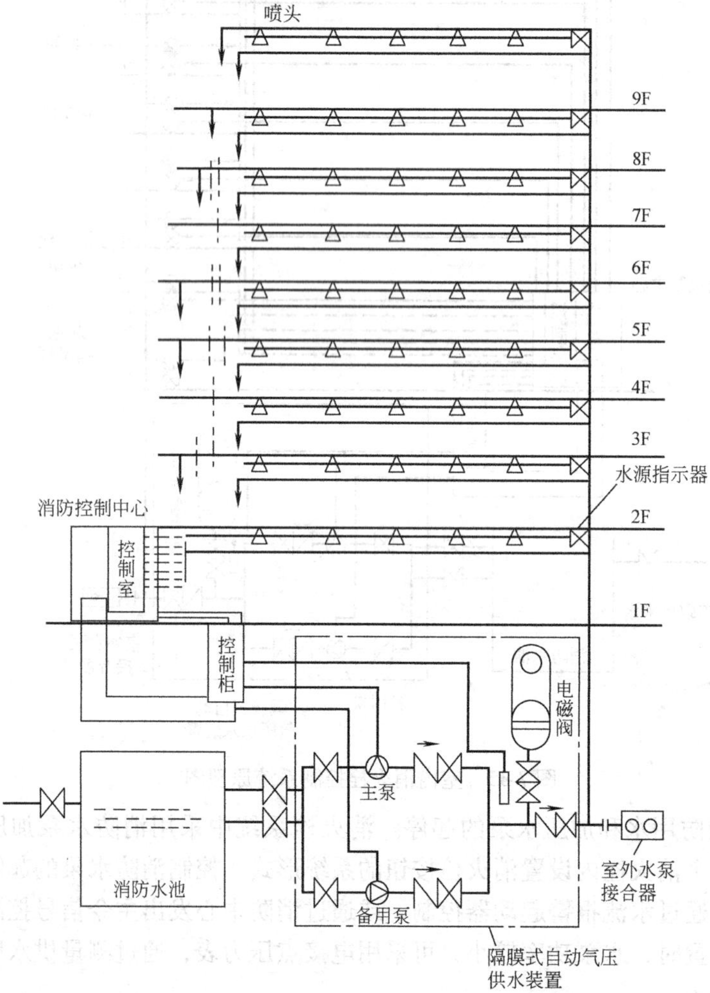

图7-36 自动喷水灭火联动控制系统原理图

1）控制系统的起、停。

2）显示报警阀、闸阀及水流指示器工作状态。

3）显示消防水泵的工作、故障状态。

4）预作用自动喷水灭火系统的最低气压。

5）干式喷水灭火系统的最高和最低气温。

湿式自动喷水灭火系统集报警（定温喷头感温元件动作）与灭火为一体，火灾发生时不需要另外的火灾报警系统驱动。

7.4.4 气体灭火联动控制系统

气体灭火系统主要由灭火剂瓶组、喷头、管路及起动、控制装置组成。气体灭火系统起动方式有自动起动、紧急起动和人工手动起动，自动起动信号要求来自不同火灾探测器的组合（防止误动作）。自动起动不能正常工作时，可采用紧急起动；紧急起动不能正常工作时，可采用人工手动起动。典型气体灭火联动控制系统工作流程见图 7-37。

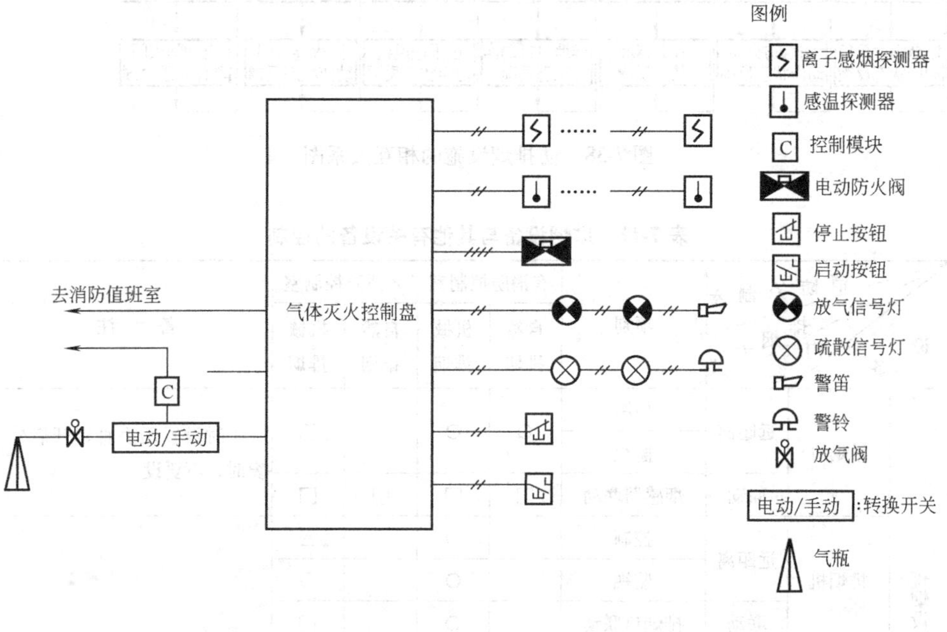

图 7-37　典型气体灭火控制系统流程图

7.4.5 防烟排烟联动控制系统

防排烟系统有自然排烟、机械排烟、自然与机械排烟并用或机械加压送风排烟等四种方式。防排烟系统的联动控制是由联动控制盘（或手动开关）向各防排烟设施的执行机构发出指令，使其进行工作并发出动作信号的。一般应根据暖通专业的工艺要求进行防排烟联动控制系统设计。排烟设备与其他有关设备常用的控制手段见表 7-12。防排烟设备联动控制系统的相互关系如图 7-38 所示。

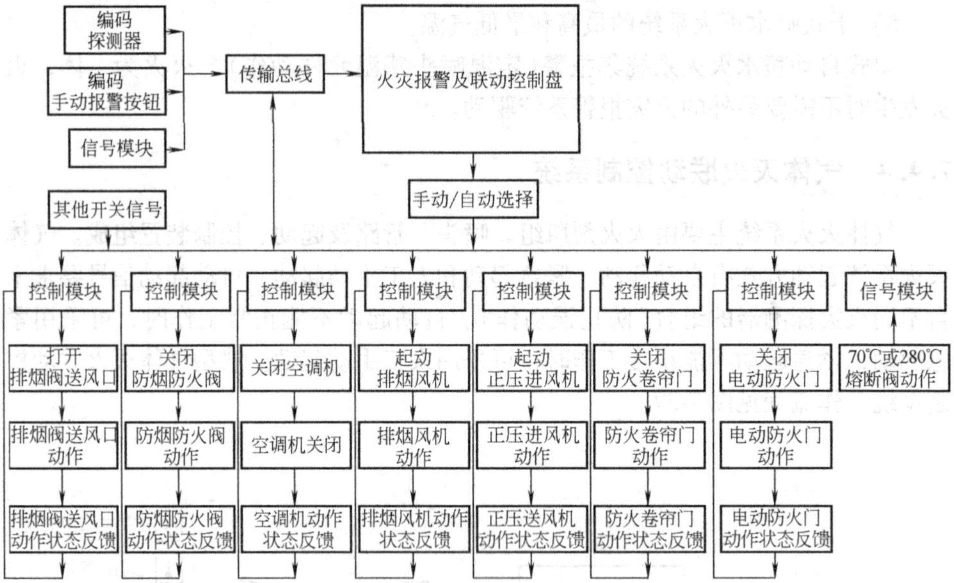

图 7-38　防排烟设施的相互关系图

表 7-12　排烟设备与其他有关设备的控制

<table>
<tr><th colspan="3" rowspan="2">设备 ＼ 内容 ＼ 排烟方式 ＼ 消防控制室</th><th rowspan="2">项别</th><th colspan="2">有消防控制室</th><th colspan="2">无消防控制室</th><th rowspan="2">备　注</th></tr>
<tr><th>自然排烟</th><th>机械排烟</th><th>自然排烟</th><th>机械排烟</th></tr>
<tr><td rowspan="10">排烟设备</td><td rowspan="3">排烟口</td><td rowspan="2">远距离</td><td>控制</td><td rowspan="2">○</td><td rowspan="2">○</td><td rowspan="2"></td><td rowspan="2">□</td><td rowspan="3">平时设置用手直接开启外窗时，不要设</td></tr>
<tr><td>监视</td></tr>
<tr><td>联动</td><td>烟感器联动</td><td>□</td><td>□</td><td>□</td><td>□</td></tr>
<tr><td rowspan="3">排烟机</td><td rowspan="2">远距离</td><td>控制</td><td></td><td>○</td><td></td><td>△</td><td rowspan="3"></td></tr>
<tr><td>监视</td><td></td><td>○</td><td></td><td>○</td></tr>
<tr><td>联动</td><td>排烟口联动</td><td></td><td>○</td><td></td><td>□</td></tr>
<tr><td rowspan="4">可动式挡烟垂壁</td><td rowspan="2">远距离</td><td>控制</td><td rowspan="2">○</td><td rowspan="2">○</td><td rowspan="2">□</td><td rowspan="2">□</td><td rowspan="4">由排烟口联动时远距离控制和远距离监视可以省略</td></tr>
<tr><td>监视</td></tr>
<tr><td rowspan="2">联动</td><td>烟感器联动</td><td>○</td><td>○</td><td>○</td><td>○</td></tr>
<tr><td>排烟口联动</td><td>△</td><td></td><td>□</td><td>△</td></tr>
</table>

（续）

<table>
<tr><td colspan="3" rowspan="2">消防控制室 / 排烟方式 / 内容 / 设备</td><td rowspan="2">项别</td><td colspan="2">有消防控制室</td><td colspan="2">无消防控制室</td><td rowspan="2"></td></tr>
<tr><td>自然排烟</td><td>机械排烟</td><td>自然排烟</td><td>机械排烟</td></tr>
<tr><td rowspan="12">有关设备</td><td rowspan="3">机械排气设备</td><td rowspan="2">远距离</td><td>控制</td><td rowspan="2">○</td><td rowspan="2">○</td><td rowspan="2"></td><td rowspan="2"></td><td rowspan="12">“远距离控制和远距离监视”与“排烟设备的联动”用哪一种都可以</td></tr>
<tr><td>监视</td></tr>
<tr><td>联动</td><td>排烟口联动</td><td>□</td><td>△</td><td>□</td><td>△</td></tr>
<tr><td rowspan="3">集中空气调节系统</td><td rowspan="2">远距离</td><td>控制</td><td rowspan="2">○</td><td rowspan="2">○</td><td rowspan="2"></td><td rowspan="2"></td></tr>
<tr><td>监视</td></tr>
<tr><td>联动</td><td>排烟口联动</td><td>□</td><td>△</td><td>□</td><td>△</td></tr>
<tr><td rowspan="3">防火阀</td><td rowspan="2">远距离</td><td>控制</td><td colspan="2" rowspan="2">△</td><td colspan="2" rowspan="2"></td></tr>
<tr><td>监视</td></tr>
<tr><td>联动</td><td>排烟口联动</td><td colspan="2">○</td><td colspan="2">○</td></tr>
<tr><td rowspan="3">防火门、防火挡板</td><td rowspan="2">远距离</td><td>控制</td><td colspan="2" rowspan="2">△</td><td colspan="2" rowspan="2"></td></tr>
<tr><td>监视</td></tr>
<tr><td>联动</td><td>烟感器联动</td><td colspan="2">○</td><td colspan="2">○</td></tr>
</table>

注：○表示必须设置的设备；△表示自行决定设置的设备；□表示防烟上需要考虑设置的设备。

1. 防排烟联动控制系统的功能要求

防排烟系设施的联动控制视所确定的防排烟设施，应具备以下功能：

1）消防控制室应能显示各种电动防排烟设施的运行情况，并能进行联动遥控和就地手控。

2）根据火灾情况打开有关排烟道上的排烟口，起动排烟风机。设有正压送风的系统应打开送风口，起动送风机。

3）有正压送风机时应同时起动和降下有关防火卷帘及防烟垂壁，打开安全出口的电动门。与此同时，关闭有关的防烟阀及防火门，停止有关防排烟区域内的空调系统；

2. 防排烟设备联动控制系统的动作程序

发生火灾以及在火势发展过程中，通过联动控制系统正确地监控和操作防排烟设备，以保证人员的安全疏散和消防人员的顺利扑救，具有重要意义。图7-39所示为具有紧急疏散楼梯及前室的高层建筑排烟系统控制原理图。图中左侧纵轴表示火灾发生后火势逐渐扩大至各层的活动状况，并依次表示了排烟系统的操作方式。图中＊号表示防灾中心动作，虚线表示辅助手段。

首先，烟感器探测到火灾发生并在消防控制中心显示所在分区。以手动操作为原则，将排烟口开启，排烟风机与排烟口的操作连锁起动，人员开始疏散。

火势扩大后，排烟风道中的阀门在温度达到280℃时关闭，停止排烟，防止烟温过高引起火灾。这时，火灾层的人员应全部疏散完毕。如果火势进一步扩散到走廊中，因为走廊和房间的排烟设备一般分别设置，即使火灾房间的排烟设备停止工作后，走廊的防排烟设备仍能人工手动或远距离操作打开，进行走廊排烟。

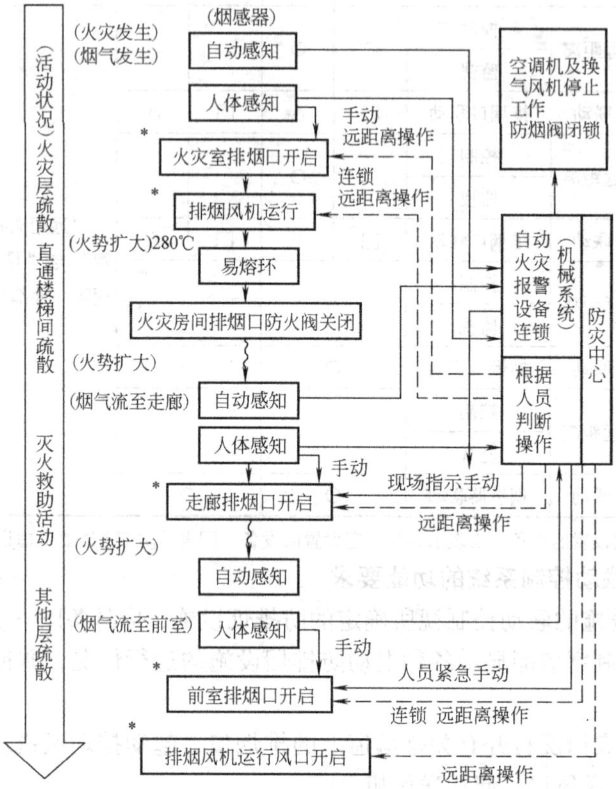

图 7-39 排烟系统原理图

一旦火灾继续蔓延到楼梯间前室，前室的烟感器动作，并依靠远距离操作或现场指示手动开启排烟口。排烟口开启的同时，送风口也随时开启，起动正压送风。

防排烟系统平时处以一种几乎不用的状况。因此，必须加强对建筑物内防火设备和控制仪表的维修管理工作，加强对有关工作人员必要的训练，以便在火灾时能及时组织疏散和扑救工作。

7.4.6 火灾事故广播系统

在大型公共建筑物，尤其是高层宾馆、饭店、办公楼、综合楼、医院等，一般人员都比较集中，发生火灾时影响面很大，现场非常混乱。为了便于发生火灾时统一指挥疏散，控制中心报警系统应设置火灾应急广播。在条件许可时，集中报警系统也应设置火灾应急广播。

1. 火灾事故广播的设置场所

火灾发生后，为了便于组织人员的安全疏散和通知有关救灾的事项，对一、二级保护对象宜设置火灾事故广播系统。按规范规定：火灾事故广播扬声器的设置应符合下列要求：

1）民用建筑内扬声器应设置在走道和大厅等公共场所，其数量应能保证从本层任何部位到最近一个扬声器的步行距离不超过25m。在走道交叉处或拐弯处应设置扬声器，走道末端最后一个扬声器距离墙不大于8m。每个扬声器的额定功率不应小于3W，实配功率不应小于2W。

2）客房内的扬声器设在多功能床头柜上，每个扬声器功率为1W。若床头柜不设火灾消防广播时，客房走道火灾消防广播扬声器的功率不小于3W，间距不大于10m。

3）工业建筑内设置的扬声器，在其播放范围内最远点的播放声压级应高于背景噪声15dB。

4）餐厅、宴会厅、咖啡厅、酒吧间、商业营业厅等需要播放背景音乐，其扬声器与火灾消防广播合用时，扬声器应按每24～$30m^2$设一个，以使声压均匀。

2. 火灾事故广播系统设置的有关要求

火灾事故广播的扩音机需专用，其容量不应小于火灾事故广播扬声器容量较大的三层扬声器容量的总和。扩音机可放置在其他广播系统的机房内，但在消防中心控制室应能对其进行遥控自动开启，并能在消防中心直接用话筒播音。

当发生火灾时，为了便于疏散和减少不必要的混乱，火灾紧急广播发出警报不能采用整个建筑物火灾事故广播系统全部起动的方式，而应仅向着火的楼层及其有关的楼层进行广播。当着火层在二层以上时，仅向着火层及其上一层发出警报；当着火层在首层时，需向首层、二层及全部地下层进行紧急广播；当着火层在地下的任一层时，需向全部地下层及首层紧急广播。火灾事故广播的线路需单独敷设，并应有耐热的保护措施。当某一路的扬声器或配线短路或开路时，应仅使该路广播中断而不影响其他各路广播。火灾广播系统可与建筑物内的背景音乐或其他功能的大型广播系统合用扬声器，但要求在火灾事故广播时能强行切入，且设在扬声器处的开关或音量控制器不再起作用。

各层安装的广播扬声器通过匹配器连接到消防控制中心的扩音机上，当某层发生火灾时，可手动开启（手动开关）扩音机，也可自动开启（由集中报警控制器联动）扩音机和手动操作控制分配开关，即可把预录好的火灾事故广播磁带或用话筒播音向有关楼层广播火情。

7.4.7 消防通信

在实际的消防工程中，广播、通信作为一个系统，由广播通信柜控制，广播通信柜中由直流备用电池组、直流稳压电源、广播录音装置、广播机、控制分盘、电话录音装置、电话总机等组成，再接入广播扬声器、电话分机就构成了消防通信系统。消防通信系统的设置是十分必要的，它对能否及时报警、消防指挥系统是否畅通起着关键的作用。为保证消防报警和灭火指挥的畅通，规范对消防专用电话作了明确的规定。

消防专用电话的设置应遵循以下原则：

1）为了适应消防通信需要，消防专用电话应为独立的消防通信网络系统。

2）宜选用共电式电话总机或对讲通信设备。用户电话机应为摘机即可呼叫通信的设置电话塞孔。

电话塞孔在墙上安装时，其底边距地高度应为1.3～1.5m。

3）消防控制室、消防值班室和工厂消防站等处应装设向公安消防部门直接报警的外线电话。

4）消防控制室应设置消防专用电话总机。

各种不同类型的建筑物，对消防专用电话和电话插孔的设置，均有各自的规定。

（1）工业建筑。工业建筑中手动报警按钮、消火栓按钮等处宜设置消防电话插孔。工业建筑中下列部位应设置消防专用电话分机：

1）工厂总配电室、配电站、车间变配电所。

2）工厂消防站、消防控制室、总调度室。

3）总厂(工厂)保卫值班室。

4）车间送、排风机房及空调机房等处。

5）取水泵房、消防泵房、电梯机房。

（2）民用建筑。民用建筑中手动报警按钮、消火栓按钮等处宜设置消防电话插孔。民用建筑中下列部位应设置消防专用电话分机：

1）消防水泵房、主变配电室、通风、排烟、机房、电梯机房等与消防联动控制有关的且经常有人值班的机房。

2）灭火系统操作装置处或控制室。

特级保护对象建筑物各避难层应每隔一定距离(如20步左右距离)设置火警电话分机或电话插孔。

7.4.8 火灾应急照明和疏散指示标识

应急照明和疏散指示标识，应保证在火灾发生时重要房间(或部位)能继续正常工作的照度并指明出口的位置和方向，便于有秩序地安全地进行疏散。

1. 应急照明

应急照明是因正常照明的电源发生故障而启用的照明，疏散照明作为应急照明的一部分，用以确保安全出口通道能有效地辨认和应用，使人安全撤离建筑物。当发生火灾而断电时，借助应急照明和疏散照明，在重要的房间或建筑的主要通道，应能继续维持一定程度的照明，保证人员安全疏散。应急照明和疏散照明是建筑电气消防系统一个重要组成部分，高层建筑、大型建筑及人员密集场所（如商场、体育场等），必须设置应急照明和疏散指示照明。

（1）设置部位。下列部位需设置火灾应急照明：

1）封闭楼梯间、防烟楼梯间及其前室、消防电梯间及其前室、合用前室和避难层(间)。

2）配电室、消防中心控制室、消防水泵和自备发电机房、消防用电的蓄电池室、电话机房及发生火灾时仍需坚持工作的其他房间。

3）电信楼、广播楼、省级邮电楼等重要机房和房间。

4）观众厅、每层面积超过 $1500m^2$ 的展览厅、营业厅等人员密集的场所，建筑面积超过 $200m^2$ 的演播室，人员密集且建筑面积超过 $300m^2$ 的地下室及汽车库。

5）由室内通往室外的出入口、通往楼梯或通向室外出入口的走廊出入口、公共建筑内的疏散走道和居住建筑内长度超过 20m 的内走道。

（2）设置要求。应急照明设置通常有两种方式：一种是设独立照明回路作为应急照明，该回路灯具平时处于关闭状态，只有当发生火灾时，通过末级应急照明切换控制箱使该回路通电，点燃应急照明灯具。另一种是利用正常照明的一部分灯具作为应急照明，这部分灯具既连接在正常照明的回路上，同时也被连接在专门的应急照明回路中。正常时，这部分灯具由于接在正常照明回路中，所以被点亮。当发生火灾时，虽然正常电源被切断，但由于该部分灯具又接在专门的应急照明回路中，所以灯具仍然处于点亮状态，当然要通过末级应急照明切换控制箱才能实现正常照明和应急照明的切换。

（3）供电要求。应急照明要采用双电源供电，除正常电源之外，还要设置备用电源，并能够在末级应急照明配电箱实现备电自投。有些工程由于不具备应急电源供电线路，或由于应设应急照明的地方位置太分散，应急电源供电线路不宜敷设，故常采用在部分地区设置自充电式应急照明的办法，平时应急照明处于自充电状态，一旦断电，蓄电池通过逆变器向光源供电。

火灾应急照明连续供电时间不应小于 30min。设计时要求合理选择限量时间，一般应考虑以一个疏散最远点的人常速步行至安全区的时间，作为应急照明灯的连续供电时间。设有应急柴油发电机的建筑物，应急照明的连续供电时间，宜按柴油发电机最不利的自动起动时间来确定。

2. 疏散指示标识

（1）疏散指示标识的规格选择方案。火灾疏散指示标识主要有以下两种方式：

1）电致发光型疏散指示标识，例如灯光型、电子显示型。其中LED发光二极管具备免维护、宽电压起动和快速起动两大明显特性和环保节能、无污染、电耗小、超常寿命、产品性能稳定可靠、应急连续供电时间长等诸多优点，是火灾疏散指示标识的发展方向。

2）光致发光型疏散指示标志，例如蓄光自发光型。

火灾疏散指示标识灯规格的建议标准见表7-13，火灾疏散指示标志灯应根据不同的建筑类型，选择合理的灯具，建议选择方案见表7-14。

表7-13 火灾疏散指示标志灯规格的建议标准

序号	类别	标志灯规格		标志灯光源功率/W	
		长边∶短边	长边的长度/cm	推荐LED或LCD	荧光灯
1	Ⅰ型	4∶1或5∶1	>100	厂家提供	≥30
2	Ⅱ型	3∶1或4∶1	50～100	厂家提供	≥20
3	Ⅲ型	2∶1或3∶1	36～50	厂家提供	≥10
4	Ⅳ型	2∶1或3∶1	25～35	厂家提供	≥6

表7-14 火灾疏散指示标志灯规格的选择方案

<table>
<tr><th rowspan="3">序号</th><th rowspan="3">建筑类型</th><th colspan="2">出口标志灯</th><th colspan="2">疏散标志灯</th></tr>
<tr><th colspan="2">建筑总面积/m²</th><th colspan="2">每层建筑面积/m²</th></tr>
<tr><th>>10000</th><th>≤10000</th><th>>1000</th><th>≤1000</th></tr>
<tr><td>1</td><td>旅馆</td><td rowspan="6">Ⅰ型或Ⅱ型</td><td rowspan="6">Ⅱ型或Ⅲ型</td><td colspan="2" rowspan="3">Ⅲ型或Ⅳ型</td></tr>
<tr><td>2</td><td>医院</td></tr>
<tr><td>3</td><td>影剧院</td></tr>
<tr><td>4</td><td>俱乐部</td><td rowspan="3">Ⅱ型或Ⅲ型</td><td rowspan="3">Ⅲ型或Ⅳ型</td></tr>
<tr><td>5</td><td>商店</td></tr>
<tr><td>6</td><td>餐厅</td></tr>
<tr><td>7</td><td>地下街</td><td rowspan="2">Ⅰ型或Ⅱ型</td><td rowspan="2"></td><td colspan="2" rowspan="2">Ⅱ型或Ⅲ型</td></tr>
<tr><td>8</td><td>车库</td></tr>
</table>

按防火规范要求，疏散指示照明器应采用白底绿字或绿底白字，并用箭头或图形指示疏散方向，以达到醒目，并使光的距离传播较远。

除了以上常用的疏散指示标识以外，近年来，疏散标识向着智能化的方向发展，例如可以根据火灾的发展和烟气蔓延的趋势和能见度，自动调整疏散标识的亮度和疏散标识上疏散箭头的方向等，以充分保障人员的安全疏散。

（2）疏散指示标识的设置原则。疏散指示标识的设置应满足以下基本原则：

1）疏散标志灯的设置应不影响正常通行或在其周围存放有容易混淆以及遮挡疏散标志灯的其他标志牌等。应急照明灯和疏散指示标志灯，应设玻璃或其他非燃材料制作的保护罩，防止被重物以及机械破坏。

2）疏散走道上的安全出口标志灯可明装，而厅室内宜采用暗装，安全出口标志灯应由图形文字和说明符号，当有无障碍设计要求时，宜同时设有音响指示信号。

3）可调光型安全出口标志灯宜用于影剧院观众厅，在正常情况下减光使用，火灾事故时应自动接通至全亮状态。

4）疏散照明位置的确定应满足可容易寻找疏散线路上的所有手动报警按钮，呼叫通信装置和灭火设备等设施。

5）疏散照明在正常电源断电后其电源转换时间应不超过15s。

6）火灾疏散照明灯具连续供电时间不应小于30min。

7）走道上的疏散标志灯，在其下方的半径为0.5m范围内的水平照度应低于0.5lx，楼梯间可按踏步和休息板中心线计算。观众席固定地面上的水平照度应为0.2lx。

8）在以往的设计中，常将楼梯间照明一律交值班室控制。管理人员往往考虑节约电能，在夜间把走道照明统统切断，这种做法不利安全，是不允许的。因此，应把楼梯间、电梯厅、走廊及大厅入口处的普通照明与疏散照明分开敷设，夜深时切断普通照明（由普通照明开关控制）。而疏散照明作为夜间值班照明必须保持常明。

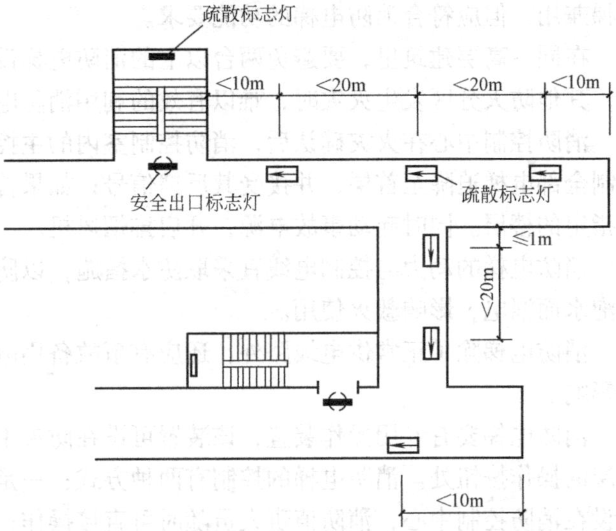

图7-40　疏散指示灯设置示例

9）疏散照明与普通照明的照明灯具在外观上应有区别或有特殊标志。

（3）疏散标识的安装要求。疏散标识的安装位置应满足以下要求（见图7-40）：

1）在首层疏散楼梯处，应急疏散标识应安装于楼梯口的里侧上方，安全出口标志灯距地高度不宜低于2m。

2）室内通道疏散指示标志灯除外，疏散走道疏散指示标志灯的安装高度在

1m 以下(宜暗装)，当在交叉口的墙面下侧安装难于明确表示疏散方向时，也可将疏散标志灯安装在顶部。疏散走道上的标志灯应有指示疏散方向箭头标志。

3）疏散走道上的标志灯间距不宜大于 20m(人防工程不宜大于 10m)。楼梯间内的疏散标志灯宜安装在休息板上方的墙角处或壁装，并应用箭头及阿拉伯数字清楚表明上、下层层号。

7.4.9 消防电梯控制系统

火灾时，由于电源供电已无保障，因此目前的相关法规规范不允许使用客梯进行人员疏散。消防电梯是在火灾发生时消防人员扑救火灾和营救人员的重要运输工具。消防电梯控制一定要保证安全可靠。

我国 GB 50045—1995(2005 版)《高层民用建筑设计防火规范》规定，一类公共建筑、塔式住宅、12 层及 12 层以上的单元式住宅和走廊式住宅以及高度超过 32m 的其他二类公共建筑，其高层主体部分最大楼层面积不超过 $1500m^2$ 时，应设不少于一台消防电梯；$1500\sim4500m^2$ 应设两台，超过 $4500m^2$ 则应设三台；高度超过 32m 的设有电梯的厂房、库房应设消防电梯。消防电梯可与客梯或工作电梯兼用，但应符合消防电梯的功能要求。

在同一高层建筑里，要避免两台以上的消防电梯设置在同一防火分区内。否则，其他防火分区发生火灾时，难以有效的利用消防电梯扑救火灾。

消防控制中心在火灾确认后，消防控制室内的主控机通过现场控制模块应能控制全部电梯迫降至首层，并接受其反馈信号；如果首层火灾，则控制电梯到其他指定的楼层。同时起动事故电源，开启排烟风机。

消防电梯的动力与控制电线宜采取防水措施，以防消防救火用水导致电源线路泡水而漏电，影响救火使用。

消防电梯除了正常供电线路外，还应有事故备用电源，使之不受火灾时停电的影响。

消防电梯要有专用操作装置，该装置可设在防灾中心，也可以设在消防电梯首层的操作按钮处。消防电梯的控制有两种方式：一是将所有电梯控制的复盘显示设在消防控制中心，消防值班人员随时可直接操作；另一种是消防控制中心自行设计电梯控制装置，火灾时，消防值班人员通过控制装置，向电梯机房发出火灾信号和强制电梯全部停于首层的指令。在一些大型公共建筑里，利用消防电梯前的感烟探测器直接联动控制电梯，这也是一种控制方式，但必须注意感烟探测器误报的危险性，最好还是通过消防中心进行控制。消防电梯在火灾状态下应能在消防控制室和首层电梯门庭处明显的位置设有控制迫降归底的按钮。

此外，电梯轿厢内要设专线电话，以便消防队员与防灾中心、火场指挥部保持通话联系。

第8章　安全疏散

建筑的安全疏散设计是建筑防火设计的一个重要组成部分。安全疏散设计就是指根据建筑的特性设定最危险的火灾条件，针对火灾和烟气传播特性的预测，通过采取一系列防火措施，进行适当的安全疏散设施的设置、设计，以提供合理的疏散方法和其他安全防护方法，保证建筑中的所有人员通过专门的设施和路线，在可利用的安全疏散时间内，全部安全疏散到安全避难场所，或提供其他方法以保证人员具有足够的安全度。显然，建筑消防的绝对安全是不可能实现的，但通过合理的疏散设计，可以最大程度地减少火灾给人员生命安全带来的威胁，提高火灾中人员的安全性。

8.1　安全疏散设计的原则及主要影响因素

8.1.1　安全疏散设计的原则

安全疏散设计应体现以下原则：

（1）安全疏散设计是以建筑内的人应该能够脱离火灾危险并独立地步行到安全地带为原则的。

（2）安全疏散方法应保证在任何时间、任何位置的人都能自由地无阻碍地进行疏散。在一定程度上保证行动不便的人足够的安全度。

（3）疏散路线应力求短捷通畅、安全可靠，避免出现各种人流、物流相互交叉，杜绝出现逆流。避免疏散过程中由于长时间的高密度人员滞留和通道堵塞等引起群集事故发生。

（4）建筑物内的任意一个部位，宜同时有两个或两个以上的疏散方向可供疏散。安全疏散方法应提供多种疏散方式而不仅仅是一种，因为任何一种单一的疏散方式都会由于人为和机械原因而失败。

（5）安全疏散设计应充分考虑火灾条件下人员心理状态及行为特点的特殊性，采取相应的措施保证信息传达准确及时，避免恐慌等不利情况出现。

8.1.2　安全疏散设计应考虑的主要因素

建筑物相关的火灾自动探测报警系统、机械排烟系统、自动喷水系统、应急照明等系统的设计以及疏散预案的制定等均是影响安全疏散的重要因素，应根据建筑物的功能用途和建筑物的空间结构特点进行性能化设计。影响建筑物火灾时人员安全疏散的因素如表 8-1 所示。

表 8-1　影响安全疏散的因素

<table>
<tr><th colspan="2">疏散阶段</th><th colspan="2">相关影响因素</th></tr>
<tr><td rowspan="5">察觉</td><td rowspan="3">起火及火焰、烟气蔓延</td><td colspan="2">建筑物火灾荷载和耐火性能</td></tr>
<tr><td colspan="2">建筑物防火分区、防烟分区、以及防火防排烟性能</td></tr>
<tr><td colspan="2">建筑物消防灭火设施</td></tr>
<tr><td>探测、报警</td><td colspan="2">探测报警装置的灵敏性和准确性</td></tr>
<tr><td>感知火警信息</td><td rowspan="3">人员行为特征</td><td rowspan="3">年龄、性别、成长背景、火灾经验、火灾安全知识、生理和心理状态、意识清醒程度、体能、同其他人的社会关系、工作岗位和职责等</td></tr>
<tr><td rowspan="2">决策行为</td><td>确认火警信息</td></tr>
<tr><td>决策反应</td></tr>
<tr><td colspan="2" rowspan="3">疏散行动</td><td>疏散行动能力</td><td>人员密度、人员体能、生理和心理状态</td></tr>
<tr><td>建筑物特征</td><td>建筑物疏散通道几何尺寸、应急疏散设施如应急照明和路标信息等</td></tr>
<tr><td>火灾特征</td><td>能见度、烟气的毒性和浓度、火灾现场温度等</td></tr>
</table>

8.2　建筑物可利用的安全疏散时间

建筑物火灾时，人员疏散时间的组成如图 8-1 所示。由图可见，人员疏散过程分可分解为三个阶段：察觉火警、决策反应和疏散运动。实际需要的疏散时间 t_{RSET}取决于火灾探测报警的敏感性和准确性 t_{awa}，察觉火灾后人员的决策反应 t_{pre}，以及决定开始疏散行动后人员的疏散流动能力 t_{mov} 等，即

$$t_{RSET}=t_{awa}+t_{pre}+t_{mov} \tag{8-1}$$

一旦发生火灾等紧急状态，需保证建筑物内所有人员在可利用的安全疏散时间 t_{ASET}内，均能到达安全的避难场所，即

$$t_{RSET}<t_{ASET} \tag{8-2}$$

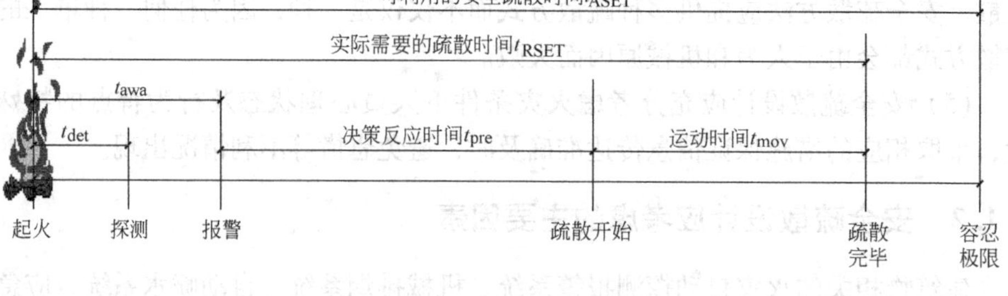

图 8-1　火灾时人员疏散时间

如果剩余时间即 t_{ASET} 和 t_{RSET} 之差大于 0，则人员能够安全疏散。剩余时间越长，安全性越大；反之，安全性越小，甚至不能安全疏散。因此，为了提高安全度，就要通过安全疏散设计和消防管理来缩短疏散开始时间和疏散行动所需的时间；同时延长可利用的安全疏散时间 t_{ASET}。

可利用的安全疏散时间 t_{ASET}，即指自火灾开始，至由于烟气的下降、扩散、轰燃的发生以及恐慌等原因而致使建筑及疏散通道发生危险状态为止的时间。美国国家标准和技术学会提出了烟气层高度、烟气层温度以及烟火对地面的辐射的极限值分别为：2.5m、200℃、2.5kW/m^2。

建筑物可利用的安全疏散时间与建筑物消防设施装备及管理水平、安全疏散设施、建筑物本身的结构特点、人员行为特点等因素密切相关。可利用的安全疏散时间一般只有几分钟。对于高层民用建筑，通常只有 5~7min；对于一、二级耐火等级的公共建筑，允许疏散时间通常只有 6min；对于三、四级耐火等级的建筑，可利用安全疏散时间只有 2~4min。

8.2.1 火场空气温度的影响

建筑物火灾时，受到来自建筑物火灾现场辐射热的影响，不仅人员疏散能力急剧下降，疏散人员的身体也将会受到致命的伤害。

由于辐射热的数据难以直观地获得，常用火场空气温度来确定可利用的安全疏散时间。设人员不能忍受的火场空气温度的临界时间为 t_1。Cranee 在未考虑空气湿度影响的前提下，给出了空气温度与极限忍受时间的关系式，分析结果表明，当空气温度为 100℃时，极限忍受时间为 24min；日本《避难设计》一书提供的数据表明，当空气温度升高到 130℃时，人类的极限忍受时间为 15min；空气温度升高到 200~250℃时，人们只能忍受 5min 时间。

除此之外，也可利用高于人眼特征高度（1.2~1.8m）的烟气层的平均烟气温度来反映辐射热对人员可利用安全疏散时间的影响。基本上，当人烟特征高度以上的烟气温度为 180℃时，便可构成对人员的伤害。当烟气层面低于人眼特征高度时，对人的危害将是直接烧伤或吸入热气体引起的，此时烟气的临界温度略低，约为 110~120℃。

澳大利亚 Fire Engineering Guidelines 中生命安全标准对火场空气温度的定义为：离地面或楼面 2m 以上空间平均烟气温度不大于 200℃，2m 以下空间内的烟气温度不超过 60℃，且减光度小于 0.1m^{-1}，亦即能见度大于 10m。

8.2.2 有害烟气成分的影响

根据对火灾中人员死亡原因的调查得知，烟气的毒性和烟尘颗粒堵塞呼吸通道，是造成火灾中人员窒息死亡的主要原因之一。在起火区，烟气的窒息作用还会造成人的不合理或无效的行为，如无目的地奔跑，在出口处用手抓门框而不是拧把手，返回建筑物，重返起火区等。

日本消防厅消防研究所避难安全室主任神忠久通过心理学领域中常用的稳定性检查器进行实验研究，发现烟气对人员行为的抑制作用与受灾者在建筑物内对疏散通道的熟悉程度有很大关系。对于那些不熟悉建筑物的人来说，烟会造成心理上的不安。对于熟悉建筑物结构的人来讲，也要受到某些生理因素的影响，如降低步行速度和呼吸困难、流眼泪等，但心理上的影响不大。神忠久通过实验研究表明，在起火建筑物内，为抵达安全场所，对于十分熟悉疏散路线的人来说，所谓疏散的减光系数可规定为是大部分研究人员开始发生心理动摇的0.5/m。由于烟气的减光作用，能见度下降，人的行走速度减慢。刺激性的烟气环境更加剧了人员行走速度的降低。户川喜久二的试验与调查表明，当在熟悉的建筑物内，烟气的减光系数达到心理动摇的极限0.5/m时的步行速度为0.3m/s，与闭目状态的步行速度相同。

对于不熟悉建筑物的人来讲，疏散的起码可见距离可以是3~4m，对不熟悉建筑物的人来讲，如商业大厅、地下街的顾客、旅馆的旅客等，可见距离有必要确保在13m以上。

为了准确地测出安全疏散的允许烟浓度，应在出口完全不知道的密室中进行实验，但考虑到人身安全和伦理道德，这种实验是不可轻易进行的。因此，几年来，学者们更多地采用虚拟现实技术搭建虚拟火灾场景，进行模拟试验。根据对多次火灾的经验和学者们的实验观察，疏散时允许的烟浓度或必要的可见度列于表8-2。严格来讲，可见度并非是只由烟浓度来决定的，在有烟的环境中，可见度还受目标的亮度、颜色、环境和通道的亮度等因素的影响。所以烟浓度和可见度的对应关系不是绝对的。在实际的火灾情况中，情况可能比较复杂。比如在疏散通道中当烟的中性面降到视线以下时，直立行走会搅乱周围的烟，造成自身四周的小环境什么也看不见。所以上述值不能适用于所有场合。

表8-2　允许烟浓度与可能安全疏散的可见度

对建筑物的熟悉程度	烟浓度（减光系数）	可见度
不熟悉	0.15/m	13m
熟悉	0.5/m	4m

8.2.3　其他因素

就安全疏散而言，火灾室内疏散通道的结构安全亦是非常重要的。尤其是美国911恐怖袭击造成世贸大楼坍塌事件以来，建筑物火灾时的结构安全问题日益引起火灾安全领域研究人员和从业人员的重视。特别是如果建筑物大量采用了火灾时易于破损的玻璃，易于溶解和软化的塑料，或者其他易破损飞落的构件，有可能落在疏散人员的头上，而危及他们的安全。

以上的影响因素之间也是互相有联系的，以目前的技术水平进行参数的确定和计算还有一些难度。日本以烟气的下降高度距地面为1.8m作为可利用的安全疏散时间的一个判据，是有科学根据的，在一定程度上简化了火灾危险性的评价过程。也可以利用下式计算火灾烟气蔓延状态下最小的清晰高度，并以此判断可利用的安全疏散时间

$$H_q = 1.6 + 0.1H \tag{8-3}$$

式中，H_q——最小清晰高度，单位为m；

H——排烟空间的建筑高度，单位为m。

8.3 实际需要的疏散时间

疏散开始时间由火灾发现方法、报警方法、发现火警人员的心理和生理状态、起火场所与发现人员位置、疏散人员状况、建筑物形态及管理状况、疏散诱导手段等条件决定。疏散行动所需时间受建筑中疏散人员的行动能力、疏散通道的形状和布局、疏散指示、疏散诱导以及应急照明系统的设置等因素的影响。危险来临时间受建筑的形状、内装修情况、防排烟设施性能、自动喷水灭火装置及防火分区的设置状况等限制。

8.3.1 确认火警所需的时间

确认火警的早晚，对灭火、自救和人员疏散有着至关重要的作用。火警确认阶段所需时间包含从起火、发出火警信息直到建筑物内居留人员确认了火警信息所需的时间。受建筑物内传递火灾信息的手段、火源和楼内人员的位置关系、建筑物内滞留人员的行为特点等因素影响，火警的确认可能是通过烟味的刺激、亲自听见或看见火灾的发生、通过自动报警系统或他人传来的信息等。在许多案例中，尤其是没有安装自动报警系统的建筑火灾中，确认火警所需的时间可能会比较长。安装了火灾自动报警系统的建筑物中，建筑物内火灾探测报警设施的灵敏度和准确性是影响火警确认时间的关键，常用感温探测器和感烟探测器的动作时间参见相关设计规范和产品说明。

8.3.2 疏散决策反应时间

对1993年美国世贸中心爆炸事件之后的调查表明，110层的超高层建筑物中，全部人员完成安全疏散大约需要1~3h，其中人们做出疏散决策的时间竟占总时间的三分之二以上。因此，发现火警后，建筑物内滞留的待疏散人员在疏散

行动开始前的决策反应时间，对于整个人员疏散行为过程的影响非常重要。可借助疏散行动开始时间参数 t_{pre} 对其进行评价。其中人的生理及心理特点、火灾安全的教育背景和经验、当时的工作状态等因素，对疏散行动开始前的决策过程起着非常重要的制约作用。

考虑火灾现场的复杂性、灾害性特点、疏散行动开始时间的灾后调查，近年来广泛引起了各界学者的重视。Paul，Sime 等人经过大量的调查研究工作发现，“马上开始疏散行动”并不一定是处于火灾等紧急事故状态下人员所做出的第一种行为反应。人们往往更加趋向于首先确认自己所处的危险状态。经过大量的研究，Bryan 认为人们在做出决策之前，往往首先将即时获得的信息或线索与记忆中的场景相匹配，潜意识中常倾向于依赖过去的经验积累对现在状态得出乐观的期望、判断和决策。Canter 认为因为自信能够应付这种灾情，有过火灾经验的人员做出开始疏散行动决策的时间往往有滞后现象。与没有经历过火灾的人相比，他们更多的会首先自行采取灭火行动，而不是即时报警或尽快开始疏散行动。Wood 的火灾案例研究结果表明，接受调查的人员当中，大约 15% 的人首先会采取一定的灭火行动，13% 的人会首先报警，只有 9.5% 的当事者会首先选择开始人员疏散。

日本神户的火灾案例研究表明，人们对于火警信息的认知和关于疏散行为的决策，将直接受到火灾发生时人员在建筑物中所处初始位置的影响。距离起火点最近的人并非一定是第一个发现火警的人。即使作为最早发现火警的人来说，是否首先采取疏散行动，也同时会受到其自身生理和心理素质、以及火灾经验和安全知识的影响。但作为一个大概率事件，距离起火点越近，直接受到火焰、烟气等火灾异常能量的刺激越大，越有利于对于火警信息的早期认知和确认，易于迅速做出决策。相反，距离起火点越远，受到外界“噪声”信息的干扰越强，越会影响人们对于火警的早期认知和决策能力。没有报警装置的建筑物内，很多距离起火点较远的居民，往往较晚发现火警，而且进一步确认火警所需的时间也会造成疏散行动开始时间的延迟。以往关于人员疏散行动的模拟中，一种做法是假设建筑物内所有人员同时开始疏散行动。日本的有关研究则首先将人员在建筑物内所处的初始位置分为火灾室、火灾层、非火灾层三种情况，并据此假设火灾室人员开始疏散行动的时间为 30s，处于火灾层的人员开始疏散行动的时间为 60s，他们认为非火灾层的人员开始疏散行动的时间最为迟缓，因此假定为 120s。日本的这种计算方法得到了一定范围的应用。

关于人员疏散行动开始时间的研究涉及行为学、心理学、灾害学等多学科知识的综合运用，目前各国广泛开展的性能化防火设计研究针对这个领域投入了大量的力量，利用虚拟现实场景进行模拟试验，利用神经网络等数据挖掘技术进行数据分析，在人员决策行为研究方面取得了一定的进展。但由于人员行为的复杂性，火灾等灾害环境下人员行为数据获取有限，加上数据噪声问题，给人员疏散决策行为研究带来了很大的困难，还没有形成一个成熟的、得到普遍认可的数学模型。

8.3.3 疏散行动所需时间

一旦决定开始疏散行动之后，不考虑人员个人心理特征等行为因素的影响，疏散行动所需时间的影响因素主要有人员步行速度、疏散通道的流动能力、疏散空间的几何特征等。

1. 人员步行速度

一旦决定开始疏散行动之后，疏散人员将不断调整自己的行为决策，以受到的约束和障碍程度最小为原则，争取在最短的时间内到达当前的安全目标。建筑空间中人流密度是制约人员疏散行为心理和疏散流动能力的一个至关重要的因素。

国内外学者 J. J. Fruin，V. M. Predtechenskii、A. I. Milinskii，以及 Maclennan 和 Nelson，Pauls 等就人员流动状态和人员密度关系进行了大量的实际观测和分析。通过大量的实际观测，Fruin 获得了一系列非常有价值的数据资料，进而将人员步行行动状态划分为六个等级，并提出了建筑物疏散安全水平的概念。很多国家在制定建筑规范时将 Fruin 的研究成果作为标准广泛采用，如表 8-3 所示。

表 8-3 Fruin 关于人员行动能力和空间几何尺寸的数据资料

人均占据空间的投影面积 /(m^2/人)	人员密度 /(人/m^2)	人员之间间距 /m	人员行动能力
<1.2	0.83	1.2	互相不受影响和限制
0.9~1.2	0.83~1.11	1.1~1.2	稍有影响
0.7~0.9	1.11~1.43	0.9~1.1	受到影响，需要互相躲让
0.3~0.7	1.43~3.33	0.6~0.9	严重限制
0.2~0.3	3.33~5.0	0.6	流动停滞
<0.2		—	流动停滞

V. M. Predtechenskii 和 A. I. Milinskii 将人员密度定义为任意空间单位建筑面积步行人员所占据空间的投影面积的大小（m^2/m^2）。综合考虑了不同季节、不同着装情况下人员形体特征的差异，以及建筑物空间结构特征尺寸对人员步行行动能力的影响，Predtechenskii 以 $0.92m^2/m^2$ 作为人流密度的最大极限值，得到正常状态下水平通道人员流动速度 v（m/min）为

$$v = 112D^4 - 380D^3 + 434D^2 - 217D + 57 \tag{8-4}$$

式中　D——任意空间单位建筑面积步行人员所占空间的投影面积，单位为 m^2/m^2，$0 < D \leqslant 0.92$。

P&M 将经过观测和分析认为，紧急状态下，行人的流动速度会增加至 v_e

$$v_e = v\mu_e \tag{8-5}$$

式中　$\mu_e = 1.49 - 0.36D$。

日本的木村幸一等人研究表明，群集密度对步速的影响有如下关系

$$v = v_0\rho^{-0.7954} \tag{8-6}$$

式中　v——群集步速，单位为 m/s；

v_0——自然状态下群集步速，单位为 m/s；

ρ——群集密度，单位为人/m^2。

在日常生活中，人的步行参数是随环境状态而变化的。日本对 2000 名步行者的统计资料表明，在市街上的步行速度通常约在 1～2m/s 之间，步速的平均值为 1.33m/s。上班或上学时，在时间压力下人们通常走得比较快，下班时则大约比上班时慢 10%。

性别和年龄、烟气浓度、疏散通道照度对步行速度也有一定的影响。日本的 Ando 等对此进行了大量的观测。表 8-4 为各种情况下的步速。

表 8-4　步 行 速 度

状态	速度/(m/s)	状态	速度/(m/s)
腿慢的人	1.00	没腰水中	0.30
腿快的人	2.00	暗中（已知环境）	0.70
标准小跑	2.33	暗中（未知环境）	0.30
中跑	3.00	烟中（淡）	0.70
快跑	6.00	烟中（浓）	0.30
赛跑	8.00	用肘和膝爬	0.30
百米纪录	10.00	用手和膝爬	0.40
游泳记录	1.70	用手和脚爬	0.50
没膝水中	0.70	弯腰走	0.60

2. 疏散通道的群集流动系数

我们用群集流动系数来描述人群通过某一疏散通道空间断面的流动情况。群集流动系数等于单位时间内单位空间宽度通过的人数，其单位是人/(m·s)。表 8-5 是国外观测得到的群集流动系数值。一般地，取中间值 1.5 人/(m·s) 作为通过公共建筑物门口的群集流动系数，1.3 人/(m·s) 作为通过楼梯的群集流动系数。

表 8-5 群集流动系数

状　态	群集流动系数/[人/(m·s)]
上班时拥挤的电车，门口	1.7
上班高峰时车站，检票口	1.7
下班时拥挤的电车，门口	1.5
下班高峰时车站，检票口	1.5
电影院、音乐会散场，门口（夜）	1.5
百货商店下班时，出口	1.3
中学教室，出口	1.3
运动会散场时	1.5
车站内楼梯（上车时）	1.5
车站内楼梯（下车时）	1.5
公共汽车、电车，上车时（拥挤）	1.3
运动会散场时下楼梯	1.3
剧场散场时下楼梯（夜）	1.2
中学放学时，下楼梯	1.3~1.4

8.4 疏散出口

为了在建筑物发生火灾时，迅速安全地疏散人员和抢救物资，减少人员伤亡，降低火灾损失，必须设置足够的疏散出口。疏散出口包括安全出口和一般出口。

安全出口是指供人员疏散的直通室内外安全区域的出口，如楼梯间及防烟前室、室外楼梯、室外地平面或避难走道等，如图 8-2 所示。安全出口是消防技术规范和管理规定中的专业术语。

平时不须开启，只在紧急情况下使用的安全出口，称为紧急出口。

一般出口是指用于人员离开某一区域通往另一区域的出口，如开向公共走道的房间疏散门，见图 8-2。

8.4.1 安全出口的设置原则

疏散门是人员安全疏散的主要出口，其设置应满足下列要求：

1）门应向疏散方向开启。但房间内人数不多时（如 60 人以下，且通过每扇门的人数不超过 30 人），因疏散条件比较缓和，可不严格限制。

2）供人员疏散使用的门，不应采用悬吊门、推拉门，严禁采用旋转门。

3）当门开启时，门扇不应影响人员的紧急疏散。

4）人员密集的公共场所、观众厅的入场门、太平门不应设置门槛，其宽度不应小于1.40m，紧靠门口1.40m内不应设置踏步。太平门应为推闩式外开门。

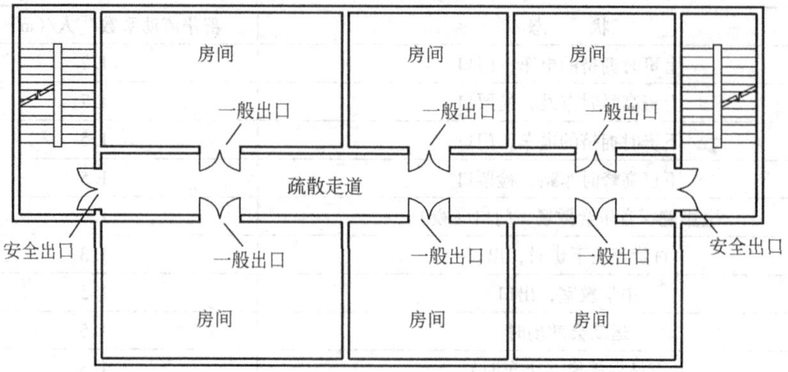

图8-2　安全出口和一般出口示意图

8.4.2　安全出口的数量

1. 一般民用建筑安全出口的数量要求

公共建筑和通廊式居住建筑安全出口的数目不应少于两个，且应分散布置。建筑中相邻2个安全出口最近边缘之间的水平距离不应小于5.0m。

对于人员密度超过1.2人/m^2的建筑物，如剧场、电影院、多功能餐厅等，即使设有两个安全出口也往往是不够的，应按每个安全出口的平均疏散人数不超过250人计算确定。当容纳人数超过2000人时，其超过2000人的部分，可按每个安全出口的平均疏散人数不超过400人计算。体育馆观众厅安全出口的数目不应小于两个，且每个安全出口的平均疏散人数不宜超过400～700人。设计时，规模较小的观众厅，宜采用接近下限值；规模较大的观众厅，宜采用接近上限值。

当地下、半地下建筑内有2个或2个以上防火分区相邻布置时，每个防火分区可利用防火墙上一个通向相邻分区的防火门作为第二安全出口，但每个防火分区必须有1个直通室外的安全出口。

人数不超过30人且建筑面积不大于500m^2的地下、半地下建筑，其垂直金属梯可作为第二安全出口。

地下室、半地下室的楼梯间，在首层应采用耐火极限不低于2h的隔墙与其他部位隔开并应直通室外，当必须在隔墙上开门时，应采用不低于乙级的防火门。

地下室或半地下室与地上层不应共用楼梯间，当必须共用楼梯间时，应在首层与地下或半地下层的出入口处，设置耐火极限不低于2h的隔墙和乙级的防火门隔开，并应有明显标志。

层数不多（三层及三层以下）、占地面积不大、使用人数又很少的小型建筑物，可设一个安全出口，具体要求如下：

1）一个房间的面积不超过 $50m^2$，且经常停留人数不超过 15 人时，可设 1 个疏散门。

2）位于走道尽端的房间（托儿所、幼儿园除外）内由最远一点到房门口的直线距离不超过 14m，且人数不超过 80 人时，也可设一个向外开启的门，但门的净宽不应小于 1.40m。

3）歌舞娱乐放映游艺场所的疏散出口不应少于 2 个。当其建筑面积不大于 $50m^2$ 时，可设置 1 个疏散出口。其疏散出口总宽度，应根据其通过人数按不小于 1m/百人计算确定。

4）单层公共建筑（托儿所、幼儿园除外）如面积不超过 $200m^2$，且人数不超过 50 人时，可设一个直通室外的安全出口。

5）设有不少于 2 个疏散楼梯的一、二级耐火等级的公共建筑，如顶层局部升高时，其高出部分的层数不超过两层，每层面积不超过 $200m^2$，人数之和不超过 50 人时，可设一个楼梯，但应另设一个直通平屋面的安全出口。

6）地下、半地下建筑内每个防火分区的安全出口数目不应少于 2 个。但面积不超过 $50m^2$，且人数不超过 10 人时可设 1 个。

2. 高层建筑安全出口的数量要求

高层建筑每个防火分区的安全出口不应少于两个，但符合下列条件之一的，可设一个安全出口：

1）十八层及十八层以下，每层不超过 8 户，建筑面积不超过 $650m^2$，且设有一座防烟楼梯间和消防电梯的塔式住宅。

2）每个单元设有一座通向屋顶的疏散楼梯，且从第十层起每层相邻单元设有连通阳台或凹廊的单元式住宅。

3）除地下室外，相邻两个防火分区之间的防火墙上有防火门连通时，且两个防火分区的建筑面积之和不超过表 8-6 规定的公共建筑。

表 8-6 两个防火分区之和最大允许建筑面积

建筑类别	两个防火分区建筑面积之和/m^2
一类建筑	1400
二类建筑	2100

8.4.3 安全出口的宽度

1. 公共场所内部疏散走道宽度及座席排列

剧院、电影院、礼堂、体育馆等人员密集的公共场所，其观众厅内的疏散走道宽度应按其通过人数每 100 人不小于 0.6m 计算，但最小净宽度不应小于

1.0m，边走道不宜小于0.8m。

在布置疏散走道时，横走道之间的座位排数不宜超过20排。纵走道之间的座位数，剧院、电影院、礼堂等每排不超过22个，体育馆每排不宜超过26个。前后排座椅的排距不小于90cm时，可增至50个，仅一侧有纵走道时座位减半。

2. 一般民用建筑疏散外门、楼梯和走道的宽度指标

剧院、电影院、礼堂等人员密集的公共场所观众厅的疏散内门和观众厅外的疏散外门、楼梯和走道各自总宽度，均应按不小于表8-7的规定计算。人员更加密集的体育馆观众厅的疏散门以及疏散外门、楼梯和走道的各自总宽度，均应按不小于表8-8的规定计算。

表8-7　公共场所疏散宽度指标　（单位：m）

观众厅座位数		≤2500	≤1200
耐火级别		一、二级	三级
门和走道	平坡地面	0.65	0.85
	阶梯地面	0.75	1.00
楼梯		0.75	1.00

表8-8　体育馆观众厅疏散通道宽度指标　（单位：m）

观众厅座位数（个）		3000～5000	5001～10000	10001～20000
耐火等级		一、二级	一、二级	一、二级
门和走道	平坡地面	0.43	0.37	0.32
	阶梯地面	0.50	0.43	0.37
楼梯		0.50	0.43	0.37

注：1. 较大座位数档次按规定指标计算出来的疏散总宽度，不应小于相邻较小座位数档次按其最多座位数计算出来的疏散总宽度。

2. 有等场需要的入场门，不应作为观众厅的疏散门。

学校、商店、办公楼、候车室等民用建筑底层疏散外门、楼梯、走道的各自总宽度，应通过计算确定，疏散宽度指标不应小于表8-9的规定。总宽度，应通过计算确定，疏散宽度指标不应小于表8-9的规定。

表8-9　底层外门、楼梯和走道的净宽度指标　（单位：m/百人）

层　数	耐火等级		
	一、二级	三级	四级
一、二层	0.65	0.75	1.00
三层	0.75	1.00	—
四层	1.00	1.25	—

1）每层疏散楼梯的总宽度应按表8-9规定计算。当每层人数不等时，其总

宽度可分层计算，下层楼梯的总宽度按其上层人数最多一层的人数计算。

2）每层疏散门和走道的总宽度应按表 8-9 规定计算。

3）底层外门的总宽度应按该层或该层以上人数最多的一层人数计算，不供楼上人员疏散的外门，可按本层人数计算。

4）录像厅、放映厅的疏散人数应根据该场所的建筑面积按 1.0 人/m^2 计算；其他歌舞娱乐放映游艺场所的疏散人数应根据该场所建筑面积按 0.5 人/m^2 计算。

5）普通民用建筑疏散走道和楼梯的最小宽度不应小于 1.1m，不超过六层的单元式住宅中一边设有栏杆的疏散楼梯，其最小宽度可不小于 1m。

6）人员密集的公共场所，其疏散门的最小宽度不应小于 1.4m，室外疏散小巷的宽度不应小于 3.00m。

3. 高层建筑安全出口的设计

每层疏散楼梯总宽度应按其通过人数每 100 人不小于 1.10m 计算，各层人数不相等时，其总宽度可分段计算，下层疏散楼梯总宽度应按其上层人数最多的一层计算。疏散楼梯的最小净宽度不应小于表 8-10 的规定。

表 8-10　疏散楼梯的最小净宽度

高层建筑	疏散楼梯的最小净宽度/m
医院病房楼	1.30
居住建筑	1.10
其他建筑	1.20

室外楼梯可作为辅助的防烟楼梯，其最小净宽不应小于 0.90m。

当倾斜角度不大于 45°，栏杆扶手的高度不小于 1.10m 时，室外楼梯宽度可计入疏散楼梯总宽度内。室外楼梯和每层出口处平台，应采用不燃材料制作。平台的耐火极限不应低于 1h。在楼梯周围 2m 内和墙面上，除设疏散门外，不应开设其他门、窗、洞口。疏散门应采用乙级防火门，且不应正对楼梯段。

位于两个安全出口之间的房间，当面积不超过 60m^2 时，可设置一个门，门的净宽不应小于 0.90m。位于走道尽端的房间，当面积不超过 75m^2时，可设置一个门，门的净宽不应小于 1.40m。

疏散楼梯间及其前室的门的净宽应按通过人数 100 人不小于 1m 计算，但最小净宽不应小于 0.90m。单面布置房间的住宅，其走道出垛处的最小净宽不应小于 0.90m。

高层公共建筑的大空间设计，必须符合双向疏散或袋形走道的规定。

跃廊式住宅的安全疏散距离，应从户门算起，小楼梯的一段距离按其 1.5 倍水平投影计算。

高层建筑内走道的净宽，应按通过人数每 100 人不小于 1m 计算。

高层建筑首层疏散外门的总宽度，应按人数最多的一层每 100 人不小于 1m 计算；首层疏散外门和走道的净宽不应小于表 8-11 的规定。

高层建筑内设有固定座位的观众厅、会议厅等人员密集场所，其疏散走道、出口等应符合下列规定：

1）厅内的疏散走道的净宽应该按通过人数每 100 人不小于 0.80m，且不宜小于 1m，边走道的最小净宽不宜小于 0.80m。

2）厅的疏散出口和厅外疏散走道的总宽度，平坡地面应分别按通过人数每 100 人不小于 0.65m 计算，阶梯地面应分别按通过人数每 100 人不小于 0.80m 计算。疏散出口和疏散走道的最小净宽均不应小于 1.40m。

3）疏散出口的门内、门外 1.40m 范围内不能设踏步，且门必须向外开，并不应设置门槛。

4）观众厅座位的布置，横走道之间的排数不宜超过 20 排，纵走道之间每排座位不宜超过 22 个；当前后排座位的排距不小于 0.90m 时，每排座位可为 44 个；只一侧有纵走道时，其座位数应减半。

5）观众厅每个疏散出口的平均疏散人数不应超过 250 人。

6）观众厅的疏散外门，宜用推闩式外开门。

表 8-11 首层疏散外门和走道的净宽 （单位：m）

高层建筑	每个外门的净宽度	走道净宽	
		单面布房	双面布房
医院	1.30	1.40	1.50
居住建筑	1.10	1.20	1.30
其他	1.20	1.30	1.40

高层建筑地下室、半地下室的安全疏散应符合下列规定：

1）每个防火分区的安全出口不应少于两个，当有两个或两个以上防火分区，且相邻防火分区之间的防火墙上设有防火门时，每个防火分区可分别设一个直通室外的安全出口。

2）房间面积不超过 $50m^2$，且经常停留人数不超过 15 人的房间，可设一个门。

3）人员密集的厅、室疏散出口总宽度，应按其通过人数每 100 人不小于 1m 计算。

除设有排烟设施和应急照明者外，高层建筑内的走道长度超过 20m 时，应设置直接天然来光和自然通风设施。

高层建筑的公共疏散门均应向疏散方向开启，且不应采用侧拉门、吊门和转门，自动启闭的门应有手动开启装置。

建筑物直通室外的安全出口上方，应设置宽度不小于 1m 的防火挑檐。

高层居住建筑的户门不应直接开向前室，当确有困难时，部分开向前室的户门均应为乙级防火门。

8.4.4 安全疏散距离

安全疏散距离直接影响疏散所需时间，距离过长，对安全疏散十分不利。

1. 房间内最远点到房间外门的距离

1）对一般民用建筑，为了保证房间内的人员可以迅速撤离，从房间内最远点到房间外门或住宅户门的距离不宜超过 15m。

2）对人员密集的公共场所，如商场营业大厅、附设在高层建筑内的观众厅、展览厅、多功能厅、餐厅、营业厅和阅览室等，其室内任何一点至最近的疏散出口的直线距离，不宜超过 30m；其他房间内最远一点至房门的直线距离不宜超过 15m。

2. 房间外门至最近的安全出口的距离

对于单层或多层一般民用建筑，直接通向公共走道的房间门至最近的外部出口或封闭楼梯间的距离，应符合表 8-12 的要求。

表 8-12　一般民用建筑安全疏散距离

名　称	房门至外部出口或封闭楼梯间的最大距离/m					
	位于两个外部出口或楼梯间之间的房间耐火等级			位于袋形走道两侧或尽端的房间耐火等级		
	一、二级	三级	四级	一、二级	三级	四级
托儿所、幼儿园	25	20	—	20	15	—
医院、疗养院	35	30	—	20	15	—
学校	35	30	—	22	20	—
其他民用建筑	40	35	25	22	20	15

注：1. 敞开式外廊建筑的房间门至外部出口或楼梯间的最大距离可按本表增加 5m。
2. 设有自动喷水灭火系统的建筑物，其安全疏散距离可按本表规定增加 25%。

房间门至最近的非封闭楼梯间的距离，如房间位于两个楼梯间之间时，应按表 8-12 减少 5m；如房间位于袋形走道或尽端时，应按表 8-12 减少 2m。

楼梯间的首层应设置直接对外的出口，当层数不超过四层时，可将对外出口设置在离楼梯间不超过 15m 处。

高层建筑的安全出口应分散布置，两个安全出口之间的距离不应小于 5m，安全疏散距离应符合表 8-13 的规定。

为了保证跃廊式住宅建筑的人员能够迅速安全撤离，当小楼梯设在户外时，其安全疏散距离应从户门算起；当小楼梯设在户内时，其安全疏散距离应从最远的一个房门算起。小楼梯的一段疏散距离可按 1.5 倍水平投影计算。

表 8-13　高层建筑安全疏散距离

高层建筑		房间门或住宅户门至最近的外部出口或楼梯间的最大距离/m	
		位于两个安全出口之间的房间	位于袋形走道两侧或尽端的房间
医院	病房部分	24	12
	其他部分	30	15
旅馆、展览楼、教学楼		30	15
其他		40	20

8.5　疏散楼梯和楼梯间

8.5.1　楼梯和楼梯间

楼梯是建筑物中主要的垂直交通设施，是安全疏散的重要通道。

按建筑形式不同，楼梯的形式通常有直跑楼梯（见图 8-3）、双跑楼梯（见图 8-4）、剪刀楼梯（见图 8-5）等多种形式。

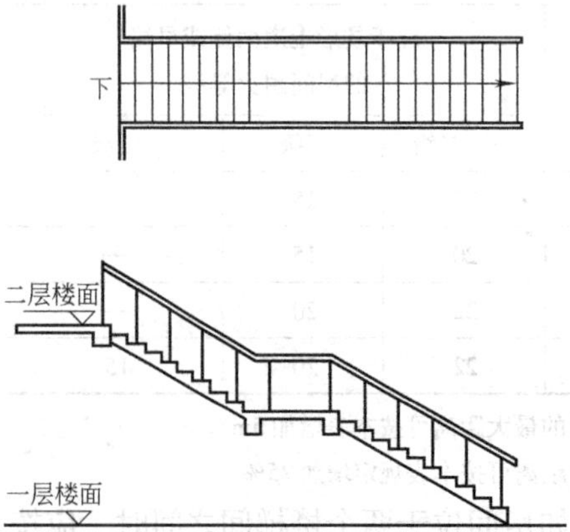

图 8-3　直跑楼梯

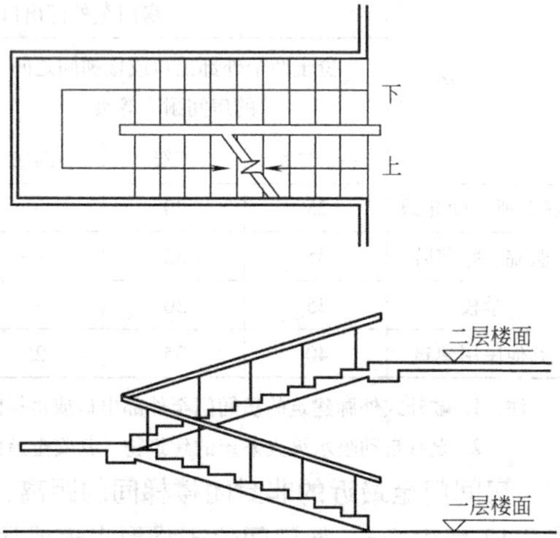

图 8-4　双跑楼梯

按楼梯和楼梯间的防火要求，可将其分为敞开楼梯、敞开楼梯间、封闭楼梯间、防烟楼梯间、室外楼梯。

（1）敞开楼梯。敞开楼梯（见图 8-6）是指建筑物内四周或三面没有墙体等围护结构，一般设在开敞空间，不具备防火隔烟功能的楼梯。上下层的防火分区面积应叠加。敞开楼梯用于除要求设敞开楼梯间和封闭楼梯间以外的低层建筑中。

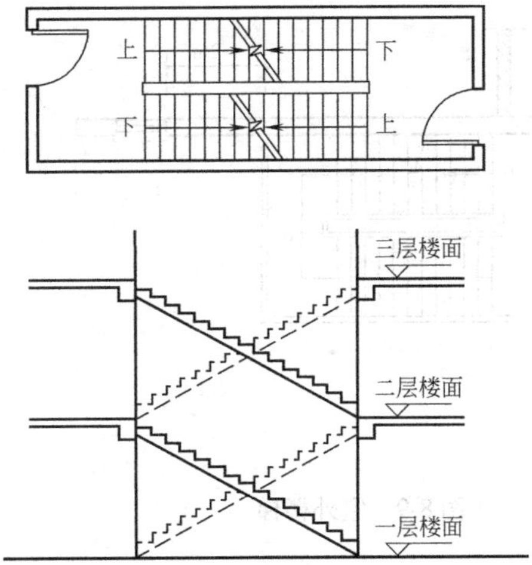

图 8-5　剪刀楼梯

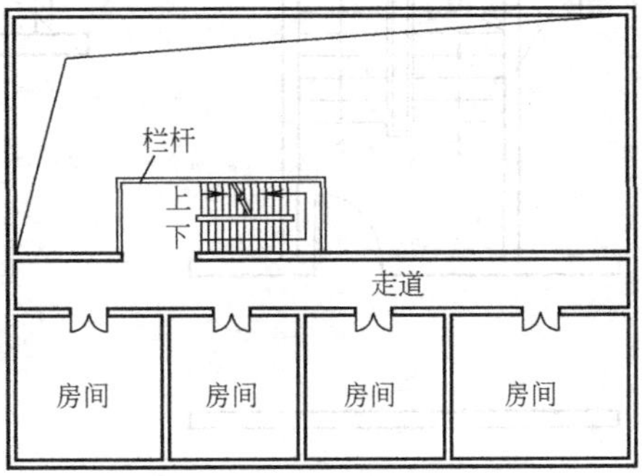

图 8-6　敞开楼梯

（2）敞开楼梯间。敞开楼梯间是指建筑物内三面由耐火墙体等围护构件构成的无封闭防烟功能，且与其他使用空间相通的楼梯间。上下层防火分区面积不叠加，如图 8-7 所示。敞开楼梯间在低层建筑中广泛采用，不应在高层建筑和地下建筑中采用。除高层民用建筑设计防火规范、建筑设计防火规范规定应设封闭楼梯间、防烟楼梯间的建筑外，其余一般建筑均可采用敞开楼梯间。

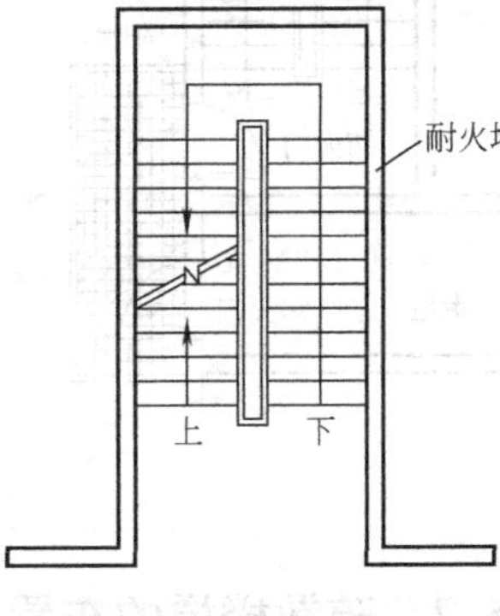

图 8-7　敞开楼梯间

（3）封闭楼梯间。封闭楼梯间是指建筑物内四周用耐火楼梯和门分隔，能防止烟和热气进入的楼梯间，见图 8-8。高层民用建筑和高层工业建筑中封闭楼梯间的门应为向疏散方向开启的乙级防火门。

（4）室外楼梯。室外楼梯是指用耐火结构与建筑物分隔，设在墙外的楼梯。室外楼梯的消防安全性较高。室外楼梯见图 8-9。

（5）防烟楼梯间。防烟楼梯间是指建筑物内具有防烟前室和防排烟设施，并与建筑物内使用空间分隔的楼梯间，其形式一般有带封闭前室或合用前室的防烟楼梯间、用阳台作前室的防烟楼梯间、用凹廊作前室的防烟楼梯间等，见图 8-10。

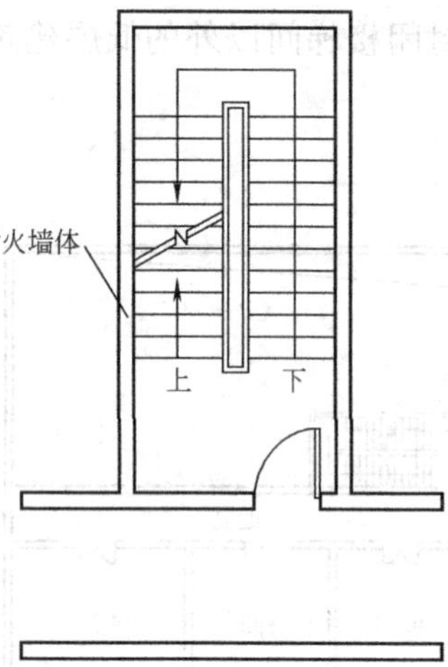

图 8-8　封闭楼梯间

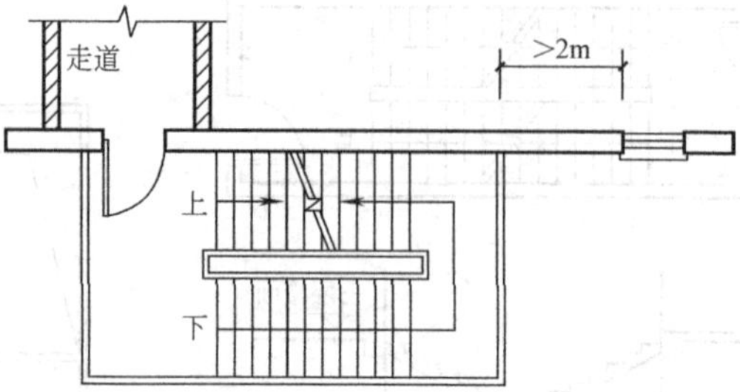

图 8-9　室外楼梯

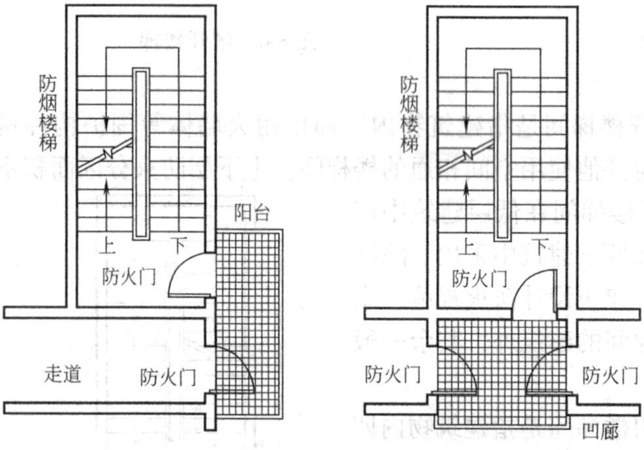

图 8-10　防烟楼梯间

8.5.2　疏散楼梯的布置原则

具有一定防火、防烟能力，且能作为竖向紧急疏散时用的楼梯，称为疏散楼梯。为了提高疏散楼梯的安全可靠程度，在进行疏散楼梯的布置时，应满足下列防火要求：

（1）平面布置。楼梯间的布置应满足人员双向疏散要求，分散布置，尽量避免形成袋形走道，见图 8-11。疏散楼梯宜设置在标准层（或防火分区）的两端，以便于为人们提供两个不同的疏散路线。

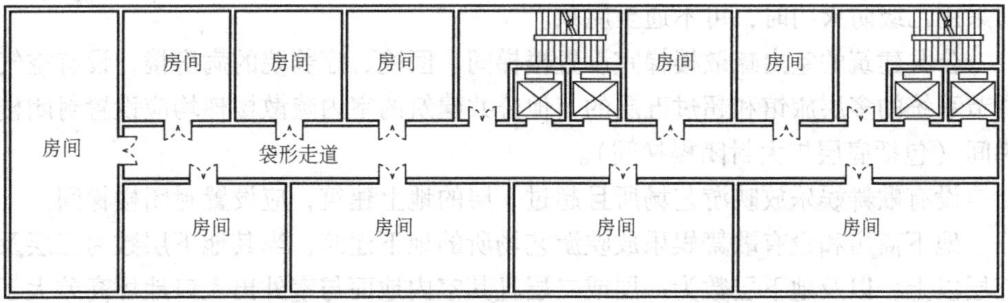

图 8-11 袋形走道

疏散楼梯宜靠近电梯设置。靠近电梯设置疏散楼梯，可将常用垂直交通运输路线与紧急疏散路线相结合，有利于人们快速进行疏散。如电梯厅为开敞式时，为避免因高温烟气进入电梯井而切断通往疏散楼梯的通道，两者之间应进行防火分隔。

疏散楼梯宜靠外墙设置，既利于采用带开敞前室的疏散楼梯间，同时，也便于自然采光、通风和火灾扑救。

（2）竖向布置。疏散楼梯应保持上、下通畅。高层建筑的疏散楼梯宜通至平屋顶，当向下疏散的道路发生堵塞或被烟气切断时，疏散人员可以上到屋顶进行暂时避难，并等待救援。

应避免不同的人流路线相互交叉。高层部分的疏散楼梯不应和低层公共部分（指裙房）的交通大厅、楼梯间、自动扶梯混杂交叉，以免紧急疏散时两部分人流发生冲突，引起堵塞和意外伤亡。

8.5.3 一般民用建筑疏散楼梯的基本设计要求

疏散楼梯间在各层的平面位置不应改变（建筑设计防火规范另有规定者除外）。

九层及九层以下，建筑面积不超过 $500m^2$ 的塔式住宅，可设一个楼梯。

九层及九层以下的每层建筑面积不超过 $300m^2$、且每层人数不超过 30 人的单元式宿舍，可设一个楼梯。

二、三层的建筑（医院、疗养院、托儿所、幼儿园除外）符合表 8-14 的要求时，可设一个疏散楼梯。

表 8-14 设置一个疏散楼梯的条件

耐火等级	层数	每层最大建筑面积/m^2	人数
一、二级	二、三层	500	第二层和第三层人数之和不超过 100 人
三级	二、三层	200	第二层和第三层人数之和不超过 50 人
四级	二层	200	第二层人数不超过 30 人

超过六层的组合式单元住宅和宿舍，各单元的楼梯间均应通至平屋顶，如户

门采用乙级防火门时，可不通至屋顶。

公共建筑的室内疏散楼梯宜设置楼梯间。医院、疗养院的病房楼，设有空气调节系统的多层旅馆和超过五层的其他公共建筑的室内疏散楼梯均应设置封闭楼梯间（包括底层扩大封闭楼梯间）。

设有歌舞娱乐放映游艺场所且超过3层的地上建筑，应设置封闭楼梯间。

地下商店和设有歌舞娱乐放映游艺场所的地下建筑，当其地下层数为三层及三层以上，以及地下层数为一层或二层且其室内地面与室外出入口地坪高差大于10m时，均应设置防烟楼梯间；其他的地下商店和设有歌舞娱乐放映游艺场所的地下建筑可设置封闭楼梯间，其楼梯间的门应采用不低于乙级的防火门。

超过六层的塔式住宅应设封闭楼梯间，如户门采用乙级防火门时，可不设封闭楼梯间。

公共建筑门厅的主楼梯如不计入总疏散宽度，可不设楼梯间。

8.5.4 高层建筑疏散楼梯和楼梯间的设计

除本规范规定以及顶层为外通廊式住宅外的高层建筑，通向屋顶的疏散楼梯不宜少于两座，且不应穿越其他房间，通向屋顶的门应向屋顶方向开启。

塔式高层建筑，两座疏散楼梯宜独立设置，当确有困难时，可设置剪刀楼梯，并应符合下列规定：

1）剪刀楼梯间应为防烟楼梯间。

2）剪刀楼梯的梯段之间，应设置耐火极限不低于1h的实体墙分隔。

3）剪刀楼梯应分别设置前室，塔式住宅确有困难时可设置一个前室，但两座楼梯应分别设加压送风系统。

一类建筑和除单元式和通廊式住宅外的建筑高度超过32m的二类建筑以及塔式住宅，均应设防烟楼梯间，并应符合下列规定：

1）楼梯间入口处应设前室、阳台或凹廊。

2）前室的面积，公共建筑不应小于$6m^2$，居住建筑不应小于$4.50m^2$。

3）前室和楼梯间的门均应为乙级防火门，并应向疏散方向开启。

裙房和除单元式和通廊式住宅外的建筑高度不超过32m的二类建筑应设封闭楼梯间。封闭楼梯间的设置应符合下列规定：

1）楼梯间应靠外墙，并应直接天然采光和自然通风，当不能直接天然采光和自然通风时，应按防烟楼梯间规定设置。

2）楼梯间应设乙级防火门，并应向疏散方向开启。

3）楼梯间的首层紧接主要出口时，可将走道和门厅等包括在楼梯间内，形成扩大的封闭楼梯间，但应采用乙级防火门等防火措施与其他走道和房间隔开。

单元式住宅每个单元的疏散楼梯均应通至屋顶，其疏散楼梯间的设置应符合下列规定：

1）十一层及十一层以下的单元式住宅可不设封闭楼梯间，但开向楼梯间的户门应为乙级防火门，且楼梯间应靠外墙，并应直接天然采光和自然通风；十一层及十一层以下的通廊式住宅应设封闭楼梯间；超过十一层的通廊式住宅应设防烟楼梯间。

2）十二层至十八层的单元式住宅应设封闭楼梯间。

3）十九层及十九层以上的单元式住宅应设防烟楼梯间。

除通向避难层错位的楼梯外，疏散楼梯间在各层的位置不应改变，首层应有直通室外的出口。疏散楼梯和走道上的阶梯不应采用螺旋楼梯和扇形踏步，但踏步上下两级所形成的平面角不超过10°，且每级离扶手0.25m处的踏步宽度超过0.22m时，可不受此限。

地下室、半地下室的楼梯间，在首层应采用耐火极限不低于2h的隔墙与其他部位隔开并宜直通室外，当必须在隔墙上开门时，应采用乙级防火门。地下室或半地下室与地上层不宜共用楼梯间，当必须共用楼梯间时，宜在首层与地下或半地下层的入口处，设置耐火极限不低于2h的隔墙和乙级防火门隔开，并应有明显标志。

公共建筑内袋形走道尽端的阳台、凹廊，宜设上下层连通的辅助疏散设施。

8.6 消防电梯

下列高层建筑应设消防电梯：

1）一类公共建筑。

2）塔式住宅。

3）十二层及十二层以上的单元式住宅和通廊式住宅。

4）高度超过32m的其他二类公共建筑。

高层建筑消防电梯的设置数量应符合下列规定：

1）当每层建筑面积不大于1500m^2时，应设一台。

2）当大于1500m^2但不大于4500m^2时，应设两台。

3）当大于4500m^2时，应设三台。

4）消防电梯可与客梯或工作电梯兼用，但应符合消防电梯的要求。

消防电梯的设置应符合下列规定：

1）消防电梯宜分别设在不同的防火分区内。

2）消防电梯间应设前室，其面积，居住建筑不应小于4.50m^2。

公共建筑不应小于6m^2。当与防烟楼梯间合用前室时，其面积，居住建筑不应小于6m^2；公共建筑不应小于10m^2。

3）消防电梯间前室宜靠外墙设置，在首层应设直通室外的出口或经过长度不超过30m的通道通向室外。

4）消防电梯间前室的门，应采用乙级防火门或具有停滞功能的防火卷帘。

5）消防电梯的载质量不应小于800kg。

6）消防电梯井、机房与相邻其他的电梯井、机房之间应采用耐火极限不低于2h的隔墙隔开，当在隔墙上开门时，应设甲级防火门。

7）消防电梯的行驶速度，应按从首层到顶层的运行时间不超过60s计算确定。

8）消防电梯轿厢的内装修应采用不燃烧材料。

9）消防电梯动力与控制电缆、电线应采取防水措施。

10）消防电梯轿厢内应设专用电话，并应在首层设供消防队员专用的操作按钮。

11）消防电梯前室门口宜设挡水设施。

12）消防电梯的井底应设排水设施，排水井容量不应小于2m^3，排水泵的排水量不应小于10L/s。

8.7 避难层（间）

避难层（间）是高层建筑中，当发生火灾时供人员暂时避难、休息的楼层或房间。凡占一个楼层的称为避难层；仅占用楼层的一个或几个房间的称为避难间。我国高层民用建筑设计防火规范规定，建筑高度超过100m的公共建筑，应设避难层（避难间）。

8.7.1 避难层的类型

（1）敞开式避难层。这类避难层不设围护结构，为全敞开式，一般设在建筑物的顶层或屋顶上，结构处理比较简单。

（2）半敞开式避难层。这类避难层层高不低于1.8m，四周设有防护墙，上部设有百叶窗。

（3）封闭式避难层。封闭式避难层，周围设有耐火的围护结构（楼板、外墙），室内设有独立的防烟设施，门窗为甲级防火门窗。另外，还设有应急广播、应急照明、消防专用电话、消火栓、消防水喉等可靠的消防设施，可以有效地防止烟气和火焰的侵害，同时，还可以避免外界气候条件的影响。

8.7.2 避难层的设置要求

避难层的设置应满足如下要求：

1）避难层的设置，自高层建筑首层至第一个避难层或两个避难层之间，不宜超过15层。

2）通向避难层的防烟楼梯间应在避难层（间）分隔、同层错位或上下层断开，人员均必须经避难层（间）方能上下，如图8-12所示。避难层的净面积应能满足设计避难人员避难的要求，并宜按4～5人/m^2计算。

3）封闭式避难层（间）应设独立的防烟设施。

4）避难层应设消防电梯出口，其他客货电梯均不得在避难层开设出口。

5）为保证避难层具有较长时间抵抗火烧的能力，避难层的楼板宜采用现浇钢筋混凝土楼板，其耐火极限不低于1.5h。

6）避难层可兼作设备层，但设备管道宜集中布置。设备间应采用防火墙及甲级防火门及避难层隔开，见图8-13。

7）避难层（间）应设消防专线电话、消火栓和消防卷盘。

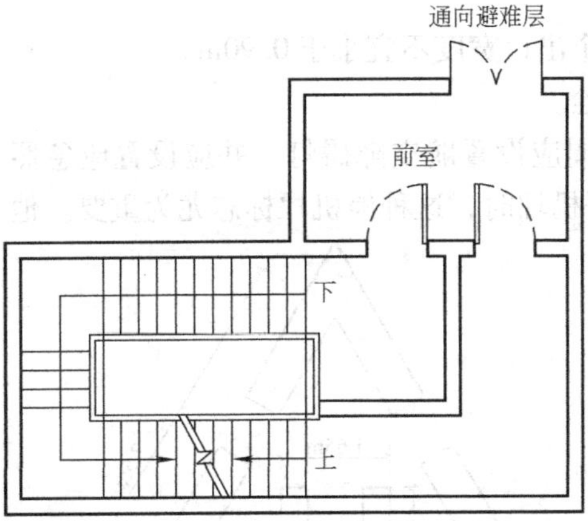

图8-12　避难层楼梯间断开示意图

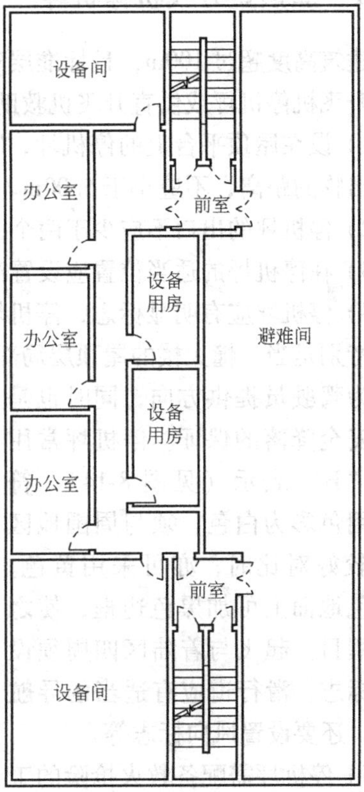

图8-13　避难层与本层其他部位防火分隔示意

8）为保证避难层（间）下部楼层起火时不致使避难层地面温度过高，在楼板上宜设隔热层。

9）避难层（间）应设有应急广播和应急照明，其供电时间不应小于1h，照度不应低于1lx。

10）避难层（间）内外均应设有便于识别的明显标志。

11）严禁输送甲、乙、丙类液体或可燃气体的管道穿越避难区域。

12）避难区域的装修材料均应采用不燃烧材料。

8.8 安全疏散的其他设施

直升机、避难逃生口、避难桥等，是安全疏散非常有效的辅助设施，在紧急情况下可发挥良好的作用。

8.8.1 屋顶直升飞机停机坪

建筑高度超过100m，且标准层建筑面积超过1000m^2 的公共建筑，宜设置屋顶直升飞机停机坪或供直升飞机救助的设施，并应符合下列规定：

1）设在屋顶平台上的停机坪，距设备机房、电梯机房、水箱间、共用天线等突出物的距离，不应小于5.00m。

2）停机坪的出口不应少于两个，每个出口宽度不宜小于0.90m。

3）在停机坪的适当位置应设置消火栓。

4）停机坪应有明显标志，停机坪四周应设置航空障碍灯，并应设置应急照明。特别是当一幢大楼的屋顶层局部为停机坪时，这种停机坪标志尤为重要。他不但为驾驶员提供方向，同时也是提供安全降落的保证。停机坪常用符号“H”表示（见图8-14）。符号所用色彩为白色，须与周围地区取得较好对比时，亦可采用黄色。在浅色地面上可加黑色边框，使之更加醒目。起飞与着陆区四周须设边界标志，滑行道应有适当的导航标线，还要设置风向标志等。

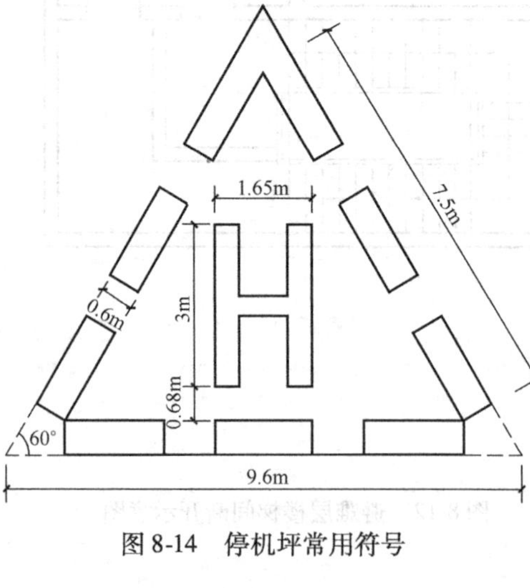

图8-14 停机坪常用符号

5）停机坪需配备救火抢险的工具及灭火设备，在适当位置应设置消火栓。有时设置直升机停机坪有困难时，也可设置供直升机救助的设施，如营救台等。

8.8.2 疏散阳台和避难桥

在建筑各层设置专用的阳台，其他地面上开设洞口，并以附有栏杆的钢梯（又称避难袋舷梯，其倾斜角可达60°左右）来连接各个阳台。火灾时人们可沿钢梯转移到其他层，或一直下到底层而脱险。

采用这种疏散装置时，应以防火门将阳台和走道进行分隔。对阳台所依附的墙面、阳台栏杆、防火门等的要求与室外疏散楼梯基本相同，可参照进行设计。对它的平面位置需合理安排，使之形成一个辅助的安全区域。日本京王广场旅馆采用了这种设施，在客房层以两个疏散阳台和两个疏散楼梯间构成四个安全区域，见图8-15。

避难桥主要是设在高层建筑与相邻近的建筑之间，以联系二者的屋面或窗口部位，供紧急时的疏散使用。避难桥需有足够的承载能力（不小于350kg/m^2），栏杆高度应在1.2m以上，桥面有坡度时须考虑防滑措施。

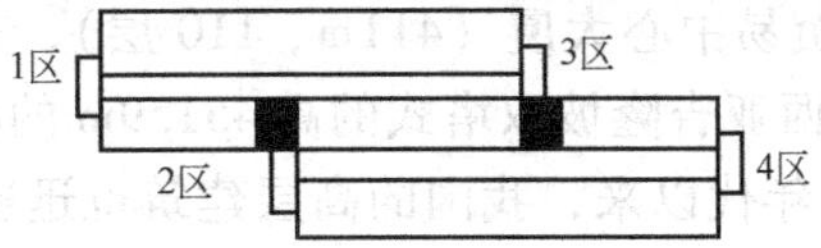

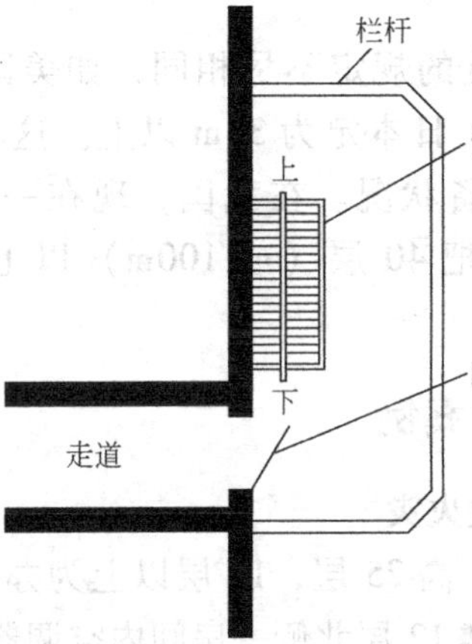

图8-15 设钢梯的疏散阳台

注：1、4区为疏散阳台，2、3区为疏散楼梯和消防电梯

第9章　特殊建筑的消防技术

9.1　高层建筑消防技术

高层建筑距今已经有几百年的历史。12世纪修建的巴黎圣母院的塔顶距地面有90m；文艺复兴时期，罗马的圣彼得大教堂的穹顶高138m。这些著名的高层建筑当时大多数是围绕某些特殊象征意义修建的，例如教堂、庙宇、纪念塔等。

20世纪以来，以商业或办公为主要目的的高层建筑得到了迅猛发展。1931年在纽约建造的帝国大厦高381m，首开高层建筑的先河。其他著名的高层建筑包括纽约的世界贸易中心大厦（411m、110层）、芝加哥的希尔斯大厦（443m、110层）、马来西亚吉隆坡双塔式的高451.9m的帕特朗大厦、台湾的101大厦等。20世纪90年代以来，我国的高层建筑也迅速增加。1998年8月竣工的上海金茂大厦高达420.5m，为目前我国高层建筑之最，在世界上也名列前茅。

各国对高层建筑起始高度的规定不尽相同，如美国定为22～25m或7层以上，英国定为22.4m以上，日本定为31m以上。这种划分的主要依据是本国的经济条件和消防登高设备状况。在我国，现在一般把10层以上或高于24m的建筑称为高层建筑，把40层（或100m）以上的建筑称为超高层建筑。

9.1.1　典型高层建筑火灾案例

1. 巴西圣保罗市焦马大楼火灾

焦马大楼建成于1972年，高25层，11层以上为办公区。1973年2月2日上午8时50分左右，焦马大楼12层北侧一房间内空调器冒出火花，经理赶紧跑去切断该楼层的电源，但返回时，火焰已引燃装饰窗帘，进而点燃了顶棚。小型灭火器已无法控制火势，经理紧急通知上部楼层的人员疏散。虽用电梯疏散了300多人，但最终电梯在12层被火吞没，人员无法撤下，许多人只好逃到外阳台和屋顶等待救援。9时40分左右，12层以上的地板均已燃烧，10时30分左右，地板几乎烧尽。这场火灾中死亡179人，伤300余人。

起火的原因是送风空调设备的电线不符合要求引起的。由于电流过载发热而导致绝缘层破坏，加上空调机靠窗帘过近，从而引燃了窗帘。楼内使用了大量可燃、易燃的装修材料则是火灾迅速发展的根本原因。该楼屋面为木结构桁架，隔墙亦为木板，顶棚为可燃纤维板，可燃物载荷过大。

安全疏散设计不合理是造成如此重大伤亡的另一原因。该大楼的办公部分只有一个宽 1.1m 的楼梯，且不是封闭式的安全疏散楼梯，这便导致楼内出现火灾危险后人员无路可走。

2. 香港嘉利大厦火灾

1996 年 11 月 20 日下午 4 时 50 分左右，香港九龙嘉利大厦发生火灾。火灾是在电梯井内进行烧焊引起的。由于长期未全面清扫，电梯井底堆集了大量可燃垃圾，电梯导轨上也沾满油污。修理人员忽视在焊接设备时必须清除周围可燃物的规定，致使焊渣引燃可燃垃圾。由于烟囱效应的影响，火焰迅速蔓延到整个大楼，形成了一场燃烧 21h 的大火。火灾中死亡 40 人，受伤 81 人，失踪 40 人，成为香港开埠以来高层建筑火灾燃烧时间最长、死亡人数最多的火灾。

嘉利大厦是一座地下 3 层、地上 15 层的旧式商用建筑，3 层以下为商场，4 层为公司，5 ~9 层为办公室，10 ~15 层为其他公司和珠宝行。大楼本来进行了防火分隔，但为满足承包商的要求，拆除了若干防火墙而代以可燃材料板壁，为火灾的蔓延创造了条件。该楼的下部出口处安装了两道坚固的铁质防盗门，发生火灾后该门自动降下，对人员疏散和救生灭火造成了很大困难。没有安装火灾探测和自动喷水灭火系统是造成初期扑救不利的原因。按照香港的消防法规要求，宾馆、酒店、超级市场等必须安装火灾探测和自动喷水灭火系统，但对一般高层建筑没有明确要求。而大楼的所有者便将应当安装上述设施的区域租给客户，使之各自经营，造成防火问题无人关心。

3. 哈尔滨天鹅饭店火灾

哈尔滨天鹅饭店是 11 层钢筋混凝土框架结构，标准层面积 $1200m^2$。1985 年 4 月 9 日，11 层 16 号房间的美国客人酒后躺在床上吸烟引起火灾，是我国改革开放初期高层建筑发生的比较惨重的火灾之一，造成 10 人死亡，7 人受伤的惨剧。究其原因，首先该饭店装修用的塑料墙纸，燃烧快、烟尘多、毒性大。该饭店大楼设计虽有火灾自动报警系统，但由于某种原因，消防安全设施极不完善的前提下，强行开了业，是造成火灾事故蔓延迅速的主要原因之一。并且，由于施工问题，造成饭店大楼管道穿过楼板的孔洞没有用水泥砂浆严密堵塞，火灾时，火星不断向下几层掉落，并且烟气也借助穿过楼板的孔洞形成的烟囱效应加剧了蔓延。另外，楼梯设计不当，把防烟楼梯间设计成普通楼梯间，致使烟气窜入，对人员疏散造成严重的威胁，导致惨重的伤亡事故。

9.1.2 高层建筑火灾的特点

高层建筑的层数多，高度高，体积大，人员集中，其火灾危险性比普通建筑物大得多，给火灾防治方面带来了不少新的挑战。高层建筑火灾的特点主要体现在以下方面：

（1）起火因素多。高层建筑电气化和自动化程度高，用电设备多，且用电量大，漏电、短路等电气原因造成高层建筑的火灾危险性增加。

（2）烟囱效应显著。高层建筑内大都设有多而长的竖井，如楼梯井、电梯井、管道井、风道、电缆井、排风管道等。一旦起火，烟囱效应将加剧火焰和烟气的蔓延。

（3）火势发展受室外风场参数影响大。室外风场参数包括风速和方向两个方面，是影响建筑物内火灾蔓延的重要因素，这在高层建筑上体现得尤为突出。实测表明，若建筑物10m处的风速为5m/s，则在90m高处风速可达15m/s。在通风效应的强烈影响下，那些在普通建筑内不易蔓延的小火星在高层建筑内部却可发展成重大火灾。

（4）人员集中且难疏散。高层建筑物可容纳成千上万的人，而且通常各种类型的人都有，这不仅使起火机会增大，而且给人员的疏散增加了困难。美国世贸大楼911恐怖袭击更是引起了人们对高层建筑火灾人员疏散安全的重视。

（5）火灾扑救难度大。许多高层建筑的上层是目前普通灭火装备达不到的，世界上最先进的云梯车的登高也不过50m，我国一般云梯式消防车只能达到24m。在某些国家，利用直升飞机进行楼顶救援也成为一个重要消防手段，它不但能救出受困者，还可空运消防人员进行灭火抢险。随着经济的发展和技术的进步，这种方法在我国也得到快速发展。有关管理部门亦拟规定100m以上的建筑物屋顶修建直升飞机升降坪。

由于这些特点，高层建筑物的火灾防治引起人们的普遍注意。有些专家明确提出，应把这种火灾作为最重要的特殊火灾问题对待（其次是地下建筑火灾、油品火灾等），加强其防治技术和和扑救对策的研究。

9.1.3 高层建筑关键消防技术

高层建筑火灾的防治应重点从以下几方面抓起。

（1）合理布局和平面布置。一般说，合理的总体布局、有效的防火分隔和人员疏散设计是最重要的几方面。在总体布局方面应保持建筑物间有适当的防火间距，控制裙房的高度和宽度，留出足够的消防车道等。需指出，有些高层建筑在这方面做得不够，如相邻建筑的防火间距留得过小，裙房修得过高，有的没留消防车道。

在楼内进行合理的防火分区是防止火灾大面积蔓延的主要措施。对高层建筑的防火分隔，不仅要做好水平分区，还应特别注意竖直分区，穿越楼层的竖井是造成火势迅速扩展的捷径。有的高层建筑还设有空间很大的内部中庭，火灾烟气一旦进入这里将难于控制，应设法避免。

（2）控制室内可燃物的种类和数量。建筑材料主要分为结构材料和装修材料两大类。高层建筑所用的结构材料应当有较强的抗烧能力，即使遭受火灾也可以保持建筑物的整体框架不受影响。现在带防火涂层的钢材与钢筋混凝土材料已成为高层建筑的主要结构材料，应当说如果能够严格按照现行的高层建筑防火设计规范设计和施工，有关的构件能够满足耐火要求。

火灾统计表明，由于钢筋混凝土材料的使用，当前高层建筑的主要火灾问题已由建筑结构问题变为楼内存放或使用的物品问题。现在楼内最先失火的通常是办公用品或设备，存储的商品，家具，床上用品等。对这些物品的使用加以合理控制是减少火灾发生和损失的主要方面。基本措施主要有：①控制建筑物的火灾载荷，房间内存放的可燃物总量不能超过一定限度，当然这一限度的合适取值还有待于研究，由于建筑物使用功能的差别，难以制订统一的标准；②推广使用难燃或不燃的材料，家具、床上用品、办公用品等应当选用阻燃材料制造；③应当加强对装修材料燃烧性能的测试和监管，制订出详细、明确的使用规定，同时应当广泛宣传让人们接受这些认识，建立新的选材和用材观念。

（3）优化消防系统分区设计。由于高层建筑高度高，消防给水管道系统和消防设备承受的压力大，高层建筑自动喷水灭火系统设计须注意高、低区系统的分区和优化设计。合理的分区有助于保证主动灭火措施实施的有效性。

（4）有效控制烟气蔓延。烟气是火灾中造成人员伤亡的主要原因。高层建筑中烟囱效应显著，除了从防烟分区方面加强烟气控制外，正压送风防烟和机械排烟系统的优化设计，也是控制烟气蔓延的有效措施。

（5）加强人员安全疏散设计。高层建筑的人员安全疏散设计应当考虑到水平与竖直两个方面。在火灾中，人员的行动具有很大的多向性和盲从性，故每层楼应至少设有两个方向的疏散路线，并且宜将楼梯设在大楼的两端。有时还可设置在墙外，连通阳台，使人员在房间门受阻时可通过阳台进入疏散通道。为把高层建筑中人员尽快撤出，主要还应加强竖直疏散。设置消防电梯和临时避难层是目前推荐的消防措施。增强人员对火灾事态的应变能力也是提高保证人员安全疏散的重要方面。突如其来的火灾往往使有些人精神过度紧张，导致不知所措地乱窜甚至跳楼等，这种恐慌心理有时比火灾本身的威胁更为可怕。应当加强对人们防灭火知识及疏散常识的教育和训练，这对高层建筑的使用者尤为重要。

9.1.4 高层建筑消防设计实例

1. 日本新宿中心大厦的安全疏散设计

日本新宿中心大厦标准层和避难层疏散设计如图 9-1、图 9-2 所示。

该大厦占地面积 14920m^2，总建筑面积 183063m^2，地上 55 层，地下 5 层，塔楼 3 层，高度 222. 95m。根据各楼层使用功能的不同，将走廊、疏散楼梯间前室作为安全区进行防火、防烟分隔，并增设小楼梯，到达中间的避难层，再换疏散楼梯避难。设备层设室外回廊，宽 1. 2m，既可临时避难，同时可利用连通的疏散楼梯疏散。在东侧疏散楼梯前室进行加压，西侧疏散楼梯在楼梯间进行加压，在前室自然排烟，保护楼梯间、前室不受烟气侵扰。为了防止超高层楼梯间的烟囱效应，每隔 13 层在楼梯平台处用防火门进行分隔。

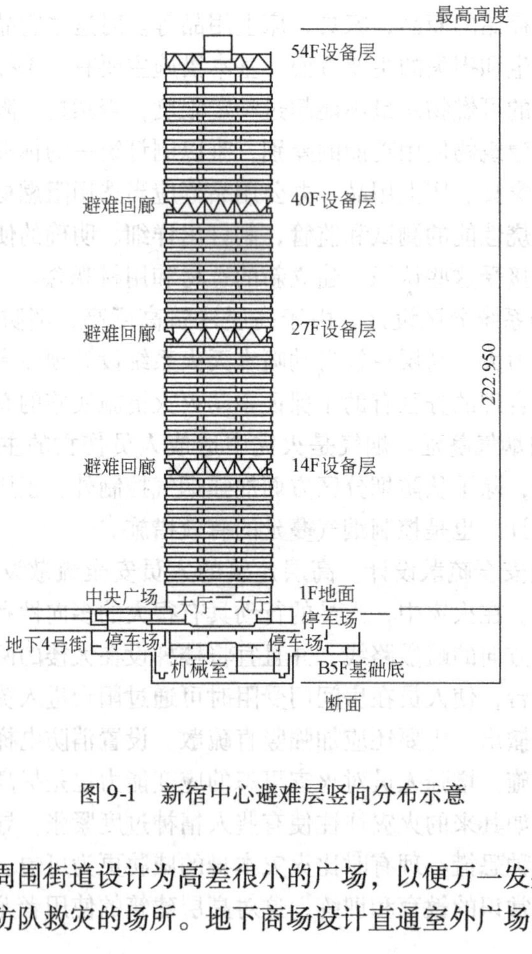

图 9-1 新宿中心避难层竖向分布示意

此外，大厦周围街道设计为高差很小的广场，以便万一发生火灾事故时，成为疏散人员、消防队救灾的场所。地下商场设计直通室外广场的楼梯，高层建筑的地下层，与其他地下空间的疏散路线分别设计，以防止火灾时人流交叉，造成群集踩踏事故发生。

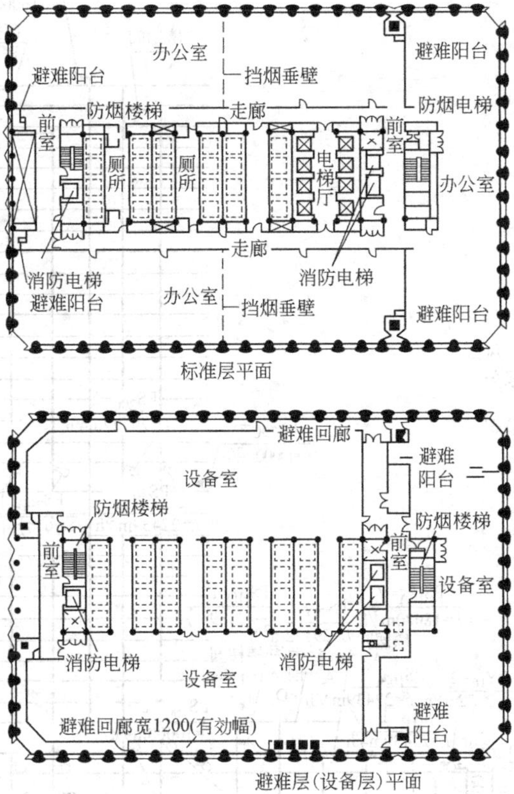

图 9-2　新宿中心大厦标准层和
避难层疏散设计

2. 深圳电子科技大厦防排烟设计

深圳电子科技大厦Ⅱ段地下 2 层为设备用房，地上 47 层为全中央空调甲级写字楼，16、29 层为消防避难层，地面以上建筑总高度 180.6m。其防排烟设计，如图 9-3 所示。在楼梯间 F 采用自然排烟，楼梯间 E 设加压送风系统，加压风机设于 11 层（$PS_{HE}-1$）。楼梯间 E 和 F 的前室均设加压送风系统 $PS_{BE}-1$、$PS_{BF}-1$，设于地下一层的风机负责地下 3 层，地上部分由设于 11 层的风机送风。设于 16 层的排烟风机 $PY_{16}-1$、$PY_{16}-2$，排除商场各层大空间、餐饮大厅及办公部分内走道烟气所用。自动扶梯厅上空设置专门的排烟系统，排烟风机吊装于 10 层（$PY_{10}-1$）。

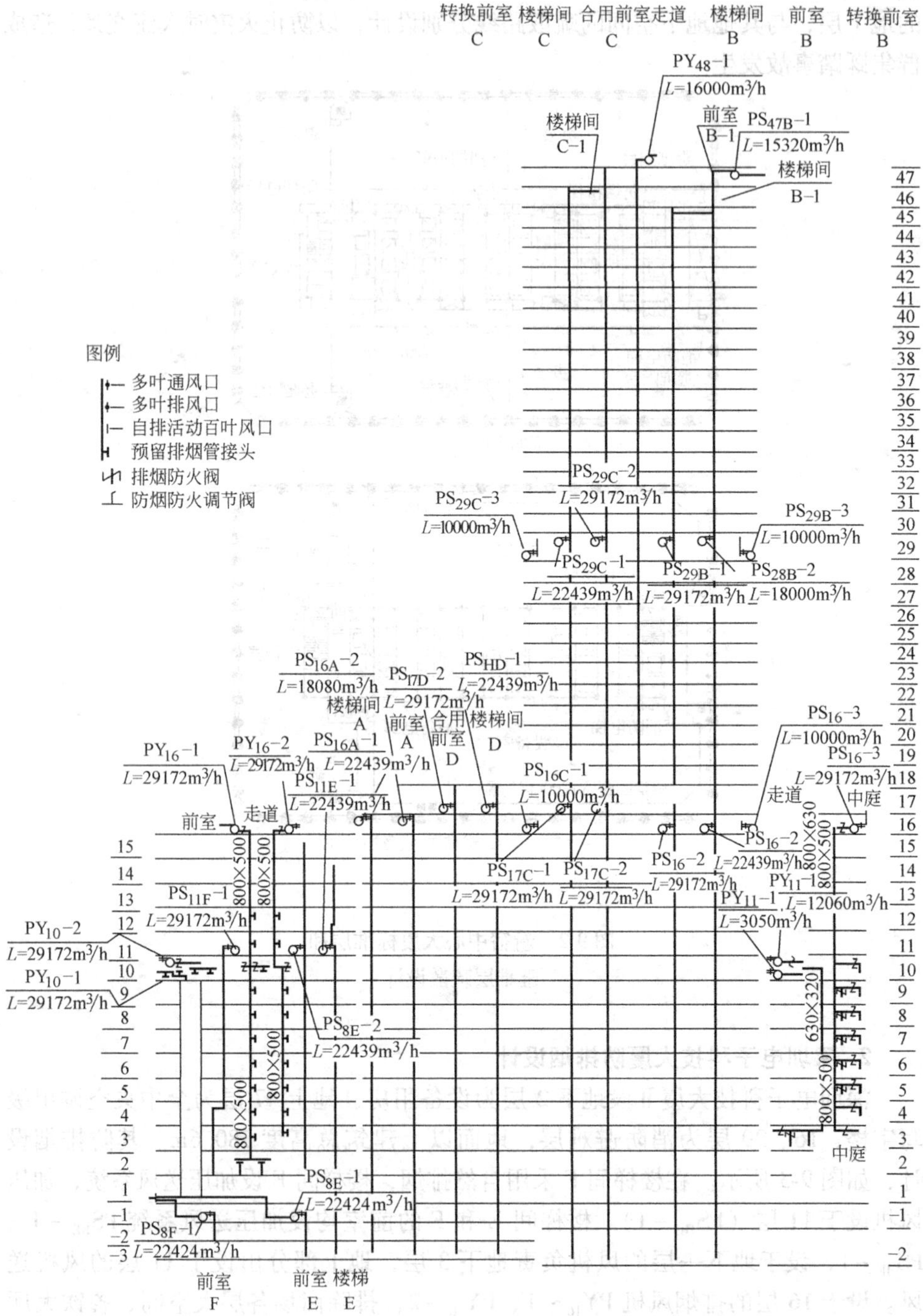

图 9-3 深圳科技大厦Ⅱ段防排烟设计

9.2 地下建筑消防技术

地下建筑是指建筑在岩石上或土层中的军事、工业、交通和民用建筑物。按照建造形式，地下建筑大体可分为附建式、单建式两大类。附建式地下建筑是某些地上建筑的地下部分，现在许多大型建筑都有地下室，它们主要作为商场、旅社、歌舞厅、停车场用。单建式地下建筑类型很多，如地下仓库、地下商业街、地下铁路与公路隧道的地下车站、地下电缆沟等。在我国的许多城市中修建的地下人防工程也是一种常见的地下建筑，有的地下建筑离地面很深，有的还具有多层结构。我国已有深11层的民用地下建筑，而3~5层的地下建筑则相当普遍。不少地下建筑绵延数百、上千米，地下铁路和公路隧道便更长。有的地下建筑还形成庞大的地下网络。

由于地下建筑的外围是土壤或岩石，只有内部空间，没有外部空间，其火灾特征与地上建筑有着很大差别，采取的火灾防治对策应当有所不同，特别是那些改变使用功能的地下建筑，由于历史原因和技术条件，基本上没有系统考虑火灾防治问题，也没有合理的火灾安全管理措施。现在不少地下建筑的功能复杂，装修相当讲究，存放的物品种类繁多，并使用大量电气设备，相当多的可燃材料也常常被存放到地下建筑内。因此防治火灾便成为地下建筑使用中的突出问题之一。

地下建筑没有门窗之类的通风口，它们经由竖直通道与地面上部的空间相连，是相对封闭的建筑空间。与地上建筑相比，这种通风口的面积要小得多，由此便造成地下建筑火灾有以下一些特点。

9.2.1 地下建筑典型火灾案例

1. 伦敦金克罗斯地铁站火灾

1987年11月18日19时29分左右，伦敦的金克罗斯地铁站发生火灾。该地铁站是连接维多利亚线、皮卡迪里线、城市环线和北部线的枢纽站。从皮卡迪里线的月台到地面的售票厅安装了4、5、6号三部自动扶梯。当时一位乘客经4号扶梯上到售票厅，注意到扶梯自下向上的1/3~1/2处出现火苗，并告诉了售票处的值班员，此人亦很快向车站负责人作了汇报。19时30分左右，另一位乘客按停了扶梯顶部的按钮，并大声警告其他乘客赶快离开4号扶梯。一位交通警察闻讯赶来后了解情况，并向值班室报告。约19时33分，值班室向消防队报警。

约19时42分，灭火机械陆续到达，同时交通警察与车站的负责人等也都来到售票厅组织灭火。但在19时45分，火焰突然极其猛烈地由自动扶梯出口窜到售票厅，大量黑色、有毒烟气波及附近的地下通道。30个人被当即烧死，另外很多人被严重烧伤，其中一些人送到医院后死亡。除了4号扶梯被彻底烧毁外，5、6号扶梯和售票厅也严重损坏。

这场火灾是4号扶梯底部的垃圾着火引发的。由于多年没有彻底清扫，该车站的自动扶梯底部积存有多种细碎的可燃垃圾，如木屑、纸屑、塑料和橡胶等。加上扶梯的链轮需要经常加黄油润滑，致使垃圾沾满油污。可能是机械摩擦过热，也可能是其他原因掉下了火种引燃了垃圾。

大量沾油垃圾的存在是这场火灾发生的基本原因，但该地铁站的结构形式也为火灾迅速蔓延创造了条件。该处的自动扶梯隧道长约42m，以约30°的坡度由月台通到售票厅，其烟囱效应造成火烟迅速向上蔓延，这是造成售票厅严重损害的重要因素。因此在自动扶梯处，应当采用一定的防火防烟分隔。

2. 梨子园隧道火灾

1990年7月3日晨4时55分，0201次油罐-货物混编列车（由55辆车厢编组）通过襄渝线的梨子园隧道时，因列车中部爆炸，起火成灾。梨子园隧道长1776m，起火点略靠其北口。由于油品泄漏，形成了流淌火，从隧道北口流出。先期到达的消防队员用泡沫枪和开花水枪奋力控制了流淌火的发展，并筑起1m多高的防油堤，挡住了油品外流。但隧道内仍然猛烈燃烧。次日凌晨，隧道内相继发生多次爆炸，更加剧了火势。北洞口的火焰高达30m，温度达1000℃以上，使距洞口40m的沙袋也被烤燃，人在百米外亦难以忍受热辐射影响。而南洞口仅有少量烟气冒出。

经专家论证，决定先用沙袋将南口封住，然后再封堵北口，利用隔氧窒息法灭火。四川省武警部队、消防部队、当地驻军及群众约5000人前来救火。经参战人员轮番作战，终于在6日14时30分将洞口封堵成功。为了降低隧道内的温度，8日上午开始抽江水灌入洞内。10日开始启封，同时用大功率排烟机清除隧道内的烟气，并着手清理现场，开始抢修。

该线路于26日13时58分才重新开通，共中断行车551h，报废车辆28辆，损失汽油约598t，大蒜近300t。直接经济损失估计在500万元以上。

这场火灾是油品爆炸引起的。据调查，还有不少隧道火灾也与油品着火有关。在隧道这种狭长的受限空间内，泄漏油品生成的可燃蒸气不易排走。当其积累到着火浓度极限后，一旦遇到火花或高温物体便可被点燃。而列车运行中经常出现的撞击、制动等容易产生火花。因此有效防止隧道火灾，应从列车管理和隧道管理两方面入手。一方面应使运油车辆减少泄漏，另一方面应在隧道内配备合适的火灾或可燃气体探测装置，并适时更新隧道内的气体。

9.2.2 地下建筑火灾的特点

（1）散热困难。地下建筑内发生火灾，热烟气无法通过窗户顺利排出，又由于建筑物周围的材料很厚，导热性能差，对流散热弱，燃烧产生的热量大部分积聚在室内，故其中温度上升得很快。试验表明，起火房间温度可由400℃迅速上升到800～900℃，容易较快地发生轰燃。

(2) 烟气量大。地下建筑火灾燃烧所用的氧气是通过与地面相通的通风道和其他漏洞补充的。这些通道面积狭窄，新鲜空气供应不足，故火灾基本上处于低氧浓度的燃烧，不完全燃烧程度严重，可产生相当多的浓烟。同时由于室内外气体对流交换不强，大部分烟气积存在建筑物内。这一方面造成室内压力中性面低，即烟气层较厚（对人们威胁增大），另一方面烟气容易向建筑物的其他区域蔓延。

地下建筑的通风口的数量对室内燃烧状况有重要影响。当只有一个通风口时，烟气要从此口流出，新鲜空气亦要由此口流入，该处将出现极复杂的流动。当室内存在多个通风口时，一般排烟与进风会分别通过不同的开口流通。一般说来，地下建筑火灾在初期发展阶段与地上建筑物火灾基本相同，但到中、后期，其燃烧状况要根据通风口的空气供应情况而定。

(3) 人员疏散困难。在地下建筑火灾中，人员出入口往往会成为喷烟口，而烟气流动速度比人群疏散速度快。研究认为，在建筑物内，烟气的水平流动速度为0.5～1.2m/s，垂直上升速度比水平流动速度快3～5倍。如果没有合理的措施，烟气就会对人员造成很大的危害。在地下建筑火灾中人员不跑出建筑物总是不安全的，地下建筑中人员疏散距离长。在地下建筑物内，自然采光量很少，有的甚至没有，基本上使用灯光照明，室内的能见度很低。而在火灾中，为了防止火灾蔓延，往往要切断电源，里面会很快达到伸手不见五指的程度，这也将严重阻碍人员的疏散。

(4) 火灾扑救难度大。这种困难主要体现在以下几方面：①地上建筑失火时，人们可以从不同角度观察火灾状况，从而可以选择多种灭火路线，但地下建筑火灾没有这种方便条件，消防人员无法直接观察到火灾的具体位置与情节，这对组织灭火造成很多困难；②消防人员只能通过地下建筑物设定的出入口进入，别无它路可走，于是经常只能是冒着浓烟往里走，加上照明条件极差，不易迅速接近起火位置；③由于地下建筑内气体交换不良，灭火时使用的灭火剂应比灭地面火灾时少，且不能使用毒性较大的灭火剂，但这就致使火灾不易被迅速扑灭；④地下建筑的壁面结构对通信设备的干扰很大，无线通信设备在地下建筑内难以使用，故在火灾中地下与地上的及时联络很困难。

9.2.3 地下公共建筑关键消防技术

地下建筑的种类很多，功能不同，火灾防治措施和安全分析的重点也不一样。对于地下建筑消防安全问题应当注意以下几个方面。

（1）严格对地下公共建筑使用功能的管理。首先是加强对地下建筑中存放物品的管理和限制。不允许在其中生产或储存易燃、易爆物品和着火后燃烧迅速而猛烈的物品，严禁使用液化石油气和闪点低于60℃的可燃液体。对于易爆物品引发的火灾，各种消防措施都很难对付。而地下建筑泄压困难，爆炸产生的冲击波将产生更严重的影响，甚至会完全摧毁整个地下建筑。在这方面已有不少惨重的教训。

一般说地下建筑适宜用作普通商店、餐厅、旅馆、展厅等，也可作为丙、丁、戊类危险物质的生产车间和存储仓库。在地下建筑中使用的装修材料应是难燃、无毒的产品。装修材料的燃烧性质直接关系到室内轰燃出现的时间，而无毒产品无论对普通人员疏散和灭火人员都十分重要。

地下建筑物的使用层数和掩埋深度也值得研究，作为商业应用的公共建筑，由于人员密集，不易埋得过深，且人员活动区应尽量靠近地面。一般埋深达5～7m时应设上下自动扶梯，地下部分超过二层时应设置防烟楼梯。

（2）合理的防火设计。在这方面主要应注意防火分隔和人员疏散。防火分区是有效防止火区扩大和烟气蔓延的重要措施，在地下建筑火灾中的作用尤其突出。对地下建筑防火分区的要求应当比地上建筑更严格。根据建筑的功能，防火分区面积一般不应超过$500m^2$，而安装了自动喷水灭火装置的建筑可适当放宽。

地下建筑必须设置足够多和位置合理的出入口，一般的地下建筑必须有两个以上的安全出口。高层建筑地下室的出入口可与地面建筑疏散距离的规定一致。参考日本地下街的要求，两个对外出入口的距离应小于60m。对于那些设置防火分区的地下建筑，每个分区都应有两个出口，其中一个出口必须直接对外，以确保人员的安全疏散。对于多层空间，应当设有人员可以直达最上层的通道。

在地下商业街等大型地下建筑的交叉道口处，两条街道的防烟分区不得混合，并用挡烟垂壁或防烟墙分隔，如图9-4所示。

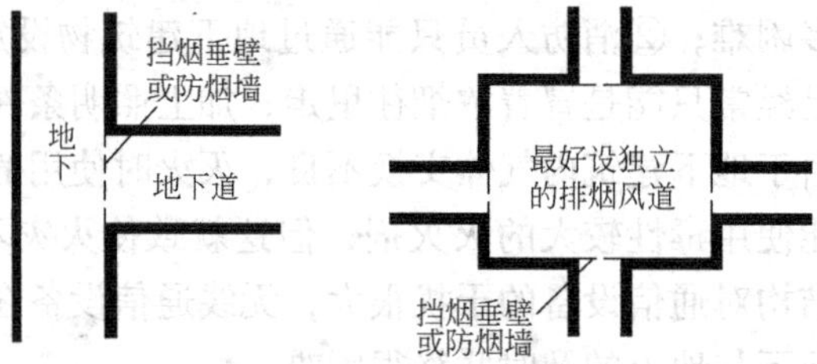

图9-4　交叉道口处的防烟分区设计

（3）设置有效的烟气控制设施。在地下建筑火灾中，烟气对人的危害更为严重。许多案例表明，地下建筑火灾中死亡人员基本上全部是因烟造成的。为了充分保证人员的安全疏散和火灾扑救，在地下建筑中必须设置烟气控制系统，以阻止烟气四处蔓延，并将其迅速排出。设置防烟帘与蓄烟池等方法也有助于限制烟气蔓延。

负压排烟是地下建筑的主要排烟方式，这样可在人员进出口处形成正压进风条件。排烟口应设在走道、楼梯间及较大的房间内。为了确保楼梯前室及主要楼梯通道内没有烟气侵入，还可进行正压送风。对设有采光窗的地下建筑，亦可通过正压送风实现采光窗自然排烟。但采光窗应有足够大的面积，当其面积与室内平面面积之比小于1/50，还应当增设负压排烟方式。对于掩埋很深或多层的地下建筑，应当专门设置防烟楼梯间，在其中安置独立的进风与排烟系统。

当排烟口的面积较大，占地下建筑面积的1/50以上，而且能够直接通向大气时，可以采用自然排烟的方式。设置自然排烟设施，必须防止地面的风从排烟口倒灌到地下建筑内，因此，排烟口应高出地表面，以增加拔烟效应，同时要做成不受外界风力影响的形状。特别是安全出口，一定要确保火灾时无烟。安全出口的自然排烟构造如图9-5所示。

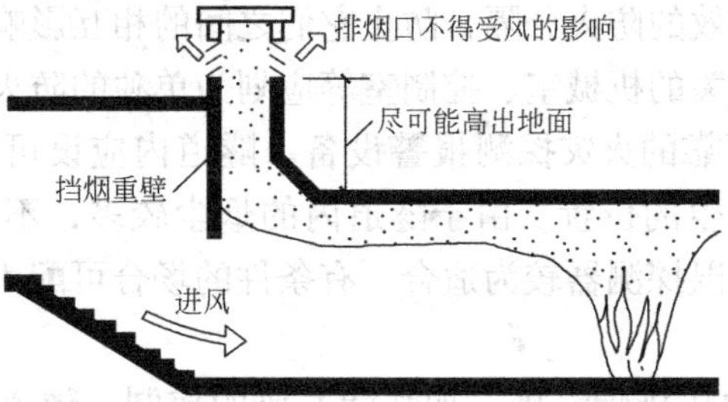

图9-5　安全出口处的自然排烟设计

(4) 采用合适的火灾探测与灭火系统。对于地下建筑应当强调加强其火灾自救能力。探测报警设备的重要性在于能够准确预报起火位置，这对扑灭地下建筑火灾格外重要。应当针对地下建筑的特点进行火灾探测器选型，例如选用耐潮湿、抗干扰性强的产品。

安装自动喷水灭火系统也是地下建筑物的主要消防手段，不少国家在消防法规上已对此作了规定。如日本要求地下商业街内全部应有自动水喷淋器。现在我国已有不少地下建筑安装了这种系统，但仍不普遍。

对地下建筑火灾中使用的灭火剂应当慎重选择，不许使用毒性大、窒息性强的灭火剂，例如四氯化碳、二氧化碳等。这些灭火剂的密度较大，会沉积在地下建筑物内，不易排出，可对人们的生命安全构成严重危害。

(5) 安装事故照明及疏散诱导设施。地下建筑的空间形状复杂多样，出入口的位置大都不很规则，而且很多区域没有自然采光条件，这也是造成火灾中人员疏散困难的原因。因此在地下建筑中除了正常照明外，还应加强设置事故照明灯具，避免火灾发生时内部一片漆黑。同时应有足够的疏散诱导灯指引通向安全门或出入口的方向。有条件的建筑还可使用音响和广播系统临时指挥人员合理疏散。

9.2.4 隧道关键消防技术

隧道是一种狭长的地下建筑，在现代交通中具有重要的作用。由于隧道内车辆通过频繁，火灾事故时常发生，且容易造成恶性事故。对于隧道火灾防治，除了应注意普通地下建筑火灾的特点外，还应注意下述方面。

（1）控制火灾荷载。隧道的吊顶必须使用不燃材料，两侧的墙壁应使用不燃或难燃材料。限制甚至禁止某些运载化学危险品和易燃、易爆物品的车辆通过隧道也是一种可行的措施。对于任何车辆，均应限制其通过隧道的速度，并严禁超车。

（2）合理划定防火防烟分区。对于那些与商场、游艺场等其他地下建筑相连的地铁站应进行有效的防火分隔，防止它们之间的相互影响。在地铁站内，除了站台和站厅外，有关的机械室、控制室等应划为单独的防火分区。

（3）安装灵敏可靠的火灾探测报警设备。隧道内应设可靠的火灾探测装置以便及时发现事故发生的位置。由于隧道内的烟尘较多，不宜使用感烟式探测器。现在一般认为感温探测器较为适合，有条件的场合可配用图像监控式火灾探测装置。

（4）设置合理的防排烟设施，加强活塞风的控制。隧道、特别是地铁隧道内上方有大大小小的通风、排气孔与地面相连，当高速行驶的列车在隧道内来回往返时，由于隧道空间的相对封闭性，运转形成的强大气流，会让地面的空气通过隧道上方的通风排气孔形成一种上下抽动式的反应——“活塞效应”，产生带动的强大不稳定逆转气流加大火灾的燃烧与扩散蔓延，使火灾危险性加大。

综合参考国外的众多隧道火灾案例，在灭火救援过程中外部尽量不要盲目采取“排”的战术解决烟雾问题，因为隧道距离长，特别是地铁往往都在地下10~50m深处，而且火灾情况下烟雾浓烈，滚滚不断，要将烟雾排至地面是十分困难的。隧道内部要立足于“堵”，城市地下隧道灭火救援过程中的烟雾问题，要灵活运用“排”与“堵”，这也是国外处置城市地下隧道火灾事故的发展方向。

（5）应配置高效可靠的灭火设备。在隧道灭火设施的配置方面，首先要充分灵活运用隧道内固定灭火设施的作用。东京日本坂隧道位于东京—大坂—名古屋的高速公路上，是日本的大动脉，全长2045m，里面设施齐全而先进，有电视监控系统，1000多只水喷淋器，40多个消火栓，300多个探测器。但是发生火灾后，水喷淋器工作80min后就停止喷水，高温使电视监控系统失去作用，产生的大量浓烟超过了通风系统的排烟能力。

隧道火灾往往是车辆使用的燃油着火或运载的石化产品倾翻着火造成的。隧道火灾的有效扑救，应要优先考虑配置适宜扑灭油类火灾的灭火设施和系统。试验表明，润滑性强的轻水系统扑灭此类火灾效果较好。细水雾灭火技术对此类火灾的扑救也有很高的效率，高压细水雾灭火技术在欧洲很多国家地铁火灾防护方面得到了广泛的应用。

(6) 应重视灭火设施和机械排烟系统的联合应用。意大利米兰市CHUBB. SIA公司推出了一种“喷水堵烟系统”，较好地解决了城市地下隧道灭火救援的这个难题。米兰市将该系统在该市50余公里长的地铁上投入装备运行，证明“喷水堵烟装置”具有科学性、先进性、安全性等优点，这也是在当今一种能有效安全疏散地铁内受烟雾威胁人员的先进设施。

(7) 加强人员疏散设施的完善。圣哥达隧道之所以被认为是欧洲最安全的隧道，是因为它不仅有一条平行的应急隧道，主隧道内还安装了最先进的火灾侦察系统和空调系统，发生事故后15min便可以将隧道内的有毒气体排出，另外每隔250m修建了一个掩体，每个掩体可容纳70人，即使如此，悲剧也未能避免。

9.3 古建筑消防技术

古建筑指的是历史各代修建的建筑物，如宫殿、楼台、亭阁、庙宇、祠堂等。这是古代劳动人民以勤劳智慧创造的宝贵遗产，具有很高的艺术和文物价值。一旦毁坏，便是一种无法弥补的损失，火灾是造成古建筑毁坏的主要原因之一。认真研究古建筑火灾的特点和规律，发展相应的火灾防治技术，加强古建筑的消防工作，确保古建筑的安全，是保护珍贵历史文化遗产的一项紧迫而又有重要意义的任务。

9.3.1 典型古建筑火灾案例

1. 北京市景山寿皇门火灾

1981年4月10日21时左右，北京景山公园的值班人员发现寿皇门发生火灾，急忙向寿皇门报警。但当时那里的值班人员为一个七旬老翁，待他起床后，火焰已从该处的电气修理间窜出，点燃了木板墙和屋架。而修理间隔壁存放的汽油、酒精等物品发生燃烧，火势加强。连15m外的古槐、古柏也烤着了。由于附近的消防供水不足，消防队只好从几百米远的地方取水。大火在次日凌晨3时30分才被扑灭。一座约400年的古建筑化为灰烬。现在的寿皇门是国家拨款重修的仿古建筑。

寿皇门位于北京南北轴线上。1957年，该门与其附近的寿皇殿、神厨、神库、井亭等划归北京市少年宫使用。此后寿皇门内逐渐增设了多种游乐装置，并划出两间房分别作为修理室和易燃物品存放室。火灾的直接原因是游艺宫管理人员下班时未关电源，致使充电机长时间运行，造成电池发热，引燃了工作台。

在古建筑内存放易燃物品、安装电动设备、把古建筑作为电气修理室是火灾的基础原因。消防设施不完备则是初期火灾不能控制的重要因素。该处本来有一消火栓，但起火后却找不到水龙带。那里的灭火器当时全部送到消防器材厂换药，致使没有灭火器可用。这些充分暴露出该处火灾安全管理方面的漏洞。

2. 甘肃拉卜楞寺的火灾

1985年4月7日下午，甘肃省夏河县拉卜楞寺大经堂发生火灾。当天中午，该寺在大经堂正常举行佛事活动。约1时50分，佛事活动结束。2时20分左右，一护寺人员发现大经堂前殿窗口向外冒烟，便立即进去扑救。当见火势很大时，就推开经堂北侧小门进行呼喊。然而开门导致新鲜空气进入，经堂内发生回燃，顿时出现熊熊大火。四邻众僧与信徒急忙前来救火，但由于缺水，又没有统一的指挥，火势有增无减。2时50分，该县的消防队赶来参加灭火，但仍然无法控制火势。4时许，17m高的大经堂正殿与后殿的顶部及环状楼的屋顶全部塌落。火舌冲天而起，高约40m。并对相邻寺院构成严重威胁。由于消防人员和众僧用浸湿的衣被护在这些寺院的外墙和屋檐上，才使其免于火毁。

拉卜楞寺是喇嘛教格鲁派的六大宗主寺之一，其大经堂为全寺中心，由前、正、后三殿组成，是砖木结构的藏式建筑。其正殿可容纳3000僧侣同时诵经，还立有多尊佛像，挂满了幢幡，并藏有大量甘珠经文和经文资料。在这场火灾中它们全部随大经堂化为灰烬。

这场火灾是佛事活动中留下的火种引起的。初起灭火方法不当，导致经堂内发生回燃是造成火灾蔓延的重要原因。而严重缺乏水源则是火灾无法迅速扑灭的主要原因。火灾还暴露出，在普通砖木结构建筑中存放大量的珍宝和佛经是不妥的，应当采用更保险的方式（如使用金属箱柜）保存珍贵物品。在经常动用明火的寺庙式建筑内，还需要认真考虑加强火灾探测问题。

3. 英国温莎城堡火灾

1992年11月20日11时30分，英国女王居住所之一的温莎城堡发生火灾。当时有几个油画检查员正在其中的小礼拜堂内搬动油画，突然发现一个窗帘后面冒出火焰。他们本以为可以用灭火器灭火，但由于该灭火器长期未用而失效，从而错过了灭火的时机。当附近的工人带灭火器来灭火时，该室的火势已经控制不住。11时37分，消防队接到报警，第一批消防队员赶到后，火焰已经从小礼拜堂内冲出，向圣乔治厅（英国的国家典礼宴会厅之一）等处蔓延。由于此厅内的可燃物多，加上吊顶和屋顶之间有约2m的间距，空气流通容易，又助长了火势的发展。现场消防人员紧急向伦敦、牛津、汉普敦等地求救，于是先后有225

名消防队员、39辆灭火车、7辆特别支援车参与灭火。但由于温莎城堡的可燃物品多，结构复杂，护墙和吊顶内有不少孔洞，致使火灾大范围蔓延。经过5个多小时的扑救才将火势控制住，又经过8个小时才将火灾彻底扑灭。

温莎城堡是已有800余年的英国著名文物建筑。这场火灾完全烧毁了其中的圣乔治堂和小礼拜堂，还有多处其他厅、室受到严重破坏，许多珍贵文物和艺术品被损坏。估计直接经济损失达6000万英镑。

火因调查证实，这场火灾系工人搬运油画时，将一幅窗帘推向室内一个聚光灯处引起的，由于长时间的烘烤，窗帘着火。该建筑的防火性能差是导致火灾蔓延的重要原因。建筑物内可燃物多，但吊顶和护墙上存在不少孔洞没有封堵，且没有安装喷水灭火系统。有关安全部门曾建议在堡内安装喷水系统，但由于担心艺术珍品会受到水浸损失而被温莎城堡的管理部门拒绝。灭火过程，水源离起火点较远，这也增加了灭火的难度。

温莎城堡火灾较充分暴露了在古建筑内安装火灾探测系统和喷水灭火系统的矛盾。一栋古建筑需要依据自己的具体条件尽可能采取先进而适用的防灭火系统。

9.3.2 古建筑火灾的特点

由于我国的古建筑大多以木材为主要建筑材料，其火灾具有以下一些特点。

（1）火灾载荷大，容易酿成火灾。我国许多大型古建筑的屋顶基本上为全木结构，多选用黄松、红松作梁，这些树种的油性大，容易点燃；不少建筑物的立柱和墙壁也用木材制成。这种建筑结构形式类似一个炉膛。而木材经过多少年的使用，一般都相当干燥，一旦着火，火焰蔓延迅速，常会很快扩展到整个建筑物中，导致其全部焚毁。这是古建筑与现代建筑物火灾的一个重要差别。

（2）防火设计不合理。出于历史原因和某些特殊要求，许多古建筑物的防火设计存在着严重缺陷，例如不少单体建筑内采用大屋顶形式，没有防火分隔和挡烟设施；有些建筑物连成一片，只有一些窄小的洞门相通；有的古建筑依靠山坡修建，只有几条小径相连；不少建筑群的建筑物是由高低不同的台阶路连通的，一旦失火，消防人员和设施很难接近。这些建筑物周围基本没有可供现代消防车通行的消防车道。上述特点不仅为火灾蔓延提供了有利条件，而且为灭火造成了很多困难。

（3）经常使用明火。这种现象以寺庙式建筑最为普遍。由于宗教习俗，建筑物内经常是香烟缭绕、烛火长明，而其中又设有密集的供桌及幕帐、帷幔。已发现不少火灾就是由香火引燃上述物品而酿成的。

（4）电气设备使用不协调。目前在许多古建筑中，电气设备的使用也已相当普遍，电照明、电取暖、电炊具四处可见。在这些以木结构为主的古建筑内，存在不少敷设电线的随意性大、安装用电器不规范的情况。一旦线路老化，或设备过热，很容易引发火灾，这也是大量事实证明的。

（5）人为起火因素多。由于古建筑大都具有很高的艺术或文物价值，前来参观的人很多、很杂，且流动性大。参观者中不乏吸烟者，他们常随身携带火柴、打火机、香烟等物，这些物品经常是导致火灾的重要因素，在古建筑中其火灾危险性更大。另外小孩玩火经常成为火灾的直接原因。

（6）容易遭遇雷击。这是由不少古建筑的形状和位置决定的。有些古建筑修在险要或位置孤立的地方，有的古建筑具有高耸、突出的屋檐，这都为遭受雷电的袭击创造了条件。由于历史原因，不少古建筑的避雷设施不完善。如果没有安装避雷针，或避雷针的设计、安装不合理，便难免雷击危害。

（7）防火安全改造工作复杂而困难。很多人已认识到防止古建筑火灾的重要性，但当采取具体措施时，往往遇到一些特殊的困难与麻烦。许多建筑物具有特定的形式与风格，进行任何改造都应与原有风格相适应。在一些典型位置，不宜或不能安装消火栓和自动灭火设备，例如在木结构屋顶装水喷淋器，因为原有构件的承重与平衡都有一定限度，再增加喷水系统的重量就有可能破坏原建筑。还有相当多的古建筑的木结构上画有各种图案，这为使用防火涂料带来困难，目前还没有多少合适的防火涂料可供古建筑选用。

（8）灭火造成的二次损失严重。这是由古建筑的艺术价值决定的。在火灾中使用高压水龙喷水灭火很可能破坏建筑中的文物。另外，使用灭火药剂也需慎重选择，不宜使用腐蚀性大、活性强的灭火剂，它们很可能严重损坏文物。

9.3.3 古建筑关键消防技术

基于古建筑火灾的上述特殊性，在进行火灾安全分析和安全管理时应充分重视以下一些方面。

（1）严格控制火源。有效的控制火源是防止古建筑火灾的基本途径。在这方面需要作的主要有：在重要的殿堂、寺院、楼馆内禁止动用明火，若因维修必须用火则须特别批准，并在采取严格措施的情况下进行；在古建筑保护区内严禁使用液化石油气或安装煤气、天然气管道；在进行宗教活动的古建筑需格外注意香火管理，应当规定烧香、焚纸的地点，限制某些长明灯的数量、功率；文物保护区和附属生活区应明确分开。

（2）加强用电管理。在建筑物内使用电气设施是不可避免的，但在古建筑中必须制订特殊的限制措施。为了保持古建筑的原貌，在其主要区域一般不允许安装电线或使用电器，如必须要安装，须经有关部门批准，且必须使用铜心电线，并用金属管穿管敷设，不允许将电线直接敷在木质梁柱上。

(3) 尽量减少起火因素。在古建筑内及其周围严禁堆放易燃易爆的材料和物品，限制柴草、木料等的存放量；不允许将古建筑同时改做它用，如开设饭店、游乐厅、旅社等；加强防火安全管理，配备专职防火人员，尤其在组织庙会、拍摄影视等活动时，要防范外部带来的火源。

(4) 安装火灾探测系统。尽早发现火情、迅速报警、及时灭火对古建筑来说尤为重要。安装合适的火灾探测报警系统是值得优先采取的措施。由于木材着火的初期大多处于阴燃阶段，先冒出较多的烟，故宜选用灵敏度较高的离子型火灾探测器、气体分析探测器。但对于经常点燃香火的寺庙等，这种探测器必会造成误报，如何区别火灾烟气与香火烟气是一个很难处理的问题。图 9-6 所示为集

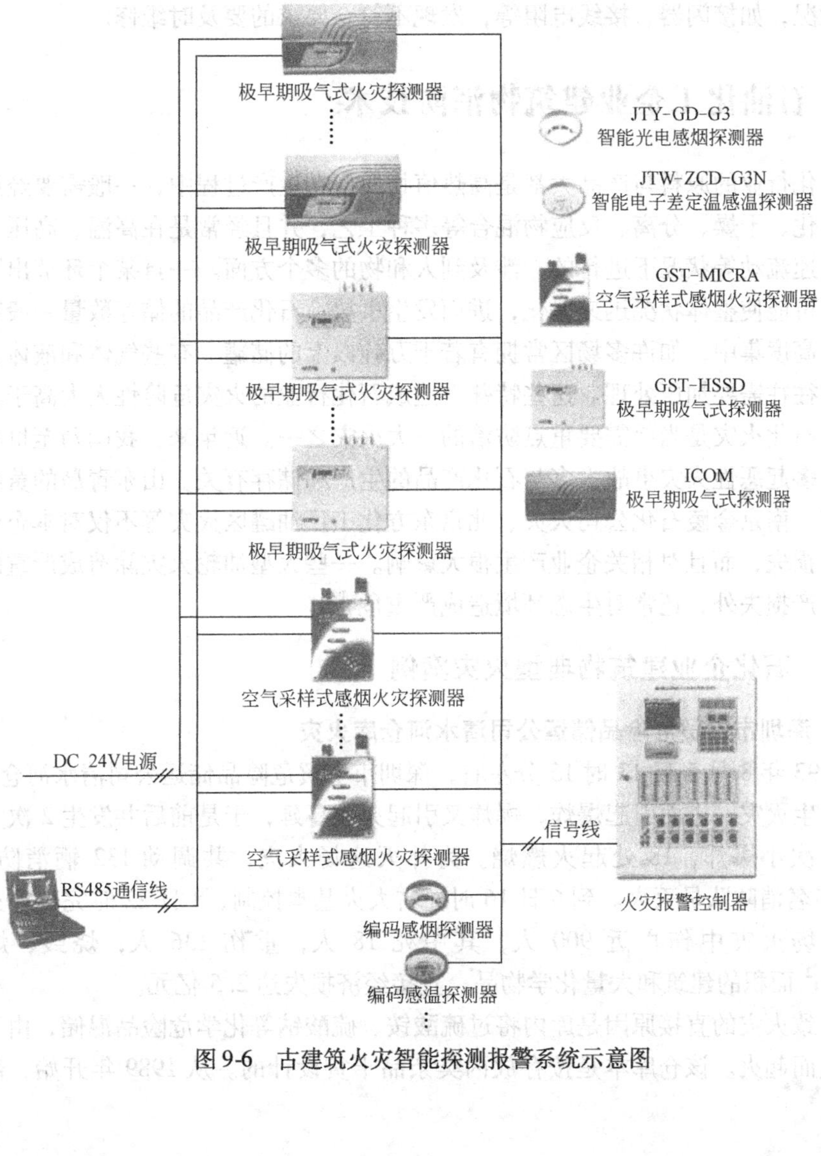

图 9-6 古建筑火灾智能探测报警系统示意图

早期吸气式火灾探测器、空气采样感烟火灾探测器、智能光电感烟探测器、编码感温探测器以及可视化技术为一体的古建筑智能型火灾探测系统示意图，大大提高了古建筑火灾探测报警的灵敏度，减少了误报率。

（5）改进灭火设施。在这方面最主要的是解决消防水源问题，在城市中的古建筑内可以安装消防栓，在离水源较远的古建筑内可修建储水池。另外，在一些重要古建筑内可安装二氧化碳或卤代烷灭火器。细水雾灭火技术由于水渍少，也可以广泛地应用于古建筑的消防安全防护中。

（6）认真落实防雷措施。应严格按防雷规程对古建筑安装避雷器，并根据大屋顶、多屋檐的特点，准确计算保护范围。并且需要经常认真检查避雷装置的工作状况，如接闪器、接线电阻等，发现不符合要求的要及时维修。

9.4 石油化工企业建筑物消防技术

石化行业的原料与产品大都是高热值物质。在生产过程中，一般需要经历蒸发、汽化、干燥、分离、反应物混合等多种工艺，并且经常是在高温、高压、真空、快速流动等状况下进行的，涉及到人和物的多个方面。一旦某个环节出了故障，就可能使整体状况迅速恶化，进而发生事故；石化产品的储存数量一般都很大，且高度集中，如许多场区常拥有若干万吨以上的储罐。有些气体和液体在储存前还往往需要加压处理。这些特殊性造成石化行业的火灾危险性大大高于其他行业。石化火灾是当前需要重点防治的三大火灾之一。近年来，我国乃至世界上发生的多起恶性火灾事故大多与石化产品的生产和储存有关。山东青岛的黄岛油库火灾、南京金陵石化公司火灾、北京东方化工厂油罐区火灾等不仅对本企业造成严重损失，而且对相关企业产生很大影响。一些大型油轮火灾除造成严重的人员和财产损失外，还常对生态环境造成严重危害。

9.4.1 石化企业建筑物典型火灾案例

1. 深圳市安贸危险品储运公司清水河仓库火灾

1993 年 8 月 5 日 13 时 15 分左右，深圳市安贸危险品储运公司清水河仓库 4 号库发生火灾，进而引起爆炸，爆炸又引起火灾蔓延，于是前后共发生 2 次大爆炸和 7 次小爆炸，18 处起火燃烧。为扑灭这场火灾，共调动 132 辆消防车，1100 多名消防队员灭火。到 6 日 16 时左右大火基本控制，8 日 22 时完全扑灭残火。这场火灾中伤亡近 900 人，其中死 18 人，重伤 136 人，烧毁、炸毁 39000m^2 面积的建筑和大量化学物品，直接经济损失达 2.5 亿元。

导致火灾的直接原因是库内将过硫酸铵、硫酸钠等化学危险品混储，由于化学反应而起火。该仓库本是按存放丙类杂品干货设计的。从 1989 年开始，部分库房改储危险品，次年9月库区扩大，12栋库房的8栋用于危险品存储。

该仓库的使用性质改变后便严重违反了消防安全的要求，主要有：该仓库位于市区，危及城市安全；库房私自改建后不符合防火间距要求；消防设施极不完善，如消防水池无水，消火栓水压过低，缺乏基本的灭火器材。这样起火后初期火灾无法控制，最终形成特大火灾。

2. 南京市金陵石化公司炼油厂火灾

1993年10月21日18时15分左右，南京市金陵石化公司炼油厂油品分厂半成品车间无铅汽油罐区发生汽油爆炸，引起罐区地面及310号油罐着火。由于燃烧猛烈，共调动156辆消防车、1323名灭火人员参战，用了7h才将火扑灭。火灾中死亡2人，该油罐的大部分设施被烧坏，直接经济损失为38.96万元。

火灾是由于大量汽油泄漏、遇到火花引起的。21日15时30分左右，基本装满的310号罐要进行油口循环调和，操作工误开该罐的进油泵前的入口阀门，导致311号罐的汽油通过油泵打入310号罐，于是大量汽油由罐顶溢出，在罐区内蔓延，并流入200m长的排水明沟。18时05分，一民工开手扶拖拉机进入离310号罐50多米的马路，拖拉机排出的火星引发了汽油蒸气爆炸。

这是一次典型的工作不负责任引起的事故。错开了阀门是第一个严重错误。实际上当310号罐内的油量超过警戒液位时曾多次报警，但操作人员却认为是仪表误报，一直未去罐区检查。经查值班人员多次违反必须2h到罐区挂牌巡查一次的规定。汽油罐区为一级防火防爆区，机动车辆不准入内，但通行证早已过期的手扶拖拉机却能进入。这种情况是长期纪律松懈、管理不严造成的。

3. 山东省青岛市黄岛油库火灾

1989年8月12日9时55分，青岛市黄岛油库老罐区的5号罐正在收油，因雷击引起爆炸起火，14时35分，该罐东侧又被引燃，随着罐区内的另外三个油罐（1号、2号、3号）相继爆炸起火。大火共烧了104h，烧掉原油3.6万t，油罐5座，死亡19人，受伤68人，直接经济损失达3540万元。

这场火灾虽由天灾引起，但也暴露出该油库设计方面存在的问题。4、5号油罐为半地下石壁非金属油罐，随着使用年限的延长，罐顶预制拱板出现裂缝，护层脱落，使得钢筋外露。1985年4号罐曾遭过雷击起火，幸而没有酿成大事故。此后在罐体周围装设了8座避雷针，但考虑到油罐正在使用而迟迟没与油罐的金属护网焊接，结果造成了这次大事故。对于超期服役的非金属油罐应当尽快淘汰。

油罐的防火间距过小，使用不当是火灾扩大的重要原因。1、2、3号罐原设计储油量为5000m^3，施工中改为10000m^3，使得油罐的防火间距违反安全规定。石化部门有明文规定：“雷雨天应尽量避免使用非金属油罐，以防止雷击”，而5

号罐则在爆炸前较长时间处于收油状态，且罐顶的透气孔未盖。

9.4.2 石化火灾的主要特点

石化行业的火灾特点主要体现在以下几方面：

（1）火灾发展迅速。这是由石化产品的热值高、易汽化、易着火的性质决定的。一旦物品的某一局部着火，火区会迅速扩展到整个可燃物表面，火灾的初期增长阶段很短，对火灾早期探测报警的要求很高。并且这些物品的燃烧强度大，火焰温度高，能够对周围的设备和建筑造成恶性破坏。

（2）容易形成爆炸性火灾。当可燃、易燃的气体或液体从容器中泄漏出来后，便会在其周围与空气形成可燃混合气；若储存石化产品的容器封闭不严导致外界空气进入，也会在容器中形成可燃混合气。当混合气达到爆炸极限时，一遇点火源就可发生爆炸。另外，石化产品的设备和容器还会出现超压性爆炸，一方面与设备的质量和长期使用有关，另一方面还常与外界出现的高温、高压有关。例如发生火灾后极易引起相关设备的爆炸，反过来爆炸又能促使火灾的进一步发展。

（3）经常出现大面积流淌火灾。这是易燃液体和某些热塑性塑料火灾的一种特征。液体的流动性好，热塑性塑料受热融化后也可以发生流动。它们能够沿着壁面或地面流出，甚至从一些通常注意不到的槽沟、缝隙中穿过。而它们流到哪里，就把火区带到哪里，从而容易形成大面积和多火点的燃烧。

（4）灭火难度大。这是石化产品上述火灾特点的直接结果。由于火势发展迅速，燃烧面积大，热辐射强，燃烧往往产生大量浓烟和某些有毒产物，且存在爆炸危险，因此灭火人员和设备难以迅速接近火场并控制火势。扑救石化火灾时，除了应采取合理战术迅速扑灭已燃烧的区域外，还应紧密结合现场情况采取有针对性的防备措施，如优先保护未燃的容器使之不再被引燃，切断可燃物的供应，使用合适的灭火剂以避免对某些设备造成不良影响而引发新事故等。

（5）容易发生火灾复燃。火灾被扑灭后的现场温度往往还比较高，有些地方甚至还有局部高温源。而燃油等化工产品容易汽化，灭火不彻底或控制不好，常会引起火灾复燃，其强度往往迅速恢复到原先的水平。由于在前期灭火中，灭火器材和力量已经严重消耗，再次扑灭这种火灾的困难通常更大了。

9.4.3 石化企业建筑物关键消防技术

对石油库、石化企业、加油站、运油船等场所的防火设计和火灾扑救，国家有关部门已制定过多种规范和具体规定，在此不再过多引述。现主要从火灾安全分析的角度讨论石化火灾防治的方法。

(1) 严防油气产品泄漏。许多石化产品呈气态和液态，由于流动性好，容易从容器中泄漏出来。尤其是在加压操作或存储时，更容易喷洒出来。这些失去控制的物品一遇到合适的火源便会立即着火燃烧。因此应当经常检查有关的储罐、管道、阀门、容器等设备，严防发生泄漏事故，同时对漏出的油品应即时清除。当发现明显泄漏点时，应及时查明原因。若属部件故障所致，便应尽快修理或更换，避免情况恶化。在典型位置安装可燃气体的探测报警装置是一种有效的防范手段。

(2) 严格控制点火源。在石化产品的生产和储存区内，少量产品的泄漏是难以绝对避免的，因此控制点火源的出现就具有特别重要的意义。根据有关场合的情况应划定一定的安全距离，在该距离之内杜绝使用一切明火，例如不许有生活用火、不许吸烟、不许没有装火花熄灭器的机动车辆进入、不许使用容易产生撞击火花的器械等。

(3) 谨防电火花的出现。电火花也是引发石化产品火灾的重要因素。电火花虽小，但其能级高，比一般的热物体更容易引燃油品。电器设备动作或发生故障时常产生电火花，在生产和储存石化产品的场合应当严格电气设施的使用，主要地段必须使用防火防爆电器，如直接接触油品的泵房。石化产品在流动、混合、喷射等过程中容易产生静电，当静电积累到一定程度，发生的静电火花就可能引起油气爆炸。应设法消除石化产品输送和储存中的静电，如控制流速、减小混合撞击、设置接地装置等。有关的作业场所也应严格防止静电，如使用防静电用具、穿着防静电服装等。

(4) 防止雷电。对于石化产品储存量集中的场合，需要采取严格的防雷击措施。雷电的能量很大，能够对它所放电的物体直接造成严重损坏。据分析，4mm 以下的金属油罐还可以被击穿，其他类型油罐受影响的程度则更严重。因此油品储存区必须安装避雷装置，保证其对地接触良好，并经常检查其工作状况。

(5) 保证足够的防火间距。石化产品的库房、油气产品的储罐之间以及它们与辅助建筑物之间必须保证足够大的防火间距，这是防止火灾大面积蔓延的有效措施。在石油库、加油站等场所的设计规范中对此均有规定，应当严格遵守，禁止自行改动。

9.5 工业企业建筑防爆

在一些生产厂房，使用和生产的可燃气体、可燃蒸气、可燃粉尘等物质能够与空气形成爆炸危险性的混合物，遇到火源就能够爆炸。

这种爆炸能够在瞬间释放出巨大的能量，产生高温高压的气体，使周围的空气发生剧烈的震荡，通常称为“冲击波”。在爆炸中心一定范围内，建筑物或人受到冲击波的影响，将会受到破坏和造成伤害。爆炸冲击波的强度是以标准大气压（101.325kPa）来表示的，一些常见的易爆物质，根据有关材料，其爆炸压力最高可达 150 ~ 1500kPa。而建筑物耐爆能力非常低（根据有关资料介绍，37cm 厚砖墙耐爆炸压力只有 7.09kPa）。要建造能够承受爆炸最高压力的厂房也是不能实现的。

为了防止爆炸事故的发生，减少这些事故造成的损失，应从建筑物上采取的基本措施：一是要有良好的通风条件以排除这些可燃气体、可燃蒸气和可燃粉尘形成爆炸危险混合物的可能性；二是排除能够引起爆炸危险性混合物的火源；三是要求主体结构能耐受一定的压力。

9.5.1 爆炸危险厂房的布置

对有爆炸危险的生产厂房，在总平面布置和厂房的平面与空间布置时，都要为有助于防止爆炸事故的发生和减少这些事故造成的损失创造有利的条件。

1. 总平面布置

1）有爆炸危险性的甲、乙类生产厂房应与周围建筑物按规定留出防火间距，其中与居民区建筑物的防火间距不能小于 25m，与重要公共建筑物的防火间距不应小于 50m。散发可燃气体、可燃蒸汽的甲类厂房与明火或散发火花的地点防火间距不应小于 30m。

2）按当地全年主导风向，有爆炸危险的生产厂房宜在明火或散发电火花的地点以及其他建筑物的下风向，并在不影响邻近其他单位安全的前提下，尽可能布置在厂房边缘。

3）有爆炸危险的厂房的主轴线宜与当地全年主导风向垂直，或夹角小于 45°，有利于排除危险性气体和粉尘。同时，厂房的朝向宜避免朝西，或采取避阳措施，减少阳光照射使室温升高。在山区，应布置在迎风山坡一面，且通风良好的地方。

2. 平面及空间布置

（1）防爆厂房的平面形状不宜变化过多，一般应为矩形；面积也不宜过大。厂房内部尽量用防火、防爆墙分隔，以使在发生事故时缩小受灾范围。多层厂房的跨度不易大于 18m，以便于设置足够多的泄压面积。

（2）有爆炸危险的生产部门不应设在建筑物的地下室和半地下室内，以免发生事故时影响上层，同时不利于进行疏散与扑救。这些部门应设在单层厂房和多层厂房最顶层靠外墙处，如有可能，应尽量设在敞开和半敞开的建筑物内，以利于通风和防爆泄压，减少事故损失。

（3）防爆厂房内应有良好的自然通风设备或机械通风。高大设备应布置在厂房中间，矮小设备可靠窗布置，以避免挡风。易爆生产设备在厂房应布置在当地全年主导风向的下风向的下风侧，并且是工人的操作部位处在上风侧，以保障职工的安全。

（4）易发生爆炸的设备，其上部应是轻质屋盖。设备的周围还应尽量避开建筑结构的主要承重部件；但如布置有具体困难无法避开时，则对主梁或桁架等结构加强，以免里面发生事故时造成建筑物的倒塌，并且这样还能够起到阻挡重大设备部件向外飞出的作用。

（5）防爆厂房宜单独设置。如必须与非防爆厂房贴近时，只能一面贴邻，并在两者之间用防火墙或防爆墙隔开。相邻两厂房之间不应有门相通，如必须相互联系时，可利用外廊和阳台来通行；也可在中间的防火墙和防爆墙上作双斗门，斗门内的两个门应错开，以减少爆炸冲击波的影响。

（6）防爆厂房内不应设置办公室、休息室、化验分析室等辅助用房。供本车间使用的辅助房可在厂房外贴邻，并且嘴都只能两面贴邻，贴邻部分还应用耐火极限不小于3h的非燃烧实体墙分隔。

9.5.2 爆炸危险厂房的构造

有爆炸危险性的生产厂房，不但应有较高的耐火等级（不低于二级耐火等级），而且对它的构造也应使之有利于防止爆炸事故的发生和减轻爆炸事故的危险。

（1）采用框架结构。框架结构有现浇式钢筋混凝土框架结构、装备式钢筋混凝土框架结构和钢框架结构等形式。现浇式钢筋混凝土框架结构的厂房整体性好，抗爆能力较强。对抗爆能力要求较高的厂房，宜采用这种结构。装备式钢筋混凝土框架结构由于梁与柱的节点处的刚性较差，抗爆能力不如现浇钢筋混凝土结构；钢框架结构的抗爆能力虽然比较高，但耐火极限低，遇到高温会变形倒塌。因此，在装备式钢筋混凝土框架结构的梁、柱、板等节点处，应对留处的钢筋先进行焊接，再用高标号混凝土连接牢固，作成刚性接头；楼板上还要配置钢筋现浇混凝土垫底，以增加结构的整体刚度，提高其抗爆能力。钢框架结构的外露钢构件，应用非燃材料加做隔热保护层或喷、刷钢结构防火涂料，以提高其耐火极限。

（2）提高砖墙承重结构的抗爆能力。规模较小的单层防爆厂房有时宜采用砖墙承重结构。由于这种结构的整体稳定性比较差，抗爆能力很低，应该增设封闭式钢筋混凝土圈梁。在砖墙内置钢筋，增设屋架支撑，将檩条与屋架或屋面大梁的连接处焊接牢固等措施，增强结构的刚度和抗爆能力，避免承重构件在爆炸时遭受破坏。

（3）采用不发火地面。散发壁空气中的可燃气体、可燃蒸汽的甲类生产厂房和散发可燃纤维或粉层的乙类生产厂房，宜采用不发火花的地面。一般采用不发火细石混凝土等。其结构与一般水泥地面的结构相同，只是面层上严格选用粒径为3 ~5mm 的白云石、大理石等不会发生火花的细石骨料，并有铜条或铝条分格。最后还须经过一定转速的电动金刚砂轮机进行打磨试验，应达到在夜间或暗处，看不到火花产生为合格。

（4）便于内表面清除积尘。有可燃粉尘和纤维的车间，内表面应经粉刷或油漆处理，以便于清除积尘，防止发生爆炸。

（5）防止门窗玻璃聚光。有爆炸危险性的甲、乙类生产厂房，外窗如用普通平玻璃时易受阳光直射，且玻璃中的气泡还有可能将阳光聚焦于一点，造成局部高温，产生事故。应使用磨砂玻璃或能吸收紫外光线的蓝色玻璃，有可燃粉尘产生的厂房，如使用磨砂玻璃时，应将光面朝里，以便于清扫。

（6）设置防爆墙。防爆房间内或贴邻之间设置的防爆墙，宜能抵抗爆炸冲击波的作用，还要具有一定的耐火性能。有防爆钢筋的混凝土墙应用比较广泛。如工艺需要在防爆墙上穿过管道火传动轴时，穿墙处应有严格的密封设施。当需要在防爆墙上开设防爆观察窗口时，面积不应过大，一般以0.3m ×0.5m 左右为宜；并用角钢框镶嵌夹层玻璃（防弹玻璃或钢化玻璃），也采用双层玻璃窗（木框间用橡胶带密封）。

（7）防止气体积聚。散发比空气轻的可燃气体、可燃蒸汽的甲类生产厂房，应在屋顶最高处设排放气孔，并不得使屋顶结构形成死角或做天棚闷顶，以防止可燃气体、可燃蒸汽在顶部积聚不散，发生事故。

9.5.3 防爆泄压设施

为了防止建筑物的承重构件因强大的爆炸压力遭到破坏，故将一定面积的建筑构件（如屋盖、非承重外墙）作成轻体结构，并加大外窗面积（包括易于脱落的门）等，这些面积称为泄压面积。当发生爆炸时，作为泄压面积的建筑构、配件首先遭到破坏，将爆炸气体及时泄出，使室内形成爆炸压力骤然下降，从而保全建筑物的主体结构。其中以设置轻质屋盖的泄压效果较好。

（1）确定泄压面积。泄压面积应布置均匀，靠近可能爆炸的部位；不要面对人员集中的地方和主要交通道路，不要影响邻近的建筑物的安全。否则，应在泄压面积外加设保护挡板或墙外留出一段空地设置栏杆，以防伤人。多层防爆厂房内，当供应设备上下相连时，在楼板及操作平台上应开空或安设铁篦子板，以利泄爆与自然通风，孔洞面积不应少于楼板面积的15% ~20%。

泄压面积与厂房体积的比值（m^2/m^3）一般采用0.05 ~0.10。对于爆炸下限威力较强的爆炸混合物，应尽量加大比值。如采用0.20。对有丙酮、汽油、甲醇、乙炔和氢气等爆炸介质的厂房，泄压比更应尽量超过0.20。对于厂房体积超过 1000 米^3，开辟泄压面积又有困难时，其泄压比可适当降低，但不应小于 0.03。

（2）选择泄压用建筑构件。充当泄压面积的建筑构件要轻质，其自重应小于 100kg/m^2，寒冷地区可为 120kg/m^2，它们爆炸时应容易被冲开或碎裂。泄压用的建筑材料有石棉瓦、加气混凝土、石膏板和 3mm 厚的普通玻璃等，最好选用既能很好泄压又能防寒、隔热、便于在建筑物上固定的材料。泄压用的门窗要布置成外开，翻窗的中心线应偏向上半部。

国外进行的一些模拟试验表明，对于平行壁面（如相互平行的壁面，与地面平行的天花板）的建筑物，若含有较高浓度的甲烷气、丙烷气和液化石油气，且达到最佳爆炸混合浓度时，在爆炸后期，会出现强烈的声动不稳定燃烧压力峰和压力振荡。这种振荡期间火焰前锋变为一个很宽的带，靠近壁面，火焰明亮，除了压力急剧升高之外，并伴有哨叫声，压力峰值可达 98kPa。压力振荡施加于壁面的冲量很大，是造成破坏建筑物的主要因素。这种声动不稳定燃烧压力峰值，还与可燃气体的特性和浓度有关，但加大泄压面积并不能消除最高压力。因此，单靠增大泄压面积并不能防止建筑物在危险浓度之下被炸毁。近几年来国内多次发生有泄压孔的厂房被全部炸毁的恶性事故，也充分说明了这一点，这就是现有爆炸泄压防护技术的弱点。

公安部天津消防研究所通过对建筑物的爆炸泄压的研究，尤其是对声动不稳定燃烧的试验及其机理的探讨，研制成功了一种“爆炸减压板”。将这种减压板以特定的方式附于有爆炸危险的建筑物天花板上、墙壁上或容器的内壁上，当发生可燃气体爆炸时，能有效地消除爆炸期间产生的强烈的不稳定燃烧压力振荡，最高压力可由 98kPa 减少至 8kPa。从而能保证建筑物主要结构免遭破坏。

爆炸减压板弥补了现有爆炸泄压防护技术的不足，是当今防爆技术的先进科技成果，应该加以推广。

9.5.4 其他设备和设施的防爆要求

建筑物的其他设备和设施有的可能产生火花，有的可能传播爆炸物质或火源，如不采用措施加以预防，就有可能成为引起爆炸事故的隐患。

对建筑设备的防爆要求主要有以下几点：

1）防爆厂房的电气设备，应按其类别和等级，分别选用防爆安全型、隔爆型、防爆充油型、防爆通风、充气型，安全火花型和防爆特殊型等电气设备，以排除产生电火花引起爆炸事故。

2）有爆炸危险的厂房应有避雷设施。

3）有爆炸危险的厂房设导除静电的接地装置，以排除各生产部门产生的静电，防止引起爆炸。各接地装置应连成环形接地网，其端面不小于 15mm × 4mm。接地引下线端面不小于 25mm ×4mm。厂房门外如系沥青路面时，应在门口设接地踏脚板，以导除人员走动摩擦产生的静电。

4）排放含有易燃、可燃气体的下水道应单独设置，不应穿过非防爆房间。排入厂区或市政下水道前，必须经过水封井或隔油池除油。

5）可燃气体、易燃、可燃液体的管沟应单独设置，并不应穿过非防爆房间，并且不能与其他管件沟相互交叉，如必须交叉时应采取密封措施。

第10章 建筑火灾危险性评价

随着我国经济的快速发展，城市化发展速度加快，建筑火灾危险源增多，火灾危险性严重，火灾形势越来越严峻。为此，需要对建筑火灾危险源进行辨识，对建筑火灾危险性进行评价，为消防技术措施的实施及消防管理提供科学的技术支持，尽可能地减少建筑火灾造成的财产损失和人员伤亡。

10.1 概述

10.1.1 危险和危险性

1. 危险

所谓危险是指对于人和财产造成危害和损失的事件发生的可能性，即发生事故的可能性。人类的生产、生活过程中总是伴随着危险，自然界中也充满着各种各样的危险。按一般的理解，安全是没有伤害、损害或危险，不遭受危害或损害的威胁，或免除了伤害、损害的威胁。世界上没有绝对的安全。安全也是一种危险，只不过其危险性很小，人们可以接受它。这种没有超过允许限度的危险被称作可接受的危险。所谓可接受的危险是来自某种危险源的实际危险，但是它不能威胁有知识而又谨慎的人。例如，在交通拥挤的道路上骑自行车虽然能发生交通事故，但是人们仍然很愿意骑车代步，这就是一种可接受的危险。又如，1973年美国军火工业中工人的事故死亡率是2.8×10^{-3}/(年·人)，该行业的大多数人仍然认为这是可接受的危险。

2. 危险性

危险性也称危险度，或称风险，表示生产中发生事故的危险程度，可表示为

$$R = \sum_{i} (P_{\mathrm{i}} \times C_{\mathrm{i}}) \tag{10-1}$$

式中 R——风险，通常以单位时间伤亡人数或造成的财产损失表示；

P_{i}——单个事件引发事故发生的概率，例如某建筑物由于电气短路原因造成火灾事故发生的概率或可能性；

C_{i}——单个事故可能造成的后果，通常以单位时间内单个事故造成的伤亡人数或财产损失表示。

火灾危险性包括以下两个方面的含义：

1）可能发生的火灾事故的概率。

2）火灾事件可能产生的后果。

火灾发生的概率和后果的量化分析需要大量准确的数据支持。由于历史数据不足或火灾因素定义不明确，使得火灾危险性分析的可信度和合理性受到了挑战。

10.1.2 建筑火灾危险性评价

危险性评价也称安全评价，与日常安全管理和安全监督监察工作不同。危险性评价是对系统危险程度的客观评价，它以实现工程、系统安全为目的，应用系统安全工程的原理和方法，通过对系统中存在的危险源及其控制措施的评价，客观地描述系统中存在的危险源及其控制措施，客观地描述系统的危险程度，提出安全对策建议，以有效地预防事故的发生，减少财产损失和人员伤亡。

危险性评价包括确认危险性和评价危险程度两个方面的问题。前者在于辨识危险源，定量描述来自危险源的危险性；后者在于控制危险源，评价采取控制措施后仍然存在的危险源的危险性是否可以被接受。在实际危险性评价过程中，这些工作不是截然分开、孤立进行的，而是相互交叉、相互重叠进行的。

建筑火灾危险性评价有时也称为建筑火灾风险分析，是火灾安全科学中的一个重要分支。这种分析可以全面考察分析对象的火灾危险状况，研究该对象的火灾危险如何随假设条件的改变而变化，分析不同消防措施对火灾安全的影响，并评价这些措施的经济性和有效性等，开展火灾风险分析具有重要的社会和经济意义。进行火灾风险分析不仅需要掌握一定的物理、化学、力学和工程学等基础科学知识，而且需要用到以经济学、管理学与运筹学等为基础的统计决策理论。

在火灾危险性评价中，准确地辨识火灾危险源是有效控制和减少火灾危害的前提，有利于有针对性地采取相应管理措施，做好火灾预防工作。

危险源是各种事故发生的根源，是指可能导致事故从而造成人员伤亡和财产损失等损害的潜在的不安全因素。火灾危险源是指可能导致火灾事故的不安全因素。在尚未统一制定火灾危险源辨识标准的情况下，人们通常把火灾危险源划分为三类：

（1）存在可燃物和起火危险，起火后会造成一定危险后果的场所。现代建筑中大量使用的塑胶纤维制品，其发热量、燃烧速度、燃烧强度等与天然物质有着本质差别。同时，建筑物内电气和热力设备也成倍增长，大大增加了建筑物的火灾危险性。了解火灾规律，尤其是建筑物中可燃物的燃烧性质和数量，以及可能的起火源和助燃剂的状况，是影响火灾危险性的决定性因素。

（2）约束和限制火灾的措施失效，可能导致火灾发生和失控的场所。分析某一建筑物的火灾危险性时，还应当全面考察其火灾探测、自动灭火、烟气控制等消防设施的功能及建筑物防火安全设计的合理性等。起火初期的燃烧强度一般不太大，建筑物本身的消防设施对火灾的早期探测和扑救具有重要作用。

(3) 可能导致火灾发生和失控的工艺或者人的行为。大量的火灾案例表明，火灾事故的发生和蔓延很多时候是由于人员行为的失误造成的。例如，疏散楼梯受堵，安全出口被锁等，都是造成火灾时人员伤亡的主要原因。

对于风险分析和风险评价的结果，人们往往认为风险越小越好。但是，减少火灾风险是要付出代价的。无论是减少火灾发生的概率还是采取各种措施使火灾造成的损失降到最少，都需要投入资金、技术、人力等资源。通常做法是将火灾风险限定在一个合理的、可接受的水平上。并根据火灾风险的可接受水平，采取相应的措施控制和检测火灾风险：

1）火灾风险若在不可承受范围，必须不计成本等降低风险。

2）火灾风险若在可容忍的范围，可以切实合理地采取措施降低风险。

3）火灾风险若在广泛可承受范围，无需进一步降低风险，但必须进行风险监测。

火灾风险分析还有助于从安全经济的观点，制定、管理和监督建筑物的火灾防治规划，对建筑物的使用者（或主管部门）做出合理的火灾安全决策具有重要作用。火灾风险分析将火灾风险大小转化为明确的费用的多少，同时也对制定消防产品的开发研究及市场销售决策具有积极的指导意义。

10.1.3 建筑火灾危险性评价方法

按风险分析的结果分类，火灾风险分析方法大体分为定性、半定量和定量分析三类。定性分析是对分析对象的火灾危险状况进行系统、细致的检查，并根据检查结果对其火灾危险性做出大致的评估。半定量法则是将对象的危险状况表示为某种形式的分度值，从而区分出不同对象的火灾危险程度。进一步将这种分度值与某种数量的经费加以比较，以进行消防费用与效益等方面的评价。引进“量”的概念是进行比较的基础，严格的定量分析应当以基于统计方法的事故概率计算和基于火灾动力学的火灾后果计算为基础。但由于火灾事故数据资料的缺乏以及费用、时间等方面的限制，准确算出火灾事故的概率是困难的，并且对于相当多的场合根本无法得到这种概率。因此在实际火灾风险分析中仍以定性方法和半定量方法为主。当前半定量分析法发展得比较快。

按结构形式，常用的火灾风险分析方法主要有以下几类：

(1) 经验系统化方法。通过分析以往发生的事故，总结出系统化的经验，然后根据这些经验对预定对象进行检查，确定其火灾危险。目前广泛应用的有安全检查表法、预先危害分析法（PHA）、DOW—MOND 化工危险分析法等。安全检查表法是将分析对象分为若干单元，遵照有关消防规范的要求，把需检查的问题编制成表，分单元进行细致的检查，从而反映火灾危险所在。危险预先分析法是在工作或工程活动开始前，对系统中存在的危险类别、出现条件、事故后果等进行概略性的分析，尽可能将潜在的危险性弄清楚。这样可以在规划阶段避免采用不安全的技术路线及危险性大的原材料、工艺和设备等；DOW—MOND 化工危险分析法是一种主要针对火灾、爆炸危险严重的化工厂提出的危险分析法。它根据所用原材料的物理化学性质、数量、工艺方面的一般危险和特殊危险等方面的因素，确定它们的火灾爆炸危险性，并将其转换为危险指数，从而确定系统的危险等级。

（2）逻辑推导法。这类方法的主要特点是采取逻辑推理，其代表方法是故障树（FTA）和事件树（ETA）法。

故障树法以某个事故作为顶上事件，通过分析找出其直接原因，进而将这种原因作为中间事件，直到找到该事故的所有基本原因。而事件树则是选定一个事件作为初始事件，然后推导其发展过程。过程中的每个事件都有成功和失败两种可能，由此不断推论下去，直至找出该事件所有可能的结果。

近期发展起来的因果分析法（CCA）可视为上述两种方法的综合，其第一步是根据初始事件作出事件树图，第二步是以其失败的阶段事件作为故障树的顶上事件，画出故障树图，第三步是根据需要和取得的数据进行分析，最终对整个系统的火灾危险状况作出评价。

（3）系统解剖分析法。这类方法也是将要分析的对象视为一个系统，根据其组成特点加以解剖，研究各个部分的作用及其发生火灾事故时对整个系统的影响。故障类型与影响分析（FMEA）是一种代表性的方法，它把系统分解为若干子系统和单元，逐个分析它们可能发生的故障，重点分析故障类型对系统的影响，进而提出改进方案。当对各个子系统或单元赋予一定的危险度值，并合理确定系统中各部分的关系，便可用危险度法和模糊判断法确定系统的火灾危险状况。在某些工厂中，还常用危险性和可操作研究（HAZOP）和“如果…怎么办”（IF…HOW）等方法。在人们对系统的危险性尚无足够认识时，这种分析是很有帮助的。

（4）火灾过程的模拟计算法。这是一种根据火灾可能的发展过程分析火灾危险的方法。火灾的发展遵循一定的客观规律，人们能够依据质量、动量、能量守恒等基本物理定律，模拟计算建筑物发生某种火灾后火区的大小、烟气层的厚度、室内温度、典型燃烧组分浓度等随时间的变化。这些数据可直接用于建筑物的防火安全设计、人员疏散、消防设施的作用等方面的分析，也可为其他安全分析方法提供必要的参数。火灾模拟计算已成为进行火灾危险分析、制定火灾性能设计规范、开展火因调查重要的辅助工具。

（5）人为失误分析法。人为失误是风险分析中的一个重要方面，有着与其他方面完全不同的特点。造成人为失误的因素很多，有心理的、素质的、工艺性质的、社会的等。控制人的失误主要从几个方面着手：①设计能确保系统本质安全的硬件设备，即使发生人为失误也不会发生事故；②从人—机工程的原理设计操作程序，尽量减少人员操作中的失误行为；③提高人的素质和技术水平；④采用科学的管理方法。在分析中需要将这些因素量化为一定的评价指标。

不同场合下的火灾问题存在根本的差别，需要根据具体情况采用不同的分析方法。下面主要从安全管理的角度讨论一些常用的火灾风险分析方法。

10.2 安全检查表法

安全检查表（Safety Check List）是一种基础的关于系统安全的定性分析法。进行安全检查前，需要把系统分为若干层次，每一层次又分为若干单元。根据有关的安全规范、规定、标准和经验等，把需要检查的项目、要点按一定顺序列成表格，作为检查的依据。因此安全检查表实际上是对某一对象安全现状诊断的明细表和备忘录。

安全检查表分析法的核心是安全检查表的设计和实施。安全检查表的设计人员应有丰富的经验，应了解相关的法规、标准和规程。安全检查表必须包括系统或子系统的全部主要检查点，尤其不能忽视那些主要的潜在危险因素，而且还应从检查点中发现与之有关的其他危险源。安全检查表编制程序见图10-1。安全检查表应当经常审核、修改以保持其实效性。

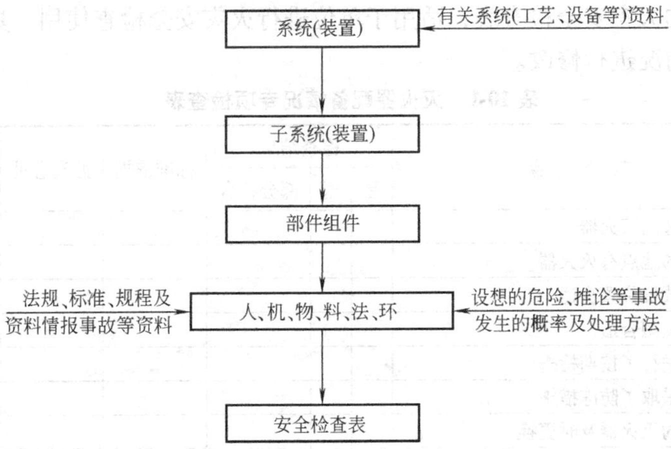

图10-1　安全检查表编制程序图

由于检查的对象和目的不同，安全检查表可设计为多种形式。

根据检查的目的和范围，可分为防火设计用安全检查表、日常检查用安全检查表、火险隐患整改安全检查表、专项安全检查表、综合型火灾安全检查表等。

根据检查结果的表达方式，常用的安全检查表形式有定性化的提问型、半定量化的打分法及定量化的系统安全评价等级划分法三种。所谓定量化的安全检查表，即根据检查结果及各分系统或子系统的权重系数，进行加权处理，最后计算出评价系统的评价得分。其中各分系统的打分标准和权重系数的赋值需要根据所检查系统的具体情况进行系统分析，此处不作详细介绍。需要注意的是，不管什么方法，安全检查表只能做定性分析，即使能够提供一些定量的结果，也是只反映了相对的安全程度，不能提供系统危险度的分级。以下将着重介绍常用的提问型安全检查表和半定量打分法的安全检查表。

10.2.1 提问型安全检查表

安全检查表应列举需查明的所有导致事故的不安全因素，通常采用提问方式，并以“是”或“否”来回答，“是”表示符合要求，用符号“√”表示；“否”表示还存在问题，有待于进一步改进，用符号“×”表示；符号“≈”表示有一部分符合条件，另一部分不符合条件。安全检查表应列明所有可能导致火灾发生的不安全因素和相关岗位的全部职责，其内容包括：分类、序号、项目、要点、情况、处理意见、检查人和检查时间、检查地点和备注等，为了使提出的问题有所依据，可以收集有关此项问题的规章制度、规范标准，在有关条款后面注明名称和所在章节。表10-1为专为检查灭火器配备而设计的专项检查表，对于其他的火灾安全问题，可参照这种格式编制相应的安全检查表。表10-2为一种综合型的火灾安全检查表，适用于单位进行火灾安全检查使用。具体单位可根据自己的情况进行修改。

表10-1 灭火器配备情况专项检查表

序号	检查内容	检查结果			标准依据	处理意见	备注
		是	否	部分符合			
1	配备足够的灭火器						
2	在规定的地点有灭火器						
3	灭火器放置位置合适						
4	灭火器类型合适						
5	灭火器进行了按期检查						
6	灭火器采取了防冻措施						
7	起动过的灭火器及时更换						
8	灭火器处有醒目标志						
9	室内人员了解灭火器的使用						
10	每个人都知道灭火器的位置						
11	通往灭火器的道路通畅						
12	存在影响灭火器使用的因素						

表 10-2　火灾安全检查表

序号	检查内容		检查结果			处理意见	备　注
			是	否	部分符合		
1	可燃物品	存储的易燃物较多 存有易燃气、液体 存有易爆物品 上述物品符合存储要求 可燃装饰材料较多					
2	电气设备	设备本身状况良好 与易燃物的距离适当 电源控制箱良好 保险丝的规格合适 接地装置牢固、清洁					
3	热物体	热表面无可燃物 电热器功率适当、安装合理 热废碴用金属容器盛放					
4	明火	无可燃性气体、蒸汽泄露 与易燃物的距离适当 燃料控制系统正常					
5	吸烟	区分了吸烟区和禁烟区 吸烟区内备有烟灰缸 禁火区内无冒烟物体					
6	消防设施	火灾探测系统正常运行 按规定安装消火栓 自动喷水灭火系统良好 按规定配备灭火器 防火门动作灵活 消防设施的位置醒目					
7	其他	室内地面清洁、无油污 可燃肥料、垃圾存放合理 室内通风情况良好 人员了解灭火器材的使用 单位有严格的动火安全规定					

10.2.2 检查结果的半定量化

所谓半定量化即以检查人员的知识和经验为基础，对各项检查内容与标准的符合程度进行评价打分。菲利普石油公司安全检查表采用了检查表判分—分级系统，见表10-3。

表10-3 半定量打分法的安全检查表

序号	检查项目和内容	检查结果		备注
		可判分数	判给分数	
	检查条款	0-1-2-3(低度危险) 0-1-3-5(中度危险) 0-1-5-7(高度危险)		
		总的判分		
		百分比(=判分/满分)		

检查表将整个系统分成不同的检查单元或称子系统进行检查。判分的分数是一种以检查人员的知识和经验为基础的判断意见。菲利普石油公司安全检查表判分系统采用的是三级判分系列0-1-2-3，0-1-3-5，0-1-5-7。选取“0-1-2-3”判分系列的条款，属于低危险程度，对条款的要求为“允许稍有选择，在条件许可的情况下首先应该这样做”；选取“0-1-3-5”时，条款属于中等危险程度，对条款的要求为“严格，在正常的情况下均应这样做”；选取“0-1-5-7”时，条款属于高危险程度，对条款的要求为“很严格，非这样做不可”。其中，得分“0”为不能接受的条款，低于标准较多的得分“1”，稍低于标准的判给较大的分数；符合标准条件的判给最大的分数。为了得到更为有效的检查结果，用所得总分数除以各种类别的最大总分数的比值，以衡量各单元的安全程度。在汇总表上，分数的总和除以所检查种类的数目，得到所检查项目的有效的平均百分数。

10.3 事件树分析法

事件树分析（Event Tree Analysis），简称ETA，它采用的是一种归纳分析法。任何事故都有一个起因事件。当起因事件出现后，按时间顺序导致一个又一个新的事件出现，直至事故发生。在每一个事件的转化环节上，原来事件转化为希望事件（成功）还是不希望事件（失败），都是若干因素相互作用的结果。因此，从起因事件开始，推论起因事件的所有成功、失败的途径和结果，对事故的预测、预防以及分析已发生的事故是十分重要的。

运用事件树分析法，按照系统的构成情况，分析事故发展过程中各条路径、各阶段成功或失败的两种可能状态，把成功作为上分支，状态值记为“1”；把失败作为下分支，状态值记为“0”。这样，形成一个水平放置的树形图，可以把促成事件发生的纷杂众多的因素条理清晰地按时间顺序展现出来。所以事件树分析也称为事故过程分析。火灾初期发展阶段事件树如图 10-2 所示。

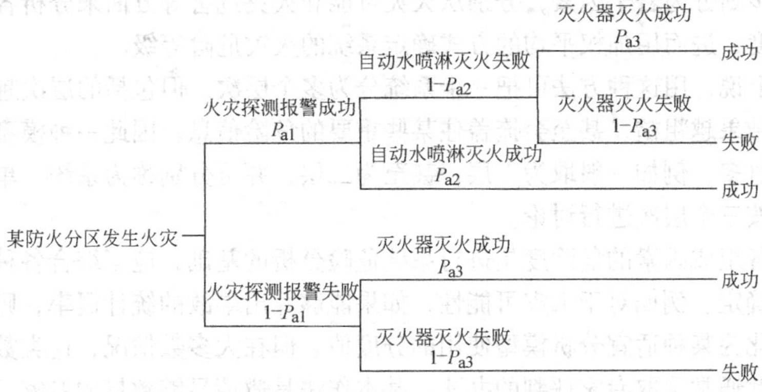

图 10-2　火灾初期发展阶段事件树

图 10-2 从火灾探测报警系统的可靠性、自动水喷淋灭火系统和灭火器的灭火有效性分析了火灾初期发展阶段的可能结果。利用事件树的分析方法，我们可以计算出火灾初期发展阶段消防措施失败导致火灾失控的概率 P_{FPh1} 为

$$P_{FPh1} = (1 - P_{a1})(1 - P_{a3}) + P_{a1}(1 - P_{a2})(1 - P_{a3}) = 1 - P_{a3} - P_{a1}P_{a2} + P_{a1}P_{a2}P_{a3} \tag{10-2}$$

事件树分析是一种由原因到结果的分析方法，适宜用作查找并确认系统中的火险原因，同时，它也指明了解决问题的根本途径。例如，对家用液化石油气灶系统火灾事故的事件树分析如下，见图 10-3。

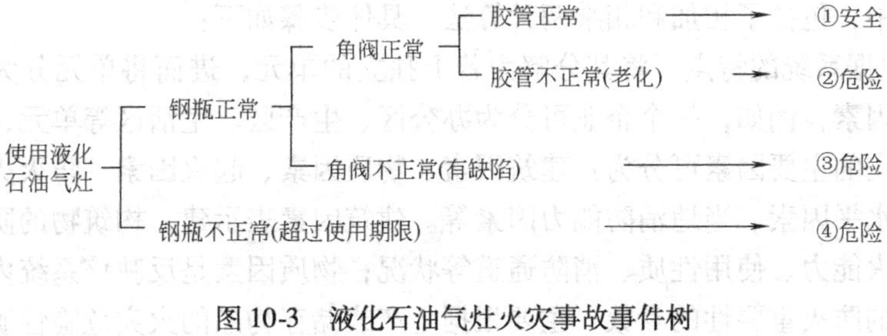

图 10-3　液化石油气灶火灾事故事件树

由图 10-3 可以看出，第②、③、④种状态都具有很大的危险性，是家用液化石油气系统中最基本的火险原因；很明显，第②、③种情况应分别更换胶管和角阀，第④种情况应检修钢瓶。

10.4 火灾危险度分析

这种方法需要把分析对象（系统）划分为若干单元，根据需要，每个单元还需进一步划分为若干因素，分别从火灾可能和火灾危害等方面来分析各因素的火灾危险度，进而用加权平均的方式确定系统的火灾危险等级。

原则上说，用这种方法可把一个系统分为多个层次，但包括的层次越多，最终的分析结果越粗糙，甚至会掩盖住某些重要的危险信息。因此一种模型涉及的层次不易过多，例如一般取为三层，甚至为二层，并可分别称为系统、单元、因素。下面按三个层次进行讨论。

确定各组成因素的危险度是进行系统危险分析的基础，应当综合各种有关的资料加以确定。例如对于火灾可能性，如果能够算出事故的统计概率，则人们不难将其转化为某种适宜分析模型使用的分度值。但在大多数情况，这类数据极其缺乏，因此通常采取专家评判的办法。基本作法是邀请足够数量的专家，让他们根据自己的经验分别对各个因素的危险程度划出等级。这种危险度是综合足够多专家的意见而确定的，应有较大的可信度。

在一个大系统中，不同单元和因素的作用和性能往往大不相同，它们对系统火灾危险性的影响程度存在很大差别，不应当同等对待。常用的修正办法是分别给予它们适当的权重，权重也应综合足够多专家的意见确定。为了保证权重的合理性，还需要对其进行多次敏感性分析。

单元的危险度可综合因素危险度确定，同样系统的危险度可综合单元危险度确定。现在常用的综合方式有相加和相乘两种方式，所选用的方式应能合理地反映其有关因素之间的内在联系。一般认为，在计算中对于相关性较弱的因素采取相加形式处理，相关性较强的因素采取相乘形式处理。在下面讨论的火灾危险度计算模型中，包括了相加和相乘两种算法。具体步骤如下：

1）根据系统的特点，将其分解为若干独立的单元，进而将单元分为影响火灾的基本因素，例如，一个企业可分为办公区、生产区、生活区等单元，而影响各单元火灾的主要因素可分为：建筑因素、物质因素、起火因素、防灭火技术因素、管理水平因素、当地消防能力因素等。建筑因素表示建、构筑物的防火设计水平、耐火能力、使用性质、消防通道等状况；物质因素是反映该系统内可燃物或危险物的防火重要性的参数，主要根据生产或储存物品的火灾危险性确定，一般还应参考所在建筑的价值等情况；起火因素反映各种起火源的特点，包括物质、技术、人为因素等方面。由于起火条件的复杂多变，这一因素值波动较大，防灭火技术因素反映该系统抵御火灾的能力，应当综合其火灾探测、灭火、烟气控制等方面；管理水平因素涉及的方面较多，应反映该单位的火灾安全管理水平；消防能力则与当地的消防队伍有关。

2）按单元分别分析各因素间的关系，将相关性较强的因素的危险度按式（10-3）相乘组成一些新的独立因素

$$R'_{ij}=A_{ij}\times B_{ij}\times C_{ij}\times D_{ij} \tag{10-3}$$

式中 R'_{ij}——独立因素的危险度；

A_{ij}，B_{ij}，C_{ij}，D_{ij}——其基本因素的危险度；

下标 i——单元；

j——独立因素。

对于建筑火灾，现将独立因素定为起火因素、火蔓延因素、防治技术因素和其他因素四类。起火因素包括可燃物、起火源、管理水平等方面；火蔓延因素则主要与建筑物的防火设计、建筑结构有关；防治技术包括建筑自身的消防设施、当地消防力量、地域条件等；其他因素为一些尚不确定、不明朗的因素，可根据情况赋予一定值。各基本因素的危险度和权重值，参见表 10-4。

分值越大表示造成事故的可能越大，或防治手段越差。对于各独立因素的分值上限应有所限制，因为它的各个基本因素的危险度不可能同时处于最大值。为此规定，独立因素危险度的最大值不超过其基本因素最大危险度乘积的 80%；如果超过按 80% 计算。另一方面，各因素的火灾危险度也不应为零，现规定一般不小于 8。

表 10-4　单元火灾危险度取值表

独立因素	基本因素	危险度数	权　重
起火因素	可燃物	2～10	0.4～0.6
	起火源	2～5	
	管理水平	1～4	
火蔓延因素	防火设计	2～10	0.3～0.4
	建筑结构	2～5	
防治技术因素	本身消防设施	1～5	0.15～0.25
	当地消防力量	1～4	
	地域条件	1～3	
其他因素	不确定因素	2～5	0.05～0.10

为了便于比较，进一步用式（10-4）将危险度转为百分数形式

$$R_{ij}=\frac{R'_{ij}}{R'_{ijmax}}\times 100\% \tag{10-4}$$

式中 R'_{ijmax}——该因素限定的最大危险度数值。

3）分别确定各独立因素的权重 r_{ij}，这些权重之和应等于 1.0。然后按式（10-5）计算该单元的火灾危险度

$$S_i = \sum_{j=1}^{n} r_{ij} \times R_{ij} \tag{10-5}$$

式中 S_i——某单元的危险度；

r_{ij}——其各独立因素的权重；

R_{ij}——其各独立因素的危险度。

参考有关规定，可将单元的危险度分为若干等级。在此按六级划分，即：危险度值低于 18 的为低度危险，19 ~32 的为中低危险，33 ~45 的为中等危险，46 ~57 的为中高危险，58 ~68 的为高度危险，68 以上为极高危险。

4）分别确定各单元的权重 w_i，同样，这些权重之和亦应为 1.0。然后按式（10-6）计算系统的火灾危险度

$$S = \sum_{i=1}^{n} w_i \times S_i \tag{10-6}$$

式中 S——系统的总危险度；

w_i——其各组成单元的权重；

S_i——各组成单元的危险度。

系统危险度等级范围的确定方式与单元危险度相同。

【例 10-1】 某加工厂（系统）的火灾危险分析按原料库、车间、成品库、办公楼四个主要部分（单元）分析。根据初始检查结果，分别确定每个单元各因素的危险度。

【解】 例如对原料库（单元一），若各基本因素的危险度为：$A_{11}=7$，$B_{11}=4$，$C_{11}=2$，$A_{12}=4$，$B_{12}=4$，$A_{13}=3$，$B_{13}=2$，$C_{13}=2$，$A_{14}=3$，则可得

$$R_{11} = (7\times4\times2)/200\times100\% = 28\%$$

$$R_{12} = (4\times2)/40\times100\% = 40\%$$

$$R_{13} = (3\times2\times2)/60\times100\% = 20\%$$

$$R_{14} = 3/5\times100\% = 60\%$$

设各独立因素的权重依次取 0.6、0.3、0.2、0.1，于是单元一的火灾危险度为：

$$S_1 = 0.6\times28 + 0.3\times40 + 0.2\times20 + 0.1\times60 = 38.8$$

由此判断，单元一属中等火灾危险。

设其他各单元的危险度分别为

$$S_2 = 55,\ S_3 = 65,\ S_4 = 35$$

且各单元的危险权重依次为 0.25、0.2、0.45、0.1，于是系统的总危险度为

$$\begin{aligned} S &= 0.25\times38.8\times0.2\times55 + 0.45\times65 + 0.1\times35 \\ &= 53.45 \end{aligned}$$

综上所述，该厂的火灾危险属中高危险，应当认真研究存在的问题，采取整改措施。

10.5 火灾过程计算机数值模拟

为了采取有针对性的火灾防治措施，人们希望能够事先对特定建筑的火灾安全状况作出客观的评价，而了解火灾的发展过程是评价有关建筑的安全状况的重要条件。然而，建筑物的起火情况千差万别，传统的研究方法基于宏观概念的经验外推，通过反复调试、对比及各种“集总”参数的半经验分析、试凑等，花费大、周期长、效果不够明显。利用数值计算方法，通过不断改变初始和边界条件，无疑会大大加深对火灾中火蔓延、烟气输运和各种毒性物质生成等过程的认识，可以为火灾风险评估、火灾性能化设计以及火灾防治等提供必要的理论依据。火灾模拟计算分析是火灾危险性评价的有力工具。例如，利用场、区、网模型，能够得到建筑火灾中烟气的温度、烟气层的厚度、典型燃烧产物的浓度等参数随时间的变化，据此可进行人员安全疏散、消防设施的可靠性等问题的分析。20 世纪 80 年代以来，世界上许多国家开发研制了多个火灾模拟分析软件，其中美国标准技术研究院（NIST）开发的 FDS 软件，在火灾模拟分析领域得到了广泛的应用和认可。利用细网格模型、社会力模型，可以对建筑物火灾时人员疏散行为进行模拟和预测，如 EXIT89、EXODUS、SIMULEX 等，可以实现对大型公共建筑物人员疏散安全性的模拟和分析。除此之外，各国还纷纷开发了火灾风险分析的软件包，例如美国的建筑防火评估方法（BFSEM）可以实现建筑防火评估；FRAME 可以实现特定场所内所有产品火灾风险的评估；其他如加拿大的 FIRECAM、日本的建筑物综合防火安全设计方法以及澳大利亚的风险评估模型 CESARE-RISK 等都得到了广泛的应用。以下将重点介绍火灾风险评估常用的几种模型：

1. FIRECAM 火灾风险—投资评估模型

FIRECAM 火灾风险—投资评估模型乃 20 世纪 80 年代末、90 年代初，由加拿大国家研究院与澳大利亚维多利亚科技大学的 Vaughan Beck 共同开发的。该模型包括 17 个子模型，是比较成熟的风险评估研究成果，主要应用于加拿大高层建筑火灾的评估。它通过分析所有可能发生的火灾场景来评估火灾对建筑物内使用人员造成的预期风险。同时，该模型还能评估消防投入（基建及维修）和预期火灾损失，通过与性能化规范中的性能要求比较或者与规范式规范规定中隐含的性能要求进行比较，评价一个设计方案是否满足性能要求，或是否在生命风险要求方面等同于参照方案。FIRECARTM 运用统计数据来预测火灾场景发生的概率。比如可能发生的火灾类型或探测器的可靠性，同时还运用数学模型预测火灾的发展和蔓延以及建筑使用人员的疏散。

2. FRAMEworks

FRAMEworks 是美国国家消防研究基金会 1986 年开始进行的国家火灾风险评估研究项目的主要成果，由美国标准技术研究院（NIST）、美国消防协会（NFPA）以及 Benjamin/Clarke 公司共同承担。该模型主要用于产品的性能评估。为了为火灾场景确定一个死亡数基准，FRAMEworks 将用于评价特定火灾场景中的特定参数的量化方法与特定火灾场景有关的死亡数的统计方法相结合。如果使用了新的产品或者替换产品，就可根据上面定出的基准火灾场景确定其风险是否改变。

3. CRISP 火灾风险评估模型

CRISP 是英国建筑研究院火灾研究中心开发的火灾风险评估模型。它利用蒙特卡洛法模拟所有火灾场景，将建筑物、建筑内容物和人作为一个整体来考虑。在任何火灾场景中，这些因素之间都相互作用，但不会改变对方。该模型模拟的对象包括家具、冷和热烟气层、通风口、墙、房间、报警、住户和消防队员等。到目前为止，该模型的使用主要局限于二层住宅。

10.6 火灾危险性分析实例

本节以一个大型商场为例讨论火灾安全综合分析的方法。1993 年，该商场曾发生了特大火灾。火灾发生前，商场的营业区包括营业大厅（仅一层）、老营业楼（地上四层）和新营业楼（地上八层、地下三层）三大部分。它们是分期建造的，由于大厅和老楼建造时间较早，其室内没有安装火灾探测和自动喷水灭火系统。新楼则按设计规范安装了这两种系统，且在新楼与老楼各相连楼层之间设有防火卷帘。这场火灾是由老营业楼一层的一个灯箱烧起的，由于楼内没有火灾探测设施，加上值班人员没有按时巡查，火相当大时仍未被发现。不久高温火烟便蔓延到老营业楼的其他楼层和营业大厅，使其中的物品也迅速燃烧。虽然新老营业楼之间有防火卷帘门，但当天未关（实际上商场中的部分卷帘门存在受阻而无法关闭的现象），火焰又窜到新营业楼。这时连接两楼二层通道附近的一个火灾报警器发出报警，然而值班人员以为是误报，在未前去检查的情况下将其关闭。当大量浓烟进入新楼后，大批火灾报警器开始报警，但火灾已难以控制。这场火灾使营业大厅和老营业楼完全烧毁，新营业楼严重受损，直接经济损失达 2100 万元。

为了总结经验教训，并发展建筑火灾安全分析的方法，中国科学技术大学火灾科学国家重点实验室，在该商场的密切配合下，对火灾后修复的新营业楼（下称主楼）有关的基本情况进行认真调查，然后以系统安全工程学的思想为主线，对商场的火灾安全状况进行了综合分析，并使用计算程序对若干典型火灾过程进行模拟计算，建立了一种大型商场火灾安全状况的分析模型。分析模拟的工作主要有：

1）对有关资料进行了全面分析整理，编制了商场主要可燃物品的火灾危险专用数据库。

2）使用安全检查表方法对商场进行全面检查，并对重要危险源状况作出了定性分析。

3）用火灾危险度法分单元对商场各区域的危险状况进行了评价，并编制了相应的计算机显示软件。

4）对典型火灾过程作了模拟计算，并将部分结果编成动画显示软件。

在此简要介绍分析报告的主要结果和计算机模拟显示的特点。

10.6.1 各楼层火灾安全的基本状况

安全检查是分楼层进行的。在一般性检查的同时，重在发现火灾隐患及分析重点危险部位，主要结果如下所述：

(1) 地下室部分。大楼地下一层的西部为超级市场，东部为麦当劳餐厅。餐厅的炊事区安装了几台油锅，其用电量大，温度高，工作时间长。尽管油锅本身已对排烟温度做了控制（约70℃），但其温度仍大大高于其他区域，长期使用可能会产生不良影响。另外油蒸气通常可沿管道凝结，条件合适时又可着火燃烧。此区是商场的重点防火区，建议在原有探测设施的基础上增添一些感温型火灾探侧器，并应经常清除油烟管道及其周围的油污。

地下二层的主要部分是商品仓库。此层较矮，堆放的货物大多接近顶棚。该区防火的重点是控制火源与热源。各储藏间用吸顶式白炽灯照明，虽然商场已对灯泡距货物的距离作了限制，但不少地方两者的间距仍偏小。建议所有照明灯应加防护罩，以防物品直接触到灯泡。

此层的另一部分是麦当劳餐厅的仓库和食品加工室。为了跨越楼层运输物品的方便，此层顶棚开了一个约2m^{2}的开口与上一层餐厅部相通，用小吊车运物品，然而该处没有采取分隔措施。这种顶棚开口对于楼层之间的烟气蔓延有着重要影响，应当围绕开口修建一小的隔离间。

地下三层安装了制冷机和水泵等设施，另有部分房间作为维修车间，里面配置了小型机床及电焊、气焊设备。这些区域的空气较污浊，有油气异味，应加强通风排气，以防止可燃气体（如油蒸气）的积累。该层部分区域没有装火灾探测器，应予完善。在电气控制室内应当增置一些适宜扑灭电气火的灭火器。

由于水泵房内漏水较多，造成该层室内空气湿度较大，这对电气设施会产生不良影响。建议定期排除积水，并加强通风。

此层本设有东西两个出口，但其西出口基本上处于常锁状况，一旦发生火灾，不利于该层人员的疏散及外部人员的灭火。应当保证有若干专门管理人员能够迅速打开此门。

（2）营业区部分。大楼的一至六层为主营业区。首层比较宽敞，绝大部分商品可燃性不强。但广告屏幕的用电量大，配电盘下方的线路较乱，顾客路过该处可能碰到，因此宜修建一个电源防护箱。

小家电区为了向顾客展示商品的性能，安装了较多的临时插座。顾客经常在此区内通行，可能构成较大的人为危险因素。建议在该区增加一些适宜扑灭电气火灾的灭火器材。

二层西部经营电视、音响等家电产品，临时敷设的电线亦较多。尤其是高级音响的中央展台，电线通过敷设在地面上的铁管引入，而铁管两端未作保护，应酌情改进。

三层、四层和五层的商品多为服装、鞋帽和家具等易燃品，其防火重点是控制点火源。这些柜台区曾经安装过装饰灯箱，在灾后改修时灯箱拆除了，有的柜台里的照明日光灯也未启用。就当前情况看，电气起火危险明显减少。但在以后照明与商品展示设施很可能会重新启用，事实上许多商场正在广泛使用。因此对于柜台照明问题应当研究合理的解决途径，建议在改进灯箱质量和用材方面可多做些工作。

六层主要为服装生产厂家的展销区。其服装齐全，皮、毛、丝绸、化纤材料等都有，很多衣物挂在架上，且连成一片，极易造成火灾蔓延。这一区域应重点防止外来点火源的进入。对于皮毛较多的柜台还应防止静电起火，目前似乎没有考虑这一因素。

（3）办公区部分。大楼的七、八层为商场的办公区。根据工作需要，这两层使用轻质建筑材料分隔为许多小间办公室和若干会议室。在安全分析与模拟显示时，将一个房间作为一个单元。由于该区涉及商场的具体管理信息，故对此不展开详细说明。

10.6.2　典型部位及系统的火灾安全状况分析

根据建筑设计防火设计规范及一些相关的标准和规定，对该商场的一些重点部位和消防设施作了分析。

（1）自动扶梯。大楼的自动扶梯把一至六层连了起来。自动扶梯区域的烟囱效应对火灾烟气向上层蔓延具有重要影响。

目前本楼在各层扶梯出入口周围按 1m 的间隔安装了若干普通式自动洒水喷头，希望形成水幕以阻止烟气通过自动扶梯蔓延。但这种喷头的喷雾扩张角约 70°，相邻两喷头喷出的水约在离开顶棚 0.6m 以后才能交汇。因此大量烟气仍可从喷头间隙区流过，难以起到较好地阻挡烟气蔓延的作用。若要形成水幕，应当安装合适的水幕喷头。另外在扶梯进口上方的顶棚处安装活动挡烟帘也是一种方法。一旦起火，挡烟帘便降下一定高度，从而挡住烟气向扶梯内蔓延。但这种局部挡烟设施还应与排烟系统配合使用，因为当烟气积累到一定程度后，便会越过挡烟帘向外扩散。

（2）电梯及其前室。大楼内共安装了三部电梯，两部货运电梯位于大楼西北角；一部为消防电梯兼客梯功能，位于大楼东南角，通常供本单位工作人员使用。三部电梯均将所有楼层连了起来。

消防电梯按规定采用了正压送风系统，不过其使用状况不佳。部分楼层的进风口百叶窗失修严重，有的被杂物堵塞，这表明送风系统没有按期检修。建议进一步完善定期试运行制度，及时解决可能存在的问题。

普通电梯设有单独前室，把电梯井与营业厅分隔开来，有利于阻止烟气由营业厅流入电梯。不过由前室进入大厅的门的自动关闭性能需要改进。

（3）主楼梯。主楼梯设在大楼的东侧，为敞开式楼梯，将各层营业区连通，是顾客进出的主要通道，同时也可能成为烟气跨楼层竖向蔓延的基本途径。虽然已经在各个楼层通向楼梯的门口均安装了卷帘门，但卷帘门的部分帘片与门框配合不好，加工粗糙，是安装过程中临时改动所致。应当仔细消除焊接与切割时形成的毛渣，并适当调整帘片与导轨间的间隙。

在卷帘门内侧，已经并排安装了五个洒水喷头，主要目的是保护卷帘门叶片不被高温烟气损坏。但使用的是普通圆形喷头，难以形成均匀的水幕，建议改换合适的喷头。

卷帘门的自动和手动控制功能的工作状况尚好，但应当建立正确操作和检查规程，并应作好培训工作，保证有专人或者该区域工作人员能够正确操作。

（4）电气系统。商场内使用了多种电力设施与电器设备，这也为火灾的发生和蔓延创造了条件。场的这次火灾就是由照明灯箱引起的。在这里对几个典型方面作些讨论。

1）变电配电装置。商场的变电配电室设在大楼北侧，有专人负责，管理制度亦较健全，重要的是加强有关人员的责任心。大楼的总配电室设在其地下一层，每一层还有分配电室。但在有些配电室内堆放了杂物，应予清理。

2）电气线路。在上次失火中，本楼虽未遭严重破坏，但很多部位是受了影响的，位于吊顶内的电气线路曾被高温烟气浸没，难免存在某种程度的损坏。在商场的恢复改造中，大部分线路没有更换。建议在适当时候进行一次全面的检查，将有隐患的线路换掉。

配电装置是另一个容易产生问题的部件。年久失修、长期的热作用或振动可使接头松动并导致接触电阻增大。同时商场内确实使用了某些质量不够好的电气产品。所以应定期仔细检查有关电气接头，对烧蚀损坏的元件及时更换。

3）照明系统。本大楼内基本上不依靠自然采光，因此使用了大量的照明灯具。

营业厅使用的大多是日光灯，均埋装在吊顶之内，然后用花纹塑料板盖住。日光灯的火灾危险主要是镇流器过热。因此应在固定镇流器的部位留出足够多的散热孔，目前的安装方式对此注意不够。在上次火灾中，不少日光灯损坏，有的镇流器已因高温作用而漆皮脱落。在恢复营业时，大部分镇流器没有更换，有的只是重新刷了一遍漆。需要分批检查其内部是否损坏。

商场很多柜台内安装了装饰灯箱。不少灯箱使用了木材、透明塑料、有机玻璃等可燃材料。由于灯箱内的空间有限，灯泡或灯管与可燃材料的距离小，且散热条件不好，容易造成热量积累。因此在灯箱加工时，控制灯具与箱体材料的距离，改进散热，并限制灯箱的功率和使用时间。

4）临时插座。临时插座在本商场中使用广泛。由于用电器的位置多变，插座也需要经常移动，这就容易引起易燃物质、灰尘、金属碎片等杂物进入插座，致使其短路或过热。同时在插入或拔出插头时往往发出电火花。因此最好使用自身带开关的插座，并对插座进行适当的保护。

（5）火灾探测系统。大楼内已按要求安装了火灾探测报警设备。在大多数部位，探测器的安装间距比现行规范的要求还严，消防控制室的位置和形式亦符合设计规范。然而需要指出，这些探测器和报警控制器均为十多年前的产品，报警与控制形式已落后，应适时考虑系统的更新换代。在检查中发现，部分区域控制器进行自检时反应不够正常，需要查清原因。

另外在安装了大批火灾探测器的建筑物内，需要正确认识探测器误报问题。火灾探测器约每一两天便发生一次误报。因此不要以经常发生误报而将其关闭不用。建议在原有系统的基础上，配合安装一些新的探测手段，如图像式探测器，则可大大减少误报带来的困扰。

（6）自动喷水灭火系统。本楼已把自动喷淋系统作为一项主要的消防技术，但以下问题需要考虑：

1）喷头型号的选择。目前商场使用的洒水喷头动作温度均为68℃，这种单一的选择不够合理。商场内安装了集中空调系统，将许多区域的温度限制在30℃以下。只有当火灾发展到相当大的规模后喷头才会起动。因此在某些室温较低的区域可使用灵敏度高一些的喷头。

2）次生水害问题。在商场中的不少部位若用水灭火，可能造成严重的次生水害。然而目前大楼内的水喷头是均匀分布的，对不同区域的喷水危害影响未作区分。因此可将那些可能造成水浸危害的喷头或水管支路关闭，而代之以适合于扑灭该处火灾的灭火器。

3）水管与报警阀的维护。水管畅通是保证自动喷水灭火系统正常工作的基本条件，而管中经常会混入碎沙石、水垢、铁锈等，这些杂物可能堵住喷口或管道分叉处。另一方面，管道长时间不通水，杂质便会牢固地粘连在管壁上。因此应当定期进行清渣放淤，最好是一月一次。根据现状看，商场定期放水检测显然做得不够。水力报警阀也是容易发生故障的部位，其故障大多与水管堵塞有关，应结合清洗水管解决。

4）消防给水。据调查，该商场所在城区的市政供水压力偏低，因此建设独立而可靠的消防给水系统意义重大。商场已在地下三层修了一个贮水池，设计本身符合要求。需要注意的是，应保障消防泵工作状况良好。由于消防泵经常浸在水中，容易造成锈蚀损坏，因此应定期进行消防水泵的运行试验，检查其工作性能。

10.6.3 火灾危险度分布分析

该商场大体分为电讯部、文体部、服装部、纺织品部、食品部等十一个营业部，经营的商品超过万种。各营业区的面积都相当大，不同部位的火灾危险状况存在较大差别，现以售货柜台为单元计算火灾危险度。独立的小空间也视为一个单元。每个单元最多取三种商品作代表，其余的可酌情修正到有关项中去。单元的火灾危险度由有关物品的可燃特性和现场起火条件决定，在此按下面的简化方式进行计算

$$W = KI \tag{10-7}$$

式中 W——某单元的火灾危险指数；

K——可燃物火灾危险指数；

I——起火源危险指数。

可燃物指数由多种因素决定，主要有可燃物种类、数量、陈列形式等，现用下式表示

$$K = \frac{\sum_{i=1}^{n}\left[K_{i1} \times \left(1 + \beta_1 \frac{K_{i2}}{K_{i2}^0}\right) \times \left(1 + \beta_2 \frac{K_{i3}}{K_{i3}^0}\right) + K_{i4}\right]}{n} \tag{10-8}$$

式中 K_{i1}——物品 i 可燃特性的基本指数；

K_{i2}——该物品的数量指数，此值是一种当量值。为便于比较，需将物品的实际质量或件数转化为当量值；

K_{i2}^0——该物品的数量参考值，现取为 K_{i2} 的最大值；

β_1——数量因素调节系数，现取0.4；

K_{i3}——该物品的陈列指数；

K_{i3}^0——陈列指数的最大值；

β_2——陈列因素调节系数，现取为0.3；

K_{i4}——不可预见值；

n——物品数。

起火源指数也包括多个方面，如电气、热力、人为等因素，采用下式计算

$$I = I_1 + I_2 + I_3 + I_4 \tag{10-9}$$

式中 I——指定区域的起火源指数；

I_1——该区域的电气设施影响指数；

I_2——该区域的热力设施影响指数；

I_3——该区域的人为影响指数；

I_4——不可预见值。

对商场来说，电气设施经常是引发火灾的主要因素，在此按照照明用电、营业用电和动力用电方面考虑。由于这三者均可独立发生影响，现将它们的影响用相加方式处理。

根据调查结果，将选定物品火灾危险度编成了专用数据库，利用火灾危险分析软件进行了危险度分析。图10-4所示为二层各单元的火灾危险度分布示意图，在原软件中，各单元的火灾危险度用不同颜色区分，在此火灾危险度用由浅到深的灰度表示。

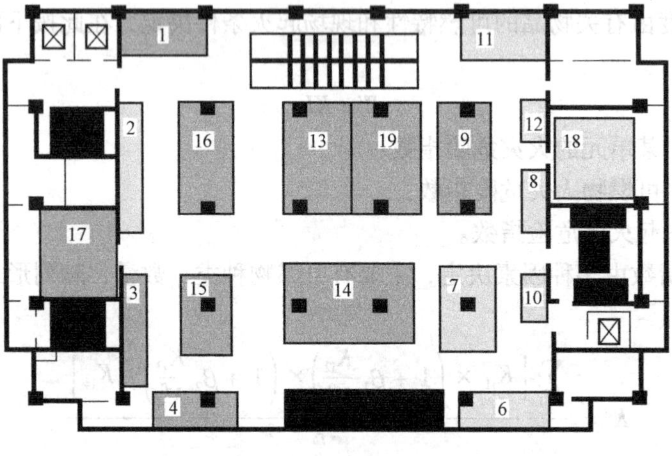

图10-4 二楼营业区各单元的火灾危险度

10.6.4 典型火灾过程的模拟

通过用火灾模拟程序计算了若干算例，并将部分火区增大和烟气蔓延结果编制成动画显示形式。由于商场的建筑面积很大，采用整体计算困难较多，故不少部分使用简化公式计算。在编制动画显示时，还根据经验作了修正。图10-5所示为某楼层内火灾发生后40s时烟气蔓延情况的模拟图。图10-6所示为二楼某

柜台起火后的烟气蔓延状况。可见，由于自动扶梯处没有防火分隔，烟气很快由此蔓延到上部楼层，六层的烟气积累比四、五层还快。

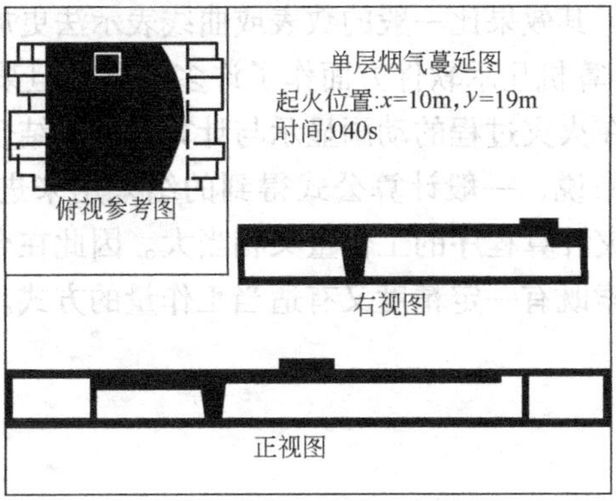

图 10-5　某楼层内的火灾蔓延显示

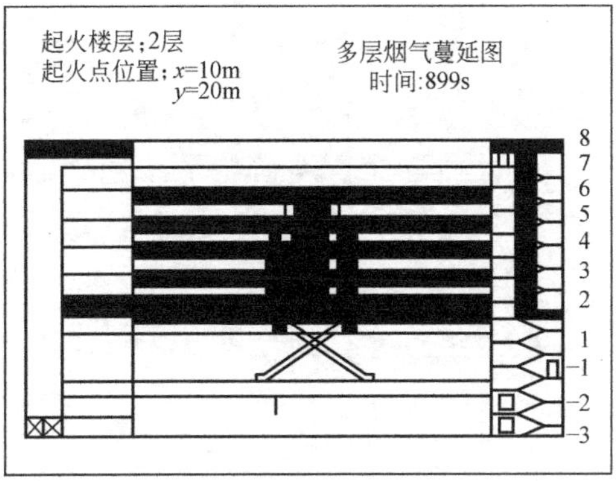

图 10-6　大楼内多层烟气蔓延状况

10.6.5　小结

通过对分析模型的研究，得到如下结论：

1）充分了解建筑物内与火灾有关的各种数据是进行安全分析的基础。使用安全检查表是开展全面而有重点调查的有效方法，并可对重点危险部位的安全状况做出定性分析。

2）火灾危险度法也适用于建筑物的火灾安全分析。火灾危险度有多种计算模型。在此结合商场的特点，以柜台或小房间为单元，依据其中物品的可燃特性和环境起火因素计算其火灾危险度。这种模型易于与计算机模拟显示相结合。按上述思想编制的商场火灾安全分析软件，形象地反映了楼内不同区域的火灾危险差别。

3）火灾过程的计算机模拟有助于加深对火灾发展特点的认识。然而由于商场的面积很大，难以按整体进行计算，故采用若干简化程序分别计算火灾的主要分过程，然后综合起来对建筑物的安全状况作出评价。用动画形式显示了部分典型算例火灾蔓延过程，其效果比一般的数表或曲线表示法更加形象和直观。

4）尽管在编制计算机显示软件方面作了许多尝试，但某些部分的显示效果仍不够理想，尤其是在火灾过程的动画显示与计算结果的结合方面尚存在不少问题。对于大型建筑物来说，一般计算公式得到的结果用来进行动画显示是不够的，而三维非定常火灾计算程序的工作量又相当大。因此在今后编制火灾烟气流动的显示时，需要探索既有一定精度又有适当工作量的方式。

参 考 文 献

[1] 范维澄，王清案，姜冯辉，等. 火灾学简明教程[M]. 合肥：中国科学技术大学出版社，1995.

[2] 霍然，胡源，李元洲. 建筑火灾安全工程导论[M]. 合肥：中国科学技术大学出版社，1999.

[3] 程远平，李增华. 消防工程学[M]. 徐州：中国矿业大学出版社，2002.

[4] 中华人民共和国公安部消防局. 中国消防手册：第3卷[M]. 上海：上海科学技术出版社，2006.

[5] 李引擎，等. 建筑防火性能化设计[M]. 北京：化学工业出版社，2005.

[6] 李亚峰，马学文，张恒，等. 建筑消防技术与设计[M]. 北京：化学工业出版社，2004.

[7] 蒋永琨，王世杰，等. 高层建筑防火设计实例[M]. 北京：中国建筑工业出版社，2004.

[8] 范维澄，孙金华，陆守香，等. 火灾风险评估方法学[M]. 北京：科学出版社，2004.

[9] 建筑消防技术规范编写组. 建筑消防技术规范[M]. 北京：化学工业出版社，2006.

[10] 蒋永坤，等. 高层建筑防火设计手册[M]. 北京：化学工业出版社，2000.

[11] 郑端文，刘海辰. 消防安全技术[M]. 北京：化学工业出版社，2004.

[12] 孙景芝，韩永学. 电气消防[M]. 北京：中国建筑工业出版社，2006.

[13] 陈宝智. 危险源辨识控制及评价[M]. 成都：四川科学技术出版社，1996.

[14] 陈宝智. 系统安全评价与预测[M]. 北京：冶金工业出版社，2005.

[15] 张树平，等. 建筑防火设计[M]. 北京：中国建筑工业出版社，2001.

[16] 钟茂华. 火灾过程动力学特性分析[M]. 北京：科学出版社，2007.

[17] 国家安全生产监督管理总局. 安全评价[M]. 北京：煤炭工业出版社，2005.

[18] 陆亚俊，马最良，邹平华. 暖通空调[M]. 北京：中国建筑工业出版社，2002.

[19] 姜湘山，等. 建筑消防工程管道工实用技术[M]. 北京：机械工业出版社，2006.

[20] 建筑物综合防火设计[M]. 金香，高伟，译. 天津：天津科技翻译出版公司，1994.

[21] 李东明，等. 自动消防系统设计安装手册[M]. 北京：中国计划出版社，1996.

[22] 中国建筑设计研究所，等. 火灾报警及消防控制[M]. 北京：中国建筑标准设计研究所，1998.

信息反馈表

尊敬的老师：

您好！感谢您多年来对机械工业出版社的支持和厚爱！为了进一步提高我社教材的出版质量，更好地为我国高等教育发展服务，欢迎您对我社的教材多提宝贵意见和建议。另外，如果您在教学中选用了《建筑消防》（张培红 王增欣主编），欢迎您提出修改建议和意见。索取课件的授课教师，请填写下面的信息，发送邮件即可。

一、基本信息

姓名：________性别：________职称：________职务：____________

邮编：________地址：________________________________

学校：____________________

任教课程：____________电话：____—__________（H）__________（O）

电子邮件：______________________________手机：__________

二、您对本书的意见和建议

（欢迎您指出本书的疏误之处）

三、您对我们的其他意见和建议

请与我们联系：

100037 机械工业出版社·高等教育分社 刘涛 收

Tel：010—88379542（O），68994030（Fax）

E-mail：ltao929@163. com

http://www. cmpedu. com（机械工业出版社·教材服务网）

http://www. cmpbook. com（机械工业出版社·门户网）

http://www. golden-book. com（中国科技金书网·机械工业出版社旗下网上书店）